新时代农村人居环境与居民健康协同治理研究

卢智增　冼解琪◎著

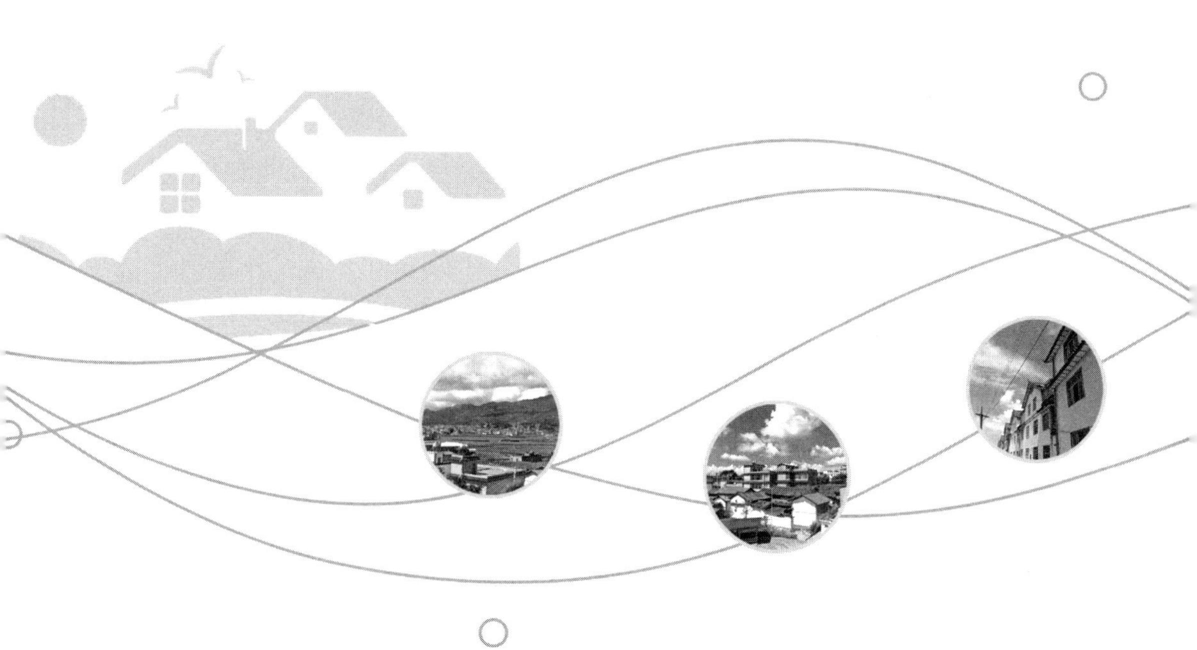

The Study on the Collaborative Governance of Rural Human Settlements and Residents' Health in the New Era

经济管理出版社
ECONOMY & MANAGEMENT PUBLISHING HOUSE

图书在版编目（CIP）数据

新时代农村人居环境与居民健康协同治理研究 / 卢智增，冼解琪著. -- 北京 : 经济管理出版社，2024.
ISBN 978-7-5096-9760-3

Ⅰ. X21

中国国家版本馆 CIP 数据核字第 2024104T6D 号

组稿编辑：曹　靖
责任编辑：姜思宇
责任印制：许　艳
责任校对：蔡晓臻

出版发行：经济管理出版社
（北京市海淀区北蜂窝 8 号中雅大厦 A 座 11 层　100038）
网　　址：www. E-mp. com. cn
电　　话：(010) 51915602
印　　刷：唐山玺诚印务有限公司
经　　销：新华书店
开　　本：720mm×1000mm/16
印　　张：24
字　　数：484 千字
版　　次：2024 年 9 月第 1 版　　2024 年 9 月第 1 次印刷
书　　号：ISBN 978-7-5096-9760-3
定　　价：98.00 元

目　录

第一章　导　论

第一节　研究背景与研究意义

一、研究背景

农村是广大农民赖以生存与发展的空间，关系着农村居民的生活环境与条件，但随着工业化进程的推进，农村地区的环境问题越发突出，环境污染与生态破坏问题越发严峻，严重影响了农村居民的生产生活环境。为此，我国于 2018 年开展了农村人居环境整治三年行动，以到 2020 年实现农村人居环境明显改善、村庄环境基本干净整洁有序、村民环境与健康意识普遍增强为目标，部署了垃圾治理、厕所治理、污水治理等六项重点任务。虽然该项行动的实施成功扭转了农村长期以来存在的脏乱差局面，但我国农村人居环境还存在着区域发展不平衡、管护机制不健全等问题。为满足农业农村现代化要求和农民群众对美好生活的向往，中共中央、国务院于 2021 年 12 月将农村人居环境整治行动提升为五年行动，并提出了更高标准的要求与更细致的行动目标，以期解决我国经济社会发展与乡村振兴中的突出短板。

农村人居环境问题不仅是环境问题、经济问题，还关系到广大农村居民的健康福祉。特别是在我国城市化、工业化的过程中，环境与健康的关系愈加密切，空气污染、水污染等环境污染导致居民肺病、重金属中毒等疾病频发，损害了居民的健康权益。面对影响居民健康的环境问题，习近平总书记强调，要“实行最严格的生态环境保护制度”“切实解决影响人民群众健康的突出环境问题”“将健康融入所有政策”。党的十九届四中全会提出，要“坚持和完善生态文明制度体系，促进人与自然和谐共生”“强化提高人民健康水平的制度保障”。2021 年中共中央办公厅、国务院办公厅印发的《农村人居环境整治提升五年行动方案（2021—2025 年）》指出，改善农村人居环境事关农民群众健康，需在农村人居环境整治过程中普及文明健康理念，推进环境卫生综合整治，大力建设健康村镇。2022 年国务院办公厅印发的《“十四五”国民健康规划》也提到，要加强环境健康管理，减少污染，深入开展爱国卫生运动，推进农村人居环境整治。

农村人居环境治理与居民健康治理是密不可分的，如农村改厕不仅能改善农村“脏乱差”的环境问题，还能为农民提供干净卫生的厕所环境，从而减少消化道疾病、寄生虫疾病的发生；生活垃圾的治理不仅能改变垃圾乱扔乱放、臭气冲天的问题，还能减少垃圾引来的蚊虫等“四害”，阻断以蚊虫等“四害”为传播媒介的疾病，同时也能减少垃圾对水源的污染，从而保障农户的用水安全。环境质量与健康素质的提升可以提高农户对农村人居环境与居民健康治理的重视程度，增强其对相关政策落实与方案实施的认同感，促使其积极参与到相关整治行动中，更好地维护农村人居环境的整洁与卫生。此外，农户健康素质的提升还能带来人口的健康红利，健康劳动力的增加推动地区经济的发展，从而从经济层面上推动农村人居环境与居民健康的治理。

农村人居环境与居民健康治理相互影响、相辅相成，形成了一对共同进退的组合关系，二者的协同发展、相互促进能够提高农村人居环境与居民健康的治理质量与效率；反之，则可能阻碍二者发展的进程。同时，由于现阶段我国农村人居环境与居民健康治理在治理主体、治理内容、治理形式等方面也存在着一定程度的重复与折叠，二者的协同治理成为提高我国农村人居环境与居民健康治理效率、降低治理成本的有效途径。本书将协同治理理论运用到农村人居环境与居民健康治理中，通过文献梳理、政策文本分析、实地调研、宏观数据建模等手段，探索我国农村人居环境与居民健康治理的现状、研判协同治理的程度与效率，挖掘治理过程中的各方问题，探寻协同治理的典型模式、有效机制与可行路径，为我国农村人居环境与居民健康治理的现代化体系构建提供参考。

二、研究意义

（一）理论意义

第一，本书可以进一步丰富环境规制理论、协同治理理论、乡村治理理论、健康治理理论、人口生态理论的相关研究成果，推动多学科、多领域的综合性研究发展，形成协同联动的研究思维，有利于推进农村人居环境和居民健康治理多元化、多视角研究，并利用不同学科视角的互补性，形成丰富、充实的研究成果。

第二，本书对我国农村人居环境与居民健康治理的演进过程进行总结，对比

分析国内外治理模式，以史为鉴、中西贯通、结合国情、扎根基层，系统构建我国农村人居环境与居民健康协同治理的制度体系与运行机制，可以为党和政府实施乡村振兴战略和健康中国战略、制定相应政策提供理论支撑和决策参考。

（二）实践意义

第一，本书创造性地通过研究农村人居环境与居民健康的作用机理，利用农村人居环境污染的中介作用将二者有机结合起来，并形成协同治理的思维，探究“农村人居环境—协同治理—居民健康”的具体传输路径，可以为农村人居环境改善和居民健康促进提供新的经验事实与科学证据。

第二，本书通过实地调研与模型构建，全面剖析我国农村人居环境与居民健康治理现状，总结相关治理的成功经验，归纳推进协同治理的多方机制，研究成果对改善农村人居环境、提高居民健康水平、全面实现乡村振兴、建设美丽健康乡村等具有十分重要的现实意义与参照价值。

第二节 研究综述

一、国内外研究现状

（一）农村人居环境研究

19 世纪末 20 世纪初，霍华德（Howard）、盖迪斯（Geddes）、芒福德（Mumford）等学者开创了城市人居环境研究的先河。直至 20 世纪 50 年代，道萨迪亚斯（C. A. Doxiadis）创立人类聚居学后，学者们才开始将研究视角转向乡村发展，将乡村聚落研究纳入城市化的宏观背景中，反思城市化对乡村的影响[①]，强调城市与乡村的关联发展[②]，重视对乡村的保护与更新[③]。20 世纪 90 年代，西方学者开始着手“后城市化”时代的乡村转型研究，经济学、社会学、生态学、环境学等相关领域学者都加入到农村环境研究体系中来。目前国外农村人居环境的研究主要集中在乡村聚落与土地利用[④]、逆城市化与乡村移居、乡村人居环境

① Bunce M. Rural Settlement in an Urban World [M]. New York: Martins Press, 1982.

② Small Town Africa: Studies in Rural-urban Interaction [M]. Nordic Africa Institute, 1990.

③ Ruda G. Rural Buildings and Environment [J]. Landscape and Urban Planning, 1998, 41 (2): 93-97.

④ Hudson J C. A Location Theory for Rural Settlement [J]. Annals of the Association of American Geographers, 1969, 59 (2): 365-381.

演化[①②]、乡村人居环境规划与建设[③]及可持续发展[④]等主题上。我国农村人居环境现代化研究的起步相对较晚，但是人居环境理念早在商周时期便形成了。直到1993年，吴良镛先生创立了以人与自然协调为中心，着重探讨人与环境之间相互关系的“人居环境科学”，并经1995年人聚环境研讨会讨论后，有关概念才正式登上我国学术舞台。党的十六大后，我国农村人居环境治理正式步入正轨。2015年《美丽乡村建设指南》国家标准出台，进一步推动了我国农村人居环境发展，党的十九大提出“乡村振兴战略”后，我国农村人居环境治理研究步入了新时代。目前我国农村人居环境的研究主题主要集中在农村空间聚落与景观[⑤⑥]、农村人居环境评价[⑦⑧]、农村人居环境的演化[⑨⑩]、农村环境整治与优化[⑪]、农村人居环境协同治理[⑫⑬]等方面；同时，重点生态功能区[⑭]、古村落[⑮]、

① Dahms F. Settlement Evolution in the Arena Society in the Urban Field [J]. Journal of Rural Studies, 1998, 14 (3): 299-320.

② Gude P H, Hansen A J, Rasker R, et al. Rates and Drivers of Rural Residential Development in the Greater Yellowstone [J]. Landscape and Urban Planning, 2006, 77 (1-2): 131-151.

③ Michael M. The Cellphone - in - the - countryside: On Some of the Ironic Spatialities of Technonatures [J]. Technonatures: Environments, Technologies, Spaces and Places in the Twenty-first Century, 2009: 85-104.

④ Monto M, Ganesh L S, Varghese K. Sustainability and Human Settlements: Fundamental Issues, Modeling and Simulations [M]. Sage, 2005.

⑤ 汤惠琴，杨敏．我国农村地区环境污染与治理探析——以江西省丰城市农村为例 [J]. 吉首大学学报（社会科学版），2018，39（S2）：142-145.

⑥ 秦柯．我国城乡结合部生态环境治理的路径选择——基于多中心理论的视角分析 [J]. 中南财经政法大学研究生学报，2016（1）：141-146.

⑦ 孙慧波，赵霞．中国农村人居环境质量评价及差异化治理策略 [J]. 西安交通大学学报（社会科学版），2019，39（5）：105-113.

⑧ 代凡凡，许天一，赵小汎．辽宁省农村人居环境评价 [J]. 区域治理，2019（38）：11-13.

⑨ 赵霞．农村人居环境：现状、问题及对策——以京冀农村地区为例 [J]. 河北学刊，2016，36（1）：121-125.

⑩ 潘斌．新经济背景下欠发达地区农村人居环境演化研究——以宿迁市泗洪县官塘村为例 [J]. 小城镇建设，2019，37（3）：106-114.

⑪ 吴博．基于新型城镇化的陕西关中地区农村居住环境优化研究 [J]. 中国农业资源与区划，2019，40（6）：70-77.

⑫ 乔杰，洪亮平，王莹．生态与人本语境下乡村规划的层次及逻辑——基于鄂西山区的调查与实践 [J]. 城市发展研究，2016，23（6）：88-97.

⑬ 樊翠娟．从多中心主体复合治理视角探讨农村人居环境治理模式创新 [J]. 云南农业大学学报（社会科学版），2018，12（6）：11-16+55.

⑭ 田玲玲，罗静，董莹，刘和涛，曾菊新．湖北省生态足迹和生态承载力时空动态研究 [J]. 长江流域资源与环境，2016，25（2）：316-325.

⑮ 李伯华，刘沛林，窦银娣，曾灿，陈驰．中国传统村落人居环境转型发展及其研究进展 [J]. 地理研究，2017，36（10）：1886-1900.

大城市周边农村[①]、山地型农村[②]、旅游区乡村[③]和黄土高原[④]等地的农村人居环境也备受关注。

（二）居民健康研究

国外有关居民健康治理的研究始于1974年[⑤]，并在进入21世纪后，得到了较快发展。目前相关研究主要聚焦于“环境—健康”问题，多集中在大气污染对健康的危害、某类具体政策对环境污染的抑制作用[⑥]及其对居民健康状况改善的有效性[⑦⑧]等问题的讨论上，同时也关注居民健康素养对社会资本[⑨]、健康结局[⑩]、健康公平[⑪]及生活质量[⑫⑬]的影响等。在研究方法上，国外学者主要运用解

---

① 祝贺胜，吴培，周雨，龚慧，雷林峰．大城市周边农村人居环境剖析与策略研究——以西安临潼芷阳村为例［J］．新西部，2019（24）：32-33.

② 周启刚，焦欢，王兆林，陈倩，国洪磊．西南山地丘陵区典型乡镇环境因素对农村新建居民点布局与复垦的影响差异分析［J］．长江流域资源与环境，2016，25（2）：274-283.

③ 周金彪．农村生态旅游的环境艺术开发模式构建及实践分析［J］．新农业，2019（16）：47.

④ 常虎，王森．黄土高原村域农村人居环境质量评价研究——以子洲县西北部为例［J］．农村经济与科技，2019，30（9）：27-30.

⑤ Simonds S K. Health Education as Social Policy［J］. Health Education Monographs，1974，2（1_suppl）：1-10.

⑥ Fukuyama H，Naito T. Unemployment，Trans-boundary Pollution，and Environmental Policy in a Dualistic Economy［C］//Review of Urban & Regional Development Studies：Journal of the Applied Regional Science Conference. Melbourne，Australia：Blackwell Publishing Asia，2007，19（2）：154-172.

⑦ Coneus K，Spiess C K. Pollution Exposure and Child Health：Evidence for Infants and Toddlers in Germany［J］. Journal of Health Economics，2012，31（1）：180-196.

⑧ Eqani S A M A S，Khalid R，Bostan N，et al. Human Lead（Pb）Exposure Via Dust from Different Land Use Settings of Pakistan：A Case Study from Two Urban Mountainous Cities［J］. Chemosphere，2016，155：259-265.

⑨ Ratzan S C. Health literacy：Communication for the Public Good［J］. Health Promotion International，2001，16（2）：207-214.

⑩ Baker D W. The Meaning and the Measure of Health Literacy［J］. Journal of General Internal Medicine，2006，21（8）：878-883.

⑪ Kickbusch I，Kökény M. Global Health Diplomacy：Five Years on［J］. Bulletin of the World Health Organization，2013，91：159-159A.

⑫ Wang C，Li H，Li L，et al. Health Literacy and Ethnic Disparities in Health-related Quality of Life among Rural Women：Results from a Chinese Poor Minority Area［J］. Health and Quality of Life Outcomes，2013，11（1）：1-9.

⑬ Ownby R L，Acevedo A，Jacobs R J，et al. Quality of Life，Health Status，and Health Service Utilization Related to a New Measure of Health Literacy：FLIGHT/VIDAS［J］. Patient Education and Counseling，2014，96（3）：404-410.

析法[①②③]和统计模型[④⑤⑥⑦]等研究方法。我国关于环境污染对公共健康危害方面的文献最早发表于 1975 年，党的十八大以来，有关健康中国建设的研究成果逐渐丰硕，且更多关注环境科学与流行病学的作用机理，尤其是侧重于探讨空气污染[⑧]、水污染[⑨⑩]对居民健康的影响，但相关研究更多关注城市而忽视了农村[⑪⑫]。总体上，国内的健康治理研究较多探讨居民健康素养的影响因素[⑬]、居民健康素养评价指标体系[⑭⑮]、居民健康干预与相关性[⑯⑰]、慢性病预防与健康管理

---

① Sram R J, Binkova B, Dostal M, et al. Health Impact of Air Pollution to Children [J]. International Journal of Hygiene and Environmental Health, 2013, 216 (5): 533-540.

②③ Voorhees A S, Wang J, Wang C, et al. Public Health Benefits of Reducing Air Pollution in Shanghai: A Proof-of-concept Methodology with Application to BenMAP [J]. Science of the Total Environment, 2014, 485: 396-405.

④ Romero-Lankao P, Qin H, Borbor-Cordova M. Exploration of Health Risks Related to Air Pollution and Temperature in Three Latin American Cities [J]. Social Science & Medicine, 2013, 83: 110-118.

⑤ Beatty T K M, Shimshack J P. Air Pollution and Children's Respiratory Health: A Cohort Analysis [J]. Journal of Environmental Economics and Management, 2014, 67 (1): 39-57.

⑥ Samoli E, Peng R D, Ramsay T, et al. What Is the Impact of Systematically Missing Exposure Data on Air Pollution Health Effect Estimates? [J]. Air Quality, Atmosphere & Health, 2014, 7 (4): 415-420.

⑦ Pope Iii C A, Burnett R T, Thun M J, et al. Lung Cancer, Cardiopulmonary Mortality, and Long-term Exposure to Fine Particulate Air Pollution [J]. Jama, 2002, 287 (9): 1132-1141.

⑧ 冯于耀，史建武，钟曜谦，韩新宇，封银川，任亮．有色冶炼园区道路扬尘中重金属污染特征及健康风险评价［J］．环境科学，2020，41（8）：3547-3555.

⑨ 安建博，刘佳，沈讷敏，张祎伟，赵桂鹏，邢远．某市农饮水重金属污染健康风险评价［J］．现代预防医学，2019，46（24）：4510-4513.

⑩ 王艺璇，张芹，宋宁慧，张圣虎，陶李岳，赵远，韩志华．南京市雪水中有机磷阻燃剂的污染特征及健康风险评价［J］．中国环境科学，2019，39（12）：5101-5109.

⑪ 余池明．改善人居环境，打造健康城市［J］．环境经济，2020（Z1）：72-75.

⑫ 苏薇．中医特色管理和常规管理在社区老年糖尿病患者规范化管理中的对比研究［J］．中国实用医药，2019，14（34）：183-185.

⑬ 王宇潇，杨林，姬建鑫，张培芳，李建涛．山西省某市城乡居民健康素养现状及影响因素分析［J］．现代预防医学，2020，47（1）：102-105.

⑭ 李信，张士靖，侯胜超，李艳．基于临床视角的健康素养评价指标体系构建［J］．中国健康教育，2016，32（6）：534-537+540.

⑮ 晋菲斐，田向阳，任学锋，刘远立，尤莉莉，沈冰洁．中国农村居民健康素养评价指标筛选［J］．中国公共卫生，2019，35（6）：742-745.

⑯ 刘雯，张佳蕾，钱蕾，秦倩，夏庆华．上海市长宁区学生健康素养干预效果评估［J］．中国健康教育，2016，32（6）：513-516.

⑰ 万亚男，张永青，潘晓群，林萍，罗鹏飞，武鸣，苏健．江苏省社区居民骨质疏松知识健康干预效果评价［J］．江苏预防医学，2019，30（6）：626-628.

模式[①][②]、电子健康素养测评与应用[③][④]等。在研究方法上，学者较多选用定量研究方法，如韦艳和李美琪采用三阶段广义最小二乘法（FGLS）和Tobit回归分析，从个人特征、卫生服务、医疗保障和疾病预防四个维度找出影响农村女性健康贫困脆弱性的关键影响因素[⑤]。方迎风和周辰雨利用模糊断点回归设计方法，分别从健康状况、医疗选择、收入、消费四个角度分析新型农村合作医疗的实施效果[⑥]。也有学者使用定性研究方法，特别是在健康乡村的概念辨析、健康乡村建设的现状及问题归纳，以及结合相关理论分析实际情况并提出对策建议等研究中使用较多。如于勇和牛政凯指出，因基层卫生服务机构信息化建设缺乏统一的规划、资源配置有限、参与性不强，以及“空心化”和“老龄化”等问题，移动健康难以被应用到农村公共卫生服务中，认为要在财政投入、社会资本参与、卫生信息标准等多方面发力，提高农村公共卫生服务的可及性[⑦]。孙金菊则根据田野调查资料，从家庭、宗教和社区三个层面分析妇女生活状况对其健康的影响[⑧]。然而，作为定性研究中的典型方法，参与观察、深度访谈、民族志研究、个案研究、扎根理论等较少引起学者们关注，即使个别论文运用了以上方法，其整体的分析和理解也不够深入。如胡玉坤结合一些个案研究的质性分析，从社会性别视角考察全球化时代图景下我国农村妇女主要疾病负担和未来政策选择[⑨]。

（三）环境与健康关系研究

卫生宜居的环境是人民群众健康的重要保障，两者息息相关，互相影响，互相促进。但农村人居环境污染已成为不容忽视的健康危险因素，直接对居民的健

---

① 王昕晔，徐晓红．“知信行”健康管理模型对防控中老年2型糖尿病的影响［J］．中国老年学杂志，2018，38（22）：5566-5568.

② 丁贤彬，陈婷，白雅敏，刘敏，许杰，唐文革．健康管理对重庆市机关事业单位慢性病高风险人群高风险因素的影响［J］．中国慢性病预防与控制，2019，27（11）：801-805.

③ 王刚，高皓宇，李英华．国内外电子健康素养研究进展［J］．中国健康教育，2017，33（6）：556-558+565.

④ 吴士艳，张旭熙，安宁，杨帅帅，孙凯歌，吴涛，孙昕霙．电子健康素养测评与应用研究现状［J］．中国健康教育，2016，32（7）：640-645.

⑤ 韦艳，李美琪．农村女性健康贫困脆弱性及影响因素研究［J］．湖北民族大学学报（哲学社会科学版），2021，39（4）：105-118.

⑥ 方迎风，周辰雨．健康的长期减贫效应——基于中国新型农村合作医疗政策的评估［J］．当代经济科学，2020，42（4）：17-28.

⑦ 于勇，牛政凯．移动健康：农村公共卫生服务供给侧的创新实践［J］．甘肃社会科学，2017（5）：250-255.

⑧ 孙金菊．西北农村妇女三维空间中的生活状况对其健康的影响——一项人类学视野下的田野考察［J］．中央民族大学学报（哲学社会科学版），2012，39（5）：39-43.

⑨ 胡玉坤．疾病负担、结构性挑战与政策抉择——全球化图景下中国农村妇女的健康问题［J］．人口与发展，2008（2）：54-68.

康状况产生了极大伤害，制约了人力资本水平的提升。因此，国内外学者对两者间关系进行了大量研究。在有关人居环境与健康问题的讨论中，传统的研究视角源于环境科学与医学，主要探讨的是各类环境问题具体会引发何种疾病，或从疾病本身出发去溯源诱发此病的环境问题。如已有研究证实非卫生厕所会提高肠道寄生虫感染率，从而引起家庭腹泻病①；燃煤污染会引起地方性的氟中毒②等。也有研究从大健康的视角切入，从整体上探究环境与地区人口健康的相关性，于法稳③从环境系统的健康状况出发，结合我国农村居民的健康水平分析了农村水资源与耕地资源的健康问题，提出健康的农村环境系统是增强农村居民健康素质的重要保障。王晓宇等④对2014年中国劳动力动态调查数据进行回归分析，发现农村居民健康水平同时受到人居环境与居民收入条件的影响，其中人居环境对居民健康的影响作用更大；赵连阁等⑤在相关分析中加入了中介效应模型，研究得出环境卫生设施是社会经济地位对农村居民健康产生影响的中介变量。王珺和王倩⑥从农村经济发展与环境保护的角度考究癌症村的成因，发现癌症村的环境污染往往是水、土壤、空气的同时污染，且以水污染最为主要。

与此同时，也有学者注意到人居环境与居民健康之间的作用关系并不是单方向的，近年来随着“星球健康”研究的兴起，人类行为对环境与健康的影响成为广受关注的研究议题，其中，“健康促进论”是大多数研究所包含的观点⑦，即拥有较好身体健康素质的人会有更高的环境认知水平，进而会实施更多的环境行为以改善所处环境⑧。除了对居民的环境认识水平有影响，健康还能产生经济效应，且健康的收入回报在农村地区更显著⑨，而高收入会促使农户采取更加积

① 葛明，韦丽，张静，等.2015—2017年南京市农村环境卫生健康危险因素调查［J］.现代预防医学，2019，46（6）：996-999.

② 张念恒，安冬，姚丹成，等.贵州省燃煤污染型地方性氟中毒病区综合治理对改善农村环境卫生的影响［J］.中华地方病学杂志，2018，37（10）：840-842.

③ 于法稳.基于健康视角的乡村振兴战略相关问题研究［J］.重庆社会科学，2018（4）：6-15.

④ 王晓宇，原新，成前.中国农村人居环境问题、收入与农民健康［J］.生态经济，2018，34（6）：150-154.

⑤ 赵连阁，邓新杰，王学渊.社会经济地位、环境卫生设施与农村居民健康［J］.农业经济问题，2018（7）：96-107.

⑥ 王珺，王倩.农村经济发展与环境保护问题——癌症村成因的研究［J］.投资研究，2019，38（3）：103-120.

⑦ 彭远春，曲商羽.居民健康状况对环境行为的影响——基于CGSS2013数据的分析［J］.南京工业大学学报（社会科学版），2020，19（4）：41-51+115.

⑧ 汪红梅，惠涛，张倩.信任和收入对农户参与村域环境治理的影响［J］.西北农林科技大学学报（社会科学版），2018，18（5）：94-103.

⑨ 杨玉萍.健康的收入效应——基于分位数回归的研究［J］.财经科学，2014（4）：108-118.

极的方式参与到农村人居环境的治理中[①]。在宏观层面上，我国农村人居环境的整治不仅需要直接依靠农村居民个体的作用，更为奠基性的是需要依赖地方政府对环境治理的软硬件投入，即要以地方政府的经济实力作为支撑。在这一方面，卫生经济学理论已表明，健康的劳动者是经济发展最重要的人力资源，中国改革与发展的历程也证明，增强国民的健康素质可以有效提高劳动生产率，从而进一步扩大健康红利[②]。由此可知，人居环境与居民健康是密切相关的两个系统，二者的发展是相互促进、相互牵引、相互制约的，这种促进或制约作用的发挥依赖于两个系统间的协调配合程度，系统间越协调，系统发展受到的阻力就越小，呈现出相互促进的良性发展状况；反之，某系统就会成为另一个系统发展的障碍，形成互为矛盾的恶性循环发展局面。

（四）环境与健康协同治理研究

在“健康中国”战略的主导下，健康权作为一种基本权利日益成为中国国家治理的重大问题而正在进入议事日程，而协同治理是当前解决农村人居环境和居民健康问题的金钥匙。国外协同治理研究强调多元行为体之间的互动与合作[③]，强调为达到共同的目标，各行动人需共同努力[④⑤]，其主要运用于政策制定[⑥]、项目管理、服务供给[⑦]、面向个体过程中的协同[⑧]等四个维度上的跨界合作[⑨]。国内协同治理研究始于 1995 年，大致经过了理论萌芽与提出[⑩⑪]、理论发

① 汪红梅，惠涛，张倩．信任和收入对农户参与村域环境治理的影响［J］．西北农林科技大学学报（社会科学版），2018，18（5）：94-103.

② 周明海．习近平总书记关于健康中国的重要论述研究［J］．山东社会科学，2020（8）：166-173.

③⑥ Ansell C，Gash A. Collaborative Governance in Theory and Practice［J］. Journal of Public Administration Research and Theory，2008，18（4）：543-571.

④ Donahue J D. The Race：Can Collaboration Outrun Rivalry between American Business and Government［J］. Public Administration Review，2010，70（1）：S151-152.

⑤ Calanni J，Leach W D，Weible C. Explaining Coordination Networks in Collaborative Partnerships［C］. Western Political Science Association 2010 Annual Meeting Paper，2010.

⑦ Fellman T. Collaboration and the Beaverhead-Deerlodge Partnership：The Good，the Bad，and the Ugly［J］. Pub. Land & Resources L. Rev.，2009（30）：79.

⑧ Thomson A M，Perry J L. Collaboration Processes：Inside the Black Box［J］. Public Administration Review，2006，66：20-32.

⑨ Bouchami A，Perrin O. Access Control Framework within a Collaborative Paas Platform［M］//Enterprise Interoperability VI. Springer，Cham，2014：465-476.

⑩ 吴宗祥．行业协会治理：地位、权力与驱动机制试析［J］．学会，2004（6）：37-39.

⑪ 陆世宏．协同治理与和谐社会的构建［J］．广西民族大学学报（哲学社会科学版），2006（6）：109-113.

展与成熟[①②]、理论反思与探索[③④⑤]三个阶段。目前国内协同治理研究主要聚焦于政府转型[⑥⑦]、危机管理[⑧⑨]、公共服务[⑩]、社会组织[⑪⑫]等领域。近年来，虽然相关学者也开始基于多元治理模式来探讨农村环境治理[⑬⑭]和居民健康治理[⑮⑯⑰]，但鲜有人探究二者协同治理的问题。

协同发展指的是，两个或两个以上的个体、组织或系统通过相互协作来完成某一目标，追求各系统共同发展的双赢局面。随着社会不断向前发展，社会问题不断复杂化与综合化，各系统协调发展成为实现可持续发展的基础。为评价系统协调发展的状态，各界学者提出了适用于不同情境下的协调测度模型，如复合系统协调度模型[⑱]、耦合协调度模型[⑲]等。但目前有关环境与健康协调发展测度的

---

① 杨清华．协同治理的价值及其局限分析［J］．中北大学学报（社会科学版），2011，27（1）：6-9.

② 郁建兴，任泽涛．当代中国社会建设中的协同治理——一个分析框架［J］．学术月刊，2012，44（8）：23-31.

③ 燕继荣．协同治理：社会管理创新之道——基于国家与社会关系的理论思考［J］．中国行政管理，2013（2）：58-61.

④ 张贤明，田玉麒．论协同治理的内涵、价值及发展趋向［J］．湖北社会科学，2016（1）：30-37.

⑤ 周晨虹．“联合惩戒”：违法建设的跨部门协同治理——以J市为例［J］．中国行政管理，2019（11）：46-51.

⑥ 俞可平．中国要走向官民共治［J］．决策探索（下半月），2012（9）：12-13.

⑦ 王学栋，张定安．我国区域协同治理的现实困局与实现途径［J］．中国行政管理，2019（6）：12-15.

⑧ 赵志华，吴建南．大气污染协同治理能促进污染物减排吗？——基于城市的三重差分研究［J］．管理评论，2020，32（1）：286-297.

⑨ 罗文剑，朱俊庆．国外大气污染治理研究：时空特征与热点前沿——基于Web of Science期刊文献的可视化分析［J］．干旱区资源与环境，2020，34（2）：115-121.

⑩ 张捷，陆渊．共享经济背景下社会养老服务协同治理模式研究［J］．河海大学学报（哲学社会科学版），2019，21（1）：79-86+107-108.

⑪ 罗志刚．中国城乡社会协同治理的逻辑进路［J］．江汉论坛，2018（2）：74-79.

⑫ 叶国兵．基层社会协同治理机制的完善：以南昌禁燃禁放治理为例［J］．江西社会科学，2019，39（5）：220-226+256.

⑬ 杜焱强，刘平养，包存宽，苏时鹏．社会资本视阈下的农村环境治理研究——以欠发达地区J村养殖污染为个案［J］．公共管理学报，2016（4）：101-112+157-158.

⑭ 王丽琼，张云峰．乡村振兴视阈下泉州市农村环境多元共治有效路径研究［J］．中国农业资源与区划，2019，40（8）：219-225.

⑮ 翟绍果，严锦航．健康扶贫的治理逻辑、现实挑战与路径优化［J］．西北大学学报（哲学社会科学版），2018，48（3）：56-63.

⑯ 唐贤兴，马婷．中国健康促进中的协同治理：结构、政策与过程［J］．社会科学，2019（8）：3-15.

⑰ 顾昕．“健康中国”战略中基本卫生保健的治理创新［J］．中国社会科学，2019（12）：121-138.

⑱ 孟庆松，韩文秀．复合系统协调度模型研究［J］．天津大学学报，2000（4）：444-446.

⑲ 刘耀彬，李仁东，宋学锋．中国城市化与生态环境耦合度分析［J］．自然资源学报，2005（1）：105-112.

研究较少，韩春蕾等[①]将模糊隶属度函数运用到环境与健康协调发展的度量中，结果显示2004~2014年我国环境与健康的发展一直处于中度协调状态，且协调度测度值的增长趋势相对较弱。从动态视角来看，发展是系统本身的一种演化过程，环境与健康的协调发展不仅是一个目标，更是一个不断向好的演变过程，只关注系统协调发展的结果而忽略其发展效率是不可行的[②]。将协调发展效果和发展效率进行统筹分析的研究方法已经在环境与经济[③]、生态康养服务与消费者需求[④]等领域有广泛的应用，但学界对环境与健康课题的研究仍处于单独分析两个系统各自发展效率的阶段，鲜有学者探讨两个系统协调发展的综合效率。刘浩等[⑤]在计算我国农村环境治理效率时，运用了三阶段DEA和SBM模型，发现我国农村环境治理平均效率呈上升趋势，但治理效率的省际差异十分明显；温婷和罗良清[⑥]进一步完善了研究设计，发现中西部地区的乡村环境污染治理效率要高于东部地区，东北地区的治理效率最低。俞佳立等[⑦]运用DEA-Malmquist模型对我国居民健康生产效率进行了测算，并分析了影响居民健康生产效率高低的因素，结果表明包括城市化率、医疗保险参保率等在内的区域间差异会引起全要素生产变动差异，进而影响各地区居民健康生产的综合效率。王雪妮和赵彦云[⑧]运用DEA对健康投入效率做了国际比较，发现我国健康治理的综合效率较低，且这种低效性是由低效率的技术转换引起的；同时也指出我国健康治理在发展速度上并不存在显著的优势，而这种局面的形成主要是自然环境质量、收入水平差距等社会经济因素所致。

二、研究述评

综上所述：①有关农村人居环境与居民健康的关系已得到国内外学者广泛关

① 韩春蕾，赵丽，韩坤，等．经济、环境与健康的模糊协调关系研究［J］．卫生经济研究，2018（10）：13-16.

②③ 刘满凤，宋颖，许娟娟，等．基于协调性约束的经济系统与环境系统综合效率评价［J］．管理评论，2015，27（6）：89-99.

④ 刘志明，王悦霖，江林霖，等．森林康养服务功能与消费者需求耦合协调分析——基于黑龙江省三大森林康养基地调查数据［J］．林业经济，2020，42（1）：73-80.

⑤ 刘浩，何寿奎，王娅．基于三阶段DEA和超效率SBM模型的农村环境治理效率研究［J］．生态经济，2019，35（8）：194-199.

⑥ 温婷，罗良清．中国乡村环境污染治理效率及其区域差异——基于三阶段超效率SBM-DEA模型的实证检验［J］．江西财经大学学报，2021（3）：79-90.

⑦ 俞佳立，杨上广，刘举胜．中国居民健康生产效率的动态演进及其影响因素［J］．中国人口科学，2020（5）：66-78.

⑧ 王雪妮，赵彦云．健康投入效率国际比较及影响因素分析［J］．世界地理研究，2019，28（1）：139-148.

注，研究内容涵盖了生态学、地理学、社会学、建筑学、医学等学科，取得了较丰富的成果。②已有研究较多关注城市人居环境与居民健康而较少研究农村，较多从自然科学角度出发，尤其偏重于技术运用，而较少从社会科学角度研究治理的模式、机制等，尤其是以乡村生态振兴为视角的研究成果更少。③已有研究着重关注“治理—农村人居环境”和“农村人居环境—居民健康”两个维度研究，而对“农村人居环境—协同治理—居民健康”的中间作用逻辑及传导链条研究较少。④对农村人居环境与居民健康协同治理模式机制、实现路径与制度创新等理论和现实问题的研究有待深入。

因此，本书将结合环境与健康两个视角，从结果与过程两个方面综合考察我国农村人居环境与居民健康的协同治理机制与实现路径。

第三节　研究内容与研究方法

一、研究内容

本书聚焦乡村振兴的“当头炮”——农村人居环境与居民健康，拟从典型事实描述、理论构建、实证检验和政策设计四个方面，以我国农村人居环境与居民健康协同治理存在的问题、影响因素、模式创新、机制构建、实现路径等为研究对象进行系统性研究。

本书的总体研究框架由五个部分构成：

（一）新时代农村人居环境与居民健康协同治理的理论研究

①运用文献研究、理论分析等，对现有理论成果进行梳理与总结，系统分析国内外有关农村人居环境与居民健康协同治理方面的研究成果、发展趋势等，比较静态地模拟出农村人居环境与居民健康关系的作用机理，提出农村人居环境与居民健康协同治理的价值意蕴；②基于协同治理理论及相关理论，探讨农村人居环境与居民健康协同治理的构成维度，以疾病治疗、健康维护与健康促进为农村人居环境治理目标，构建农村人居环境与居民健康协同治理的研究框架，为本书研究做好理论准备。

（二）新时代农村人居环境与居民健康协同治理的基本现状研究

①从实地调查的角度，通过调查访谈、案例研究等，建立相关案例库，选取典型样本进行实地调研，对农村人居环境与居民健康协同治理现状进行较为全面系统的调查分析，对农村人居环境与居民健康协同治理的现有成绩、存在问题、

瓶颈制约、治理前景等进行深入剖析，奠定本书研究的现实基础。②通过对党代会报告、政府工作报告、国民经济与社会发展五年规划、基本公共服务五年规划等政策文本，以三维分析框架和政策工具为解码手段，研判农村人居环境与居民健康协同治理的政策目标、实践指向、行为者行动特征及其协同治理挑战。

（三）新时代农村人居环境与居民健康协同治理的影响因素研究

①运用复合系统协调度模型建立农村人居环境与居民健康协同发展的演化方程，以政府治理、企业生产、居民生活等作为治理成本的准则层，以经济收益、社会收益、生态收益作为治理收益的准则层，采用熵值法、DEA 法测度现有农村人居环境与居民健康协同治理效应。②通过案例分析和田野调查，并结合农村人居环境与居民健康协同治理的效应测度，分析农村人居环境与居民健康协同治理的动力因素和阻力因素。

（四）新时代农村人居环境与居民健康协同治理体系与模式研究

①对比分析国内外农村人居环境与居民健康协同治理的政策框架，构建共谋、共建、共管、共评、共享的中国农村人居环境与居民健康协同治理体系。②结合实证结果，坚持问题导向，拟从“管理局”式治理模式、“委员会”式治理模式、政府间协同治理模式、政府—市场协同治理模式、政府—社会协同治理模式等方面探讨农村人居环境与居民健康协同治理模式的选择。

（五）新时代农村人居环境与居民健康协同治理机制与实现路径研究

①结合农村人居环境治理与居民健康促进实际，构建农村人居环境与居民健康协同治理机制，主要包括协同立法机制、全民参与的协同推进机制、第三方治理的市场运作机制、环境与健康多元供给机制、环境与健康影响评价评估机制、宣传教育机制、监督与考核评价机制、责任追究机制等。②从建立环境与健康的调查、监测与风险评估制度，制定健康细胞工程建设规范和评价指标，制定环境与健康公约，完善环境与健康基础设施，开展公民环境与健康素养提升和科普宣传工作，倡导简约适度、绿色低碳、益于健康的生活方式，建设美丽健康乡村，加强环境与健康服务供给，开展复合污染对健康影响的技术攻关，强化环境与健康的保障措施等方面探讨农村人居环境与居民健康协同治理的实现路径。

二、研究思路

本书以问题为导向，通过实地调研、统计分析及理论研究和比较研究相结合的方法，以农村人居环境与居民健康促进之间的作用机理和政策研判为切入点，深入探析农村人居环境与居民健康协同治理存在的问题；在综合探究农村人居环境与居民健康协同治理模式与机制及实证检验的基础上，提出农村人居环境与居民健康协同治理的实现路径与制度创新。本书的研究思路如图 1-1 所示。

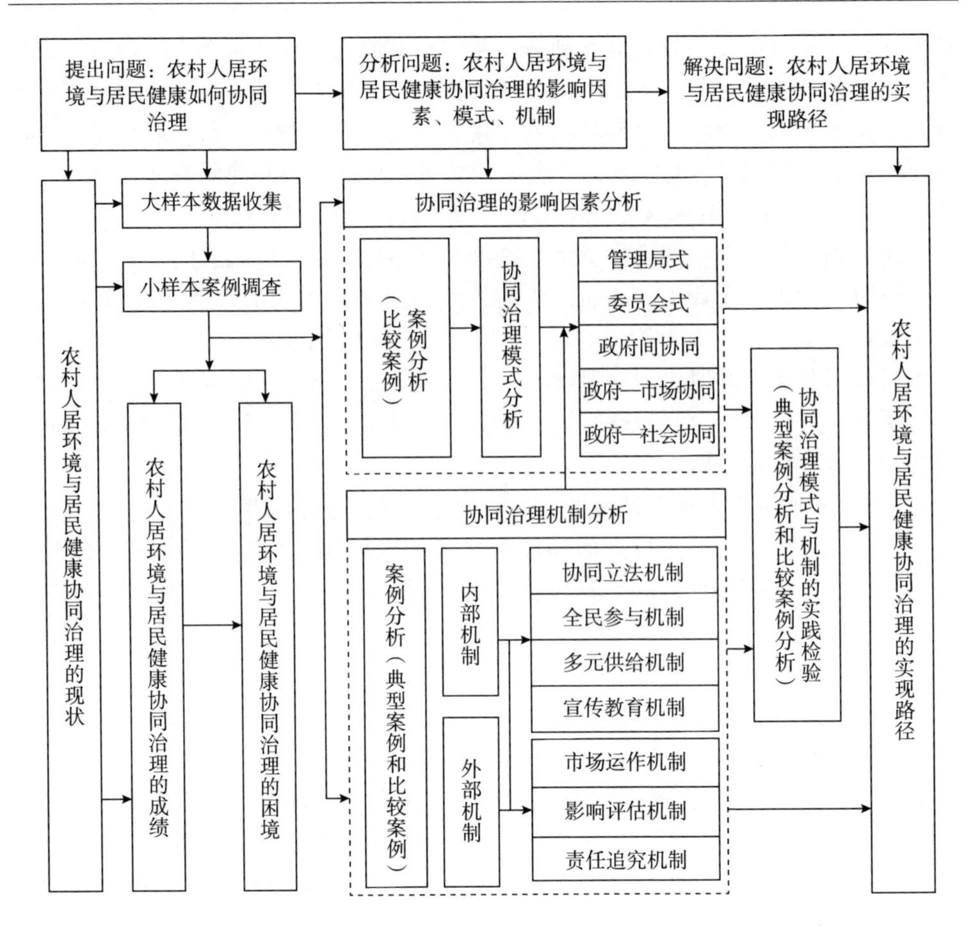

图 1-1　本书的研究思路

三、研究方法

（一）文献研究法

文献研究法是指通过查询、鉴别、收集、筛选、归纳和分析相关的学术期刊、研究成果、书籍、网络资源等资料，形成对研究对象的科学认识的一种方法。本书以“农村人居环境”“农村环境”“居民健康”“健康乡村”“协同治理”以及相关同义词作为检索关键词，在中国知网等文献数据库中进行检索，通过甄别和筛选相关的文献资料，建立本书的文献数据库。在此基础上，运用 SATI、Citespace 文献计量工具，对本书文献数据库中的文献进行梳理与分析。通过文献研究法，本书全面、系统地归纳国内外学者对农村人居环境与居民健康协同发展的思想观点，归集管理学、经济学、规划学、医学等不同领域学者关于农村人居环境与居民健康治理的研究成果，进而形成对研究的发展阶段、发展趋势、现存问题等多维度内容的深入了解，总结经验，发现规律，为本书发掘研究视角，提供理论基础。

（二）政策文本分析法

政策文本分析法是指通过收集、整理相关的政策法规文本，深入挖掘与剖析文本话语中的关键词，并结合政策文本发布的时代背景，分析不同阶段下政府对研究对象的态度、治理方式方法等内容，以探究相关政策发展的内在逻辑。本书使用“农村人居环境”“农村卫生”“农村合作医疗”“健康促进”“健康档案”“健康扶贫”“健康教育”等作为关键词，运用北大法宝进行政策文本的收集与整理，最后通过 Ucinet、ROST、Netdraw 等文本分析辅助工具，对改革开放以来的农村人居环境与居民健康治理政策文本进行分析。分析内容主要包括政策发文数量、发文主体及发文结构、发布形式、政策演变阶段的特征、演进逻辑等。通过政策文本分析，全面了解我国农村人居环境与居民健康治理的发展过程与政策文本的特点，归纳各阶段的治理理念、治理结构、治理路线，为完善和优化农村人居环境与居民健康协同治理政策提供新思路及理论依据。

（三）调查访谈法

本书主要采用实地调查、半结构化访谈法和问卷调查法来获取一手资料，考察点有广西桂林、贵州贵阳、云南曲靖和四川绵阳等地。运用半结构访谈法与政府有关部门的责任人员、社会组织与市场主体中的主干力量、村民委员会干部以及部分村民代表进行广泛交流，充分了解各地农村人居环境与居民健康治理的相关规定和政策要求，重点考察地方农村人居环境整治工作的落实、具体指引与实际成效，以及相关卫生政策措施的出台情况、执行进度和效果，深入挖掘各地农村人居环境与居民健康治理中存在的挑战与难点。运用问卷调查法，从广大农村居民的视角出发，收集有关农村人居环境与居民健康治理的相关信息，主要调查内容包括农村居民家庭或个人的环境卫生状况及环境卫生意识、村庄人居环境与卫生状况、村庄实施农村人居环境和卫生政策的现状、村庄人居环境与公共卫生管理的投入、环境卫生政策评价和未来愿景等。通过实地调查，系统收集农村人居环境与居民健康协同治理的数据和资料，了解农村人居环境与居民健康协同治理的现状、问题以及发展趋势，并将数据资料整理后形成本书的数据资料库，为后续的模型检验奠定了数据性基础。

（四）案例分析法

案例分析法指的是通过探索实际案例，将案例中具体的事件与做法提炼为具有实践指导意义的规律，从而推导出一般的理论或原理的一种方法，是一个从具体到一般的过程。本书通过深入考察点进行实地调查，并结合政府官网信息与权威媒体的报道，收集大量案例资料，重点关注农村人居环境与居民健康治理中的参与主体、协作体系、治理模式等内容，形成对农村人居环境治理和居民健康促进真实现状的了解，并在案例资料的基础上分析总结农村人居环境与居民健康协同治理的主要模式与机制，将典型的、具体的治理行为上升至具有普适性与指导意义的模式与机制，以亮点引领、重点突破、难点攻坚带动全局发展。

（五）实证模型检验法

基于实地调研的数据资料，本书运用 SPSS 22.0、AMOS 7.0、Nvivo 等软件，采用 Logistic 模型进行回归分析，采用扎根理论对文本资料进行编码归集，分析农村人居环境与居民健康现状的影响因素以及二者协同治理的影响因素。除此之外，本书还通过对国家宏观数据的收集，形成农村人居环境与居民健康协同治理分析的宏观数据库。在此基础上，运用复合系统协调度模型、耦合协调度模型以及规模变动的数据包络分析方法，分析我国各地区农村人居环境与居民健康治理的协同度以及在协同度约束下的治理效率。用宏观数据反映我国农村人居环境与居民健康协同治理现状，为剖析现阶段我国农村人居环境与居民健康协同治理中出现的问题提供宏观证据。

（六）比较研究法

比较研究法是指根据一定的标准将两个或两个以上有联系的事物进行对比考察，分析其异同，以探寻该项事物普遍规律与特殊规律的一种方法。根据对比的维度不同，比较研究法可以分为纵向比较与横向比较。本书通过历史与现实的纵向比较，梳理我国农村人居环境与居民健康治理的历史过程，对比不同时期与背景下我国在治理过程中的方法运用、参与主体以及各主体参与形式的不同。通过国内外治理模式的横向比较，发现国外可供参考与借鉴的农村人居环境与居民健康治理模式，以及我国农村人居环境与居民健康协同治理的规律。经过纵横两个维度的对比分析，归集不同时期、不同背景、不同制度下的农村人居环境与居民健康治理的模式、机制与路径，为开展研究提供丰富的实践对比与参照。

第四节　创新之处

一、研究视角上的创新

第一，现有农村人居环境研究大多基于具体案例地区或特定地理单元展开，且大多局限于建筑学、生态学等，少有治理机制研究，与居民健康结合起来的研究更是少之又少。本书创造性地通过农村人居环境污染的中介作用将农村人居环境与居民健康有效结合起来，并形成协同治理的思维，尝试在乡村振兴战略下构建“农村人居环境—协同治理—居民健康”的理论分析框架，探讨农村人居环境与居民健康协同治理模式、机制与实现路径，相较于以往研究具有一定的特色。

第二，在参与主体的视角上，本书摒弃了以往以政府组织作为单中心的农村人居环境与居民健康治理问题研究角度，而是基于协同治理理论，将社会组织、市场主体、农村居民等多元主体纳入其中，探讨不同主体在农村人居环境与居民健康治理中发挥的不同作用，归纳多主体协同治理的有效模式与机制。

二、学术观点上的创新

第一，充分利用农村地区独特的自然环境和人文旅游资源，将农村人居环境与居民健康相结合，并与农村全域产业、全域旅游、全域生态、全域文明协同发展相联系，走出一条农村人居环境提升与居民健康促进相统一的发展新路，建设美丽农村，实现全民健康，完成全面建成小康社会的历史任务。

第二，充分发挥党委领导作用、政府主导作用、农民群众主体作用、基层党组织战斗堡垒作用、党员先锋模范作用和社会各方力量，形成共建共治共享的农村人居环境与居民健康协同治理体系，共同建设美丽乡村，全面实现乡村振兴，实现健康中国。

三、研究方法上的创新

本书结合乡村振兴战略规划，聚焦农村人居环境与居民健康协同治理，既重视定性研究和逻辑推导式的理论推演，也重视案例研究和定量分析的结合使用，尝试在实证研究框架内，掌握农村人居环境与居民健康协同治理的真实状况，使分析依据更充分，研究结论更科学。

第二章 农村人居环境与居民健康协同治理逻辑与演进过程

第一节 相关概念与理论基础

一、农村人居环境的相关概念

（一）人居环境的定义

人居环境学科起源于希腊学者道萨迪亚斯提出的人类聚居学，是以乡村、集镇、城市等为研究对象着重探讨人与环境之间相互关系的科学[①]。吴良镛先生认为，人居环境由居住系统、支持系统、人类系统、社会系统和自然系统构成[②]。农村人居环境是人居环境在农村区域的延伸。由于学者自身学科背景和认知不同，学界对其概念的解读呈现多元化局面。李伯华等认为，农村人居环境指农村居民在聚居中与生活、居住和基本生产活动等相关的生存环境，由逻辑关联的人文环境、地域空间环境和自然生态环境等共同组成[③]。胡伟等认为，农村人居环境是农村居民在居住、交通、耕作、文化娱乐、教育卫生等活动过程中，通过利用自然和改造自然所创造的环境[④]。李裕瑞等指出，农村人居环境是农村居民日常生活和进行基本生产活动的场所，是由硬环境与软环境组成的乡村聚落环境，其中，硬环境包括居住质量、公共服务及基础设施等，软环境包括生活舒适程

① Doxiadis C A. Action for Human Settlements [M]. Athens: Athens Publishing Center, 1975.

② 吴良镛．人居环境科学导论［M］．北京：中国建筑工业出版社，2001.

③ 李伯华，曾菊新，胡娟．乡村人居环境研究进展与展望［J］．地理与地理信息科学，2008（5）：70-74.

④ 胡伟，冯长春，陈春．农村人居环境优化系统研究［J］．城市发展研究，2006（6）：11-17.

度、信息互通难易程度、经济发展水平、社会服务能力等①。

（二）美丽乡村的定义

2005 年，党的十六届五中全会对社会主义新农村建设提出了新要求，即要建设“生产发展、生活宽裕、乡风文明、村容整洁、管理民主的美丽乡村”②。2012 年，党的十八大进一步提出“努力建设美丽中国，实现中华民族永续发展”的目标。“美丽乡村”作为“美丽中国”的重要组成部分，关系着城乡统筹发展与农业现代化，是农村建设与国家发展的必经之路③。自党的十九大提出乡村振兴战略以来，美丽乡村的建设要求与目标又得到了扩展与丰富。乡村振兴视域下的美丽乡村建设不仅在于视觉层面上的美丽，更多的还应关注乡村经济、乡村文化以及乡村空间的共同塑造与设计，将美丽乡村的建设目标拔高到乡村绿色产业之发展、乡村文化之传承、乡村生态之文明的全方位美丽绽放④。美丽乡村建设不是新农村的重复，它具有更高的战略定位，是“美丽中国”建设战略的重要和难点部分，涵盖了乡村经济、政治、文化、社会、生态文明等多个维度⑤。

关于美丽乡村的内涵，众多学者基于不同的研究视角与学科背景给出了不同的定义。从研究内容来划分，陈秋红和于法稳认为，美丽乡村概念的研究可以分为立足于自然和社会层面、站在农村生产生活与生态层面、着眼于城乡协调发展层面三个不同维度涵义⑥。向富华基于内容分析法，将美丽乡村定义为生态环境优良、人居环境舒适、经济社会繁荣并具有发展可持续性的和谐文明乡村⑦。从研究的切入点或视角来进行划分，韩喜平和孙贺认为，美丽乡村的内涵可以分为定位在生态文明战略布局下或纳入社会主义新农村大框架下的两种研究视角⑧。

（三）农村人居环境治理

以系统论为视角，农村人居环境治理是指对农村的安全格局、村庄规划、经济发展、环境卫生、公共服务及基础设施六大子系统进行优化，使衡量各子系统状况优劣的指标数据达到验收标准的过程⑨。治理理论则强调农村人居环境治理中治理主体的多样化与治理目标的实现。吕建华和林琪认为，农村人居环境治

---

① 李裕瑞，曹丽哲，王鹏艳，常贵蒋．论农村人居环境整治与乡村振兴［J］．自然资源学报，2022，37（1）：96-109.

② 中共中央文献研究室．十六大以来重要文献选编（中）［M］．北京：中央文献出版社，2006.

③ 张振，徐影秋，王浩．美丽乡村与乡村公共空间重构理路［J］．现代城市研究，2022（8）：106-109.

④ 高芳，张岚．乡村振兴战略视域下的美丽乡村建设论析［J］．环境工程，2021，39（7）：256.

⑤ 邓毛颖，湛冬梅，林莉，黄耿志．美丽乡村建设的项目库统筹模式——以广州瓜岭村为例［J］．城市发展研究，2020，27（10）：34-40.

⑥ 陈秋红，于法稳．美丽乡村建设研究与实践进展综述［J］．学习与实践，2014（6）：107-116.

⑦ 向富华．基于内容分析法的美丽乡村概念研究［J］．中国农业资源与区划，2017，38（10）：25-30.

⑧ 韩喜平，孙贺．美丽乡村建设的定位、误区及推进思路［J］．经济纵横，2016（1）：87-90.

⑨ 胡伟．村镇人居环境优化系统研究［M］．北京：北京大学出版社，2007.

理是政府、村民、社会组织、企业等利益相关者通过资源、权力的协调实现农村人居环境和谐、美好、可持续的管理过程①。胡洋则坚持认为，农村人居环境治理是地方政府、社会组织、私人部门以及村民个体以突出问题为重点，采取具体治理举措以优化人居环境、提升农村居民获得感、幸福感与安全感的行动②。

农村人居环境治理的构成要素包括治理主体和治理客体。有学者认为，农村人居环境治理的主体是包括政府、村民、村委会、企业、环保组织等在内的享有环境权利和承担环保责任的组织或个体，并根据《农村人居环境整治三年行动方案》将治理客体分为垃圾处理、污水治理、提升村容村貌三部分③。此外，其他学者指出农村人居环境治理的客体不仅包括硬件设施，也包括软环境④。由于农村经济发展不均衡以及“空心村”的变迁，乡村社会公共性普遍弱化，农村人居环境治理具有鲜明的特点。综合学者们的研究，农村人居环境治理具有综合性、区域性⑤、复杂性以及主体自身缺陷性、过程艰巨性⑥的特征。

（四）美丽乡村建设

20 世纪 30 年代，西方发达国家正在经历由传统农业向现代农业的转变，生产方式的变化同时带来了乡村建设的变革，美丽乡村建设运动由此开始。总结国外的乡村建设方式，鹿风芍和齐鹏将其归纳为三种类型：一是以美国和德国为代表的现代农业型模式，该模型较多运用在自然资源相对丰富的国家；二是以日本和韩国为代表的高价现代农业型模式，该模式较多应用在自然资源相对短缺的国家；三是以荷兰为代表的效益农业型模式，与第二类模式一致的是该模式也较多应用在自然资源相对短缺的国家⑦。我国国土面积广阔，不同地区有着不同的生产条件与生活方式，学者在对我国的美丽乡村建设经验进行总结时，多以地域为划分，如李彦雪等利用无人机现场收集资料和 ArcGIS 平台技术统计，以黑龙江省地域 155 个典型行政村为研究样本，分类进行定量统计分析，总结了乡村振兴背景下乡村旅游、传统村落保护、生态村落、一村一品示范村、美丽休闲乡村这五种典型美丽乡村建设模式⑧。朱信凯和于亢亢则从建设主体的角度为美丽乡村建设提供了 3 套评价体系，分别是以人员、资金、物资等投入为标准的政府主导

---

①③⑥　吕建华，林琪．我国农村人居环境治理：构念、特征及路径［J］．环境保护，2019，47（9）：42-46.

②　胡洋．农村人居环境合作治理的制度优势与实现路径［J］．云南社会科学，2021（2）：84-91.

④⑤　李裕瑞，曹丽哲，王鹏艳，常贵蒋．论农村人居环境整治与乡村振兴［J］．自然资源学报，2022，37（1）：96-109.

⑦　鹿风芍，齐鹏．乡村振兴战略中美丽乡村建设优化策略研究［J］．理论学刊，2020（6）：141-150.

⑧　李彦雪，许大为，宋杰夫，王竞红．全面推进乡村振兴背景下黑龙江省美丽乡村建设分类［J］．北方园艺，2021（24）：163-171.

下的战略规划评价，重点关注污染管理、控制、效益等资源消耗的企业主导下的发展评价，以及核心为社会福利情况、环境满意度、地方依恋性等主观感受的公众主导下的满意度评价①。

二、农村居民健康的相关概念

（一）健康的定义

关于健康的定义，1948年，联合国世界卫生组织（WHO）成立时就提出完全健康的人是指身体没有疾病、心理健康、社会适应良好的人；1989年，WHO在此概念上进一步补充了完全健康中的“道德健康”这一标准②。《阿拉木图宣言》中明确指出：“健康是一项基本人权，一个世界范围的最重要的社会目标就是达到尽可能高水平的健康。”③ 可见，健康作为人类生存发展的一种权利，是躯体、心理、社会适应等多方面相互促进、相互依存、有机结合的结果。2016年中共中央、国务院印发的《“健康中国2030”规划纲要》明确指出，要身体、精神、社会等方面都处于良好状态才能称之为健康，一是主要脏器无疾病，身体发育良好、各系统生理功能正常；二是对疾病、生理刺激以及其他风险因素有较强抵抗力，能够适应环境变化④。

（二）公共健康的定义

公共健康，即公共卫生，古今中外有许多学者都对此下过定义，如Petersen和Lupton认为，公共健康是地方、中央、国际等各级资源的组织形式，旨在利用各类资源解决各层级社会中的主要健康问题，是用以维持和改进人类健康的科学、技能和信念的综合⑤；Childress等将其定义为一项通过全社会的努力来实现疾病预防、寿命延长的科学与艺术⑥；Rosen对公共健康的理解则更为广泛，其认为公共健康还应包括对人类健康产生影响的社会运动以及立法等行为，如工作时长限制、孕妇就业保障等⑦。肖巍通过梳理总结各学科观点，给出了一个相对

---

① 朱信凯，于亢亢．环境共治与乡村振兴：记得住的乡愁［M］．北京：中国农业出版社，2018.

② 陈世平，罗灵娟，方洁琼．小学生心理健康教育的策略分析［C］//十三五规划科研成果汇编（第五卷），2018：1534-1537.

③ 世界卫生组织全球网．阿拉木图宣言（1978）［EB/OL］.（2017-05-06）［2022-09-03］. https：//www. who. int/topics/primary_ health_ care/alma_ ata_ declaration/zh/.

④ 中共中央 国务院印发《“健康中国2030”规划纲要》［J］．中华人民共和国国务院公报，2016（32）：5-20.

⑤ Petersen A，Lupton D. The New Public Health：Health and Self in the Age of Risk［M］. Thousand Oaks，Calif.：Sage Publications，Inc.，1996.

⑥ Childress J F，Faden R R，Gaare R D，et al. Public Health Ethics：Mapping the Terrain［J］. Journal of Law，Medicine & Ethics，2002，30（2）：170-178.

⑦ Rosen G. A History of Public Health［M］. Baltimore，MD：JHU Press，2015.

简单的定义，他认为公共健康就是由全社会来促进的公众的健康，并归纳了公共健康的四个主要特点：一是强调群体的、公众的、全人类的健康；二是重视对致病因素的预防；三是内容范围广，包括劳动保护、环境保护、健康教育、医疗体系等一切与人类健康相关的问题；四是公共健康属于社会产品，人类健康的促进是一种群体性行为，必须通过全社会合力来完成①。

（三）农村健康社区的定义

作为基层政府主导的区域共同体，农村社区承载着农村社会的治理与服务功能，在发展过程中需要尊重与保障社区居民的群体利益，它的出现也在一定程度上代表了农村居民对它的认可。作为现阶段出现的一种新型基层管理单元，农村社区需按照一定的标准对其边界进行划分。目前权威研究将农村社区建设模式分为五类，分别为“一村一社区”模式、“一村多社区”模式、“多村一社区”模式、“集中建设区”模式及“社区设小区”模式。

健康社区运动早在20世纪八九十年代就开始盛行，最早由杜尔和汉考发起，并首先在欧美发达国家中出现，后来又发展成为不少发达国家的一种民主与公民社会运动。该运动旨在通过采取更具体和可行的社会行为，改善健康社区内个人、群体以及社会整体的健康水平。2020年3月21日，中国工程建设标准化协会和中国城市科学研究会联合发布《健康社区评价标准》，健康社区被界定为在人类实现社会基本功能的基础上，为人类发展创造更为健全的社会环境、设备和服务条件，提高人类心理健康、实现身体健康性能改善的过程社会②。无论是在规划、建设还是在管理方面，农村健康社区都要坚持以人为本，确保社区居民能够健康地在社区生活与工作③。一个健康的农村社区，需要在关注健康问题的同时，关注健康问题的发展趋势，再寻求改善社区健康的行动路径，其核心在于社区对健康作出承诺，并为实现这一承诺而建立相应的组织机构。

（四）健康乡村的定义

1989年，WHO首次提出“健康村”概念，将其定义为：具有较低传染病发病率、人人享有基本卫生设施和服务、社区和谐发展的农村④。2008年，“世行贷款/英国赠款中国农村卫生发展项目”开始在国内展开，项目结合我国国情将健康村定义为：具有卫生安全的物质和生活环境、良好的健康意识和生活方式、疾病得到较好的预防和控制，能在保护和促进村民健康方面可持续性开展工作的

---

① 肖巍．论公共健康的伦理本质［J］．中国人民大学学报，2004（3）：100-105.

② 张起帆．生态系统视野下的健康社区建设［J］．宁夏社会科学，2021（6）：162-168.

③ 张屹立，周增桓．治理语境下农村健康社区建设的进路分析［J］．中国农村卫生事业管理，2012，32（1）：4-6.

④ WHO. Types of Healthy Settings［EB/OL］.（2009-06-22）［2022-09-03］. http：//www. Who. int/healthy_ settings/types/villages/en/.

行政村①。自2018年《关于实施乡村振兴战略的意见》首次提出“健康乡村”的概念以来，国内学者已进行了一定的研究，而因学科背景和价值观的差异，学界在健康乡村的概念上难以达成统一共识，主流的定义可以分为两种：

一是基于健康服务以及保障的医学观。其本质为在医疗健康卫生服务下，农村居民没有明显疾病，处于身心健康状态。例如，林一心等认为，“健康新农村”应当包括安全的公共卫生环境、可及的基本医疗服务、公平的医疗保障、有效的公共支持四个方面②。唐燕和严瑞河则认为，“健康乡村”重在强调乡村公共医疗资源和卫生服务等设施的合理配置及农民身心的健康发展③。

二是基于人与社会健康发展的综合观，强调乡村整体的持续健康发展，不仅要关注医学上的范畴，更要关注社会、经济和生态等多学科交叉的综合性理解。如王三秀和卢晓将健康乡村界定为，通过特定医疗卫生政策的具体实践使乡村实现可持续化的健康状态④。梁海伦和陶磊将健康乡村定义为，使农村居民处于健康状态且乡村环境能够长期支持农村居民的生理、心理、社会等方面都处于良好状态的乡村⑤。唐燕和严瑞河基于中国的当前实践，指出健康乡村是在农民身心、社会关系与社会保障、人居环境、生活水平、经济发展、公共服务等方面实现全方位“健康”与“可持续”发展的乡村⑥。

关于健康乡村的特点，目前较少有文献对此进行全面的研究与总结。沈冰洁等提出健康乡村的基本特征包括：均衡发展的人群健康水平、普及丰富的健康生活、可及优质的健康服务、卫生宜居的健康环境、安全活力的健康社会以及规范有力的组织保障⑦。

（五）公共健康治理

公共健康治理是指通过构建一系列正式和非正式的制度和规则体系，来保障政府、卫生服务提供者、非政府组织、医疗服务使用者、社会公众等众多健康利益相关者的利益表达，其中包括责、权、利的分配和角色的安排，并通过相互间的有效互动来确保政策、策略和行动一致的过程。公共健康治理旨在应对和解决各种健康问题、捍卫人类健康、实现公共健康目标；重点是防范和应对各种潜在

① 张巍，田向阳．健康村研究进展［J］．中国健康教育，2010，26（7）：541-545.

② 林一心，王勤荣，盛建．健康新农村框架构建［J］．中国农村卫生事业管理，2007（1）：13-14+68.

③⑥ 唐燕，严瑞河．基于农民意愿的健康乡村规划建设策略研究——以邯郸市曲周县槐桥乡为例［J］．现代城市研究，2019（5）：114-121.

④ 王三秀，卢晓．健康中国背景下农民健康治理参与模式重构——基于健康乡村的三重逻辑［J］．中州学刊，2022（4）：55-64.

⑤ 梁海伦，陶磊．健康乡村建设：逻辑、任务与路径［J］．卫生经济研究，2022，39（3）：1-5.

⑦ 沈冰洁，尤莉莉，田向阳，任学锋，郭婧，晋菲斐，宋益喆，苏夏雯，刘远立．我国健康农村（县）综合评价指标体系构建研究［J］．中国健康教育，2019，35（3）：203-207.

的、严重危害民众健康或具有强毁伤力的公共卫生威胁，如传染病、空气污染和核生化事件等①。

公共健康治理主要有以下四个特点②：

第一，治理主体多元化：主要包括各级政府、政府各部门、各类公立或私立专业卫生机构、公众、社会团体、非政府民间组织等。

第二，治理机制多样化：主要包括授权与责任机制、沟通与互动机制、协商与合作机制以及广泛参与机制等。

第三，治理策略创新化：主要包括政府市场社会互动管理，横纵联合，网络治理，权力中心多元化，少划桨、多掌舵，弱化控制、强化协调等。

第四，治理手段多样化：主要包括医学与非医学手段、政府与非政府手段、正式制度和规则与非正式制度安排、市场手段等。

（六）农村健康社区治理

从概念的角度看，社区的健康是多方面的健康，包括个人、社区相关组织和社区整体的健康，强调健康理念对社区建设的重要性，涉及健康社区规划、建设和治理的全过程，相关工作以提供社区应急、社区公共服务供给和社区健康监测评估服务为主③。健康社区治理是由政府部门、社区居民以及社区社会组织、市场主体等多元主体共同参与，以期解决健康社区公共问题、稳定健康社区秩序、提供健康相关公共服务的过程。本书认为农村健康社区治理是指在一定的行政村范围内，为提高农村居民、社区相关组织和社区整体环境的健康水平，政府部门、社区居民、市场以及社会组织等多元治理主体各司其职、沟通协作，运用科学方式共同处理农村社区健康问题和提供农村社区健康服务的过程。

（七）健康乡村建设

理解健康乡村建设的主要内容与评价指标体系是推进健康乡村建设的基本前提。国内学者对其主要内容进行划分并基本达成共识，均强调了制度、技术以及居民健康提升的重要性。梁海伦和陶磊认为，健康乡村建设的核心任务由宏观层面的乡村健康环境与乡村健康政策、中观层面的医疗保障和卫生服务、微观层面的健康行为与观念等五部分内容组成，其中健康环境和健康政策体系提供了制度基础，医疗保障和卫生服务提供了技术支撑，健康行为与观念保证了个体健康状态的持续改善④。白描认为，农村医疗卫生服务供给、医疗保障、健康环境建设

① 光明日报．我国公共卫生需补应急短板［EB/OL］.（2020－04－19）［2022－09－03］. https：//news. gmw. cn/2020-04/19/content_33750779. htm.

② 李鲁，吴群红，郭清，邹宇华．社会医学［M］．北京：人民卫生出版社，2017.

③ 袁媛，何灏宇，陈玉洁．面向突发公共卫生事件的健康社区治理［J］．规划师，2020，36（6）：90-93.

④ 梁海伦，陶磊．健康乡村建设：逻辑、任务与路径［J］．卫生经济研究，2022，39（3）：1-5.

以及农民健康状况与健康行为四个层面是健康乡村建设的主要内容①。丁少平和陶伦则从突发公共卫生事件的角度出发，认为健康乡村的具体内容包括公共卫生事件应对能力评估、以设施服务和物质空间为主的韧性防御体系、柔性管治体系、居民防范防治教育训导机制、分级激活—社区统筹应对模式等②。

健康乡村的评价指标体系构建能够对推进健康乡村建设起到指引和监督作用，对于保证目标执行的有效性和评估的科学性具有重要意义。《世行贷款/英国赠款中国农村卫生发展项目健康村试点建设指南》首次在国内较系统地提出了以健康环境、健康传播、健康服务、健康状况为主要结构框架的“健康村评价指标体系”，包括一级指标 4 个、二级指标 16 个、三级指标 37 个。沈冰洁等通过文献研究和专家会议法，认为一级指标按权重高低排序分别有人群健康、健康生活、健康服务、健康环境、健康社会、组织保障 6 项，其中包括生命质量、妇幼健康等 15 项二级指标和人均期望寿命、居民健康素养水平等 30 项三级指标③。

三、乡村治理理论

治理理论认为，治理是一项以多主体间共同目标为导向的持续性管理活动，而实现良善治理的根本所在是多元主体间的良性互动与合作，包括合法、透明、责任、法治、回应、有效这六大基本要素④。乡村治理是国家治理体系的重要组成部分，乡村何以善治是新时代乡村治理研究的核心问题。我国于 20 世纪 90 年代末开始了乡村治理的研究，并引起了政治学、管理学、社会学等相关领域内学者的广泛关注⑤。党的十八大以来，学界关于乡村建设、乡村治理等方面有了更多的探索，相关理论的研究与实践进入了新的阶段，逐步形成了中国乡村治理现代化理论。中国乡村治理现代化理论是在全体人类社会治理文明的成果上发展而来的，既包括了马克思主义相关的乡村治理思想，也包含了对西方治理理论的学习与借鉴，更是囊括了中国传统乡村治理中的有益启发⑥。

中国乡村治理现代化理论是指中国共产党用以治理农村的一套制度体系与运行机制。该理论指导实践的意义在于保障了我国农村治理的有效性，能够顺应农

---

① 白描．乡村振兴背景下健康乡村建设的现状、问题及对策［J］．农村经济，2020（7）：119-126.

② 丁少平，陶伦．健康乡村：突发公共卫生事件背景下的乡村应对策略［J］．规划师，2020，36（6）：72-75.

③ 沈冰洁，尤莉莉，田向阳，任学锋，郭婧，晋菲斐，宋益喆，苏夏雯，刘远立．我国健康农村（县）综合评价指标体系构建研究［J］．中国健康教育，2019，35（3）：203-207.

④ 俞可平．治理与善治［M］．北京：社会科学文献出版社，2000.

⑤⑥ 邱春林．中国特色乡村治理现代化及其基本经验［J］．湖南社会科学，2022（2）：73-80.

村治理的现代化发展潮流，推动乡村社会文明和谐可持续发展①。目前，我国乡村治理的基本框架与内容主要包括以下四个方面②：一是乡村治理主体，贺雪峰从治理主体的视角出发，认为实现乡村善治的关键在于再造一个“利益共享、责任共担”的乡村集体③，需要摒弃“政府唯上”的权利逻辑去向④，弱化村民委员会准行政组织的性质⑤，同时重视农民的主体作用⑥。二是乡村治理对象或客体，主要包括乡村经济、公共服务、乡村秩序以及社会保障等多方面的公共事务。三是乡村治理机制与路径，张小军和雷李洪等从治理方式视角出发，从自治⑦、德治⑧、法治⑨三个方面提出了乡村治理的路径，但王文彬指出，尽管善治类型多样，“最适宜善治”还是需要治理走向自觉，走协同的共治之路⑩。新时代下，国家和社会关系变革的倒逼以及乡村治理结构整体优化的诉求共同作用，生成了“三治融合”乡村治理体系⑪，其基本表现可归纳为“自治为本、德治为基、法治为要”的关系结构⑫。四是乡村治理目标，乡村的稳定和发展一直是我国乡村治理的目标聚焦点，特别是在新时代的新形势下，面对农村环境恶化、基层自治无效等一系列问题，我国乡村治理的具体目标变得多元，需要在乡村振兴战略下实现乡村治理体系的健全与乡村社会的有效善治⑬。

---

① 邱春林．中国共产党农村治理能力现代化研究［M］．济南：山东人民出版社，2017.

② 邱春林．中国特色乡村治理现代化及其基本经验［J］．湖南社会科学，2022（2）：73-80.

③ 贺雪峰．如何再造村社集体［J］．南京农业大学学报（社会科学版），2019，19（3）：1-8+155.

④ 胡雪，项继权．乡村治理转型中基层政权公共性的重构［J］．云南社会科学，2018（4）：45-52+187.

⑤ 王晓毅．完善乡村治理结构，实现乡村振兴战略［J］．中国农业大学学报（社会科学版），2018，35（3）：82-88.

⑥ 胡平波，罗良清．农民多维分化背景下的合作社建设与乡村振兴［J］．农业经济问题，2020（6）：53-65.

⑦ 张小军，雷李洪．乡村社区自主发展的中国经验——走向共同体的乡村自治［J］．江苏社会科学，2018（3）：99-107.

⑧ 李元勋，李魁铭．德治视角下健全新时代乡村治理体系的思考［J］．新疆师范大学学报（哲学社会科学版），2019，40（2）：70-77.

⑨ 陈寒非．嵌入式法治：基于自组织的乡村治理［J］．中国农业大学学报（社会科学版），2019，36（1）：80-90.

⑩ 王文彬．自觉、规则与文化：构建“三治融合”的乡村治理体系［J］．社会主义研究，2019（1）：118-125.

⑪ 张明皓．新时代“三治融合”乡村治理体系的理论逻辑与实践机制［J］．西北农林科技大学学报（社会科学版），2019，19（5）：17-24.

⑫ 向此德．“三治融合”创新优化基层治理［J］．四川党的建设，2017（20）：46-47.

⑬ 燕连福，程诚．中国共产党百年乡村治理的历程、经验与未来着力点［J］．北京工业大学学报（社会科学版），2021，21（3）：95-103.

四、生态文明理论

（一）生态文明理论的发展

生态文明理论产生于20世纪70年代，根据理论基础和价值立场的不同，可以将生态文明理论划分为代表特殊与地区维度的“深绿”和“浅绿”工具型生态文明理论、代表普遍与全球维度的“红绿”目的型生态文明理论，但任何一种生态文明理论必然包含生态本体论、生态价值论、生态方法论和生态治理论四个方面的内容①。“深绿”生态思潮从生态科学整体性规律出发，提出了“自然价值论”和“自然权利论”的主张，其与后现代主义高度一致，反对理性和科学技术的运用，要求人类以自然为本位，放弃对自然的改造并学会屈服于自然，形成最符合自然要求的生存状态②。“浅绿”生态思潮则遵循着现代主义的研究范式，强调保护人类的利益，主张立足于人类的整体与长远利益来解决生态危机问题。虽然该理论思潮仍然是以抽象的角度来看待人类与自然的关系，但其改变了近代人类中心主义中价值观的缺陷③。“红绿”生态思潮倡导用马克思主义分析生态问题，强调只有变革资本主义的制度和生产方式以及资本所支配的全球权力关系，并在此基础上实现生态价值观的变革，生态危机才能得到根本解决④。

20世纪90年代之前，我国生态文明理论的研究重点在引进与借鉴西方生态文明理论及其研究范式，同时也积极挖掘与整理中国传统文化中的生态思想，如主张“天人合一”的儒家思想，以“道法自然”为核心的道家学说等⑤。生态文明理论就在这种生态学科群的基础上开始萌芽并发展起来⑥。20世纪90年代后，受到马克思主义生态思想的启发，我国学界开始重点关注马克思主义生态文明理论，主张以历史唯物主义的研究范式开展研究，并提出要构建中国形态的生态文明理论⑦。“生态文明”是一个包含科学与价值两个维度的综合性概念，要构建我国的生态文明理论就必须摒弃西方中心主义的价值立场，将“环境正义”作为生态文明的价值诉求，摆脱“深绿”和“浅绿”生态思潮的抽象性，在生态

---

① 王雨辰．构建中国形态的生态文明理论［J］．武汉大学学报（哲学社会科学版），2020，73（6）：15-26.

②③ 王雨辰，李芸．我国学界对生态文明理论研究的回顾与反思［J］．马克思主义与现实，2020（3）：76-82.

④ 王雨辰．生态文明的四个维度与社会主义生态文明建设［J］．社会科学辑刊，2017（1）：11-18.

⑤ 郭龙腾．习近平生态文明思想探析［C］//2020年“区域优质教育资源的整合研究”研讨会论文集，2020：24-27.

⑥ 陈红兵，杨龙．道家的“无为而治”及其可持续发展意义［J］．江苏行政学院学报，2017（2）：29-33.

⑦ 王雨辰．论我国学界对生态学马克思主义研究的历程及其效应［J］．江汉论坛，2019（10）：54-60.

治理中追求发展与进步，坚守发展权与环境权以及全球环境治理的有机结合①。

（二）中国特色社会主义生态文明理论的内涵

党的十六大以来，我国在经济建设中不断推动生态文明建设理论的发展，逐渐形成了具有中国特色的社会主义生态文明理论②。党的十八大以来，以习近平同志为核心的党中央坚持以人民为中心，把生态文明建设摆在“五位一体”总体布局的重要位置，并形成了习近平生态文明思想，为中国特色社会主义生态文明建设理论注入了新的时代内涵。该理论系统地、科学地回答了新时代下中国推行生态文明建设的原因、目标以及路径等问题③。

首先，支撑着我国推进生态文明建设的理论思想有三：一是“生态兴则文明兴，生态衰则文明衰”的生态文明历史观；二是“良好生态环境是最普惠的民生福祉”的生态文明民生观；三是“生态文明是实现伟大复兴中国梦的关键一步”的生态文明愿景观。到21世纪中叶，把我国建成富强民主文明和谐美丽的社会主义现代化强国，是我国第二个百年奋斗目标和中华民族伟大复兴的中国梦。实现中国梦不可跃过的关键一步是建设“美丽中国”：一方面，人类的发展依存于自然，需要自然来作为人类文明的基础性承载物，“任何历史记载都应当从这些自然基础以及它们在历史进程中由于人们的活动而发生的变更出发”④。站在历史的角度来思考人类的发展与生态的演进过程，人类文明的发展史就是一部人与自然的关系史，人与自然之间关系的优劣能直接引起人类文明的兴衰⑤。另一方面，进入新时代以来，我国社会主要矛盾发生了重大变化，人民群众的需求有了质量上的提高，物质层面的满足逐渐转向对精神、环境等方面的追求，而生态文明的建设正是对人民群众关于健康权以及获得感需求的积极回应⑥。

其次，关于我国生态文明建设的目标则由以下三种理论思想来解答：一是“坚持人与自然和谐共生”的生态文明实质观；二是“山水林田湖草是生命共同体、人与自然是生命共同体”的生态文明自然观；三是“绿水青山就是金山银山”的生态文明发展观。生态文明与生态野蛮的根本标志在于人与自然是否能和谐共生，其和谐共生的程度就是生态文明水平的客观反映，而我国推进生态文明

---

① 王雨辰，李芸．我国学界对生态文明理论研究的回顾与反思［J］．马克思主义与现实，2020（3）：76-82.

② 董前程．中国特色社会主义生态文明理论的伦理意蕴［J］．南京师范大学学报（社会科学版），2019（6）：83-92.

③ 杨志华，修慧爽，鲍浩如．习近平生态文明思想的科学体系研究［J］．南京工业大学学报（社会科学版），2022，21（3）：1-11+115.

④ 中共中央马克思恩格斯列宁斯大林著作编译局．马克思恩格斯文集：第1卷［M］．北京：人民出版社，2009.

⑤⑥ 高帅，孙来斌．习近平生态文明思想的创造性贡献——基于马克思主义生态观基本原理的分析［J］．江汉论坛，2021（1）：5-12.

建设的价值诉求和根本目的就在于实现人与自然的和谐共生①。在自然体系内部，生态是一个统一的系统，在该系统内各种自然要素相互依存并实现有序循环②。生态系统内的物质循环与能量交换是为人类发展提供物质基础的重要过程，其与社会系统间的物质能量循环也是一项客观规律③。绿水青山作为一项自然财富，与各类生物形成了生命共同体；作为一项经济财富，为人类生存发展提供了物质基础与多种服务；作为一项社会财富，其全然为人民所享有④。

最后，为建设中国生态文明，需要践行以下的生态文明理论思想：一是“用最严格制度最严密法治保护生态环境”的生态文明治理观；二是“全社会共同参与”的生态文明行动观；三是“共谋全球生态文明建设”的生态文明全球观。我国国土面积广大、人口众多，面临的生态问题复杂多样、相关风险突出，存在着生态系统脆弱、资源枯竭、污染严重等问题，而治理过程中的制度不完善、法治不严密、执行不到位等问题形成了我国生态文明建设中的最大制约⑤。此外，生态环境问题是公众性的、全域性的、规模性的问题，相关治理需要全社会乃至全世界、全人类的共同关注与行动，任何国家都不可能独善其身⑥；聚焦于国内，则需要党和政府、市场主体、社会组织以及公民个人等多元主体的参与与协同，从而保障生态文明建设的领导力、凝聚力以及行动力。

五、健康治理理论

新中国成立以来，我国十分重视公共健康的治理，进入新时代后，习近平总书记始终把人民健康放在优先发展的地位，并将“健康中国行动”上升为国家战略行动，突出健康治理的重要性与必要性。以马克思主义为指导，经过长时期的实践探索与经验累积，我国逐渐形成了有关健康治理的重要论述⑦。我国的公共卫生与健康治理理论在马克思主义健康观与中国传统健康观的基础上实现了

---

① 方世南．促进人与自然和谐共生的内涵、价值与路径研究［J］．南通大学学报（社会科学版），2021，37（5）：1-8.

② 中共中央文献研究室．习近平关于社会主义生态文明建设论述摘编［M］．北京：中央文献出版社，2017.

③ 张夺．习近平生态文明思想的生成逻辑、科学内涵与原创性贡献［J］．邓小平研究，2022（2）：82-93.

④⑤ 吕忠梅．习近平生态环境法治理论的实践内涵［J］．中国政法大学学报，2021（6）：5-16.

⑥ 杨志华，修慧爽，鲍浩如．习近平生态文明思想的科学体系研究［J］．南京工业大学学报（社会科学版），2022，21（3）：1-11+115.

⑦ 张艳萍．习近平关于健康治理的重要论述研究——以马克思主义健康理念为视角［J］．治理现代化研究，2021，37（5）：19-26.

承袭与创新[①]，是马克思主义关于"人的现代化与国家管理职能"基本原理的中国化最新成果。该理论主要包括十四个方面的核心要义，全面回答了我国健康治理的原因、目标、方式、边界等问题[②]。例如，"人民生命安全与身体健康观"回答了落实健康治理的原因与目标，"人的生命只有一次，必须把它保住，我们办事情一切都从这个原则出发"[③]，生命健康权是人民实现其他一切权利的基础，保障人民享有生命健康权是我国公共健康治理的出发点[④]。同时，该观念也反映了我国的公共卫生与健康治理理论以人民为中心、坚持人民主体地位的思想精髓与行动原则。"构建人类生命健康共同体观"回应了健康治理的边界，病菌没有国界，疾病不分种族，在全球化的背景下，疾病的传播变得更加迅速与猛烈，实现有效的健康治理不仅是某个国家的工作，更是世界各国应承担起的共同责任。"构建公共卫生体系观"是健康治理的基石，也是我国的公共卫生与健康治理理论的核心命题，重点强调了公共卫生体系"四梁八柱"的建设，除此之外，全面深化医疗卫生体制改革观、健全公共卫生服务体系观、公共卫生法治保障观等十余个理论观点均为我国健康治理指明了前进的方向与路径。

六、协同治理理论

（一）协同治理的内涵

治理是公共部门与私人部门用以管理经营相同事务的所有方式的总和，是一个调和不同利益主体、调节冲突的持续性过程[⑤]。协同治理在"治理"的基础上着重强调"共同行动""共同治理"，Ansell 将协同治理定义为一个或多个公共机构直接与非政府利益相关者进行正式的、有共识导向的协商性集体决策，以制定或执行公共政策，管理公共项目或资产[⑥]。Emerson 等学者在此定义的基础上继续深化，指出协同治理是公共政策决策、管理的过程和结构，其能使人们跨越政府部门、公共组织以及市场领域的边界，促进信息、资源、治理能力的组合与共

① 余达淮，王世泰．习近平关于人民健康重要论述的内涵、实践价值与世界意义［J］．南京社会科学，2020（12）：1-8+18.

② 徐汉明．"习近平公共卫生与健康治理理论"的核心要义及时代价值［J］．法学，2020（9）：100-116.

③ 中共中央党史和文献研究院．十九大以来重要文献选编（中）［M］．北京：中央文献出版社，2021.

④ 朱海林．人类卫生健康共同体的伦理意蕴［J］．伦理学研究，2021（4）：118-124.

⑤ 祝光耀，张塞．生态文明建设大辞典：第三册［M］．南昌：江西科学技术出版社，2016.

⑥ Bryson J M，Crosby B C，Stone M M. Designing and Implementing Cross-sector Collaborations：Needed and Challenging［J］. Public Administration Review，2015，75（5）：647-663.

享，从而实现各部门单独行动下无法实现的治理效果[①②]。

协同治理即多方合作共同治理，是政府治理与群体理论、博弈论、网络理论等众多理论思想结合发展形成的一种治理模式，其研究最早出现在如何利用私营企业的专业知识和技能来提高公共部门绩效的讨论中。随着现代公共治理所需知识的专业化和分散化程度加深，制度基础设施构建的复杂性和相互依赖性不断加剧，协同治理的思想得到了广泛的运用，尤其是在资源争端较多的环境和自然资源管理领域应用较多[③]。近年来，在全球范围内，该治理模式也越来越多地被应用在多种背景和规模下的公共卫生治理领域中，如乌干达艾滋病毒防治工作、拉丁美洲烟草控制框架公约制定等[④]。

协同治理的内涵可以从三个维度进行阐释[⑤]，首先，作为决策制定的过程，协同治理被认为是一种寻求复杂问题解决办法的进程，是不同治理主体从不同侧面与视角出发，发现问题并试图提出解决办法的过程[⑥]。这个过程不同于对抗主义和管理主义的政策制定模式，与对抗主义相比，协同治理不是"赢者通吃"的利益中介形式，其目标是将治理过程中各利益主体的对抗关系转变为合作关系，从根本上确立长期的合作共赢关系。与管理主义相比，协同治理不是政府单方面通过封闭的决策过程或依赖专家做出的决定，而是要求所有利益相关者直接参与到决策过程中[⑦]。其次，作为良善关系的构建，协同治理是一种关于治理主体关系的理论，相比于其他治理理论，协同治理更加重视对主体间关系的探索与重新规定。通过主体间信任的建立、共同目标的确定、责任与义务的共担、资源与收益的共享，协同治理能维系普遍且持久的合作关系，这种合作是平等的，自愿的，良善的。最后，作为善治的实现方式，面对治理问题复杂化、资源减少、技术变革等治理背景的转变，协同治理逐渐被视为一种更行之有效的治理方式。已有研究证明，协同治理有助于通过资源的整合来解决公共问题，激发创新和公共价值创造，产生更高效、灵活的政策和复杂问题的解决方式，生成能引起不同利益相关者兴趣并满足其需求的治理方案，强化治理的正当性，并提高治理的有

---

①④ Emerson K. Collaborative Governance of Public Health in Low-and Middle-income Countries: Lessons from Research in Public Administration [J]. BMJ Global Health, 2018, 3 (Suppl 4): e000381.

② Bryson J M, Crosby B C, Stone M M. Designing and Implementing Cross-sector Collaborations: Needed and Challenging [J]. Public Administration Review, 2015, 75 (5): 647-663.

③⑦ Ansell C, Gash A. Collaborative Governance in Theory and Practice [J]. Journal of Public Administration Research and Theory, 2008, 18 (4): 543-571.

⑤ 张贤明，田玉麒. 论协同治理的内涵、价值及发展趋向 [J]. 湖北社会科学，2016 (1): 30-37.

⑥ Gray B. Collaborating: Finding Common Ground for Multiparty Problems [M]. San Francisco: Jossey-Bass, 1989.

效性与效率①②。

（二）协同治理的推动力

自协同治理理论兴起以来，就有众多学者探讨与分析了影响协同治理效果的作用因素。Bryson 等从达成协议、建立领导力、建立合法性、建立信任、管理冲突和规划这六个方面出发，站在协同过程的角度总结了推进跨部门协作有效运行的动力因素③。Ansell 和 Gash 通过对 137 个协同治理案例的回顾，指出了这些治理模型中与成功协作相关的关键变量④。Emerson 在 Ansell 和 Gash 的研究基础上，从跨部门合作、协同规划、协同过程、网络管理等 8 个相关概念的文献出发，通过考察公共管理、规划、冲突管理、环境治理等不同领域中协同治理理论的实际运用，提取总结出了协同治理的综合性分析框架⑤。其认为协同治理的框架由系统情景、协同治理制度、协作动态和行动这三个维度相互嵌套形成，并将协同治理的推动力总结为有原则的接触、共同动力、联合行动能力三大方面。此后，仍不断有其他学者在前人的基础上，结合时代发展的变化，对协同治理的促进因素进行总结补充。本书从公共治理的主体、投入和工具三个方面，将协同治理的推动力总结如下：

1. 治理主体

一是领导力的建立。领导力指的是可以发起协同治理，并能确保治理过程中所需资源和支撑的领袖力量，其在协同治理中发挥的重要作用已得到了广泛的认可⑥⑦。领导者可以为指导委员会的主席、协同治理项目的项目主管等正式权威领导人，也可以为赞助商、协调者等非正式权威领导人。为使协同治理顺利进行，治理过程必须得到正式权威人士的长久支持，他们可以通过建立制度、树立规则、分配权力、保证资源提供等方式，为协同治理的顺利展开提供保障。同时，在协同治理过程中非正式权威人士的参与也尤为重要，因为大部分的参与者通常不能做到在正式权威领导者的大方向指引下单独行动，其需要非正式权威人

---

① Ran B，Qi H. Contingencies of Power Sharing in Collaborative Governance [J]. The American Review of Public Administration，2018，48 (8)：836-851.

② Lee S，Esteve M. What Drives the Perceived Legitimacy of Collaborative Governance? An Experimental Study [J]. Public Management Review，2022：1-22.

③ Bryson J M，Crosby B C，Stone M M. The Design and Implementation of Cross-Sector Collaborations：Propositions from the Literature [J]. Public Administration Review，2006 (66)：44-55.

④ Ansell C，Gash A. Collaborative Governance in Theory and Practice [J]. Journal of Public Administration Research and Theory，2008，18 (4)：543-571.

⑤⑥ Emerson K. Collaborative Governance of Public Health in Low-and Middle-income Countries：Lessons from Research in Public Administration [J]. BMJ Global Health，2018，3 (Suppl 4)：e000381.

⑦ Scott T A，Thomas C W. Unpacking the Collaborative Toolbox：Why and When Do Public Managers Choose Collaborative Governance Strategies? [J]. Policy Studies Journal，2017，45 (1)：191-214.

士的引领与带动①。领导力的构建可以将各主体紧密地联系起来，促进主体间的沟通与互动，及时调整各主体利益，减少冲突，形成系统思维，提高协同治理绩效②。

二是主体间的沟通与信任。协商，即坦诚和理性的沟通，被认为是协同治理成功开展的必要条件。治理过程中，需要对共同治理的项目进行事实调查和分析性研究，通过反复的沟通，达成共识，确认共同的治理目标，确定参与主体的个人与共同利益，及时调整任务内容及开展方式，积极解决矛盾与分歧③。沟通的过程也是主体间信任建立的过程。主体间的信任被认为是协同治理的本质④，是协同治理的起始点，也是协同治理取得成效所要达到的长期要求⑤⑥。信任的建立可以让参与主体的心态更积极，也有助于促成各主体间达成相互理解，有利于降低交易的成本，促进有效沟通与冲突的解决，从而提高治理绩效⑦。除了有效沟通外，信任建立的方式还有信息、技术等资源共享，践行承诺，建立互惠原则等。此外，需要注意的是，参与主体间的权力不平衡是不信任的来源，这可能会导致处于弱势地位的参与者受到操控⑧⑨。

2. 治理投入

一是知识的共享。随着知识日益专业化与分散化以及治理问题的复杂化，多主体间协同治理的需求逐渐高涨。从本质上讲，协同治理需要数据和信息的聚集、分离与重组，同时，协同治理的过程也是新知识产生的过程⑩。一方面，知识与信息的共享能提高不同主体对治理内容、方法及治理价值和意义的理解，促进治理过程中共识的达成，建立对协同治理项目的共同价值观⑪。另一方面，专业知识的共享与传播有利于不同主体对治理过程的深入理解，使其更好地把握协同治理过程中的各类注意事项，正确区分是非曲直，从而减少导致治理效果不佳的不当行为实施。

二是资源的支持。政策、制度、法律法规等规范了协同治理的方式方法和方

①⑧ Bryson J M, Crosby B C, Stone M M. The Design and Implementation of Cross-Sector Collaborations: Propositions from the Literature [J]. Public Administration Review, 2006 (66): 44-55.

②⑤⑪ Wang H, Ran B. Network Governance and Collaborative Governance: A Thematic Analysis on Their Similarities, Differences, and Entanglements [J]. Public Management Review, 2022 (2): 1-25.

③⑩ Emerson K. Collaborative Governance of Public Health in Low-and Middle-income Countries: Lessons from Research in Public Administration [J]. BMJ Global Health, 2018, 3 (Suppl 4): e000381.

④ Lee H W, Robertson P J, Lewis L V, et al. Trust in a Cross-sectoral Interorganizational Network: An Empirical Investigation of Antecedents [J]. Nonprofit and Voluntary Sector Quarterly, 2012, 41 (4): 609-631.

⑥ Nolte I M, Boenigk S. Public-nonprofit Partnership Performance in a Disaster Context: The Case of Haiti [J]. Public Administration, 2011, 89 (4): 1385-1402.

⑦⑨ Ran B, Qi H. The Entangled Twins: Power and Trust in Collaborative Governance [J]. Administration & Society, 2019, 51 (4): 607-636.

向，赋予各主体实施治理行为的合法性，给予其政治性支撑，但资源才是支撑协同治理成功开展并持续进行的“力量型”支撑力。协同治理中的资源包括资金、人力资源、技术和后勤支持等。其中，作为资金来源之一的财政资源是一项政策工具，其受到不同治理主体间权力大小的影响，同时也会反过来影响不同治理主体的权力强弱，进而影响各主体参与治理的意愿①。除了政府出资外，其他治理主体的资金投入可以使协同治理的资金更加充沛，丰富资金来源，保障协同治理过程中资金链的连贯性，提高项目建设的效果与效率。技术是现代治理工程开展和实施的重要科技支撑，如互联网为现代治理提供了一个更广阔的平台，而具体到各项治理项目中，技术更是促使治理方式和治理效果不断向前推进的强效推动力。

3. 治理工具

一是制度的确立。制度的确立对公共管理领域中的治理主体关系尤为重要，其能对协同治理的结构和结果产生重大影响②。Koschamnn 等提出将协同治理确认为一项制度，特别是出台权威的政策，有利于召集不同治理主体的参与，促进协同治理行为的产生③。作为外生变量的制度，其通过对其他要素投入的促进或阻滞作用，调整治理主体结构关系的有序性以及主体间协同互动的方向性，以间接的方式对协同治理的效果产生影响。作为内生变量的制度，其本身就是协同主体间交流互动的产物④，与其他的要素投入一样，能被直接投入协同治理过程中并影响协同治理的结果。

二是法律法规的支撑。法律法规作为由国家立法通过，并由强制力保证实施的社会规范，对于解决协同治理中的权力不对称问题具有重要意义，其增强了不同利益相关者在协同过程中的代表性，有助于降低权力不对称带来的治理风险⑤，保障各治理主体充分发挥其治理职能。除了对治理主体的关系、权力和利益做出规范外，法律法规的完善还能规范协同治理工作的开展，减少不必要的审查程序与程序上的时间延误，提高协同治理的效率和效果⑥。

---

① Purdy J M. A Framework for Assessing Power in Collaborative Governance Processes [J]. Public Administration Review, 2012, 72 (3): 409-417.

② Bryson J M, Crosby B C, Stone M M. Designing and Implementing Cross-sector Collaborations: Needed and Challenging [J]. Public Administration Review, 2015, 75 (5): 647-663.

③ Sandfort J, Moulton S. Effective Implementation in Practice: Integrating Public Policy and Management [M]. John Wiley & Sons, 2014.

④ 吴春梅，庄永琪. 协同治理：关键变量、影响因素及实现途径 [J]. 理论探索，2013 (3)：73-77.

⑤ Qi H. Strengthening the Rule of Law in Collaborative Governance [J]. Journal of Chinese Governance, 2019, 4 (1): 52-70.

⑥ Ward C L, Shaw D, Sprumont D, et al. Good Collaborative Practice: Reforming Capacity Building Governance of International Health Research Partnerships [J]. Globalization and Health, 2018, 14 (1): 1-6.

第二节　农村人居环境与居民健康治理的协同逻辑

目前，我国在解决绝对贫困问题上已取得了重大成就，实现了中华民族自古以来追求的小康梦想，我国的农民已不再苦苦挣扎于生存线上，而是开始谋求更高水平的生活质量。农村人居环境是农民生活质量的重要体现①，其直接关系到广大农民的健康福祉和生活水平，更关乎国家稳定发展大局；同时，居民良好的健康状况保障着个人与社会的发展与进步，更是标志着民族的昌盛和国家的富强。

2017 年，党的十九大做出了实施健康中国战略的重大决策部署，指出要坚持深入开展爱国卫生运动。2021 年，中央一号文件表明，要将农村人居环境整治工作提升为五年行动方案，同年，党的十九届六中全会提出要继续开展农村人居环境整治，解决一批人民群众反映强烈的突出环境问题，全面推进健康中国建设，健全遍及城乡的公共卫生服务体系。由此，改善农村人居环境与提高居民健康状况，已经成为我国实施乡村振兴战略与建设现代化强国的重要任务。

作为影响健康的关键变量，环境因素已被广泛研究，学者们从空气污染、水污染、环境安全度②③等视角出发，积极探索着环境对健康的影响机制。然而，虽说学界探究健康对环境影响机制的历程较短，但随着“星球健康”研究的兴起，也有不少学者从居民健康状况的角度出发，研究行动主体健康状况与环境行为之间的关系④。目前，有关人居环境与居民健康协同发展的机制与评价体系尚未得到足够的关注。不可置否的是，环境与健康存在于同一个系统中，它们的良性互动，不仅能够提升当代人的健康水平与生活幸福感，更有利于实现环境的可持续发展，提升经济社会发展质量⑤。总结我国农村地区人居环境与居民健康协同发展的机理，探究其发展的协同程度，分析二者在协同过程中遇到的问题，正是本书希望解决的问题。

---

①　周侃，蔺雪芹，申玉铭，吴立军．京郊新农村建设人居环境质量综合评价［J］．地理科学进展，2011，30（3）：361-368.

②　王延赏，顾钿钿，初海超，杜汋．环境状况对我国城乡居民健康水平影响［J］．中国公共卫生，2020，36（9）：1264-1267.

③　孙猛，芦晓珊．空气污染、社会经济地位与居民健康不平等——基于 CGSS 的微观证据［J］．人口学刊，2019，41（6）：103-112.

④⑤　彭远春，曲商羽．居民健康状况对环境行为的影响——基于 CGSS2013 数据的分析［J］．南京工业大学学报（社会科学版），2020，19（4）：41-51+115.

一、农村人居环境：影响居民健康状况的关键因素

健康状况是个体在生理与心理方面的综合反映，是个人背景、自然环境与社会环境共同作用的结果[①]，因而影响居民健康状况的因素众多，如经济状况、受教育程度等。1997 年，世界卫生报告曾明确提出，人类的居住地是人和环境之间相互作用的关键所在[②]，而我国农村居民的生存与发展在很大程度上依赖着特定的人居环境，受到其全方面的影响，故在众多影响因素中，农村人居环境对居民的健康状况发挥着至关重要的作用。

农村人居环境对居民健康状况的影响主要体现为饮用水安全性、厕所卫生状况、环境污染等带来的健康风险问题。水是生命之源，日常饮用水的安全性问题不仅关系到了广大农民的生活质量，更是对其健康产生了直接影响。研究表明，在饮用水经过净化处理或水源受到保护的条件下，农村居民的健康状况会得到提升[③]。而污水与垃圾的处理方式，在很大程度上影响了居民的用水状况，其中生活污水与生产污水的随意排放是农村水环境污染的源头[④]；同时，垃圾填埋场产生的渗漏液会对地下水造成污染风险，从而提高居民的致癌风险与非致癌危害[⑤]。此外，厕所卫生条件也深刻地影响着居民的健康，如非卫生厕所会提高苍蝇密度与肠道寄生虫感染率，是引起家庭腹泻病的危险因素[⑥]。在环境的清洁度与优美度方面，干净整洁的环境能提供符合卫生条件的居住地，赏心悦目的环境可以调节情绪，给人以舒缓、放松的身心抚慰[⑦]，二者共同作用，能在一定程度上重塑居民的生活方式与卫生观念，从而影响着居民的身体与精神健康状况。

农村人居环境对居民健康状况的影响是一个循环、综合的作用过程，已有学者通过湖北钟祥的典型案例，对农村生活污水处理率、生活垃圾处理、饮用水水质等方面进行综合分析，发现居住环境对居民健康长寿水平有提高作用[⑧]。也有

---

① 彭远春，曲商羽. 居民健康状况对环境行为的影响——基于 CGSS2013 数据的分析［J］. 南京工业大学学报（社会科学版），2020，19（4）：41-51+115.

② 马婧婧，曾菊新. 中国乡村长寿现象与人居环境研究——以湖北钟祥为例［J］. 地理研究，2012，31（3）：450-460.

③ 白描，高颖. 农村居民健康现状及影响因素分析［J］. 重庆社会科学，2019（12）：14-24.

④ 王延赏，顾钿钿，初海超，杜汋. 环境状况对我国城乡居民健康水平影响［J］. 中国公共卫生，2020，36（9）：1264-1267.

⑤ 徐颖，马艺铭，张溪，彭健，宿超然，史永强，汤家喜. 某生活垃圾填埋场周边地下水饮水途径健康风险评价［J］. 生态环境学报，2021，30（3）：558-568.

⑥ 葛明，韦丽，张静，刘春明，贾云飞，熊丽林. 2015—2017 年南京市农村环境卫生健康危险因素调查［J］. 现代预防医学，2019，46（6）：996-999.

⑦ 罗德启. 健康人居环境的营造［J］. 建筑学报，2004（4）：5-8.

⑧ 马婧婧，曾菊新. 中国乡村长寿现象与人居环境研究——以湖北钟祥为例［J］. 地理研究，2012，31（3）：450-460.

不少学者从农村的供水方式、环境污染、居住环境安全与整洁度、邻里关系等角度入手①②③，通过对样本数据进行实证研究，发现良好的人居环境对居民的身体健康与心理健康状况都有着显著的促进作用，并有助于降低低收入地区的居民患病率，提高居民的生活质量。

二、农村居民健康状况：影响居民环境行为的内在因素

环境行为，指的是国家、组织、个人对环境直接和间接施加影响的活动。农村人居环境的整治不仅要依靠国家政策的规范与帮扶，更有赖于每一位居民对其的建设与维护，即体现为居民的环境行为。

目前，已有不少研究与经验证实，居民的健康意识与环境知识会影响其环境行为的实施，具体表现在，环境、健康素养越高的居民，会倾向于实施更多的有利于环境建设的行为④⑤。同时，除了受到个人身体素质与外界环境的影响外，居民的健康状况还会受到健康素养对其的促进或抑制作用，且二者之间的相关性较强⑥。为此，不少研究都包含着“健康促进论”这一倾向⑦，即当居民的健康状况越好时，其对环境与自身健康之间关系的认知就会更加清晰，也会对环境的变化更加敏感，继而会付诸行动来改善其住所地的环境条件。另外，还有文献从中介效应模型出发，分析发现居民健康状况与其环境行为产生之间并不存在直接作用，环境健康知识、环境忧虑感以及健康促进行为才是其中间接效应的传递桥梁⑧。具体而言，当居民认为自身健康状态较为良好时，其会受到环境意识的驱动，从而实施更多的积极环境行为；而对于健康状况不太良好的居民，他们对自

---

① 王晓宇，原新，成前．中国农村人居环境问题、收入与农民健康［J］．生态经济，2018，34（6）：150-154.

② 关彦，李惠文，罗小琴．我国贫困地区 45 种重点疾病患病率及其人居环境影响因素研究［J］．中国卫生统计，2021，38（3）：456-457+461.

③ 李礼，陈思月．居住条件对健康的影响研究——基于 CFPS2016 年数据的实证分析［J］．经济问题，2018（9）：81-86.

④ Liu P，Teng M，Han C. How Does Environmental Knowledge Translate into Pro-environmental Behaviors?：The Mediating Role of Environmental Attitudes and Behavior Attentions［J］. Science of The Total Environment，2020：126-138.

⑤ Rameshwar Shivadas Ture，M. P. Ganesh. Effect of Health Consciousness and Material Values on Environmental Belief and Pro-environmental Behaviours［C］//International Economics Development and Research Center（IEDRC）. Proceedings of 2012 2nd International Conferenceon Financial Management and Economics（ICFME2012）. International Economics Development and Research Center（IEDRC）：成都亚昂教育咨询有限公司，2012：5.

⑥ 李现文，李春玉．健康素养对健康状况影响的中介效应分析［J］．现代预防医学，2010，37（6）：1076-1078.

⑦⑧ 彭远春，曲商羽．居民健康状况对环境行为的影响——基于 CGSS2013 数据的分析［J］．南京工业大学学报（社会科学版），2020，19（4）：41-51+115.

身居住环境产生的忧虑感，会促使其主动实施亲环境行为。再者，在响应我国关于建设美丽乡村的号召下，居民要拥有强壮的体魄，具有正确的环境健康观念，才能更加积极主动地参与到基层的乡村建设中，协力共建美好人居环境。

总而言之，居民健康状况对农村人居环境建设的促进作用主要体现在两条路径，一是居民的健康意识与环境认知促使其实施积极的环境行为，二是环境的健康风险与居民自身的病痛使其产生对环境的忧虑感，进而推动其对人居环境的保护与建设。

三、农村人居环境与居民健康的协同模型

协同学，是德国物理学家哈肯提出的一种用以研究复杂复合系统的横断学科，其主要研究的是复合系统内各子系统如何通过协同作用，自发地形成有序结构[①]。复合系统，指的是一种具有开放性与动态性的复杂大系统，其由相互交织、相互作用、相互渗透的不同属性的子系统构成[②]。它的开放性和动态性体现在复合系统的发展并非是一个封闭的内部循环过程，系统外的因素可以通过一定的手段对系统内的结构和发展进行调节与管理，同时，系统内部的自组织现象也促使其从无序走向有序[③]，这种外部与内部的调节作用使复合系统一直处在动态的发展变化中。它的复杂性体现在复合系统中的子系统、子子系统等，众多系统间关联关系复杂；且各系统运行的原理和机制也错综复杂，具体可以分为纵向和横向这两大类机制，即子系统再细分下的更低层次子系统的运行原理与同层级子系统之间的运行原理[④]。

在人居环境与居民健康系统方面，吴良镛院士最早提出了“人居环境学”这一学科概念，指出广义的人居环境系统由五个子系统组成，其中最根本的是自然系统与人类系统[⑤]。此外，根据中共中央、国务院印发的《“健康中国 2030”规划纲要》中的建设目标[⑥]，本书将居民健康系统广义地划分为人体系统、意识系统、服务与保障系统、环境系统、产业系统，并将人居环境与居民健康视为一个复合系统，如图 2-1 所示。显然，在该复合系统中，任意一单元的变化都会影响到其他单元的发展，单元间相互作用，最终形成系统内的动态演进方式。

---

① Haken H. Synergetics：Instruction and Advanced Topics ［M］. 3nd. Berlin：Springer，2004：24-45.

②④ 袁旭梅，韩文秀 . 复合系统协调及其判定研究 ［J］. 天津纺织工学院学报，1998 （1）：18-23.

③ 孟庆松，韩文秀 . 复合系统协调度模型研究 ［J］. 天津大学学报，2000 （4）：444-446.

⑤ 吴良镛 . 人居环境科学导论 ［M］. 北京：中国建筑工业出版社，2001.

⑥ 中共中央 国务院印发《“健康中国 2030” 规划纲要》［N］. 人民日报，2016-10-26 （1）.

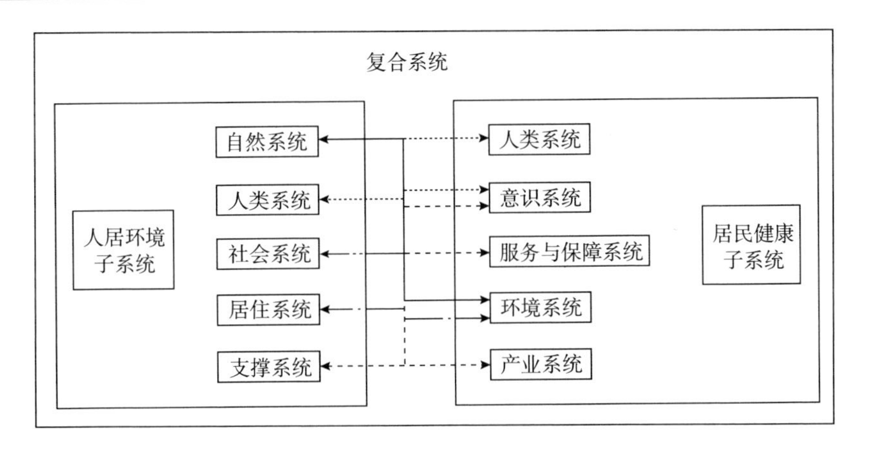

图 2-1　人居环境与居民健康复合系统

资料来源：笔者自制。

聚焦于我国农村，通过分析《农村人居环境整治三年行动方案》① 和《农村人居环境整治提升五年行动方案（2021—2025 年）》② 提出的行动目标与重点任务，以及我国农村人居环境整治现状③④，本书提出了更适用于本次研究范围的农村人居环境系统，其落脚于最基本的自然系统、人类系统与居住系统；为与之对应，在居民健康系统方面，本书重点关注人体系统与意识系统，并参考王宏起和徐玉莲的研究⑤归纳总结出了农村人居环境与居民健康之间的具体作用机制（见图 2-2），构建出二者的协同模型（见图 2-3）。

由图 2-2 可知，整治农村人居环境问题可以改变居民的生活方式、为其提供基本的居住卫生保障、美化生活环境，从而改善居民的身体健康状况、使其心情愉悦放松，同时也对居民健康素养的提高起到了潜移默化的作用。此外，居民健康素养的提高，带动着其对环境健康知识的了解，促使其关心环境，产生对环境健康风险的忧虑感，从而推动居民积极参与人居环境的整治；同时，居民健康的体魄与精神状态，也会为其带来参与环境建设的动力。

---

① 中共中央办公厅 国务院办公厅印发《农村人居环境整治三年行动方案》［J］. 社会主义论坛，2018（2）：12-14.

② 农村人居环境整治提升五年行动方案（2021—2025 年）［N］. 人民日报，2021-12-06（1）.

③ 于法稳 . 乡村振兴战略下农村人居环境整治［J］. 中国特色社会主义研究，2019（2）：80-85.

④ 侯立安，杨超，赵旌晶 . 乡村振兴战略视域下农村人居环境整治的现状与对策［J/OL］. 农业资源与环境学报：1-10［2021-11-04］. https：//doi. org/10. 13254/j. jare. 2021. 0221.

⑤ 王宏起，徐玉莲 . 科技创新与科技金融协同度模型及其应用研究［J］. 中国软科学，2012（6）：129-138.

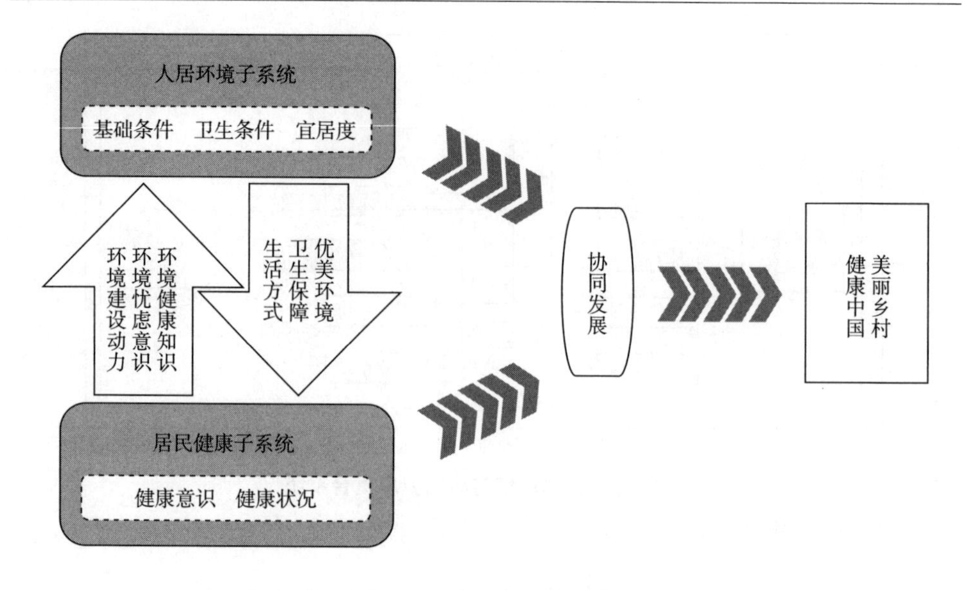

图 2-2 农村人居环境与居民健康的作用机制

资料来源：笔者自制。

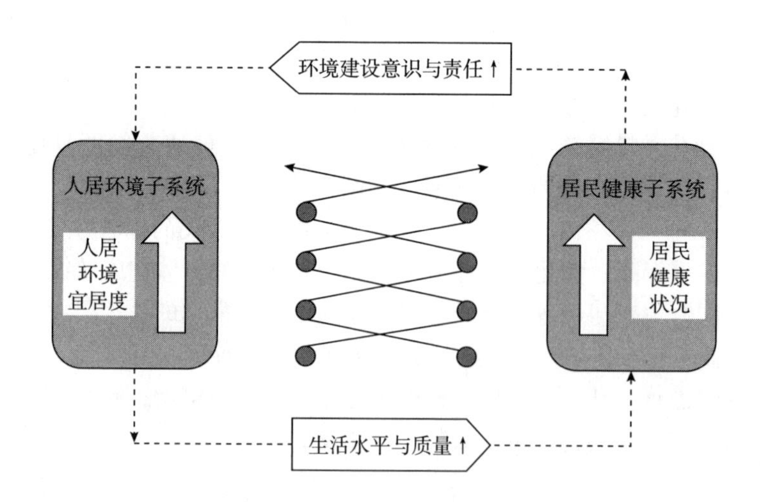

图 2-3 农村人居环境与居民健康的协同模型

资料来源：笔者自制。

从图 2-3 来看，农村人居环境的优化，会改善农村居民的生活水平与质量，从而提高其健康水平；农村居民健康水平的提升，又加强了其对环境整治的意识与责任感，鼓舞其为人居环境的整治增添一己之力，加快环境整治的步伐。农村人居环境与居民健康子系统，可通过正向反馈，实现螺旋式上升的发展态势，二

者协同发展，推动我国建成“健康中国”“美丽乡村”。反之，当农村人居环境状况恶劣时，居民的健康水平会下降，且还可能引起居民不良卫生习惯与生活方式的养成，而后反作用于人居环境，如不积极参与环境治理，甚至频频违反规定、破坏环境；周而复始，复合系统内部将形成一种恶性循环，使得农村人居环境与居民健康的协同发展受阻，并使其复合系统向更低的层次退化。

总而言之，当农村人居环境与居民健康子系统处于协同状态时，两子系统能互为促进、互为发展；而当子系统间未能形成优良协同机制时，子系统会互为阻碍、彼此牵制。由此，我们需要构建一种复合系统协同度模型，以探究和监测农村人居环境与居民健康的协同状态，进而为农村人居环境与居民健康的政策制定或协调提供决策依据。

第三节　我国农村人居环境与居民健康治理的演进过程

一、我国农村人居环境治理的演进过程

我国农村人居环境治理的相关表述最早出现在农村小城镇现代化建设[①]和村庄整治[②]工作中，主要的工作任务为绿色发展与环境保护。直到2014年，国务院才出台了专门针对改善农村人居环境的规范性文件[③]，将任务目标设定为改善农村居民住房、饮水和出行等基本生活条件，继续开展村庄环境整治行动。但早在此之前，我国就针对农村居民依赖于环境的基本需求给予了政策上的引导、支持与保障。

（一）改革开放前

在新中国成立不久后，我国就开展了大规模的爱国卫生运动，在群众性的爱国卫生运动中，开展得最普遍的是除四害、清除垃圾和处理污水等工作[④]。经此运动，我国各地区的卫生面貌得到了极大改善，农村居民生活的卫生条件得以优

① 中华人民共和国中央人民政府．关于印发《“十五”星火计划发展纲要》的通知［EB/OL］.(2022-08-27)[2022-09-23]. http://www. gov. cn/gongbao/content/2002/content_61460. htm.

② 中华人民共和国中央人民政府．建设部提出《关于村庄整治工作的指导意见》［EB/OL］.(2005-10-12)[2022-09-23]. http://www. gov. cn/gzdt/2005-10/12/content_76554. htm.

③ 中华人民共和国中央人民政府．国务院办公厅关于改善农村人居环境的指导意见［EB/OL］.(2014-05-29)[2022-09-23]. http://www. gov. cn/zhengce/content/2014-05/29/content_8835. htm.

④ 肖爱树．1949~1959年爱国卫生运动述论［J］．当代中国史研究，2003（1）：97-102+128.

化。但该时期，一方面，面对国内百废待兴的局面，我国的战略重心落在工业发展和粮食增长上，而对环境保护，尤其是人居环境治理并不太重视。另一方面，由于农村长期面临着贫困和温饱问题，政府和农民都没有过多的财政和资源投入到人居环境的治理中，相关的治理主要依靠政府的全民动员与宣传推广①。热情高涨的全民参与，调动情绪的宣传口号，是那个时期整顿农村卫生环境的两大法宝，政府主要起的是引导、动员与激励的作用。

（二）改革开放后至党的十八大前

在改革开放后的一段时期里，依靠群众力量进行农村人居环境整治的效应更加显著了。国务院做出相关指示，指出在绿化②、水利③、建房④等基础设施建设工作上要“依靠群众、自力更生、逐步建设”。一方面，可负担的改造费用与农民对人居环境的新需求促使了自建公助、群众互建、民办公助等不同建设模式的形成⑤。另一方面，城镇化使得大量污染源逐渐向农村转移，乡镇企业的兴起也加剧了农村环境污染⑥。此时，政府加大了对农村人居环境的规制，并初步建立起相关的政策体系，如 1979 年颁发的《工业企业设计卫生标准》，1982 年出台的《征收排污费暂行办法》，1984 年制定的《关于农村人畜饮水工作的暂行规定》等，对企业生产与农业发展的相关标准和要求都做出了规范。

新农村建设以来，政府对农村人居环境建设的引导和管控逐步加强。在改造与建设方面愈加重视政府的顶层设计，陆续出台了村庄整治技术规范⑦、环境基础设施技术政策和指南⑧⑨等，甚至还会向农民免费提供符合新标准、要求的住宅设计图样⑩。在经济支撑方面，政府更加重视财政投入，开始设立相关建设专

---

①⑤⑥⑩ 张会吉，薛桂霞．我国农村人居环境治理的政策变迁：演变阶段与特征分析——基于政策文本视角［J］．干旱区资源与环境，2022，36（1）：8-15.

② 国家林业和草原局．中共中央 国务院关于深入扎实地开展绿化祖国运动的指示［EB/OL］.（1984-03-01）［2022-09-23］. https://www.forestry.gov.cn/main/4815/19840301/801599.html.

③ 中华人民共和国中央人民政府．国务院批转水利部关于依靠群众合作兴修农村水利意见的通知［EB/OL］.（1988-11-02）［2022-09-23］. http://www.gov.cn/zhengce/zhengceku/2016-10/19/content_5121668.htm.

④ 律房律地．国务院批转建设部门关于进一步加强村镇建设工作请示的通知［EB/OL］.（1991-03-08）［2022-09-23］. http://law168.com.cn/doc/view?id=151941.

⑦ 法律图书馆．关于切实做好《村庄整治技术规范》宣贯和培训工作的通知［EB/OL］.（2005-09-30）［2022-09-23］. http://www.law-lib.com/law/law_view.asp?id=261056.

⑧ 法律图书馆．关于印发中国西部小城镇环境基础设施技术政策和技术指南的通知［EB/OL］.（2002-05-17）［2022-09-23］. http://www.law-lib.com/law/law_view.asp?id=270092.

⑨ 中华人民共和国中央人民政府．卫生部印发《农村改厕管理办法（试行）》等通知［EB/OL］.（2009-05-12）［2022-09-23］. http://www.gov.cn/gzdt/2009-05/12/content_1311816.htm.

项资金以直接用于环境基础设施的建设[①]，还通过“以奖促治”[②]、完善金融机构的融资支持与服务工作[③]等方式来激励和促进地方政府及社会各界加大对农村环境保护的投入，加快解决突出的农村环境问题。改革开放后至党的十八大前，农村人居环境治理的工作任务逐渐由农民承担向政府规划转变，政府在宏观层面给予了更全面与更详尽的规划与要求，并逐步建立起相关规制体系以约束不利于农村人居环境建设的生活与生产行为。同时，社会与市场的力量也逐渐加入其中。

（三）党的十八大以来

党的十八大以来，农村人居环境正式成为政府工作重点之一。随着精准扶贫、乡村振兴等战略的实施，农村人居环境整治的强度与效力得到了空前的提升。该阶段，相关的政策文件不断发布，关注的内容更为聚焦，具有较强的针对性与专业性[④]，如土壤污染防治行动计划[⑤]、农村公路管理养护体制改革[⑥]、农作物秸秆综合利用工作[⑦]等。农村人居环境整治综合性与专业性的增强，促使了治理参与主体的多元化发展，通过委托代理、购买服务等形式，社会与市场主体的参与空间开始拓宽[⑧⑨]，如河南省安阳市汤阴县采用特许经营模式，将县内改厕的基础设施建设与运营交由县城乡投资发展集团负责，集团与国家政策性银行对接以获取改造资金，再通过工程总承包与委托运营相结合的方式，成功完成了县内厕所的无害化改造与公厕建设，做到了在改善环境的同时又降低了污水处理的

① 吉林省水利厅．水利部：关于进一步加强水土保持生态修复工作的通知［EB/OL］.（2003-06-23）［2022-09-23］. http：//slt. jl. gov. cn/xwdt/ywdt/200510/t20051024_3573708. html.

② 中华人民共和国中央人民政府．国务院办公厅转发环境保护部等部门关于实行“以奖促治”加快解决突出的农村环境问题实施方案的通知［EB/OL］.（2009-03-03）［2022-09-23］. http：//www. gov. cn/zwgk/2009-03/03/content_1249013. htm.

③ 中华人民共和国中央人民政府．央行发布意见要求做好农田水利基本建设金融服务［EB/OL］.（2008-12-12）［2022-09-23］. http：//www. gov. cn/ztzl/2008-12/12/content_1176469. htm.

④ 张会吉，薛桂霞．我国农村人居环境治理的政策变迁：演变阶段与特征分析——基于政策文本视角［J］. 干旱区资源与环境，2022，36（1）：8-15.

⑤ 中华人民共和国中央人民政府．农业部印发关于贯彻落实《土壤污染防治行动计划》的实施意见［EB/OL］.（2017-03-12）［2022-09-23］. http：//www. gov. cn/xinwen/2017-03/12/content_5176201. htm.

⑥ 中华人民共和国中央人民政府．国务院办公厅关于深化农村公路管理养护体制改革的意见［EB/OL］.（2019-09-05）［2022-09-23］. http：//www. gov. cn/gongbao/content/2019/content_5437134. htm.

⑦ 中华人民共和国中央人民政府．农业农村部办公厅关于做好2022年农作物秸秆综合利用工作的通知［EB/OL］.（2022-04-13）［2022-09-23］. http：//www. gov. cn/zhengce/zhengceku/2022-04/26/content_5687228. htm.

⑧ 中华人民共和国中央人民政府．国务院办公厅关于推行环境污染第三方治理的意见［EB/OL］.（2015-01-14）［2022-09-23］. http：//www. gov. cn/zhengce/content/2015-01/14/content_9392. htm.

⑨ 中华人民共和国中央人民政府．国家发展改革委、环境保护部关于印发《关于培育环境治理和生态保护市场主体的意见》的通知［EB/OL］.（2016-9-22）［2022-09-23］. http：//www. gov. cn/gongbao/content/2017/content_5203627. htm.

成本。一方面，多主体的参与意味着更多的政府规制，政府部门必须履行对社会与市场主体的监管责任；另一方面，政府的工作也需要受到社会的监督，在这种情景下，司法与执法保障也逐步走上了轨道。《中华人民共和国乡村振兴促进法》《中华人民共和国水污染防治法》《中华人民共和国环境保护税法》等相关法律的陆续颁布，以及最高人民法院对农村人居环境治理中典型案例[①]的总结与公布，都为农村人居环境治理提供了司法保障。2018 年党和国家机构的改革，完善了机构职能体系，优化了组织分工，为农村人居环境治理提供了有效的执法保障。在宣传动员方面，现阶段的展开方式也与以往的有所不同，目前，宣传动员与模式推广更多依赖各级政府及其部门的工作开展，如开展示范村、示范区工作[②]，进行不同主题的范例奖评选[③]，组织各级政府申报优秀治理模式[④]等。该阶段农村人居环境的治理方式重点落脚于政府的规划、规制与规范上，其为农村人居环境整治提供了包括资金、技术、模式、执法、司法等全方位的保障，同时也使社会与市场主体发挥了除资金筹集外的更多作用。

二、我国农村居民健康治理的演进过程

从新中国成立起，我国就十分重视对居民卫生健康的保障，强调“今后必须把卫生、防疫和一般医疗工作看作一项重大的政治任务”[⑤]。1965 年，《关于把卫生工作重点放到农村的报告》指出要将大量的医疗卫生资源转移到农村去，并建立了具有中国特色的赤脚医生制度和合作医疗制度[⑥]。此后，农村居民健康治理体系不断完善。从新中国成立至今，我国公共健康治理体系的治理目标与方式在不同阶段呈现不同的特点。

---

① 中国法院网．最高人民法院发布十起环境公益诉讼典型案例［EB/OL］.（2017-03-08）［2022-09-23］. https：//www. chinacourt. org/article/detail/2017/03/id/2573898. shtml.

② 中华人民共和国中央人民政府．住房和城乡建设部关于开展美丽宜居小镇、美丽宜居村庄示范工作的通知［EB/OL］.（2013-03-20）［2022-09-23］. http：//www. gov. cn/gzdt/2013-03/20/content_2358739. htm.

③ 法律图书馆．住房和城乡建设部关于 2012 年中国人居环境奖获奖名单的通报［EB/OL］.（2013-03-27）［2022-09-23］. http：//www. law-lib. com/law/law_ view. asp？ id=414937.

④ 中华人民共和国农业农村部．农业农村部办公厅、国家乡村振兴局综合司关于印发《农村有机废弃物资源化利用典型技术模式与案例》的通知［EB/OL］.（2022-04-01）［2022-09-23］. https：//www. moa. gov. cn/nybgb/2022/202203/202204/t20220401_6395149. htm.

⑤ 陈兴怡，翟绍果．中国共产党百年卫生健康治理的历史变迁、政策逻辑与路径方向［J］. 西北大学学报（哲学社会科学版），2021，51（4）：86-94.

⑥ 王家合，赵喆，和经纬．中国医疗卫生政策变迁的过程、逻辑与走向——基于 1949~2019 年政策文本的分析［J］. 经济社会体制比较，2020（5）：110-120.

（一）改革开放前

新中国成立以后，面对落后的生产力与肆虐的传染性疾病、寄生虫疾病①，我国以疾病防控为目标，依托行政级别管理体系建立了省市县三级卫生防疫站②，构建了具有行政化性质的公共卫生服务体系③，同时也在农村设立了县、乡、村三级医疗预防保健网④。该时期，政府主导了公共卫生领域的建设与服务供给⑤，通过对价格与运行方式的严格规制⑥，建立起了全覆盖、普惠性的福利型医疗卫生政策体系⑦。同时，政府积极发动群众，开展爱国卫生运动，对农村的卫生环境进行整治，以预防和减少疾病，保护人民健康。该阶段的公共卫生治理主要以计划型与运动型范式展开⑧。

（二）改革开放后至党的十八大前

改革开放后，我国逐步建立了社会主义市场经济体制，市场机制也被应用到了公共卫生服务领域⑨。福利型医疗卫生体系带来的效率低下，财政负担过重的问题开始交由市场来解决⑩。政府则通过出台《中华人民共和国药品管理法》《中华人民共和国传染病防治法》《中华人民共和国国境卫生检疫法》《中华人民共和国执业医师法》等相关法律法规对医疗服务的供给、公共场所卫生的建设、特殊疾病的预防与控制等方面做出了法制规定，使公共健康治理有法可依。到了21世纪，疾病预防控制体制改革⑪、新一轮医药卫生体制深化改革⑫、新型农村

---

① 姚泽麟．近代以来中国医生职业与国家关系的演变——一种职业社会学的解释［J］．社会学研究，2015，30（3）：46-68+243.

② 张星，翟绍果．我国公共卫生治理的发展变迁、现实约束与优化路径［J］．宁夏社会科学，2021（1）：146-153.

③⑧ 武晋，张雨薇．中国公共卫生治理：范式演进、转换逻辑与效能提升［J］．求索，2020（4）：171-180.

④ 汪金鹏．我国农村公共卫生体系现状及宏观改革措施［J］．中国卫生资源，2006（2）：59-61.

⑤⑦ 翟文康，张圣捷．政策反馈理论视域：中国医疗卫生政策钟摆式变迁及其逻辑［J］．中国卫生政策研究，2021，14（9）：1-7.

⑥ 王家合，赵喆，和经纬．中国医疗卫生政策变迁的过程、逻辑与走向——基于1949~2019年政策文本的分析［J］．经济社会体制比较，2020（5）：110-120.

⑨ 华律网．国务院批转卫生部关于卫生工作改革若干政策问题的报告的通知［EB/OL］．（2021-02-17）［2022-09-23］．https：//www.66law.cn/tiaoli/148724.aspx.

⑩ 丁忠毅，谭雅丹．中国医疗卫生政策转型新趋势与政府的角色担当［J］．晋阳学刊，2019（5）：84-91.

⑪ 法律图书馆．卫生部《关于卫生监督体制改革实施的若干意见》和《关于疾病预防控制体制改革的指导意见》的通知［EB/OL］．（2001-04-13）［2022-09-23］．http：//www.law-lib.com/law/law_view.asp？id=98196.

⑫ 中国法院网．中共中央 国务院关于深化医药卫生体制改革的意见［EB/OL］．（2009-04-07）［2022-09-23］．https：//www.chinacourt.org/article/detail/2009/04/id/352629.shtml.

合作医疗制度的建立与发展[①][②]等变革进一步完善了卫生医疗制度与机构设置及其执法与监督职能[③]。该阶段的公共卫生治理主要以政府主导改革与市场主体参与这两类形式开展，形成了法治化、系统化与市场化的公共卫生治理体系[④]。

（三）党的十八大以来

党的十八大以来，我国卫生健康事业取得了巨大的进步。随着工业化、人口老龄化的进程加快，危害公共健康的影响因素也越发纷繁复杂，由慢性非传染性疾病导致的死亡人数占总死亡人数的88%[⑤]。2015年，“健康中国”概念首次被提出。2017年，“健康中国”正式上升为我国的发展战略，其中包括“普及健康生活、优化健康服务、完善健康保障、建设健康环境、发展健康产业”五方面的战略任务。由此，我国健康体系的重点内容由疾病防控、医疗卫生逐步转变为全民健康[⑥]。在全民健康建设时期，“要将健康融入各项政策中”，公共健康的治理不再单一地集中在卫生医疗体系的改革与重建上，还扩散到了环境治理、体育教育、健康素养教育等各方面工作中。在治理方式上，摒除了改革开放前的政府负责治理方式和党的十八大前的市场化治理方式，而是提倡政府主导、市场调节与社会参与[⑦]的协同治理。

农村人居环境与居民健康的治理目标和方式都经历了从简单到复杂，从单一目标到多维目标，从单一主体治理到多种主体治理的演进过程。随着经济社会的发展，新时代的到来，人民对良好的人居环境与健康的身心状态的需求增加、要求提高，促使了我国在人居环境与居民健康治理方面的目标升级与方式变革。从美丽乡村到健康乡村，农村人居环境的治理与居民健康的治理越来越密不可分，一方面，改善农村人居环境以提高居民健康水平是农村人居环境整治的目标之一；另一方面，农村居民健康治理的提升又必须依赖于卫生的人居环境以及相关

---

① 中华人民共和国中央人民政府．国务院办公厅转发卫生部等部门关于建立新型农村合作医疗制度意见的通知［EB/OL］.（2005－08－12）［2022－09－23］. http：//www. gov. cn/zwgk/2005－08/12/content_21850. htm.

② 中华人民共和国中央人民政府．卫生部、民政部、财政部、农业部、中医药局关于巩固和发展新型农村合作医疗制度的意见［EB/OL］.（2009－07－02）［2022－09－23］. http：//www. gov. cn/govweb/gongbao/content/2010/content_1555968. htm.

③④ 武晋，张雨薇．中国公共卫生治理：范式演进、转换逻辑与效能提升［J］. 求索，2020（4）：171－180.

⑤ 中华人民共和国中央人民政府．国务院关于实施健康中国行动的意见［EB/OL］.（2019－07－15）［2022－09－23］. http：//www. gov. cn/zhengce/content/2019－07/15/content_5409492. htm.

⑥ 陈兴怡，翟绍果．中国共产党百年卫生健康治理的历史变迁、政策逻辑与路径方向［J］. 西北大学学报（哲学社会科学版），2021，51（4）：86－94.

⑦ 王家合，赵喆，和经纬．中国医疗卫生政策变迁的过程、逻辑与走向——基于1949～2019年政策文本的分析［J］. 经济社会体制比较，2020（5）：110－120.

基础设施的建设。二者的治理内容与治理主体都存在着一定的交叉与重叠，如“十四五”国民健康规划中提到，要深入开展污染防治行动，加强环境健康管理；强化以环境治理为主、以专业防制为辅的病媒生物防制工作；通过爱国卫生月等活动，加大科普力度，倡导文明健康、绿色环保的生活方式等。在治理主体方面，农业农村部、生态环境部、国家卫生健康委员会、全国爱国卫生运动委员会等部门都参与了相关政策的出台，如由国家卫生健康委员会、财政部、农业农村部、国家医疗保障局等 13 个部门印发的《关于印发巩固拓展健康扶贫成果同乡村振兴有效衔接实施意见的通知》，提出加大农村垃圾、污水、厕所等环境与卫生基础设施建设力度，发挥爱国卫生运动文化优势与群众动员优势，提高农村群众生态环境与健康素养水平。

第三章　农村人居环境与居民健康协同治理的知识图谱分析

第一节　我国农村人居环境治理研究

随着农村居民收入的持续增加，水清、村净、景美的农村人居环境逐渐成为农村居民提升幸福感和获得感的重要内容。梳理近年来各项政策文件，发现农村人居环境整治工作始终是党和国家密切关心的议题。从 2014 年开始，中央就陆续发布有关改善农村人居环境工作的文件，要求建成干净、整洁、便捷的美丽宜居村庄。2017 年，党的十九大明确提出农村人居环境整治要求。2018 年 2 月，中共中央办公厅、国务院办公厅印发《农村人居环境整治三年行动方案》，对农村人居环境整治作出全面部署。2020 年 10 月，“十四五”规划强调“因地制宜推进农村改厕、生活垃圾处理和污水治理，实施河湖水系综合整治，改善农村人居环境”。2021 年 2 月，中央一号文件指出要大力实施农村人居环境整治，满足农村居民对美好生活的需要。2021 年 12 月，中共中央办公厅、国务院办公厅印发的《农村人居环境整治提升五年行动方案（2021—2025 年）》，作为“十四五”时期农村人居环境整治提升的指导方案，标志着我国农村人居环境治理进入了整体提升阶段。这说明农村人居环境整治是广大农村群众的殷切盼望和现实需要，打赢农村人居环境治理这场硬仗刻不容缓。

1995 年，“人居环境”这一概念首次出现在国家自然科学基金会召开的“人居环境与建筑创作理论青年学者学术研讨会”上。在学界，以吴良镛为代表的建筑学派开创了中国人居环境科学体系①，农村人居环境作为体系组成的重要内容

① 吴良镛．关于人居环境科学［J］．城市发展研究，1996（1）：1-5+62.

之一，具有重大的研究意义。多年来，学者们对农村人居环境治理这一课题进行了不懈探讨。从目前的农村人居环境治理研究文献来看，数量高达两千多篇，主要涉及环境科学、建筑规划学、地理学以及政治经济学等学科，内容包括农村人居环境治理的现状、发展模式、存在问题及对策等多个方面。尽管有学者从定性的角度对农村人居环境治理研究进行了回顾与展望①，但面对农村人居环境治理的实际工作仍显乏力，对现实的有效回应仍然不足。鉴于此，本书采用文献计量的方法，对农村人居环境治理研究状况进行充分梳理，总结出农村人居环境治理研究主题、演化规律及发展趋势，以期更好地把握研究思路与创新点，为后续农村人居环境治理研究提供参考。

一、对现有文献的总体分析

本书于 2022 年 4 月 2 日在中国知网（CNKI）数据库上以主题词“农村”“乡村”和“人居环境”为检索途径，选择“北大核心”“CSSCI”为来源期刊，总共检索得到 800 篇文献，时间跨度从 1998 年到 2022 年。通过仔细阅读、反复检查，剔除简讯、新闻报道、规划信息等不相关的内容后得到 724 篇有效文献作为分析对象。为明确现有文献的一般情况，本书以 EndNote 格式下载该 724 篇文献，并将其导入文献题录信息统计工具 SATI3. 2 中，选择年份、作者、关键词、来源等字段进行频次统计。

（一）发文数量统计分析

对 724 篇农村人居环境研究文献进行整理后得到年度发文统计情况，如图 3-1 所示，该图清晰地呈现了农村人居环境研究的发展特征。从文献总量来看，农村人居环境研究论文年度发文数量呈现高低起伏的不稳定形势。1998~2005 年关于农村人居环境的研究文献数量缓慢上升，但均在 10 篇及以下，研究力量和关注度较弱。2005 年 12 月，《中共中央 国务院关于推进社会主义新农村建设的若干意见》明确提出，要注重加强村庄规划和人居环境治理，因此 2006 年研究量急剧增加，随后几年文献量稳步上升的态势较显著，到 2009 年发文数量首次突破 30 篇。此后，农村人居环境研究热度就有所下降，一直到 2013 年才缓慢回升，涨幅在 10 篇以内。随着 2014 年 5 月《国务院办公厅关于改善农村人居环境的指导意见》的出台，农村人居环境治理研究又迎来了热潮。2018 年 2 月，中共中央办公厅、国务院办公厅印发的《农村人居环境整治三年行动方案》强调，提升农村生活垃圾、污水治理、厕所革命和村容村貌的治理，以专项整治的形式加大力度改善农村人居环境状况，有关农村人居环境的研究再次受到国内学者的

① 于法稳，郝信波．农村人居环境整治的研究现状及展望［J］. 生态经济，2019，35（10）：166-170.

高度关注，发文量呈现爆发上升趋势，从突破 40 篇到突破 100 篇仅用了三年时间，该阶段的文献数量占总文献量的 54%。2021 年 12 月，中共中央办公厅、国务院办公厅印发《农村人居环境整治提升五年行动方案（2021—2025 年）》，力求到 2025 年建成农民群众满意的生态宜居美丽乡村，可见农村人居环境治理仍是学界未来研究的热点问题，并预计将会迎来农村人居环境研究的一个高峰①。

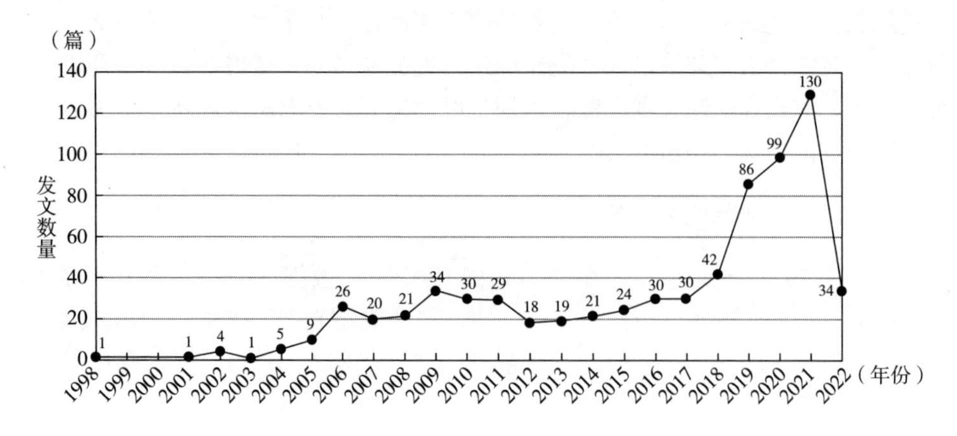

图 3-1　1998~2022 年农村人居环境研究论文年度发文趋势

（二）研究作者及发文期刊分析

研究力量（见表 3-1）分布可以为探究农村人居环境研究的热度和成熟度提供重要依据。从表 3-1 可以看出农村人居环境研究已形成一批具有影响力的核心作者。具体而言，发文量最多的是来自衡阳师范学院的李伯华教授，其是早期研究农村人居环境的领军人物之一，发文共计 22 篇。他主要关注传统村落的人居环境，研究范围从乡村人居环境的居民满意度评价、农村饮用水安全问题、人居环境建设支付意愿扩展到乡村人居环境演化、影响机制、优化路径等，研究角度丰富多样。另外，窦银娣（15 篇）、刘沛林（14 篇）、曾菊新（10 篇）也是该领域的高产作者，原因是这三位学者均和李伯华存在紧密的学术合作关系②，同属一个研究团队。值得注意的是，来自中国社会科学院农村发展研究所的于法稳教授在 2018~2022 年总共发文 9 篇，在乡村振兴战略背景下探讨了农村绿色发展的对策、农村人居环境整治的现状及展望、农村生活污水治理问题以及“十四五”时期农村人居环境治理的对策，研究问题比较聚焦，紧跟政策导向，具有一定的影响力。其余发文量较高的学者还有王成（8 篇）、王波（6 篇）、曲衍波（6 篇）、曾灿（5 篇）、王夏晖（5 篇），以上学者都是农村人居环境领域的主要

① 本书检索时间为 2022 年 4 月 2 日，因此 2022 年的文献统计不完整。

② 本书并未将第一作者作为发文数量计算的标准。

研究力量。

从发文期刊来看，《农业经济》刊载文献量排名第一，达到 31 篇，《环境保护》和《城市规划》刊载量均为 28 篇，《规划师》刊载文献 22 篇、《中国农业资源与区划》刊载文献 21 篇。文献的期刊分布侧面反映出农村人居环境研究涉及经济管理、地理科学、建筑科学、环境规划等学科，具有明显的学科交叉性质，多学科多领域的交叉渗透已经成为农村人居环境治理研究的大趋势，充分把握研究的整体性，学者们提出的决策建议才会更具科学性。

表 3-1　1998~2022 年农村人居环境研究前 10 位作者及前 10 位发文期刊

单位：篇

序号	作者	发文量	序号	期刊	频次
1	李伯华	22	1	农业经济	31
2	窦银娣	15	2	环境保护	28
3	刘沛林	14	3	城市规划	28
4	曾菊新	10	4	规划师	22
5	于法稳	9	5	中国农业资源与区划	21
6	王成	8	6	生态经济	19
7	王波	6	7	安徽农业科学	19
8	曲衍波	6	8	地理科学进展	15
9	曾灿	5	9	城市发展研究	15
10	王夏晖	5	10	中国园林	14

资料来源：根据 SATI3. 2 运行结果整理得出。

（三）高被引文献统计分析

表 3-2 所列为我国 1998~2022 年农村人居环境治理领域前 10 位高被引文献，这 10 篇论文能反映农村人居环境治理的研究水平和发展方向，在该领域中具有重要影响力，可以被看作农村人居环境治理研究的重要知识来源。其中，李伯华是拥有高被引文献的重要学者，是早期农村人居环境治理研究的主要代表人物，为该领域研究做出了重大贡献。从被引频次来看，王成新等撰写的《中国农村聚落空心化问题实证研究》被引次数居于首位，达 417 次，该文献阐述了村落空心化对农村人居环境治理的不利影响。从发表年份来看，2019 年刊出的于法稳的《乡村振兴战略下农村人居环境整治》一文奠定了当下农村人居环境治理研究的最新发展方向，也说明于法稳是该研究领域的重要代表人物。

在学科分布上，这前 10 位高被引文献涵盖了基础科学、工程科技、经济与人文科学等，发文刊物大部分与地理科学相关，反映了人居环境科学与地理学的密切程度，也说明了该领域具有较大的学科交叉性质。此外，从时间和涉及的主题来看，我国学界早期主要从地理空间规划角度来探讨农村人居环境，如农村聚落空心化、中心村建设、农村人居环境规划体系以及优化系统、乡村景观评价等。随着研究的不断深入，李伯华等率先对农村人居环境研究进行了总结分析，并提出发展新方向。同时，新时期农村聚居模式、农村人居环境质量评价、传统村落人居环境空间的演变也引起了学者们的关注，多样化的研究内容充分拓宽完善了我国农村人居环境治理研究成果。

表 3-2　1998~2022 年农村人居环境研究领域前 10 位的高被引文献

序号	标题	作者	被引频次	期刊	发表年份
1	中国农村聚落空心化问题实证研究	王成新等	417	地理科学	2005
2	乡村人居环境研究进展与展望	李伯华等	232	地理与地理信息科学	2008
3	基于城乡统筹的农村人居环境发展	彭震伟　陆嘉	228	城市规划	2009
4	论中国乡村景观评价的理论基础与评价体系	王云才	173	华中师范大学学报（自然科学版）	2002
5	乡村人居环境的居民满意度评价及其优化策略研究——以石首市久合垸乡为例	李伯华等	171	人文地理	2009
6	乡村振兴战略下农村人居环境整治	于法稳	168	中国特色社会主义研究	2019
7	皖南旅游区乡村人居环境质量评价及影响分析	杨兴柱　王群	167	地理学报	2013
8	基于“三生”空间的传统村落人居环境演变及驱动机制——以湖南江永县兰溪村为例	李伯华等	164	地理科学进展	2018
9	论新时期农村聚居模式研究	周国华等	138	地理科学进展	2010
10	农村人居环境优化系统研究	胡伟等	133	城市发展研究	2006

资料来源：根据 CNKI 数据库检索信息整理而得。

二、农村人居环境治理研究的主题聚焦

本书利用 Citespace 软件对 724 篇文献进行分析，绘制出关键词聚类图谱，以明确农村人居环境研究成果的总体特征、内在联系与主题分布。关键词的频次越高，则说明关于该关键词的主题研究热度越强。通过对表 3-3 的分析，发现“人居环境”“乡村振兴”出现的频次分别为 111、106，位居第一、第二，“乡村人居环境”“农村人居环境”“新农村建设”紧随其后，频次分别为 85、48、44，这与我国不同时期有关“三农”政策所倡导的农村人居环境治理内容基本一致，揭示了研究主题深受新农村建设和乡村振兴战略等国家政策的影响。

Citespace 中的关键词聚类能够将研究热点的知识结构详细展示出来，本书采用 LLR 对数极大似然率算法，选取效果最好的前 10 个聚类群，得到农村人居环境

表 3-3　1998~2022 年农村人居环境研究前 20 个高频关键词

序号	关键词	频次	序号	关键词	频次
1	人居环境	111	11	新农村	17
2	乡村振兴	106	12	乡村旅游	15
3	乡村人居环境	85	13	风景园林	15
4	农村人居环境	48	14	乡村振兴战略	15
5	新农村建设	44	15	可持续发展	14
6	农村	25	16	美丽乡村建设	13
7	美丽乡村	23	17	生态文明	13
8	传统村落	20	18	影响因素	12
9	农村人居环境	20	19	质量评价	11
10	对策	18	20	乡村建设	10

资料来源：根据 SATI3.2 运行结果整理得出。

治理研究的关键词聚类可视化图谱（见图 3-2），这 10 个聚类群的规模、中心度和主要内容如表 3-4 所示。高频关键词与关键词聚类能够将研究的主题知识结构清晰展示出来，在结合文献具体内容的基础上可以将农村人居环境研究主题聚焦为农村人居环境治理内容、治理主体、质量评价研究以及治理问题及对策研究。

图 3-2　1998~2022 年农村人居环境关键词聚类可视图

资料来源：根据 Citespace 分析导出。

表 3-4　1998~2022 年农村人居环境领域聚类标识

聚类号	中心度	LLR 对数似然值聚类标签
#0 人居环境	0.775	人居环境（55.95），农村人居环境（14.14），中国（11.21），城乡融合（7.46），乡村（7.46）
#1 乡村人居环境	0.825	乡村人居环境（62.23），《农户空间行为变迁与乡村人居环境优化研究》（19.09），新农村（15.91），农户（9.98），质量评价（9.98）
#2 乡村振兴	0.641	乡村振兴（56.66），脱贫攻坚（13.84），人居环境（10.07），乡村建设（9.23），乡村人居环境（7.52）
#3 新农村建设	0.843	新农村建设（42.52），农村（34.54），对策（29.89），问题（14.68），ppp 模式（9.76）
#4 美丽乡村建设	0.898	美丽乡村建设（18.09），乡村振兴战略（17.15），农村人居环境整治（15.32），乡村旅游（11.37），农村生活垃圾治理（9.26）
#5 农村人居环境	0.943	农村人居环境（47.98），人居环境（15.1），乡村振兴（7.6），传统村落（7.55），攻坚战（7.22）
#6 可持续发展	0.955	可持续发展（21.92），城镇化（21.92），民族地区（13.32），生态化（13.32），城乡一体化（9.57）
#7 美丽乡村	0.829	美丽乡村（34.76），乡村治理（28.88），对策建议（12.85），农村环境（11.45），乡风文明（11.45）
#8 农村生态环境	0.864	农村生态环境（15.8），城乡统筹（13.63），四川省（9.68），社会主义新农村（6.69），生态文化建设（6.69）
#9 建设	0.941	建设（11.19），小城镇（11.19），乡村人居（8.27），村庄（8.27），人口集聚（8.27）

资料来源：根据 Citespace 分析整理得出。

（一）农村人居环境治理的内容研究

关于农村人居环境治理的内容研究，学界重点围绕农村生活垃圾治理、生态文明建设以及农村人居环境与乡村旅游之间的关系展开。第一，关于农村生活垃圾治理的研究大体形成两大共识：一是当前农村生活垃圾收集及处理设施不健全，以及运营机制不完善使得垃圾治理成为限制农村人居环境发展的重要因素①。二是农村垃圾治理基本形成了传统政府治理模式和 PPP 项目模式②。作为典型的纯公共产品，农村生活垃圾治理主要由基层政府来推动，对于如何实现农村生活垃圾的长效治理，学者们普遍认为，要提高农民在环境治理中的参与度、

① 于法稳，侯效敏，郝信波．新时代农村人居环境整治的现状与对策［J］．郑州大学学报（哲学社会科学版），2018，51（3）：64-68+159.

② 杜焱强，刘瀚斌，陈利根．农村人居环境整治中 PPP 模式与传统模式孰优孰劣？——基于农村生活垃圾处理案例的分析［J］．南京工业大学学报（社会科学版），2020，19（1）：59-68+112.

发挥环境管理员和巡查员的第三方监督作用、形成“政府主导、市场和社会力量协作”的多方利益联结机制[①]以及借助互联网技术、设施提升垃圾分类效能[②]。第二，农村人居环境治理是加强农村生态文明建设的重要体现，学者们普遍将农村人居环境治理纳入到农村生态文明建设的研究中，将其作为组成部分分析。经过不断地发展，我国农村生态文明建设的政治站位得到提升、法律法规体系进一步完善、管理机构也逐渐健全，在一定程度上促进了农村生活垃圾、污水、厕所等卫生问题的改善[③]。但在立法、管理体制以及参与度等方面仍面临着许多挑战，比如相关的法律法规缺乏针对性和可操作性、农村生态文明管理机构职能分散，甚至大部分地区缺乏乡镇环保机构、基础设施建设投入不足、农民参与环境治理的意识不强[④]，因此未来的农村生态文明建设需要从农村生态保护和治理战略、制度、机构等硬件要素和人员、技术、宣传教育等软件要素两个维度展开。通过加强农村生态文明制度建设、健全农村生态环境管理机构、加大投入力度、发展清洁循环处理技术、普及农村生态文明宣传教育来助力建设美丽宜居乡村[⑤]。第三，在农村人居环境与乡村旅游之间的关系上，农村人居环境整治不仅对乡村旅游发展有显著的促进作用，而且具有“马太效应”，即乡村旅游越发达的行政村受益越大[⑥]。其中，垃圾和污水集中处理、改厕都可增加游客人数[⑦]，旅游资源越丰富、目的地管理能力越强的行政村对乡村旅游的促进作用越大[⑧]。反过来，开展乡村旅游也能够提升农户参与冲水式卫生厕所改造、减少生活污水和固体垃圾随处排放[⑨]。目前，我国农村人居环境对乡村旅游发展的辐射效应受到交通条件和村集体经济的制约[⑩]，因此实现农村人居环境整治与乡村休闲旅游协同发展要以生态建设为原则优先开展科学规划工作，提供更为完善的组织保

---

① 吕晓梦．农村生活垃圾治理的长效管理机制——以A市城乡环卫一体化机制的运行为例［J］．重庆社会科学，2020（3）：18-30.

② 孙旭友．“互联网+”垃圾分类的乡村实践——浙江省X镇个案研究［J］．南京工业大学学报（社会科学版），2020，19（2）：37-44+111.

③④ 邵光学．新中国70年农村生态文明建设：成就、挑战与展望［J］．当代经济管理，2020，42（4）：6-11.

⑤ 司林波．农村生态文明建设的历程、现状与前瞻［J］．人民论坛，2022（1）：42-45.

⑥⑧ 郑义，陈秋华，杨超，林恩惠．农村人居环境如何促进乡村旅游发展——基于全国农业普查的村域数据［J］．农业技术经济，2021（11）：93-112.

⑦ 林恩惠，杨超，郑义，陈秋华．农村人居环境对乡村旅游发展的辐射效应［J］．统计与决策，2020，36（15）：89-91.

⑨ 闵师，王晓兵，侯玲玲，黄季焜．农户参与人居环境整治的影响因素——基于西南山区的调查数据［J］．中国农村观察，2019（4）：94-110.

⑩ 林恩惠，杨超，郑义，陈秋华．农村人居环境对乡村旅游发展的辐射效应［J］．统计与决策，2020，36（15）：89-91.

障、人员保障、资金保障和机制保障①。

（二）农村人居环境治理的主体研究

农村人居环境治理的落脚点和出发点都是为了满足农村居民对美好生活、美好生态环境的向往，要弄清楚、搞明白农村人居环境治理的主体和核心是农户。目前农村人居环境治理的主体研究主要围绕农户展开，内容聚焦于两方面：第一，基于农民主体视角的人居环境整治满意度分析。研究方法上多利用模糊综合评价法，早期研究发现村民对乡村自然生态环境不满意，主要原因是农村饮水水质差，生产生活用水和河流污染、化肥农药产生的污染得不到有效改善②。此外，房屋内外装修、工业污染治理、文化娱乐设施、公厕数量与质量和娱乐活动等方面的满意度指标值也偏低③。自然居住环境、村民情感感知、社会人文环境、安全防御保障为显著影响农户满意度的因子④。有学者提出“农民话语权缺失”和“政府的盲目作为”是造成农民对人居环境满意度低的原因，为此政府需要杜绝形式主义、在行动上体现农户的多元化需求，将成果惠及农户，从而加强与农户的有效沟通⑤。第二，农户环境参与意愿研究。包括农户宅基地整治权属调整意愿⑥、农村生活污水治理参与意愿⑦、生活垃圾集中处理的支付意愿⑧等方面，主要借助定量研究方法，如结构方程模型、Logistics 模型、Ordered Probit 模型分析农户参与意愿的影响因素。大量研究发现农户人居环境治理参与意愿的形成机理十分复杂，包括农户自身的认知、行为态度、信任及主观规范等内部因素以及农户个体外在因素（年龄、文化程度以及外出务工情况等）、农户家庭因素（收入水平、人口规模、医疗保障水平等）、社会环境（法律政策、村组织重视与支持等）等外部因素。

---

① 宋旭超，崔建中．农村人居环境整治与发展乡村休闲旅游有机结合研究［J］．农业经济，2020（7）：46-48.

② 李伯华，刘传明，曾菊新．乡村人居环境的居民满意度评价及其优化策略研究——以石首市久合垸乡为例［J］．人文地理，2009，24（1）：28-32.

③ 张萌，郑华伟，高春雨，罗其友．基于农民主体视角的村庄环境整治满意度研究——以江苏省4个地区的调查为例［J］．中国农业资源与区划，2018，39（4）：145-151.

④ 桂国华，杨磊，桂国敏，李东徽．农村人居环境整治提升满意度影响因素模型构建及分析［J］．江苏农业科学，2021，49（7）：1-8.

⑤ 苗红萍，陈彤，马玲玲，刘国勇．农村社区整体规划和人居环境满意度分析——对新疆榆树沟镇和水西沟镇6个村人居环境满意度的调查［J］．新疆社会科学，2011（5）：37-41.

⑥ 臧俊梅，许进龙，宁晓锋．农户宅基地整治中权属调整的决策逻辑——基于广东省的实证研究［J］．经济体制改革，2019（4）：85-92.

⑦ 苏淑仪，周玉玺，蔡威熙．农村生活污水治理中农户参与意愿及其影响因素分析——基于山东16地市的调研数据［J］．干旱区资源与环境，2020，34（10）：71-77.

⑧ 齐莹，颜廷武，盖豪．责任认知与社会资本对农户生活垃圾集中处理支付意愿的影响［J］．农业现代化研究，2022，43（2）：285-295.

（三）农村人居环境治理的质量评价研究

农村人居环境质量评价研究对中央政府制定差异化的农村人居环境策略至关重要，早期学者关注的是乡村聚落的人居环境评价①，随后研究尺度不断扩大到对村域、县域、市、省甚至全国的人居环境评价。这既有评价指标体系的构建，也有评价方法的探索，更有对农村人居环境与区域经济的内在协调机制②、人居环境质量的驱动机制③的深究。指标体系的构建是农村人居环境质量评价的关键部分，大多数学者通过主成分分析法和全排列多边形指数、熵值法以及因子分析法计算各指标权重，然后采用 GIS 空间分析、空间计量模型和空间关联测度等评价方法对质量进行测度。在确定指标时多从生产、生活、生态 3 类功能出发进行选择④，具体包括居住条件、经济发展、生态环境、基础设施、公共服务、能源消费结构、环境卫生等方面。研究结果显示农村人居环境质量的影响因素复杂多样，既有有形的也有无形的，其中经济发展是促使农村人居环境质量提升的主导因素⑤，而人口集聚⑥、人口密度⑦和气候条件、贫困程度、空间距离对农村人居环境质量产生负向影响⑧。此外，宾津佑等通过探讨广东省县域农村人居环境质量情况，发现基础设施建设、生态环境治理、公共财政收入、公共服务保障、产业结构状况等均能显著提升农村人居环境质量⑨。马军旗和乐章基于 2016 年中国劳动力动态调查村居数据的研究得出，村庄党员数量、劳动力外流减少、平原地形、返乡人员捐赠、村干部管理经验对农村人居环境质量有正向促进作用⑩。根据质量评价结果，我国农村人居环境质量呈现自东南向中部和西北阶梯递减的空间分布规律⑪，相关研究也证明了东南沿海地区农村人居环境与经济发展比大部

---

① 吴秀芹，张艺潇，吴斌，等．沙区聚落模式及人居环境质量评价研究——以宁夏盐池县北部风沙区为例［J］．地理研究，2010，29（9）：1683-1694.

②⑪ 梁晨，李建平，李俊杰．基于“三生”功能的我国农村人居环境质量与经济发展协调度评价与优化［J］．中国农业资源与区划，2021，42（10）：19-30.

③ 邵峰．青岛乡村人居环境质量评价及驱动机制探究［J］．中国农业资源与区划，2021，42（10）：48-55.

④ 戴军，马颖忆，吴未．乡村振兴视域下江苏省乡村人居环境评价与协同优化［J］．江苏农业科学，2021，49（24）：1-9.

⑤⑥⑨ 宾津佑，唐小兵，陈士银．广东省县域乡村人居环境质量评价及其影响因素［J］．生态经济，2021，37（12）：203-209+223.

⑦ 蒲金芳，王亚楠，刘沙沙，高阳，王数．河北省县域乡村人居环境质量评价及其影响因素研究［J］．中国农业资源与区划，2022（12）：248-259.

⑧ 杨兴柱，王群．皖南旅游区乡村人居环境质量评价及影响分析［J］．地理学报，2013，68（6）：851-867.

⑩ 马军旗，乐章．乡村人居环境质量评价及其影响因素——基于 2016 年中国劳动力动态调查村居数据［J］．湖南农业大学学报（社会科学版），2020，21（4）：45-52+74.

分中西部地区更为协调①，表明农村人居环境质量确实与区域经济实力和政府财力密切相关。在提高农村人居环境质量发展上，一些学者提出要科学规划乡村布局、增强农村经济发展能力、改善生态环境②；同时还要大力发展乡村产业、建立健全乡村人居环境整治公共财政投入的长效保障机制、开展乡村人居环境整治试点③。

（四）农村人居环境治理的问题研究

经过多年努力，我国农村人居环境有了较大改善、居民群众满意度逐年提升，但还存在一些不足之处，当前农村人居环境治理过程中存在的问题主要聚焦在参与主体、治理条件、过程机制、政策等方面。首先，在农村人居环境治理过程中，地方政府主体的法律权责界定不明确，缺乏法律约束④⑤；村民主体责任意识较弱，参与治理的主动性不足，导致人居环境治理陷入“政府强推动，农户弱参与”的困境⑥。其次，人才、资金以及技术支撑不足，农村人居环境治理项目设施后续运行、维护、管理任务艰巨；突出体现在人居环境治理基础设施的建设与专业人员的配备不足⑦，治理资金主要依靠政府投入、来源单一、所需资金缺口较大⑧，治理技术缺乏规范性且适应性较差，导致建设运行成本偏高，难以形成可复制可推广的技术⑨。再次，相关的机制不健全，比如市场机制不健全，社会资本参与积极性不高⑩；监督机制不到位，监管执法主体和监管对象不明确⑪；政府各部门之间缺乏有效的沟通和协调机制⑫。最后，农村人居环境治理政策价值选择体系存在显著的不均衡，经济发展比重过大，生态环境比重依然不足，价值选择“可持续性”充分供给，“安全性”相对匮乏⑬。此外，相关的技

---

① 孙慧波，赵霞．中国农村人居环境质量评价及差异化治理策略［J］．西安交通大学学报（社会科学版），2019，39（5）：105-113.

② 张慧慧，贾海发，李成英，等．青海省东部地区乡村人居环境质量测度及空间差异［J］．江苏农业科学，2021，49（5）：6-12.

③ 宾津佑，唐小兵，陈士银．广东省县域乡村人居环境质量评价及其影响因素［J］．生态经济，2021，37（12）：203-209+223.

④⑪ 刘鹏，崔彩贤．新时代农村人居环境治理法治保障研究［J］．西北农林科技大学学报（社会科学版），2020，20（5）：102-109.

⑤⑨⑩ 徐顺青，逯元堂，何军，陈鹏．农村人居环境现状分析及优化对策［J］．环境保护，2018，46（19）：44-48.

⑥⑦ 吴春宝．乡村振兴背景下青海农牧区人居环境整治：成效、挑战及其对策——基于微观调查数据的实证分析［J］．青海社会科学，2021（4）：77-85.

⑧⑫ 王宾，于法稳．“十四五”时期推进农村人居环境整治提升的战略任务［J］．改革，2021（3）：111-120.

⑬ 保海旭，李航宇，蒋永鹏，刘新月．我国政府农村人居环境治理政策价值结构研究［J］．兰州大学学报（社会科学版），2019，47（4）：120-130.

术管理政策针对性和前瞻性不足[①]，税收支持政策过严、金融支持政策支持面窄、用电价格支持政策缺乏[②]。

（五）农村人居环境治理的对策研究

研究农村人居环境治理最终的落脚点是为了实现农村人居环境的改善和提升，学界对于农村人居环境治理对策的研究大多是基于本土实践案例的考察，协同治理体制是当下研究的焦点，其主要呈现出以下三种策略。第一，在治理主体上，要明确农村人居环境治理政府责任[③]，培养村干部治理积极性[④]，尊重农民主体地位，提高农民参与积极性[⑤]。第二，在治理条件上，科学规划引导，因地制宜确定农村人居环境整治技术和方案[⑥]；构建“政府引导、市场运作、社会参与”的多元投入机制，例如要通过设立村级农村人居环境治理专项资金、开发绿色金融产品和服务等以完善财政投入保障机制，同时制定村集体和农民等社会主体投入的引导激励机制，以及建立农民使用付费制度等以破解农村人居环境治理资金困境[⑦]。第三，在治理成效的可持续性上，通过利用大数据、互联网等技术建立专门的综合监管平台[⑧]、将农村人居环境治理工作列入干部年度考核中[⑨]、设立环境督导队[⑩]等方法健全长效监管和管护机制，强化检查评估。此外，也有学者关注国外农村人居环境建设模式。例如，史磊和郑珊借鉴欧盟农村人居环境实践经验，提出要实施环境治理奖励机制、加强环境监管力度、完善投资方式[⑪]。张然等分析了日本人居环境科学领域背景下乡村规划理论研究的内容演变与阶段特征，认为要活用乡村潜在资源、培育多元功能的乡村生产生活安全体系，以应对人口老龄化和劳动力不足的问题，提出基于乡村振兴背景构建我国人居环境科学领域的乡村规划理论研究体系[⑫]。

---

① 朱琳，孙勤芳，鞠昌华，张卫东，陕永杰，朱洪标．农村人居环境综合整治技术管理政策不足及对策［J］．生态与农村环境学报，2014，30（6）：811-815.

② 鞠昌华，朱琳，朱洪标，孙勤芳．我国农村人居环境整治配套经济政策不足与对策［J］．生态经济，2015，31（12）：155-158.

③ 刘鹏，崔彩贤．新时代农村人居环境治理法治保障研究［J］．西北农林科技大学学报（社会科学版），2020，20（5）：102-109.

④⑩ 刘晓茹．关于农村人居环境治理路径思考［J］．农业经济，2022（3）：48-50.

⑤⑥⑧⑨ 王宾，于法稳．“十四五”时期推进农村人居环境整治提升的战略任务［J］．改革，2021（3）：111-120.

⑦ 崔红志，张鸣鸣．农村人居环境整治的多元主体投入机制研究——以河南省为例［J］．农村经济，2022（3）：1-11.

⑪ 史磊，郑珊．“乡村振兴”战略下的农村人居环境建设机制：欧盟实践经验及启示［J］．环境保护，2018，46（10）：66-70.

⑫ 张然，冯旭，山口秀文．日本人居环境科学视角下农村规划研究的演变与启示［J］．国际城市规划，2023，38（2）：113-123.

三、我国农村人居环境治理研究的演化规律

为了更好地了解我国农村人居环境治理研究在不同时期的演变趋势和相互影响，本书采用关键词突显图的方式来发现农村人居环境研究的知识体系发展脉络，按照研究关键词具体将我国农村人居环境治理研究归纳为四个阶段。

第一个阶段是缓慢增长期（1998~2005年），研究成果较少，“建设”“小城镇”成为这一时期的主要关键词。受城市化进程不断加快的影响，农村人居环境的健康发展受到威胁，学者们开始关注农村人居环境的建设问题。但这一阶段的研究主要聚焦于小城镇的人居生态环境发展、人居环境空间规划，强调以人为本的理念，提出城乡一体化、乡村城镇化等相应的对策措施，从而改变乡村人居环境，提升农民生活质量。

第二个阶段是新农村建设下的快速增长期（2006~2012年），研究数量不断增多，发文数量接近总数的三分之一。2005年9月，建设部下发的《关于村庄整治工作的指导意见》强调了村庄整治工作的重要性，并将村庄整治工作作为社会主义新农村建设的核心内容之一，农村人居环境治理的研究领域也随着实践发展不断拓展，开始涌现出“村庄整治”“水土保持”“农村环境保护”“城市化”“城乡统筹”等关键词。由于这一时期我国农村人居环境中基础设施和公共服务设施极为欠缺，存在突出问题，且城乡人居环境统筹发展成为社会主义新农村建设的目标之一，因此从研究视角来看主要侧重于城乡一体化背景下乡村道路、供排水设施、河道以及农村居民住房等基础设施和配套公共服务的研究，并提出要从农村经济、村庄规划、城乡协调发展以及农民参与等方面进行改善。从治理主体来看，研究强调政府作为主导力量在农村人居环境治理过程中的引导和管控，很少关注到社会、市场、公众在治理中的责任与作用。

第三个阶段是美丽乡村建设下的平稳发展期（2013~2017年），发文数量波动不大，仍呈现缓慢上升的趋势，凸显关键词有“美丽乡村”“传统村落”“农村居民点”“风景园林”。2013年中央一号文件提出建设美丽乡村的新目标，2014年5月国务院办公厅印发的《关于改善农村人居环境的指导意见》首次以国家文件的形式规定了农村人居环境治理的重点任务，标志着农村人居环境改质提优新阶段的到来。在这一阶段，学者们的研究主题侧重于作为乡村人居环境生活空间重构本源的农村居民点整治模式研究、传统村落的人居环境转型发展研究、农村人居环境整治策略及质量综合评估研究。开始关注日本、欧盟、美国乡村人居环境建设做法以及中国台湾“城乡风貌改造运动”、江苏城乡一体化实践等在农村人居环境治理方面的成功经验，并针对国内实际情况，通过对比分析提出农村人居环境治理的具体措施。

第四个阶段是乡村振兴战略下的爆发增长期（2018 年至今），发文数量猛增，仅 2019 年和 2020 年的发文量就达到总数的三分之一。伴随着城乡关系从“城乡统筹”到“城乡融合”的转变以及国家政策、集体力量的增强，乡村发展得到了强力支撑，农村人居环境建设也逐渐融入“乡村振兴战略”，并获得了前所未有的发展机遇。首先，从研究领域来看，受国家政策的影响，学者们重点关注农村生活污水、生活垃圾、厕所卫生等方面的整治，以及农村生态文明建设、村容村貌改善和农村人居环境质量评价；在研究视角上侧重农村人居环境治理模式、政策关注点以及治理中存在的问题、路径等方面的探索。其次，从治理主体来看，市场、社会组织、村民等力量开始被学者们所关注，参与农村人居环境治理的主体更加多元，成为研究领域的又一重点。总之，这一阶段研究逐渐由乡村空间格局、景观风貌等宏观层面转向生活垃圾、污水等微观层面，也实现了政策理论与现实情况的紧密结合。学者们将农村人居环境治理与乡村振兴战略紧密结合，研究视角多样化，更多地关注到农民作为主体的地位，从农民角度分析农村人居环境治理存在的问题。

纵观二十多年来我国农村人居环境治理的研究演化规律，明显呈现出以下特点：第一，研究主题与时代背景和大政方针紧密相连，农村人居环境的治理已经从解决硬性的公共基础设施和民生工程问题转入到集生活、生产、文化、生态全方位多样化的健康发展问题，各个时期的农村人居环境治理理念和政策的变迁均能够正向引导学界开展农村人居环境治理研究。第二，农村人居环境治理结构研究发生了明显的转变，越来越注重市场主体、社会组织以及村民在农村人居环境治理中的效能发挥，由原来的政府主导治理模式转化为多元主体协同共治模式。第三，研究方法趋向于多学科化，农村人居环境关系到生态、经济、地理等多部门，需要与不同学科交叉融合发展，早期的研究集中在地理科学、建筑科学，研究方法多为定量性方法，随后逐渐转移到经济管理科学，呈现出定性、定量研究方法并存的局面。

四、我国农村人居环境治理的研究趋势

落实农村人居环境治理是我们全面进行乡村振兴的主要任务之一，我国农村人居环境治理呈现出党领导下的“政府引导、市场运作、社会参与”多元主体协同的道路特质。从目前我国农村人居环境治理研究发展的客观现实来看，在整体发文量、研究作者、多学科、理论基础上的研究已取得一定的成果，但未来农村人居环境治理研究仍需更加专业化、细致化、协作化，研究趋势主要集中在以下几个方面：

第一，在研究视角上，应加强跨学科与多视角研究。首先，农村人居环境治

理具有复杂性、区域性的特征，但大多数农村人居环境治理研究只是单方面从某一学科进行分析，未能实现地理科学、建筑科学、经济与管理等多学科知识体系的交叉融合，故未来应加强跨学科的合作研究。其次，应加强农村人居环境数字化技术治理研究。数字乡村是乡村振兴的重要内容，2022 年 1 月，中央网信办等 10 个部门印发《数字乡村发展行动计划（2022—2025 年）》，其中明确提出“十四五”时期要加强农村人居环境数字化监管。数字化赋能的农村人居环境治理能够创新社会监督监管手段，提高农民参与积极性。再次，注重农村人居环境治理的机制研究，农村人居环境治理的任务不是暂时的、短期的，而是持续的。受运动式治理行动策略的影响，农村人居环境治理中容易造成权力行使不规范，不顾基层实际，追求“面子工程”等问题。如网络上报道的某些地区政府人员在落实工作时变成了走形式，不能因地制宜采取有效措施推动污水、厕所、垃圾整治以及村容村貌改善，遇到上级政府检查时应付了事，甚至滋生出贪污腐败问题。为此，需要根据各地区的区域自然、社会经济及人文特点，因地制宜建立起完善的长效监管机制、考核约束机制、创新激励推进机制，从而使农村人居环境治理工作长效推进。又次，加强农村人居环境治理与城乡融合发展研究。2022 年 5 月中共中央办公厅、国务院办公厅印发的《关于推进以县城为重要载体的城镇化建设的意见》明确提出，推进城乡融合发展，以县域为核心增强对乡村的辐射带动能力。这意味着城乡融合发展是农村人居环境发展的重要途径之一，要促进城乡“人、地、钱”等要素的平等交换、双向流动，例如，统筹县域城镇和村庄规划建设，建立以城带乡的污水垃圾收集处理系统，促进县城基础设施和公共服务向乡村延伸覆盖。最后，完善农村人居环境治理的技术标准以及相关规章制度体系的研究，以规范化的技术标准和法治建设保障农村人居环境改善任务落实和目标实现。

第二，在理论研究上，应加强农村人居环境治理的理论对话研究。目前，学界在农村人居环境治理的核心概念、质量评价、治理内容及模式等方面进行了总结，但与相关理论的对话不够深入，缺乏对其内在机理的挖掘。随着我国基层治理体系的完善，治理方式和手段不断创新，未来农村人居环境治理研究应扎根于典型地区治理模式案例，强化经验叙事和理论结合，推动我国农村人居环境治理理论的一般化，形成具有中国特色的农村人居环境治理理论话语体系。

第三，不断创新研究方法，注重定性与定量研究方法的结合。近年来，随着大数据、区块链、物联网等创新技术的深入普及，分析方法越来越复杂，目前我国农村人居环境治理研究方法的使用趋向于多元化，但规范性仍需进一步加强。农村人居环境治理的关键在于将治理机制与当前大数据新环境紧密结合，对农村公共物品和利益分配进行有效治理，因此要不断拓展研究方法，加强对定性和定

量相结合的嵌套研究。例如，未来可强化个案研究或多案例分析、扎根理论等定性研究方法的应用，对全国农村污水处理、厕所革命、村庄清洁行动典型范例进行归纳比较，总结影响农村人居环境治理的长效机制、逻辑演变，再根据问卷调查进行验证，从整体上把握内在规律和发展趋势。

第二节 我国健康乡村治理研究

党的十九大报告提出，实施乡村振兴战略，建立健全城乡基本公共服务均等化的体制机制，推动公共服务向农村延伸，满足广大农民群众对美好生活的向往[①]。2016 年 8 月，全国卫生与健康大会提出要把人民健康放在优先发展的战略地位，将健康融入所有政策，同年 10 月，中共中央、国务院印发的《"健康中国 2030"规划纲要》，明确了健康中国建设的目标和任务。2018 年 9 月，中共中央、国务院印发的《乡村振兴战略规划（2018—2022 年）》专门就推进健康乡村建设任务进行描述，强调从疾病防治、医疗卫生服务体系完善、乡村医生队伍建设、健康教育等方面开展，可见在乡村振兴战略布局中，健康乡村建设是一项重要工作。作为实施健康中国战略和乡村振兴战略的基础工程和重要组成部分，国务院及其相关职能部门对健康乡村治理的重视程度不断提高，为了确保健康乡村建设工作开展的精准性和有效性，相继印发的《关于服务乡村振兴促进家庭健康行动的实施意见》《关于印发巩固拓展健康扶贫成果同乡村振兴有效衔接实施意见的通知》《"十四五"国民健康规划》等多项政策文件均提及将健康乡村作为重要任务部署安排。多年来，学者们对健康乡村治理这一课题进行了不懈探讨，取得了不错的成果，为乡村振兴与健康中国建设贡献了智慧。尽管个别学者从定性的角度对健康乡村治理的文献进行了回顾与展望[②③]，但由于系统性不足，在健康乡村概念、评价指标选取、研究阶段演变等问题上未能很好地总结，面对健康乡村治理的实际工作仍显乏力，对现实的有效回应仍然不足。鉴于此，本书采用文献计量的方法，分别从健康乡村的理论基础、研究主题、演进规律及研究趋势四个方面对研究状况进行充分梳理，以期发现存在的不足，更好地把握研究

---

① 中共中央党史和文献研究院．十九大以来重要文献选编（上）［M］．北京：中央文献出版社，2019.

② 张晨曦，方菁．基于 CNKI 文献的我国健康乡村研究的可视化分析［J］．医学与社会，2021，34（11）：53-58+63.

③ 许源源，王琎．乡村振兴与健康乡村研究述评［J］．华南农业大学学报（社会科学版），2021，20（1）：105-117.

思路与创新点，为后续健康乡村治理研究提供学术参考。

一、对现有文献的总体分析

为了保证检索结果的全面性与完整性，本书于 2022 年 6 月 9 日在中国知网（CNKI）数据库上以主题词“健康乡村”“健康村”“健康农村”为检索途径，选择“北大核心”“CSSCI”为来源期刊，总共检索得到 1615 篇文献，时间跨度从 1992 年到 2022 年，通过仔细阅读、反复检查，剔除简讯、新闻报道、文章评论以及农村水利、经济、组织健康发展等明显与本书主题不相关的内容后得到 1398 篇有效文献作为分析对象。为明确现有文献的一般情况，本书以 Refworks 和 EndNote 格式下载该 1398 篇文献，其中将 EndNote 格式的文献导入文献题录信息统计工具 SATI3.2 中，选择年份、作者、关键词、来源等字段进行频次统计。

（一）发文数量统计分析

对 1398 篇健康乡村治理研究文献进行整理后得到年度发文统计情况如图 3-3 所示，该图清晰地呈现了健康乡村主题研究的发展特征。我国健康乡村治理研究始于 1992 年，在此后 10 年间，其研究热度时涨时跌，年发文量均不超过 20 篇文章，处于起步阶段。直到 2002 年《中共中央 国务院关于进一步加强农村卫生工作的决定》发布，相关研究才突破 20 篇。随着 2005 年底《中共中央 国务院关于推进社会主义新农村建设的若干意见》、2006 年《全国亿万农民健康促进行动规划（2006—2010 年）》、2007 年《关于开展全民健康生活方式行动的通知》的发布，健康乡村治理研究成果的数量出现持续性增长，进入快速发展阶段，表明国家重视健康新农村建设。之后随着 2009 年中共中央、国务院发布《关于深化医药卫生体制改革的意见》，强调以农村为重点到 2011 年实现全民医保的战略目标，以及“世界银行贷款/英国赠款中国农村卫生发展项目”的实施，研究文献数量在 2011 年达到第一个高峰。2012 年党的十八大以后，《全民健康素养促进行动规划（2014—2020 年）》《“健康中国 2030”规划纲要》《关于实施健康扶贫工程的指导意见》《乡村振兴战略规划（2018—2022 年）》等政策相继发布，该领域越来越受到学者们的重视，发文量在 60~100 篇的水平波动，表明当前健康乡村治理研究正处于平稳发展和深入探索阶段，也在一定程度上反映出健康乡村治理的研究热度受国家政策影响较大。

（二）研究作者及发文期刊分析

研究力量（见表 3-5）分布可以为探究健康乡村治理研究的热度和成熟度提供重要依据。从表 3-5 可以看出健康乡村治理研究已形成一批具有影响力的核心作者。具体而言，发文量超过 10 篇的作者仅有一人，为来自山东大学公共卫生

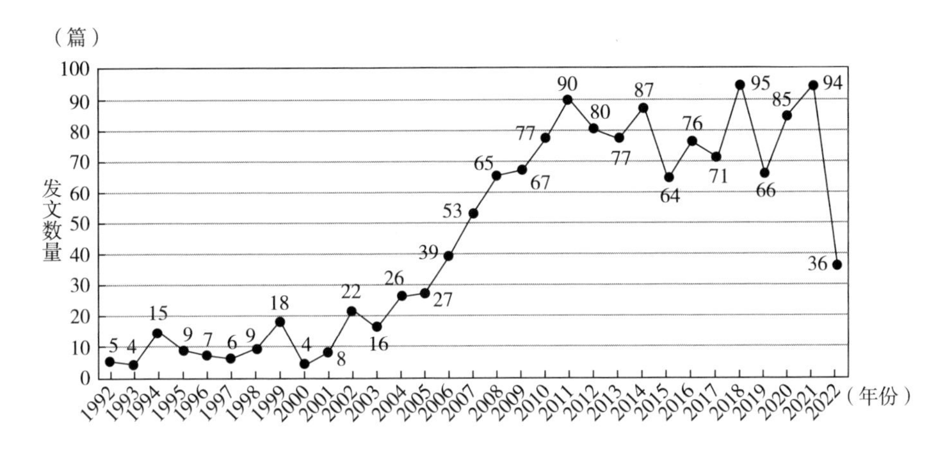

图 3-3　1992~2022 年健康乡村治理研究论文年度发文趋势

资料来源：根据 SATI3.2 运行结果整理得出。

表 3-5　1992~2022 年健康乡村治理研究前 10 位作者及前 10 位发文期刊

单位：篇

序号	作者	发文量	单位	序号	期刊	频次
1	徐凌忠	12	山东大学公共卫生学院	1	中国学校卫生	106
2	王兴洲	9	山东大学公共卫生学院	2	现代预防医学	96
3	张福兰	9	吉首大学体育科学学院	3	中国公共卫生	90
4	高修银	9	徐州医学院公共卫生学院	4	中国妇幼保健	77
5	杨丽	9	华中科技大学同济医学院	5	中国老年学杂志	72
6	胡月	9	南京医科大学医政学院	6	中国卫生事业管理	45
7	刘远立	9	中国医学科学院北京协和医学院	7	中国健康教育	39
8	张天成	9	吉首大学体育科学学院	8	热带作物学报	27
9	王翌秋	8	南京农业大学金融学院	9	中国全科医学	26
10	王健	7	山东大学公共卫生学院	10	中国卫生经济	25

资料来源：根据 SATI3.2 运行结果整理得出。

学院的徐凌忠教授，发文共计 12 篇，主要研究领域为预防医学与卫生学、感染性疾病及传染病；此外，王兴洲、张福兰、高修银、杨丽、胡月、刘远立、张天成也是健康乡村领域研究的核心作者，均发文 9 篇，王翌秋、王健分别发文 8 篇、7 篇。值得注意的是徐凌忠与王兴洲；张福兰与张天成之间存在紧密的学术合作关系。但由于学者学科背景的限制，各研究团队没有突破固有研究领域的舒适圈，各研究机构间缺少联系和横向合作，多数以微观视角展开研究，局限于医疗卫生、健康卫生、健康素养等领域。另外，健康乡村治理研究的高产作者、研究团队大多数来自高校的医疗卫生学院，而具有经济管理学科、社会学科等背景的研究机构较少。

从发文期刊来看，《中国学校卫生》刊载文献量排名第一，达到 106 篇，《现代预防医学》和《中国公共卫生》刊载量分别为 96 篇和 90 篇，《中国妇幼保健》和《中国老年学杂志》刊载文献均超过 50 篇。健康乡村是涉及医学、经济学、管理学、社会学等多个学科的研究主题，多学科多领域的交叉渗透能够把握健康乡村治理研究的整体性，使学者们提出的决策建议更具科学性。但文献的期刊分布侧面反映了健康乡村治理研究多数从医学角度展开，其他学科对于健康乡村的关照度有待提升。

（三）高被引文献统计分析

一篇文献的被引用率越高，说明其在该研究领域具有较高的影响力，也得到了学界的一定认可。表 3-6 所列为我国 1992~2022 年健康乡村领域前 10 位高被引文献，这 10 篇论文能反映健康乡村的基础知识和发展方向。其中，张车伟、程名望、赵忠等学者是高被引文献的重要作者，研究成果在很大程度上为该领域的研究奠定了基础，其中，《营养、健康与效率——来自中国贫困农村的证据》一文中证实了营养和健康是制约农民摆脱贫困束缚的重要因素，为后续农村健康扶贫工作的开展奠定了基础，得到学界的广泛认同。从文献的影响力来看，《营养、健康与效率——来自中国贫困农村的证据》《我国农村人口的健康状况及影响因素》《中国农村的收入差距与健康》《非农就业、母亲照料与儿童健康——来自中国乡村的证据》四篇文章被人大复印报刊资料转载，说明了其在健康乡村治理研究领域的重要性。从学科性质来看，医学并未在这 10 篇健康乡村主题的高被引文献中取得与关注度相匹配的影响力，相反，经济学、管理学、社会学等学科的研究成果得到了更多学者的讨论。另外，从研究方法和内容来看，学界主要采取定量分析进行实证研究，并聚焦于农村居民的健康状况以及影响因素、健康对农村减贫的重要意义、农村健康保障体系建设等议题。

表 3-6　1992~2022 年健康乡村治理研究领域前 10 位的高被引文献

序号	标题	被引频次	期刊	发表年份
1	营养、健康与效率——来自中国贫困农村的证据	542	经济研究	2003
2	农村减贫：应该更关注教育还是健康？——基于收入增长和差距缩小双重视角的实证	407	经济研究	2014
3	我国农村人口的健康状况及影响因素	373	管理世界	2006
4	中国农村的收入差距与健康	351	经济研究	2007
5	农村“留守子女”的心理健康问题及其干预	326	教育探索	2005

续表

序号	标题	被引频次	期刊	发表年份
6	社会支持对农村老年人身心健康的影响	257	人口与经济	2014
7	教育、健康与农民收入增长——来自转型期湖北省农村的证据	152	中国农村经济	2006
8	非农就业、母亲照料与儿童健康——来自中国乡村的证据	145	经济研究	2008
9	农村“贫困—疾病”恶性循环与精准扶贫中链式健康保障体系建设	143	西南民族大学学报（人文社会科学版）	2017
10	中国农村留守儿童营养与健康状况分析	131	中国人口科学	2009

资料来源：根据 CNKI 数据库检索信息整理而得。

二、健康乡村治理研究的主题聚焦

本书利用 Citespace 软件对 1398 篇文献进行分析，绘制出关键词聚类图谱，以明确健康乡村治理研究成果的总体特征、内在联系与主题分布。关键词的频次越高，则说明关于该关键词的主题研究热度越强。通过对表 3-7 的分析，发现“心理健康”“农村”出现的频次都为 174，位居第一，“健康教育”“农村居民”紧随其后，频次分别为 114、105。总体来说，健康乡村治理研究主要涉及的农村居民群体有学生、留守儿童、老年人、妇女，研究聚焦于心理健康、健康教育、影响因素、生殖健康、健康素养等内容，这与我国不同时期倡导的健康政策理念基本一致。

表 3-7　1992~2022 年健康乡村治理研究前 20 个高频关键词

序号	关键词	频次	序号	关键词	频次
1	心理健康	174	11	生殖健康	49
2	农村	174	12	农村老年人	47
3	健康教育	114	13	老年人	41
4	农村居民	105	14	精神卫生	35
5	健康状况	81	15	农村留守儿童	34
6	农村人口	80	16	农村妇女	32
7	健康	78	17	心理健康教育	28
8	影响因素	71	18	儿童	25
9	学生	68	19	健康素养	25
10	留守儿童	51	20	农村大学生	24

资料来源：根据 SATI3. 2 运行结果整理得出。

Citespace 中的关键词聚类能够将研究热点的知识结构详细展示出来，本书采用 LLR 对数极大似然率算法，得到健康乡村治理研究的关键词聚类可视化图谱（见图 3-4），这 13 个聚类群的规模、中心度和主要内容如表 3-8 所示。高频关键词与关键词聚类能够将研究的主题知识结构清晰展示出来，在结合文献具体内容的基础上可以将健康乡村治理研究主题聚焦为农村居民的健康状况研究、农村居民个体健康的影响因素研究、乡村健康服务研究以及乡村健康教育研究、乡村健康振兴研究。

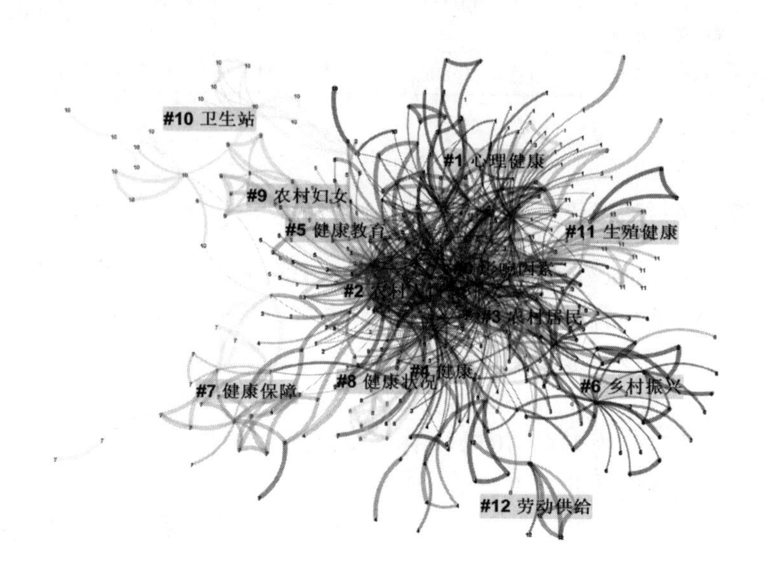

图 3-4　1992～2022 年健康乡村关键词聚类可视图

资料来源：根据 Citespace 分析导出。

表 3-8　1992～2022 年健康乡村领域聚类标识

聚类号	中心度	LLR 对数似然值聚类标签
#0 影响因素	0.854	农村（51.27）；老年人（49.1）；中国农村（35.54）；健康保护效应（26.6）
#1 心理健康	0.838	留守儿童（125.35）；身体健康（43.85）；营养健康（36.48）；干预（36.45）
#2 农村人口	0.751	学生（116.62）；精神卫生（72.45）；因素分析（37.87）；健康知识（37.87）
#3 农村居民	0.814	健康风险（43.34）；健康档案（43.34）；对策（20.17）；饮用水（14.34）
#4 健康	0.871	医疗保险（21.04）；倍差法（21.04）；农民（21.04）；就医行为（15.76）
#5 健康教育	0.772	艾滋病（47.68）；效果评价（25.2）；综合干预（15.76）；模式（10.49）
#6 乡村振兴	0.927	健康乡村（27.18）；空气污染（20.33）；健康中国（20.33）；健康扶贫（20.33）

续表

聚类号	中心度	LLR 对数似然值聚类标签
#7 健康保障	0.922	因病致贫（27.04）；健康保障制度（15.8）；健康贫困（13.46）；卫生资源（13.46）
#8 健康状况	0.804	保健需求（11.4）；体育锻炼（11.4）；农村家庭（11.4）；性别（7.7）
#9 农村妇女	0.93	生育健康（29.35）；状况分析（14.58）；湖南省（14.58）；妇女生育（14.58）
#10 卫生站	0.932	乡卫生院（23.43）；农村健康保险（18.98）；健康保险（15.57）；农村合作医疗制度（7.75）
#11 生殖健康	0.915	性行为（13.73）；农村育龄妇女（13.73）；中学生（9.98）；性卫生（6.85）
#12 劳动供给	0.988	儿童健康（31.37）；内生性（10.25）；育儿替代品（10.25）；全职（10.25）

资料来源：根据 Citespace 分析整理得出。

（一）农村居民的健康状况

主要聚类有#1 心理健康、#8 健康状况、#9 农村妇女、#11 生殖健康，涵盖的关键词包括留守儿童、身体健康、营养健康、生育健康、农村育龄妇女、老年人。作为乡村社会中的弱势群体，老年人、妇女、留守儿童的健康状况始终是政府以及学界关注的焦点，当前国内对农村居民健康状况的研究也主要集中于对这三类人群健康问题的探讨。

1. 乡村老年人的健康研究

《中国乡村振兴综合调查研究报告 2021》显示我国农村人口老龄化严峻，乡村振兴的人力资本仍然不强。随着老年人口的增加，农村老年人群体的健康问题也越来越引起学界的重视。既往有关农村老年人健康的研究聚焦于健康现状、影响因素以及健康不平等方面。马林靖和张林秀基于全国 5 个省 808 户农户的调查数据，分析发现男性老年人的健康状况明显好于女性老年人，且年龄在 80 岁以下的女性不健康比例的增长比同龄男性更为迅速①。由于年龄的增长以及身体素质的下降，农村老年人的生活会面临疾病风险，相关研究显示相比与老伴居住，独居老人两周患病率和慢性病患病率最高，分别为 48.0%和 70.0%②。健康问题的存在对老年人的劳动情况具有重要影响，风湿性关节炎、“三高”疾病等慢性健康冲击往往会使农村中老年人减少参与农业劳动的时长，心脏病、癌症等急性

① 马林靖，张林秀．我国农村地区老年人群体的健康状况研究［J］．西北人口，2009，30（2）：50-52+57.

② 刘琳，陈饶，李宁秀，周良莹，刘本燕，李红燕，刘祥．基于多水平模型分析农村地区不同居住方式老年人健康状况及其影响因素［J］．四川大学学报（医学版），2018，49（6）：934-937.

健康冲击不仅会使他们缩短劳动时间，还会降低他们参与农业劳动的可能性①。反过来，农村老年人健康状况时常受到多方因素的影响。学者们利用中国部分农村地区的调查数据对老年人健康进行了实证分析，结果显示与成年子女合住②、照料过孙子女③以及生活中使用清洁燃料④使农村老年人的健康得到显著改善，而从事农业生产⑤、农村房屋拆迁⑥、丧偶⑦、生活中使用固体燃料⑧等均会对农村老年人的健康水平有显著的负向影响。此外，健康不平等问题对农村老年人的福利实现至关重要，农村老年人的健康不公平性主要由经济收入和就医距离引起，且收入对自评健康不平等的贡献最大⑨。城乡统筹医保通过医疗服务利用“穷人补贴富人”，加剧了农村中老年人的健康不平等，应推进城乡统筹医保制度统一、经办服务协调和医疗服务均等化，更好地发挥其收入再分配作用，帮助农村中老年人跨越健康贫困陷阱⑩。

2. 乡村妇女的健康研究

妇女健康关乎家庭健康，促进和改善农村妇女健康是健康乡村建设过程中不可缺少的一项系统工程。在两周患病率和慢性病患病率上，城乡妇女的比例都高于城乡男性，乡村妇女面临着多重健康危机⑪。学者们认为，农村妇女健康受到内外部多重因素影响。从内部看，年龄、婚姻状况、家庭经济水平、文化程度均对农村妇女健康公平性产生影响，其中较好的家庭经济状况、较高的受教育程度

---

① 杨志海，麦尔旦·吐尔孙，王雅鹏．健康冲击对农村中老年人农业劳动供给的影响——基于CHARLS数据的实证分析［J］．中国农村观察，2015（3）：24-37.

② 陈光燕，司伟．居住方式对中国农村老年人健康的影响——基于CHARLS追踪调查数据的实证研究［J］．华中科技大学学报（社会科学版），2019，33（5）：49-58.

③ 周晶，韩央迪，Weiyu Mao，Yura Lee，Iris Chi．照料孙子女的经历对农村老年人生理健康的影响［J］．中国农村经济，2016（7）：81-96.

④⑧ 王萍，徐梦婷，刘姣，张金锁．农村生活用能对老年人健康的影响［J］．北京理工大学学报（社会科学版），2021，23（5）：31-42.

⑤ 张永辉，何雪雯，朱文璠，刘军华．职业类型和社会资本对农村中老年健康的影响［J］．西北农林科技大学学报（社会科学版），2018，18（3）：151-160.

⑥ 王煜正．房屋拆迁对农村老年人健康的影响［J］．农业经济，2021（5）：87-89.

⑦ 李琴，赵锐，张同龙．农村老年人丧偶如何影响健康？——来自CHARLS数据的证据［J］．南开经济研究，2022（2）：157-176.

⑨ 赵婷，乔慧．宁夏海原县农村老年人健康公平性及其分解分析［J］．中国卫生统计，2020，37（2）：196-198+205.

⑩ 范红丽，王英成，亓锐．城乡统筹医保与健康实质公平——跨越农村“健康贫困”陷阱［J］．中国农村经济，2021（4）：69-84.

⑪ 韦艳，李美琪．农村女性健康贫困脆弱性及影响因素研究［J］．湖北民族大学学报（哲学社会科学版），2021，39（4）：105-118.

能够使农村妇女两周患病率与慢性病患病率降低[①]。而外部环境中的医疗支付制度改革持续性降低了农村育龄期妇女的慢性病患病率[②]。中国城乡分割的二元体制以及农村劳动力的大量流动，再加上传统的“男主外，女主内”的性别分工模式，使得“留守妇女”成为乡村妇女健康问题研究的独特样本。留守确实影响了农村妇女的身心健康，留守妇女比非留守妇女更担心自己的身体健康状况[③]，心理健康状况也显著低于非留守妇女[④]。留守妇女容易受到抚养赡养压力、经济压力[⑤]以及劳动时间长、婆媳关系不好、丈夫回家频率低[⑥]等各种原因影响，较难长期维持健康状态。

3. 乡村留守儿童的健康研究

由于长期与父母或某一方分离，留守儿童容易处于缺乏父母照料和充分关爱的困境，其健康状况受到学界的广泛关注。随着微观数据可获得性的增强，当前关于乡村留守儿童的研究主要采取定量分析方法探讨其心理、身体、情绪等健康问题以及影响因素。在心理健康方面，相比较高学龄阶段的留守儿童，低学龄阶段的留守儿童更倾向于有突出的心理问题[⑦]。总体上看，父母外出务工会使留守儿童出现自我孤独感和社交回避的概率更高[⑧]，从而显著降低儿童心理健康水平，父母累计外出时间越长，对孩子身心健康的不利影响越大[⑨]。在其他方面，相比非留守儿童，留守儿童存在着“高患病率，高就诊率”的特征[⑩]，其中留守儿童的两周患病率高于非留守儿童[⑪]。同时，留守儿童受到祖辈隔代的溺爱，容易产生不健康的饮食行为，进而对其身体健康状况产生显著负向

① 杨标，乔慧，咸睿霞，李琴，陈娅楠．宁夏五县农村妇女健康公平性及其影响因素分析［J］．中国公共卫生，2020，36（1）：101-104.

② 陈娅楠，李琴，杨标，乔慧．医疗支付制度改革对农村育龄期妇女健康状况的影响——基于PSM-DID方法的实证研究［J］．现代预防医学，2020，47（14）：2575-2579+2583.

③⑤ 许传新．西部农村留守妇女的身心健康及其影响因素——来自四川农村的报告［J］．南方人口，2009，24（2）：49-56.

④⑥ 苗春霞，颜雅娟，王问海，高行群，卓朗，高翔，刘慎军．江苏省农村留守与非留守妇女心理健康及影响因素比较［J］．郑州大学学报（医学版），2016，51（1）：63-67.

⑦ 胡义秋，朱翠英．不同学龄阶段农村留守儿童心理健康状况比较研究［J］．湖南社会科学，2015（1）：105-110.

⑧ 张婷皮美，石智雷．父母外出务工对农村留守儿童心理健康的影响研究［J］．西北人口，2021，42（4）：31-43.

⑨ 吴培材．父母外出务工对农村留守儿童身心健康的影响研究［J］．南方经济，2020（1）：95-111.

⑩ 宋月萍，张耀光．农村留守儿童的健康以及卫生服务利用状况的影响因素分析［J］．人口研究，2009，33（6）：57-66.

⑪ 陈珍妮，周泓羽，封平，尹开武，张莎，周欢．四川省农村留守儿童健康状况及相关行为研究［J］．中国卫生事业管理，2012，29（7）：549-550+559.

影响[①]。部分研究证实，如果是一方外出务工，母亲外出的情况更不利于提高留守儿童的健康水平[②③④]。关于如何改善留守儿童的健康，学者们提出要提高农民经济收入[⑤]，保证农民工子女能够进城上学，充分发挥政府、学校、家庭和村（社区）、邻里等主体的作用，营造全社会关爱农村留守儿童的氛围[⑥]。

综上所述，首先，现有研究多从微观视角与实证角度检验农村居民群体健康问题及其外在影响因素，而对健康行为的研究较少，也缺乏对农村居民健康问题成因的系统理论研究。其次，对农村老人、妇女、儿童等特殊群体的身心健康研究较为集中，对农村残疾人身心健康的关注则较少。再次，以往的多数研究将老年人、妇女、留守儿童看成一个同质性群体，缺乏内部细致的健康比较与分类。最后，农村人居环境改善和相关健康政策对农村居民群体健康状况的真实影响及其作用机制仍需进一步探究。

（二）农村居民个体健康的影响因素

主要聚类有#0 影响因素、#2 农村人口、#12 劳动供给，涵盖的关键词包括学生、精神卫生、因素分析、农村、老年人。分析乡村居民个体层面的健康问题与健康需求，是健康乡村治理研究的基础性工作。既有研究多以农村居民个体的健康状况为因变量，分析其影响因素，多数采用二手微观数据，在统计分析的基础上，建立计量经济学模型，如采用非线性动态随机效应估计模型、结构方程模型、Logistic 回归等定量方法进行分析。学者们认为，乡村居民个体健康状况主要受到内外部多重因素的共同影响，除了与个体特征、卫生习惯及健康观念、健康行为有关之外，还与外界社会环境、人居环境、医疗健康服务等因素息息相关。总体来看，相关研究结果呈现主要分为正向影响因素和负向影响因素两类。

一是促进健康状况改善的因素研究。其中，农村居民的社会经济地位提升

---

① 刘贝贝，青平，肖述莹，廖芬．食物消费视角下祖辈隔代溺爱对农村留守儿童身体健康的影响——以湖北省为例［J］．中国农村经济，2019（1）：32-46.

② 张婷皮美，石智雷．父母外出务工对农村留守儿童心理健康的影响研究［J］．西北人口，2021，42（4）：31-43.

③⑤ 吴培材．父母外出务工对农村留守儿童身心健康的影响研究［J］．南方经济，2020（1）：95-111.

④ 宋月萍，张耀光．农村留守儿童的健康以及卫生服务利用状况的影响因素分析［J］．人口研究，2009，33（6）：57-66.

⑥ 胡义秋，朱翠英．不同学龄阶段农村留守儿童心理健康状况比较研究［J］．湖南社会科学，2015（1）：105-110.

（包括收入增加[①②]、受教育水平提高[③④]、人均GDP的增长[⑤]抑或家庭经营范围扩大[⑥]）、外在医疗保障供给（如村中每千人拥有的药店数[⑦]、远程医疗[⑧]、新农合参保[⑨⑩]）、环境卫生设施改善（经过净化处理或水源受到保护的安全饮用水[⑪⑫]、卫生厕所[⑬]、清洁能源[⑭]）以及财政卫生支出占GDP比重增加[⑮]均会正向促进其健康水平的提高。此外，具有互助特征的非正式社会支持（如物质帮助、情感慰藉）[⑯]、与亲友进行的私人社会交往[⑰]也能够显著正向影响农村居民的健康状况。

二是会给健康带来负面影响的因素研究。外地就业[⑱]、年龄增长[⑲⑳]、持久的医疗高价[㉑]、家庭医疗支出水平[㉒]以及CO_2排放的增加[㉓]会对农村居民健康产生显著的消极影响。但由于所选取数据样本、研究视角以及方法的不同，学者们得出的结论往往存在差异。例如，秦立建等认为外出打工促进了农村居民的健康水平，且这种促进作用在女性群体中影响更大；还指出外出打工地点相距家乡越远，促进效应越大[㉔]。鄢洪涛和杨仕鹏得出的结论为，医疗保障制度未能对农村居民的自评健康和慢性疾病患病率产生显著影响[㉕]。杨默认为收入差距对健康的滞后影响呈现倒"U"型关系，即当农村居民收入差距较小时，收入差距正向影响健康，当收入差距较大时，其对健康产生负面影响[㉖]。在理论框架上，以上研

①⑤⑮㉓ 徐颖科，刘海庆．我国农村居民健康影响因素实证分析——基于健康生产函数［J］．山西财经大学学报，2011，33（1）：1-8.

②③⑥⑪⑬⑭ 赵连阁，邓新杰，王学渊．社会经济地位、环境卫生设施与农村居民健康［J］．农业经济问题，2018（7）：96-107.

④⑳㉒ 刘汝刚，李静静，王健．中国农村居民健康影响因素分析［J］．中国公共卫生，2016，32（4）：488-492.

⑦⑫⑱ 白描，高颖．农村居民健康现状及影响因素分析［J］．重庆社会科学，2019（12）：14-24.

⑧ 韦艳，杨婧．远程医疗对我国5省农村贫困地区居民健康状况的影响［J］．医学与社会，2022，35（5）：60-64+70.

⑨㉕ 鄢洪涛，杨仕鹏．医疗保障制度对农村居民健康影响的实证［J］．统计与决策，2021，37（4）：95-99.

⑩ 郑适，周海文，周永刚，王志刚．"新农合"改善农村居民的身心健康了吗？——来自苏鲁皖豫四省的经验证据［J］．中国软科学，2017（1）：139-149.

⑯ 李东方，刘二鹏．社会支持对农村居民健康状况的影响［J］．中南财经政法大学学报，2018（3）：149-156.

⑰ 潘东阳，刘晓昀．社会交往对农村居民健康的影响及其性别差异——基于PSM模型的计量分析［J］．农业技术经济，2020（11）：71-82.

⑲㉑ 储雪玲，卫龙宝．农村居民健康的影响因素研究——基于中国健康与营养调查数据的动态分析［J］．农业技术经济，2010（5）：37-46.

㉔ 秦立建，陈波，蒋中一．外出打工经历对农村居民健康的影响［J］．中国软科学，2014（5）：58-65.

㉖ 杨默．中国农村收入、收入差距和健康［J］．人口与经济，2011（1）：76-81.

究较多采用 Grossman 健康需求理论扩展模型，少部分运用马斯洛需求层次理论及文化资本理论等，落脚点各有侧重。

综上，现有研究对农村居民个体健康的影响因素展开了多角度的探析，但仍存在以下不足：一是学界对农村居民健康这一变量的界定多采用自我健康评估指标，虽然该指标在从一定程度上能够反映个人的身心健康，但它更强调主观性，仅有少数研究同时使用了主观和客观健康评价指标。二是研究视角侧重于个人或家庭特质等微观层面的影响，较少考虑到中观社会制度（如组织或社区层面）对居民健康的影响，对宏观（如城市或地区层面，甚至国家政策层面）因素的关注还远远不够，并未厘清健康乡村与居民个体健康之间的关联。三是农村居民个体的健康状况可能影响其家庭关系、劳动参与及人际交往等，各因素之间也可能是相互影响、互为因果的关系，未来的研究还应考虑各因素间的内生性问题。

（三）乡村健康服务

主要聚类有#3 农村居民、#4 健康、#10 卫生站，涵盖的关键词有健康档案、医疗保险、乡卫生院、农村健康保险、农村合作医疗制度。乡村医疗卫生服务是提高农村居民健康水平的重要保障。研究主要聚焦于农村保险对健康的作用机制、农村公共卫生服务体系建设与完善、健康档案的实施情况三个方面。

第一，农村保险对健康的作用机制研究。农村保险分为社会医疗保险、社会养老保险和商业健康险。自 2002 年《中共中央 国务院关于进一步加强农村卫生工作的决定》明确指出要“逐步建立以大病统筹为主的新型农村合作医疗制度”以来，越来越多的学者关注到农村保险对居民健康的影响效应。特别是随着“健康中国”战略的实施，相关文献明显增加，研究方法多采用一般性的统计分析，也有部分文献通过构建模型和计量方法来评估农村保险的实施效果。关于医疗保险和健康的关系探讨，有些研究指出，新农合对健康有显著的正向影响。如方迎风和周辰雨研究发现，新农合显著减少了农村居民生病的天数，提升了自评健康水平，且最终使农村贫困水平降低[①]。这与吴联灿和申曙光的研究相吻合——新农合制度通过减少农民自评健康不佳的比例，小幅度地改善了农民健康[②]。特别地，医疗保险有利于改善农村居民心理健康，但影响很小，且对女性心理健康的促进作用大于男性[③]；也能通过提高农村中老年人的安全预期和生活满意度来提

① 方迎风，周辰雨．健康的长期减贫效应——基于中国新型农村合作医疗政策的评估［J］．当代经济科学，2020，42（4）：17-28.

② 吴联灿，申曙光．新型农村合作医疗制度对农民健康影响的实证研究［J］．保险研究，2010（6）：60-68.

③ 周钦，蒋炜歌，郭昕．社会保险对农村居民心理健康的影响——基于 CHARLS 数据的实证研究［J］．中国经济问题，2018（5）：125-136.

升其精神健康水平[①]。而另一部分学者的研究结论与前者有所不同。邹薇和宣颖超认为，教育程度对新农合存在门限效应，如果农民的受教育学龄不大于5年，则新农合不会显著改善农村居民的健康状况[②]。基于2000年和2006年中国健康和营养调查中江苏省农村居民数据，孟德锋等发现，新型合作医疗并没有改善农民健康状况[③]。这些研究选取数据大多基于某个实施地区或全国范围，研究结论的相异可能在于选取数据的样本量大小以及新型合作医疗制度实施期限长短的不同。为进一步改进和完善新农合保险，学者们提出，应建设全国联网体系，推进新农合异地结算系统的建立[④]；同时扩大覆盖范围，鼓励商业保险公司参与运作[⑤]。关于农村社会养老保险对居民健康的影响效应，周钦等的研究发现养老保险对农村居民心理健康的正向作用显著，主要体现在新农保养老金领取人群的心理健康状况显著好于无养老保险人群[⑥]。此外，领取养老金可以提高农村老年人健康意识、使其获得代际支持或增加其参与隔代照料等活动的机会，从而降低农村老年人实施不良健康行为的概率[⑦]。商业健康保险作为农村公共医疗保障的重要补充，主要发展模式有补充型、替代型、第三方管理等，未来应开创医保合作模式，打造以健康保障为中心、集医疗服务提供与经办管理服务于一体的农村商业健康保险产业链[⑧]。

第二，农村公共卫生服务建设与完善研究。现存基层医疗卫生治理存在重医疗轻预防、分级诊疗落实不到位、联防联控的应急力度不足等弊端[⑨]，难以应对重大传染病带来的挑战，为此应进一步推动农村卫生体制改革，从建设县域医疗

---

① 李亚青，王子龙，向彦霖．医疗保险对农村中老年人精神健康的影响——基于CHARLS数据的实证分析［J］．财经科学，2022（1）：87-100.

② 邹薇，宣颖超．“新农合”、教育程度与农村居民健康的关系研究——基于“中国健康与营养调查”数据的面板分析［J］．武汉大学学报（哲学社会科学版），2016，69（6）：35-49.

③ 孟德锋，张兵，王翌秋．新型农村合作医疗保险对农民健康状况的影响分析——基于江苏农村居民的实证研究［J］．上海金融，2011（4）：110-114.

④ 方迎风，周辰雨．健康的长期减贫效应——基于中国新型农村合作医疗政策的评估［J］．当代经济科学，2020，42（4）：17-28.

⑤ 吴联灿，申曙光．新型农村合作医疗制度对农民健康影响的实证研究［J］．保险研究，2010（6）：60-68.

⑥ 周钦，蒋炜歌，郭昕．社会保险对农村居民心理健康的影响——基于CHARLS数据的实证研究［J］．中国经济问题，2018（5）：125-136.

⑦ 钱文荣，李梦华．新农保养老金收益对农村老年人健康行为的影响及其作用机制［J］．浙江大学学报（人文社会科学版），2020，50（4）：29-46.

⑧ 沈洁颖．农村商业健康保险的定位及发展模式［J］．学术交流，2012（4）：128-131.

⑨ 李念念，王存慧，王珩．以县域医共体建设推动基层重大传染病疫情防控能力路径研究［J］．现代预防医学，2021，48（19）：3534-3537+3548.

共同体[①]、农村移动卫生健康体系[②]两方面展开，加强财政投入，多元主体共同筹措资源，借助“互联网+”等手段改善农村医疗卫生事业局面[③]。乡村医生作为农村公共卫生服务体系的网底和居民的“健康守门人”，其业务能力直接影响村民的就医体验和健康水平。为此，需要加强包括应急理论知识等多种专业知识培训、建立应急培训及演练等各种激励制度和考核机制，提升村医等基层卫生人员的医疗技术水平[④⑤]。同时，创新制度激励，通过建立以政府为主导的卫生人才队伍建设筹资机制、设立专项资金、上调编制核定比例等措施保障村医的待遇，避免人才“招不进、留不住”[⑥]。

第三，健康档案的实施情况研究。自2007年建立试点以来，我国农村居民健康档案发展迅速，《国家基本公共服务标准（2021年版）》也明确了要为城乡居民建立居民健康档案。何沛源等认为通过领导协调、完善软件、培训卫生人员、制定并完善制度、开发激励政策、个性化干预等措施能够使电子健康档案使用率、电子健康档案中公共卫生业务记录、基本医疗服务记录有明显改善，具有良好的应用和推广价值[⑦]。当前，农民对健康档案的认知仍然较低、专业医疗档案管理人才缺失、医疗卫生服务机构和政府部门分工不明确等问题急需解决，为此要加大农村居民健康档案宣传力度、明确档案建立主体、培养专业人才，同时加大政府对农村居民健康档案建立的各项资源投入[⑧]。

综上所述，乡村健康服务研究局限于“自上而下”的政策视野，实践指导性不强，主要集中于从供给侧层面分析如何推进健康服务，比如完善农村健康保障体系、推进农村卫生体制改革，另外较少结合基层典型案例剖析农村健康服务现状，缺乏对农民的健康需求以及满意度研究，农民参与健康服务的内在诉求和意愿对于健康服务精准化推进具有结构性作用，应进一步探究。

---

① 李念念，王存慧，王珩．以县域医共体建设推动基层重大传染病疫情防控能力路径研究［J］．现代预防医学，2021，48（19）：3534-3537+3548.

② 于勇，牛政凯．移动健康：农村公共卫生服务供给侧的创新实践［J］．甘肃社会科学，2017（5）：250-255.

③ 徐顽强，郑会滨，王文彬．“健康中国”视域下农村卫生体制优化探讨［J］．中国卫生经济，2019，38（7）：15-17.

④ 方素梅．西藏农村妇女的生殖健康与公共卫生服务［J］．西藏民族大学学报（哲学社会科学版），2018，39（3）：29-34+118+153.

⑤ 高红霞，侯贵林，韩丹，陈迎春．湖北省乡村医生突发公共卫生事件应急能力的调查分析［J］．中国卫生事业管理，2021，38（11）：854-857+871.

⑥ 杨园争．“健康中国2030”与农村医卫供给侧的现状、困境与出路——以H省三县（市）为例［J］．农村经济，2018（8）：98-103.

⑦ 何沛源，袁兆康，刘勇，黎国庆，予季，郑建军．电子健康档案在经济欠发达地区农村社区卫生服务中的推广应用模式研究［J］．中国全科医学，2013，16（40）：4113-4116.

⑧ 侯洁．建立农村居民健康档案［J］．中国档案，2015（7）：34-35.

（四）乡村健康教育

主要聚类有#5 健康教育，涵盖的关键词包括艾滋病、效果评价、综合干预、模式。健康教育是传播卫生知识、培养健康行为，促进全民健康的一项工程。健康教育追求的目标，主要是促进人们掌握健康知识、转变健康态度、树立健康信念和采纳健康的行为方式。农村恰恰是疾病预防和健康教育的薄弱环节，为了保护农村劳动力，全国爱卫会等四部门于 1994 年联合发起“全国 9 亿农民健康教育运动”，近年来随着《关于加强健康促进与教育的指导意见》的出台，乡村健康教育实施情况成为健康乡村治理研究难以绕开的重要议题。当前研究主要集中于健康教育干预的效果评价、健康教育模式以及健康教育的对策研究。

第一，健康教育干预的效果评价研究。学界主要从慢性病防控健康教育①、环境卫生相关的健康教育和健康促进②、妇女病防治健康教育③、艾滋病健康教育④、高血压知信行健康教育⑤等方面展开。此外，何文雅等通过比较广州市五个首批市级健康村实施综合干预活动前后居民慢病自我管理、生活方式、满意度等指标，发现干预后多项指标比干预前优化，工作成效明显⑥。多数研究选择某一地区小学、乡镇或农村社区内的调查数据作为研究样本，通过设置干预组和对照组，对干预前后的行为变化、知识掌握、满意度等方面进行问卷调查，借用卡方检验或秩和检验、多元线性回归等统计分析方法比较效果并进行研判。总的来说，研究均显示健康教育能够提高居民对健康知识的知晓率，增强个人卫生意识并促使居民自觉养成良好的、文明的卫生习惯。

第二，对健康教育模式的探析。农村健康教育模式需建构在“知—信—行”的理论基础上，健康教育的最终目标要体现在行为的改变上⑦。当前的农村健康教育模式要由健康知识传播为主向知识传播和健康干预并重转变，同时注重教育

---

① 黄春广，刘风琴，张文芹，白祥义，刘文英．农村居民不同慢性病防控健康教育方式效果评价［J］．中国健康教育，2016，32（11）：993-996.

② 查玉娥，夏云婷，陈国良，姚伟．农村环境卫生相关的健康教育与健康促进干预效果分析［J］．中国健康教育，2021，37（7）：584-587.

③ 韦国锋，孟昭琰，刘红，康国荣．甘肃农村常见妇女病防治健康教育干预评价［J］．中国妇幼保健，2010，25（21）：2938-2939.

④ 傅兰英，许锦秀，付浩，王培勇，刘小学，赖学鸿．河南省农村留守妇女艾滋病健康教育及行为干预效果分析［J］．现代预防医学，2014，41（6）：1021-1023+1027.

⑤ 张高辉，马吉祥，郭晓雷，陈希，董静，张吉玉，苏军英，唐俊利，徐爱强．农村居民高血压知信行健康教育干预效果评价［J］．中国公共卫生，2012，28（5）：694-695.

⑥ 何文雅，罗林峰，陈建伟，孙爱，邓雪樱，何子健，罗敏红．广州市首批市级健康村健康教育效果分析［J］．中国健康教育，2021，3（3）：253-257.

⑦ 朱姝．农村健康教育思考［J］．社会科学家，2013（11）：40-42.

内容的多学科融合、教育人群的主动参与、教育考核的过程和效果化[①]。针对留守儿童的心理健康问题，邵昌玉认为要通过构建“学校、家庭、社会三位一体”的教育模式，解决留守儿童的心理困惑，促进心理健康发展[②]。陆柳雪等认为支持、技巧、自信理念健康教育模式能够帮助农村初产妇建立良好的社会支持系统，促进健康行为的产生，该模式是值得推广应用的[③]。

第三，健康教育的对策研究。主要涉及以下几种策略：其一，加强地方政府工作，将健康教育纳入地方卫生发展规划，制定相应的工作规范[④]，承担农村健康教育经费的筹措[⑤]，保证健康教育持续发展。其二，相关研究显示农村居民最希望的获取健康知识途径是医生告知，其次才是电视、报纸、杂志等[⑥]，因此作为健康教育的主力军，要通过培训和学习不断提高基层医务人员综合素质，保持健康教育队伍与时俱进的能力，同时完善相关激励机制[⑦]，有效促进他们开展健康教育活动。其三，重视农民的需求，结合农村居民的特征和当地民风民俗，针对性开展喜闻乐见的宣传教育活动[⑧]。在教育内容上，更注重就医、地方病、传染病相关知识宣传以及农民信息获取能力和自我保护能力的培养[⑨]。其四，建立健全健康教育工作的评估体系，对实施过程和结果实行全程督查，保证工作目标顺利实施[⑩]。

综上所述，关于健康教育的研究多数聚焦于健康教育干预的效果评价，对于健康教育模式的关照不足。首先，健康教育对健康的影响在不同群体间可能存在差异，没有考虑到调查对象年龄、性别、职业、文化程度、收入以及所处地区不同等造成的影响，缺少异质性分析。其次，多数研究停留在对所得结果进行原因解释的层面，并强调与已有研究结果相同，并没有给出具有针对性的对策建议。再次，已有实证研究主要是选择某一地区小学、乡镇或农村社区内的调查数据作

---

① 顾善儒，李运权，吴向红. 射阳县农村健康教育“五化”“五个转变”模式初探［J］. 中国健康教育，2015，31（1）：93-95.

② 邵昌玉. “三位一体”心理健康教育模式构建——以农村留守儿童为例［J］. 人民论坛，2011（26）：176-177.

③ 陆柳雪，陆小妮，陈立新，罗琳雪，韦慧英，邓素轩. 3S 理念健康教育模式对桂西地区农村初产妇母乳喂养影响的研究［J］. 中国妇幼保健，2014，29（12）：1824-1826.

④ 李雨，宿鲁，张麓曾，刘瑞兰. 农村健康教育面临的挑战与对策［J］. 中国公共卫生，2004（4）：124.

⑤⑧⑩ 耿倩影，吴龙辉，陶建秀. 结合上海市金山区现状谈农村健康教育问题及对策［J］. 中国健康教育，2016，32（12）：1146-1148.

⑥ 桑新刚，尹爱田，李德华，夏慧，郑文贵. 农村居民健康相关知识获得方式及需求分析［J］. 中国公共卫生，2009，25（2）：220-221.

⑦ 朱玲. 农村健康教育和疾病预防［J］. 中国人口科学，2002（5）：28-33.

⑨ 谢玉，谭晓东. 湖北省荆州市农村居民健康素养的结构方程模型分析［J］. 中国健康教育，2017，33（10）：871-875.

为研究样本，但样本量小使得研究结论的代表性略显不足，其经验也难以推广。最后，缺少健康教育对农村居民健康状况的作用机制研究。

（五）乡村健康振兴

主要聚类有#6 乡村振兴、#7 健康保障，涵盖的关键词主要有“空气污染”“健康中国”“健康扶贫”“因病致贫”“健康贫困”。完善健康扶贫接续机制是实现巩固拓展脱贫攻坚成果与乡村振兴有效衔接的必要途径，也是推进乡村健康振兴的重要抓手。关于如何实现乡村健康振兴，学界主要从农村健康扶贫的角度进行了探讨。从乡村健康振兴的主体出发，应提升政府、社会各部门和农村居民的健康参与能力，形成以政府为主导、市场经济调节、社会力量作补充、村民自治的多元化投入机制[①]。从乡村健康振兴的内容出发，应考虑从以下三个方面努力：

第一，完善医疗保障体系。明确“基本医疗保障”的内涵和标准[②]，解决“基本医疗有保障”中与医疗费用补偿相关的问题，将现有的多渠道补偿政策融入基本医保、大病保险、医疗救助三重保障框架[③]。另外，丰富医疗保障资金的来源渠道[④]，加大大病保障力度，确保医疗保障的公平性[⑤]。第二，加强基层医疗服务能力建设。加强县域医疗卫生资源规划[⑥]，提高县、乡、村医疗卫生标准化水平[⑦]，完善三级医院对口帮扶长效机制[⑧]，推进县域医疗共同体建设[⑨]，加强基层医疗卫生专业队伍的建设[⑩]，同时也要加强对乡镇卫生院诊疗的监督约束，限制过度医疗[⑪]。此外，在基层医疗机构推进远程医疗服务项目，推动发展智慧医疗、移动医疗等新技术新业态[⑫]。第三，树立大健康理念，建立健全健康长效机制。明确各政府部门职责，加大对农村低收入地区有关地方病、慢性病以及传染病方面的防控力度，加强农村低收入地区的健康教育[⑬]，厘清各类服务对象健康教育干预重点[⑭]，提高农村居民的健康素养。此外，通过农村厕所革命给予农

① 徐小言，钟仁耀．农村健康贫困的演变逻辑与治理路径的优化［J］．西南民族大学学报（人文社科版），2019，40（7）：199-206.

②⑥⑪ 赵欣，郭佳，曾利辉．后脱贫时代健康扶贫的实践困境与路径优化［J］．中国卫生事业管理，2021，38（8）：598-601.

③ 朱兆芳，程斌，赵东辉，王军永，程陶朱．我国健康扶贫与乡村振兴衔接路径研究［J］．中国卫生经济，2021，40（7）：9-13.

④⑦⑧ 高廉．健康扶贫视角下巩固拓展农村脱贫攻坚成果的思考［J］．农业经济，2022（4）：98-99.

⑤⑨ 梁海伦，陶磊．健康乡村建设：逻辑、任务与路径［J］．卫生经济研究，2022，39（3）：1-5.

⑩⑬ 李小芹．马克思人本理论对我国农村健康扶贫的启示［J］．山西财经大学学报，2021，43（S2）：16-18+27.

⑫⑭ 韦艳，李美琪．乡村振兴视域下健康扶贫战略转型及接续机制研究［J］．中国特色社会主义研究，2021（2）：56-62.

村危房改造等项目①，持续改善乡村人居环境，降低环境性致病因子②。

从整体上来看，当前国内学界对乡村健康振兴的研究较为丰富，乡村居民健康问题的凸显使得学者们加大了对基层医疗公共卫生服务建设、健康长效机制建立等的重视程度。虽对当前推进乡村健康振兴的对策已形成一定共识，但对乡村健康振兴过程中的主体协作机制、资金投入机制、人才支撑机制以及乡村健康振兴模式的研究仍较少，同时对我国乡村健康振兴的相关政策体系，识别健康乡村建设政策障碍、提出政策建议方面尚有研究空间。

总的来说，国内学者关于健康乡村治理研究紧跟时代热点，与国家政策导向正相关，在此之上取得了大量有价值的成果，并在许多方面达成共识，但还存在诸多方面的不足。首先，在研究对象上，当前研究主要集中于农村居民个体或群体健康的影响因素、健康乡村建设存在的问题和乡村健康服务体系的建设与完善等方面，侧重于从政府主导层面分析，对企业、社会组织参与以及农民对健康的需求差异等重要议题则关注较少。其次，在研究视角上，很多研究缺乏大样本支撑，研究结论的代表性略显不足。现有研究分散在心理学、医学、经济管理和社会学等领域，不同的学科各自为营，交流相对较少。再次，在研究内容上，健康乡村治理研究缺乏从国家甚至地方政策层面上的梳理，未能把握政策目标重点以及不同政策类型之间的特点。最后，在研究方法上，健康乡村治理研究使用的方法侧重于定量研究，特别是根据二手调查数据进行的实证分析，较少通过参与观察、深度访谈、个案描述等定性的方法深度剖析基层实践案例，缺少系统的理论指导，尚未形成整体性思维，因此在理论方法结合实践应用上仍需加强。

三、我国健康乡村治理研究的演进规律

为了更好地了解我国健康乡村治理研究在不同时期的演变趋势和相互影响，本书采用关键词突显图的方式来发现健康乡村治理研究的知识体系发展脉络，按照研究关键词具体将我国健康乡村治理研究归纳为三个阶段，分别是初步萌芽期（1992~2001 年）、快速发展期（2002~2012 年）和平稳深化期（2013 年至今），以下主要呈现这三个时期的研究演进状况：

第一个阶段是健康乡村治理研究的初步萌芽期（1992~2001 年），研究成果较少，总共发文 85 篇，“健康保险”“健康教育”成为这一时期的主要关键词。20 世纪 90 年代初，我国开始农村合作医疗制度改革，1993 年，党的十四届三中全会审议通过的《中共中央关于建立社会主义市场经济体制若干问题的决定》

① 韦艳，李美琪．乡村振兴视域下健康扶贫战略转型及接续机制研究［J］．中国特色社会主义研究，2021（2）：56-62.

② 梁海伦，陶磊．健康乡村建设：逻辑、任务与路径［J］．卫生经济研究，2022，39（3）：1-5.

要求发展和完善农村合作医疗制度，与此同时，世界卫生组织也在关注中国农村合作医疗。受国家大政方针导向的影响，该时期学者们主要关注农村健康保险制度的组织形式选择、影响因素与优化趋势。此外，1997 年《中共中央、国务院关于卫生改革与发展的决定》明确提出，要“积极推进九亿农民健康教育行动”，学界开始着重探究农村健康教育现状以及效果评价，主要有中小学生健康教育、妇女健康教育。总体来看，这一时期学者们主要是从医疗卫生角度进行分析，研究视角较简单，研究深度有待提高。

第二个阶段是健康乡村治理研究的快速发展期（2002~2012 年），研究成果快速增多，发文数量接近总数的 2/5，凸显关键词有“生殖健康”“精神卫生”“艾滋病”。这一时期党和政府更加重视农村卫生工作，2002 年《中共中央 国务院关于进一步加强农村卫生工作的决定》提出加强农村疾病预防控制，同时《全国亿万农民健康促进行动规划（2006—2010 年）》要求进一步普及基本卫生知识，倡导科学文明健康的生产生活方式，这一时期的健康乡村治理研究得到迅速发展，主要关注我国农村生殖健康状况以及艾滋病的防控措施，着重于从农村妇女角度进行分析描述。此外，多角度多层面地进一步深化了健康教育对农村居民健康作用的研究。该阶段后期开始探讨农村居民健康状况及其影响因素。总体来说，这一阶段的健康乡村治理研究视角逐渐多样化，研究深度也进一步加强，开始从经济学、管理学等学科角度关注健康问题。

第三个阶段是健康乡村治理研究的平稳深化期（2013 年至今），发文数量有明显波动，研究总体上逐渐趋于稳定。2013 年以来，随着党和国家相继提出实施全民健康素养促进行动、健康中国行动、健康扶贫以及乡村振兴战略，“健康素养”“健康中国”“乡村振兴”“健康扶贫”等热点问题开始进入学界视野。关于农村居民健康素养、乡村振兴背景下健康扶贫实践、乡村医疗卫生服务体系完善等研究逐步兴起，成为该研究领域的前沿议题。研究视角侧重农村居民健康的影响因素、健康乡村建设过程中的困境以及解决策略等方面的探索。从治理主体来看，研究强调政府部门作为主导力量在健康乡村建设过程中的组织发动与引领作用，很少从社会、市场、村民角度分析其在健康乡村建设中的责任与作用。总之，这一时期的健康乡村治理研究蓬勃发展，研究视角多样化，实现了政策理论与现实情况的紧密结合，研究主题逐渐从医学卫生领域转向经济管理和社会领域。

四、我国健康乡村治理的研究趋势

健康乡村建设旨在通过乡村治理全面实现农民与其外部环境的健康和谐发展，借助改善农村人居环境、推进医疗卫生等公共服务设施的行动消减影响农民健康的各项危险因素①。本书通过分析健康乡村治理近30年的研究进展情况，得到以下四点结论：一是在国家政策的影响下健康乡村治理研究热度不断上升，已形成一批具有影响力的核心作者。二是关于健康乡村概念、评价指标体系等基础理论的研究取得了一定的成果，能够为推进健康乡村建设提供科学的决策参考。三是研究主题多样化，主要集中在农村居民的健康状况、个体健康的影响因素、乡村健康服务以及乡村健康教育、乡村健康振兴等方面。四是经历了初步萌芽期、快速发展期和平稳深化期三个研究阶段，研究视角逐渐多样化，研究主题从以医学卫生领域为主逐渐过渡到以经济管理、社会学等学科领域为主。总体而言，经过近30年的健康乡村治理研究，学界现已初步形成了较为完整的健康乡村治理研究体系。然而，在研究方法、研究视角以及理论结合上，仍存在许多问题，需要进一步完善。

第一，在研究视角上，应加强跨学科研究。健康乡村是一个涉及多部门合作、多学科交叉的研究领域，涵盖的内容包括个体、群体的身体健康、心理健康、人居环境健康、医疗卫生公共服务的健康发展，社会层面的文化与教育以及经济健康等多个方面，因此未来研究需要将医疗卫生科学、体育科学、经济与管理、社会等多学科知识体系交叉融合，加强跨学科的合作研究。

第二，在研究方法上，应注重研究方法的多样性。首先，要加强探索中国本土化的健康乡村建设经典案例，通过参与观察、深度访谈等方法对案例进行全面的收集整理和持续追踪，通过扎根理论、定性比较分析法等对案例进行分析、比较，总结经验，从整体上把握内在规律和发展趋势。其次，加强对定性与定量方法相结合的研究。目前，学界对健康乡村的研究停留在单独使用定性研究或定量研究方法上，尚未实现两者的有机结合，实际上每种研究方法的分析角度不同，发挥的作用也相异，多种研究方法的运用能够使研究成果更具深度，得到的结论更具科学性，因此未来必须加强“定性与定量”相结合的嵌套研究，深入分析健康乡村建设过程遇到的问题。

第三，注重健康乡村政策的研究。近30年来，党和国家对健康乡村问题的重视程度不断提升，针对不同的健康问题出台了大量的政策，然而目前较少有学者对相关的健康政策进行系统性研究。故未来可从以下三个方面考虑开展研究，为制定和出台各类乡村健康政策提供启示：一是从政策网络视角探讨不同时期各类健康乡村政策执行主体的协同网络结构特征。二是分析国家、省级政府出台的健康乡村政策，探讨其政策工具选择的特点以及适应性问题，并比较不同类型的政策工具的作用机制。三是可结合公共政策变迁理论，系统分析健康乡村领域的

---

① 唐燕，严瑞河．基于农民意愿的健康乡村规划建设策略研究——以邯郸市曲周县槐桥乡为例[J]．现代城市研究，2019（5）：114-121.

政策演变逻辑及规律，认识其政策阶段性特征，从而促进政策体系结构完善。

第四，从需求侧发力，开展对农村居民满意度的研究。建设健康乡村的出发点是实现农民与生态、社会等外部环境的健康和谐发展，是维护农村居民权益的体现。最终目标即是使广大农民过上更加幸福安稳的生活，乡村居民是健康乡村建设的主体和最终的受益者，学界应给予其重要关注。农村居民满意度作为一项主观性指标，恰恰能很好地体现政策体系的建设成效，对于评判健康乡村建设过程的有效性和科学性具有重大意义。通过调查农村居民对健康乡村治理的满意度，可以发现政策落实存在的问题，以及不同农民群体对健康的需求，从而采取措施完善健康治理体系。

第五，加强对农村居民健康行为的研究。农村居民健康行为和意识的持续改善是健康乡村建设的直接体现。随着社会的快速发展，不管是生活、工作还是学习，农村居民面临的压力在不断地增加，由此产生的负面情绪往往会引发或加重吸烟、酗酒、心理失衡、睡眠不足等不健康行为。因而，未来坚持“大卫生、大健康”理念，从烟酒、心理、饮食等行为视角关注农村居民健康行为，并研究其影响因素，对促进农民自主参与健康治理具有重要的现实意义。

第六，加强乡村数字化健康服务研究。提升乡村数字化健康服务能力是一项长期且艰巨的任务，2021 年 7 月，国家发展改革委等四部门联合发布《“十四五”优质高效医疗卫生服务体系建设实施方案》，提出要加快数字健康基础设施、推进健康医疗大数据体系建设，同时深度运用 5G、人工智能等技术，建设重大疾病数据中心。2021 年 11 月，国务院印发的《“十四五”推进农业农村现代化规划的通知》要求全面实施健康乡村建设，从村卫生室健康管理、乡镇卫生院医疗服务、县级医院和妇幼保健机构、乡村医疗服务人才等方面推进。大数据技术在医疗系统及信息平台建设、临床辅助决策、医疗科研、健康监测等方面具有十分重要的价值，当前全国多县市也正热火朝天地推进县域医共体建设，加强远程医疗和信息化建设。因此，未来需要注重研究如何实现乡村数字化健康服务，为建设健康乡村搭台。

第七，开展国外推进健康乡村建设的举措及经验研究。北美、西欧、日韩等发达国家和地区较早重视健康乡村建设并取得了一定成果，尽管我国国情和社会制度与国外有所不同，农业发展的自然禀赋和发展水平也大不相同，但国外行之有效的治理举措值得我国深入研究和借鉴，可以为我国健康乡村建设提供新思路和新想法。

第三节 我国农村人居环境与居民健康协同治理研究

总体来看，我国农村人居环境与居民健康协同治理文献具有如下特点：

一、集中于人居环境对居民健康的影响

现有研究多从人居环境对居民健康的影响角度出发探索人居环境与居民健康之间的关系，这类文献主要有两条研究脉络：一是从正面角度证实人居环境的变化有助于居民健康水平的提升。如已有研究证实人居环境作为外部因素对健康长寿的影响越来越大[①]，且乡村人居环境的变化与乡村长寿水平呈正相关关系[②]。另外，环境质量好的省份，其居民健康水平也较好[③]。在具体的人居环境治理方面，农厕改造提高了居住环境质量，降低了农村居民因厕所主要致病菌引发的疾病患病率[④⑤]。自来水的使用通过抑制消化道疾病的负面冲击改善了农村中老年群体健康情况[⑥]。二是量化评估人居环境污染对居民健康的负面影响，大多数研究从空气污染、水污染、垃圾处理等方面进行分析。空气污染会对居民健康产生长期的负向影响，即随着地区空气污染程度的提高，居民的健康水平将会明显下降[⑦]。环境质量越差、污染程度越高，死亡率越高，居民健康状况越差[⑧]。此外，学者们就如何减轻环境污染对健康的影响进行了深入探讨，发现收入差距能够通

① Lv Jinmei, Wang Wuyi, Li Yonghua. Effects of Environmental Factors on the Longevous People in China? [J]. Archivesof Gerontology and Geriatrics, 2011, 53 (2): 200-205.

② 马婧婧，曾菊新．中国乡村长寿现象与人居环境研究——以湖北钟祥为例［J］．地理研究，2012，31（3）：450-460.

③ 赵雪雁，王伟军，万文玉．中国居民健康水平的区域差异：2003—2013［J］．地理学报，2017，72（4）：685-698.

④ 张鹏飞，高静华．农厕改造对乡村振兴的影响及其机制研究［J］．青海民族研究，2021，32（1）：99-107.

⑤ 金小林，徐祥珍，陈晓进，曹汉钧，沈明学，江文才，蒋岗．江苏省血防重点地区农村改厕绩效评估［J］．中国血吸虫病防治杂志，2011，23（4）：390-394.

⑥ 王兵，聂欣．经济发展的健康成本：污水排放与农村中老年健康［J］．金融研究，2016（3）：59-73.

⑦ 李梦洁，杜威剑．空气污染对居民健康的影响及群体差异研究——基于 CFPS（2012）微观调查数据的经验分析［J］．经济评论，2018（3）：142-154.

⑧ 宋丽颖，崔帆．环境规制、环境污染与居民健康——基于调节效应与空间溢出效应分析［J］．湘潭大学学报（哲学社会科学版），2019，43（5）：60-68.

过影响地区环境污染水平进而影响当地居民健康状况[①]，具体而言，居民收入水平越高，空气污染对居民健康的负面影响越低[②]。另外，环境规制能正向调节环境污染和死亡率的关系，能够缓解环境健康风险[③]。医疗保险和环保行为的选择也能够降低环境污染对个体健康状况的负面效应[④]。相比之下，聚焦健康问题如何影响居民的环境行为和参与环境治理意愿的文献较少。彭远春和曲商羽发现居民自评健康状况可以通过不同的作用机制提升居民的环境认知水平，进而促进其环境行为的实施[⑤]。

综上可知，不管是医学角度的研究还是经济学角度的研究，都证明了环境与健康之间是相互作用的关系，但关于二者之间是否存在内生性问题，尚未有明确结论。

二、侧重于生理健康研究

第一，学者们大多从生理健康的视角进行研究，如选择人口寿命[⑥]、围产儿死亡率和孕产妇死亡率[⑦]及疾病患病率[⑧]、个体超重水平[⑨]等作为反映居民健康的指标，虽然近年来有些学者开始从心理健康方面进行探讨，但相关研究仍比较有限。如通过探究社区建成环境对广州市居民心理健康的影响，发现服务设施配套和公园绿地供给能促进居民心理健康水平提升[⑩]。分析居住环境与老年人健康的

---

① 肖权，方时姣．收入差距、环境污染对居民健康影响的实证分析［J］．统计与决策，2021，37（7）：67-71.

② Pun V C，Manjourides J，Suh H. Association of Ambient Air Pollution with Depressive and Anxiety Symptoms in Older Adults：Results from the NSHAP Study［J］. Environmental Health Perspectives，2017，125（3）：342-348.

③ 宋丽颖，崔帆．环境规制、环境污染与居民健康——基于调节效应与空间溢出效应分析［J］．湘潭大学学报（哲学社会科学版），2019，43（5）：60-68.

④ 陈青山，田敏．医疗保险、环保行为能否减轻环境污染对个体健康水平的影响［J］．中国卫生经济，2017，36（6）：71-73.

⑤ 彭远春，曲商羽．居民健康状况对环境行为的影响——基于 CGSS2013 数据的分析［J］．南京工业大学学报（社会科学版），2020，19（4）：41-51+115.

⑥ 马婧婧，曾菊新．中国乡村长寿现象与人居环境研究——以湖北钟祥为例［J］．地理研究，2012，31（3）：450-460.

⑦ 赵雪雁，王伟军，万文玉．中国居民健康水平的区域差异：2003—2013［J］．地理学报，2017，72（4）：685-698.

⑧ 关彦，李惠文，罗小琴．我国贫困地区 45 种重点疾病患病率及其人居环境影响因素研究［J］．中国卫生统计，2021，38（3）：456-457+461.

⑨ 孙斌栋，阎宏，张婷麟．社区建成环境对健康的影响——基于居民个体超重的实证研究［J］．地理学报，2016，71（10）：1721-1730.

⑩ 邱婴芝，陈宏胜，李志刚，王若宇，刘晔，覃小菲．基于邻里效应视角的城市居民心理健康影响因素研究——以广州市为例［J］．地理科学进展，2019，38（2）：283-295.

关系，得出健身等公共设施资源与水果蔬菜等食物资源越丰富，则老年人心理健康评价越高①。第二，已有研究多侧重于健康状态的静态分析，关于生活污水、垃圾以及厕所等人居环境治理项目对居民健康的短期效应与长期效应的认识仍相对不足，对人群异质性和区域异质性的讨论也比较有限。农村人居环境与居民健康在不同时间与空间下是相互作用和改变的，应该协同考虑长时域、多地区等因素对结果的影响，开展人居环境与居民健康水平的作用机理研究，综合评估农村人居环境与居民健康之间的关系，得出全面而有价值的研究结论。第三，学者们长期没有关注到居民社会行为方面的健康状态。1989 年，联合国世界卫生组织（WHO）认为，健康不仅是没有疾病，而且包括躯体健康、心理健康、社会适应良好和道德健康。可见，健康作为人类生存发展的一种权利，是躯体、心理、社会适应等多方面相互促进、相互依存与有机结合的结果。忽视社会适应能力这一角度则无法科学客观地评价居民健康。未来还需进一步扩展居民健康的社会适应范畴（如自我认识、人际关系、交往能力等）和心理健康范畴，加强不同角度的健康研究。

三、对农村人居环境与居民健康治理机制、模式和路径的研究不足

近年来，党和政府高度重视农村人居环境治理与健康乡村建设，投入了大量的人力、物力与财力，虽然我国农村人居环境有了较大改善、居民群众满意度逐年提升，但还存在一些不足之处，如治理人才、资金以及技术支撑不足；监督、沟通协调机制不健全等。尽管在农村人居环境与居民健康治理的具体内容上，学者们提出要持续实施农村厕改、农村污水处理净化、农村饮水安全巩固提升工程，稳步推进散煤替代和清洁能源利用②，杜绝随意焚烧秸秆等空气污染物③，以此降低环境性致病因子，同时加强对村民健康防护知识教育和村卫生室建设④，保障农村居民健康。但目前从治理机制、治理模式、治理路径等方面讨论提高农村人居环境治理健康效应的研究还非常有限，未来需要提高对如何科学合理地实现农村人居环境与居民健康协同治理的关注度，结合农村人居环境与居民健康治理实际情况，构建农村人居环境与居民健康协同治理机制，其中包括监督与考核评价机制、主体协作机制、资金投入机制、人才支撑机制等，并进一步提出加强环境与健康服务供给、完善环境与健康基础设施等农村人居环境与居民健

---

① 徐延辉，刘彦. 居住环境、社会地位与老年人健康研究［J］. 厦门大学学报（哲学社会科学版），2020（1）：52-59.

② 白描. 乡村振兴背景下健康乡村建设的现状、问题及对策［J］. 农村经济，2020（7）：119-126.

③ 梁海伦，陶磊. 健康乡村建设：逻辑、任务与路径［J］. 卫生经济研究，2022，39（3）：1-5.

④ 周冲. 新冠肺炎疫情对乡村人居环境治理的影响及提升策略分析——基于安徽的调查分析［J］. 安徽农业大学学报（社会科学版），2021，30（1）：30-36.

康协同治理的实现路径。

四、对农村人居环境与居民健康治理的整体关注度不够

综观现有的研究成果可以发现：第一，当前关于人居环境健康的研究在方法上主要是通过 Grossman 健康生产函数①、有序 Logit 模型②、空间计量模型中的杜宾模型③等进行实证分析人居环境与健康之间的关系。作为定性研究较为典型的方法，参与观察、深度访谈、民族志研究、个案研究、扎根理论等较少引起学者们关注，即使个别论文涉及相关方法，其分析理解也不够深入。第二，现有文献所选择数据的区域范围过大，多数使用全国各省、自治区、直辖市面板数据、中国综合社会调查（CGSS）数据、中国健康与养老追踪调查（CHARLS）数据、中国家庭追踪调查数据（CFPS）等传统数据，而专门聚焦农村人居环境与居民健康之间联系的成果较少。如关彦等借助全国健康扶贫数据和农村人居环境数据库数据分析我国贫困地区人居环境对疾病患病率的影响，结果发现集中供水、无秸秆焚烧、通村路已全部硬化等环境因素与疾病患病率呈显著负相关关系④。单敏敏以 CFPS2018 年数据评估做饭用水过滤、做饭燃料为清洁能源以及室内空气净化等农村人居环境改善的健康效应，显示三者都能显著提升农村中老年人的健康水平⑤。总体而言，现有研究未能深入结合相关理论进行指导，尚未形成整体性思维，在理论方法结合实践应用上仍需加强。

五、侧重于单学科领域研究

农村人居环境与居民健康是一个综合性的研究领域，涉及地理学、经济学、社会学、生态学、医学等学科领域知识。综观目前的研究，农村人居环境与居民健康的研究比较侧重于单个学科领域，不同的学科各自为营，交流相对较少，未能有效地将地理科学、医学、社会学、经济与管理等多学科知识体系交叉融合，故未来应协同考虑不同学科的特点和优势，综合评估农村人居环境与居民健康的联系，开展跨学科合作研究，使研究更加全面。

---

① 宋丽颖，崔帆．环境规制、环境污染与居民健康——基于调节效应与空间溢出效应分析［J］．湘潭大学学报（哲学社会科学版），2019，43（5）：60-68.

② 曾毅，顾大男，Jama Purser，Helen Hoenig，Nicholas Christakis. 社会、经济与环境因素对老年健康和死亡的影响——基于中国 22 省份的抽样调查［J］．中国卫生政策研究，2014，7（6）：53-62.

③ 王珺，王倩．农村经济发展与环境保护问题——癌症村成因的研究［J］．投资研究，2019，38（3）：103-120.

④ 关彦，李惠文，罗小琴．我国贫困地区 45 种重点疾病患病率及其人居环境影响因素研究［J］．中国卫生统计，2021，38（3）：456-457+461.

⑤ 单敏敏．人居环境对农村中老年人健康的影响——基于 2018 年 CFPS 数据的实证分析［J］．内蒙古财经大学学报，2022，20（3）：93-98.

第四章　农村人居环境与居民健康协同治理的政策文本分析

第一节　我国农村人居环境治理政策网络的结构特征及其演变

一、问题的提出与文献回顾

自党的十八大以来，美丽乡村建设和乡村振兴战略均提及农村人居环境治理，并将其作为重要组成部分。此后涉及农村人居环境的政策文件相继出台，如2014年5月印发的《国务院办公厅关于改善农村人居环境的指导意见》，2018年2月印发的《农村人居环境整治三年行动方案》以及2021年12月印发的《农村人居环境整治提升五年行动方案（2021—2025年）》，都要求坚持政府主导，完善推进协调机制，这预示着国家高度重视扎实推动农村人居环境改善提升工作，以满足人民对美好生活的需要。改善农村人居环境是实施乡村振兴战略中的关键一环，农村垃圾、污水治理、厕所革命不仅是落实乡村振兴战略的现实需要，更是生态文明建设的需要。农村人居环境治理的实施是在政府主导下的一项系统工程，政府的作用在于把握全局和整体，向多元主体提供资源和信息①。当前农村人居环境治理的责任主体涉及住建、环保、农业、水利、国土、财政等部门，他们之间相互协同配合和相互影响，可以试图利用部门职能之间存在的交叉与重叠塑造体制联动的治理效应，但实际上，他们之间的治理隔断与空隙带来的影响会更大②。因此，作为一项复杂系统工程，农村人居环境治理迫切需要多元主体间

---

① 胡洋．农村人居环境合作治理的制度优势与实现路径［J］．云南社会科学，2021（2）：84-91.

② 吴柳芬．农村人居环境治理的演进脉络与实践约制［J］．学习与探索，2022（6）：34-43.

的合作，在强化政府责任的基础上，加强政府不同部门之间的组织、管理与协调。因此，需要对现有农村人居环境治理政策结构进行优化设计，提升政策供给有效性。

目前，关于农村人居环境治理政策的相关研究主要从两个方面进行。第一类是将农村人居环境作为农村环境的一部分，纳入农村环境治理政策中一起分析。关于该类的研究已较为丰富，何瓦特和唐家斌从政策执行角度分析农村环境政策执行的“政策空转”困境，运用模糊—冲突理论解释农村生态环境政策空转背后的影响因素①。高新宇和吴尔则基于间断—均衡理论模型，将中国农村环境治理政策变迁划分为 4 个均衡期和 2 个间断期共 6 个阶段，并解释了政策变迁的内在机理②。杜焱强通过梳理农村环境治理 70 年的历史演变，认为贯穿始终的转换逻辑主线是治理理念、治理结构和治理路线，并总结了乡村振兴战略下农村环境治理的主要挑战与未来走向③。第二类是农村人居环境治理政策体系现状分析。首先，探讨农村人居环境治理政策的特点与不足。研究发现，目前我国农村人居环境综合治理技术政策的针对性不足、前瞻性不足，同时缺乏严格的技术评价和审查制度，技术支持政策中的研发支持不够，示范推广体系和技术服务市场不健全等④；同时，农村人居环境治理税收支持政策过严、金融支持政策支持面窄、用电价格支持政策缺乏⑤。其次，从不同角度讨论农村人居环境治理政策。有学者从公共政策变迁视角分析探究我国农村人居环境治理的变迁阶段与内在特征，将其划分为政策空白、政策初创、政策提升和政策深化四个政策演变阶段，并指出农村人居环境治理逐渐由城市向农村延伸，农户参与力量减弱，治理政策存在一定重叠，治理水平相对较低⑥。也有学者从治理价值选择维度和人居环境价值要素维度两方面进行量化研究，发现政策价值要素中以可持续性优先、但安全性匮乏，政策价值选择分布不均衡，便捷性、保健性、舒适性等价值要求紧紧围绕

① 何瓦特，唐家斌．农村环境政策“空转”及其矫正——基于模糊—冲突的分析框架［J］．云南大学学报（社会科学版），2022，21（1）：116-123.

② 高新宇，吴尔．间断—均衡理论与农村环境治理政策演进逻辑——基于政策文本的分析［J］．南京工业大学学报（社会科学版），2020，19（3）：75-84+112.

③ 杜焱强．农村环境治理 70 年：历史演变、转换逻辑与未来走向［J］．中国农业大学学报（社会科学版），2019，36（5）：82-89.

④ 朱琳，孙勤芳，鞠昌华，张卫东，陕永杰，朱洪标．农村人居环境综合治理技术管理政策不足及对策［J］．生态与农村环境学报，2014，30（6）：811-815.

⑤ 鞠昌华，朱琳，朱洪标，孙勤芳．我国农村人居环境治理配套经济政策不足与对策［J］．生态经济，2015，31（12）：155-158.

⑥ 张会吉，薛桂霞．我国农村人居环境治理的政策变迁：演变阶段与特征分析——基于政策文本视角［J］．干旱区资源与环境，2022，36（1）：8-15.

基础设施、公共服务两大政策领域①。此外，还有学者梳理历年来“一号文件”中农村人居环境治理相关政策的精神实质，总结农村人居环境治理工作重点变化、战略性进程以及资金投入特点，并提出要加大财政投入、建立相关的法律体系等政策建议②。

上述研究深化和完善了我国农村人居环境治理政策特征分析这一主题，研究路径偏向于政策变迁和政策文本内容解读，研究方法主要为质性分析，选取的相关政策还不够全面具体，尤其是缺少党的十八大以来中央和国家机关出台的专门针对厕所粪污治理、生活垃圾治理、生活污水治理、村容村貌提升等农村人居环境治理的具体政策。长期以来，政策分析领域一直强调政策网络的重要性。在政策科学领域，政策网络是指由政策主体围绕政策问题和政策项目形成相互协作和相互依赖的一种稳定社会关系模式，通常被定义为此③。然而，有关农村人居环境治理政策实施过程中不同政策主体相互协作形成的政策网络结构特征，现有研究未予以重视。鉴于政策网络理论已经成为公共政策研究的一种重要范式④，为了描绘不同政策主体在复杂的关系联结中进行政策制定的行为特征，进一步把握农村人居环境治理政策网络的功能和绩效，本书尝试使用社会网络分析（SNA），梳理从改革开放至2022年有关农村人居环境治理的政策文本⑤，量化研究农村人居环境治理领域中政策主体在不同历史时期所形成的政策网络，具体分析政策演变逻辑及制度方向，为完善和优化农村人居环境治理政策提供新思路及理论依据。

二、数据来源及方法

（一）数据来源与处理

本书选取改革开放（1978年）至2022年涉及农村人居环境治理领域内容的政策作为研究样本，文本数据主要来源于“北大法宝数据库”中的法律法规类别。在检索政策文本过程中，以“农村人居环境”为关键词进行“全文”精确查找，限定检索选项分类为“中央法规”，结果检索到585篇政策，后根据“题

① 保海旭，李航宇，蒋永鹏，刘新月．我国政府农村人居环境治理政策价值结构研究［J］．兰州大学学报（社会科学版），2019，47（4）：120-130.

② 字靖萍．从顶层设计看农村人居环境治理政策演变进程［J］．南方农机，2022，53（7）：103-105.

③ Kickert W J M，Koppenjan J F M. Public Management and Network Management：An Overview［M］. The Netherlands：Netherlands Institute of Government，1997.

④ 毛寿龙，郑鑫．政策网络：基于隐喻、分析工具和治理范式的新阐释——兼论其在中国的适用性［J］．甘肃行政学院学报，2018（3）：4-13+126.

⑤ 本书最终检索时间为2022年7月30日，因此2022年的政策文本统计不完整。

目及内容是否直接与农村人居环境治理密切相关”和“政策类型是否为法律法规、意见、办法、通知、公告、规划等能够具体体现政府政策意图的类型”两个标准进行判别，并决定是否将其采纳为分析文本。为防止遗漏，同时到国务院及其各部委官方网站搜集与“农村人居环境”“农村垃圾”“厕所改造”“农村污水”“村庄清洁”等相关的政策作为补充，进而保证政策文本选取的权威性和全面性。通过对政策文献进行筛选和整理，结合相关学者的建议，本书最终选取重要政策文献样本 329 篇作为研究的对象。

（二）研究方法

社会网络分析（SNA）方法是政策网络量化研究中常用的方法之一，该方法在 20 世纪 60 年代由以 Harison White 为代表的社会计量学家用数学的图形理论推导出来[①]。它的特点是展示由多个相关主体组成的关系网络图谱，从整体网络、中心性、凝聚子群等角度对社会网络进行分析[②]，重点对节点间关系进行质的描述。本书构建“部门—部门”邻接矩阵的基础上，使用 Ucinet6.0 软件对矩阵进行处理。首先通过加载的 NetDraw 绘制各阶段网络主体协作关系图谱，分别计算网络密度、节点平均距离、聚类系数等指标，以揭示政策内部组成结构的状态，其次计算出每个政策主体的度数中心度、中间中心度，以分析各个主体之间的互动方式，从整体上厘清不同历史阶段中农村人居环境治理政策网络的整体结构及个体网络地位特征。

本书主要分析农村人居环境治理政策的主体关系网络，由于改革开放以来我国历经了几次政府机构改革，机构职能出现了变动，考虑到主体中政府部门的连续性，本书将已经撤销或改名的机构按照现责任机构纳入分析，如以生态环境保护领域主管部门为例：我国在 1988 年成立国家环境保护局，在 1998 年将其升格成国家环境保护总局；2008 年国务院组建环境保护部，并将其纳入国务院组成部门范围；2018 年我国撤销了环境保护部，并组建了生态环境部。本书将原国家环境保护局、原国家环境保护总局、原环境保护部参与的规划均调整为生态环境部参与。

三、我国农村人居环境治理政策的基本特征

（一）发文数量及政策阶段划分

对 329 篇政策的发布时间特征进行量化分析，发现改革开放至今国家层面陆续制定了一系列方针、政策和法律法规，逐渐认识到农村人居环境与农村经济发展、居民健康之间关系中存在的问题。总体来看，我国农村人居环境治理的政策

---

① 刘军．社会网络分析导论［M］．北京：社会科学文献出版社，2004.

② 约翰·斯科特．社会网络分析法［M］．刘军，译．重庆：重庆大学出版社，2007.

数量呈现逐年波动上升的趋势，具有明显的规律性（见图 4-1）。

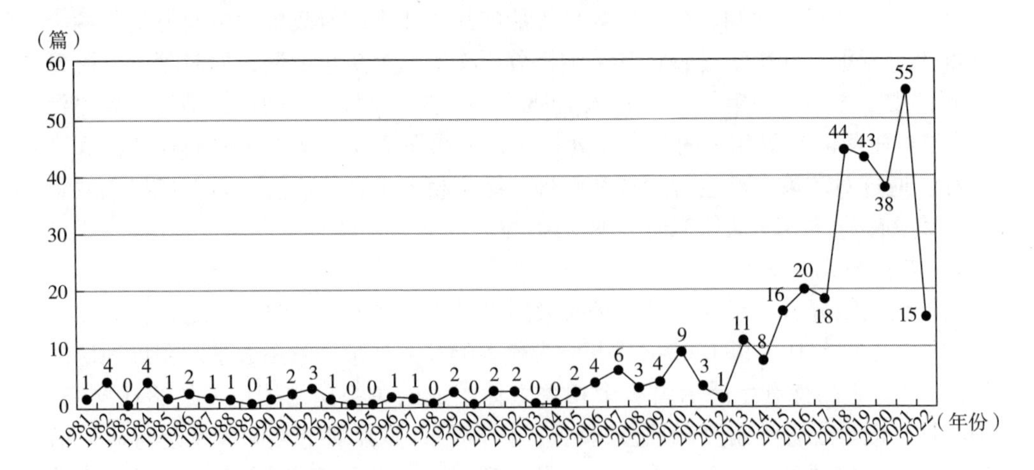

图 4-1　1981~2022 年我国农村人居环境治理政策发布数量特征

资料来源：笔者计算与整理。

本书根据标志性政策，将改革开放以来我国农村人居环境治理政策出台时期分为三个阶段，分别为政策探索发展阶段（1978~2005 年）、政策提升细化阶段（2006~2017 年）和政策全面深化阶段（2018~2022 年）。基于此，本书将分析不同阶段下农村人居环境治理政策主体及其特征，并总结其演变规律。

一是政策探索发展阶段（1978~2005 年），国家共发布相关政策 31 篇，仅占相关政策总量的 9.42%，且每年发布的政策数量都为个位数，个别年份甚至为 0 篇。快速城镇化带来的大量污染源逐渐向农村转移，市郊农村环境和农田污染日趋严重①，1981 年国务院出台《关于在国民经济调整时期加强环境保护工作的决定》，要求解决企业污染问题，制止对水土等资源的破坏，同时加强环境监测。在这一阶段内，农村人居环境治理的主要方向由水改、粪管逐渐延伸至“两管五改”。在这 24 年的发展时间里，农村人居环境治理的政策体系初步建立，也作为一项国家治理任务被逐步推广开来。

二是政策提升细化阶段（2006~2017 年），国家对农村人居环境治理问题的重视程度明显提高。2005 年 12 月，《中共中央 国务院关于推进社会主义新农村建设的若干意见》提出加强村庄规划和人居环境治理，重点解决农村饮水、行路、用电等困境，强调搞好污水、垃圾治理，改善农村环境卫生。此后，以新农村建设为开始的农村环境综合治理得到国家的充分重视，相关发文数量稍有增加

① 张会吉，薛桂霞．我国农村人居环境治理的政策变迁：演变阶段与特征分析——基于政策文本视角［J］. 干旱区资源与环境，2022，36（1）：8-15.

但都不超过 10 篇。直到 2013 年中央一号文件提出“努力建设美丽乡村”，农业部办公厅随之发布《关于开展“美丽乡村”创建活动的意见》，政策发文才突破个位数。美丽乡村是农村人居环境治理的更高要求，是落实生态文明建设的重要举措。2014 年，我国第一次将农村人居环境直接作为标题，国务院办公厅印发《关于改善农村人居环境的指导意见》，要求以规划先行，同时围绕农村垃圾、污水、厕所各方面提出一系列要求，标志着对农村人居环境治理重视程度逐渐加强，治理目标逐渐明确，随后政策发文热度明显上升。该阶段政策文本数量为 103 篇，占相关政策总量的 31.31%，在这 12 年内，政策数量较上一阶段明显急剧增加，发文数量首次突破 20 篇。

三是政策全面深化阶段（2018~2022 年），政策文本数量相较于前两个阶段成倍增加，总共发布政策 195 篇，占政策总量的 59.27%。其中，2018 年发布的《农村人居环境整治三年行动方案》首次以专项行动的方式对农村人居环境治理工作作出全面部署，代表国家对农村人居环境治理工作的重视程度逐渐加深。此后在农村“厕所革命”、农村生活污水处理、农村生活垃圾分类、村庄规划等各方面我国均出台了政策进行指导，出现了政策的爆发式增长。2021 年实施农村人居环境整治提升五年行动，设立了五年阶段目标，农村人居环境治理开始逐渐从全面推开治理转换到提质增效，也就是说进入了整体提升阶段。

（二）主要发文主体及发文结构

我国农村人居环境治理政策发布主体呈现多元化特征，共涉及 66 个机构和部门，具体有中共中央、国务院，农业农村部、国家发展和改革委员会、住房和城乡建设部、生态环境部、财政部等部门。在联合发文的部门中，参与发文数量最多的是农业农村部，共计 91 篇，所占比例为 27.66%，其次为住房和城乡建设部（69 篇，占比 20.97%）、生态环境部（58 篇，占比 17.63%），说明农业农村部、住房和城乡建设部、生态环境部在参与农村人居环境治理政策的制定中占有极为重要的地位。政策发布部门还包括全国妇女联合会、中国残联、共青团中央等群团组织，体现了农村人居环境多主体协同治理的样态。从政策发文的主体数量来看，在 329 篇政策文本中，由两个以及两个以上主体联合发布的文本数量达到 226 篇，占总数的 68.69%，可见我国农村人居环境治理政策制定联合决策的程度偏高，部门间基本形成耦合机制。如表 4-1 所示。

表 4-1 政策发文主体及其发文数量 单位：篇

发文主体	发文总数	单独发文总数	联合发文总数
农业农村部	91	24	67
住房和城乡建设部	69	38	31

续表

发文主体	发文总数	单独发文总数	联合发文总数
生态环境部	58	15	43
国家发展和改革委员会	47	5	42
财政部	45	6	39
水利部	27	12	15
国家卫生健康委员会	20	2	18
国家乡村振兴局	19	1	18
中央农村工作领导小组办公室	15	0	15

（三）政策发布形式

政策发布形式的数据分析表明（见表4-2），我国农村人居环境治理政策文件形式涉及通知、意见、报告、公告、方案、规划、法律法规等。在329篇政策中，共有44.68%的政策以通知的形式发出，以意见形式发出的政策占比33.13%，整体上看，政策文件级别偏低，缺乏强制性和规范性，政策影响力不足，执行起来存在一定的困难。在法律法规层面，只有3篇政策《中华人民共和国乡村振兴促进法》《中华人民共和国固体废物污染环境防治法（2020修订）》《村庄和集镇规划建设管理条例》以法律法规的形式发布，且也不是专门针对农村人居环境治理的全国性法规，其余涉及农村人居环境治理内容的条文散见在《中华人民共和国水污染防治法》《中华人民共和国环境保护法》等其他法律法规中，而相关规定往往过于原则性和抽象化，缺乏可操作的政策手段，难以在实践中产生实质性效果。

表4-2　政策发布形式统计

项目	通知	意见	报告	公告	方案	规划	法律法规	规定
数量（篇）	147	109	8	4	34	22	3	2
占比（%）	44.68	33.13	2.43	1.22	10.33	6.69	0.91	0.61

四、主要研究结果

（一）政策主体协作规模分析

图4-2为农村人居环境治理政策三个阶段的部门协作关系图，清晰形象地显示了政策网络的演变趋势。图中节点代表部门机构，节点大小取决于该节点在网络中的度数中心度，两节点之间的连线表示这两个部门存在合作关系，单独节点

即为未与其他主体形成协作关系。如表 4-3 所示，样本数量和网络规模从绝对值的角度描述了网络结构特征，其中样本数量表示联合发文的数量，网络规模代表各个时期农村人居环境治理政策发文的主体数，其规模越大，协作结构就越复杂，关系线也就越多。

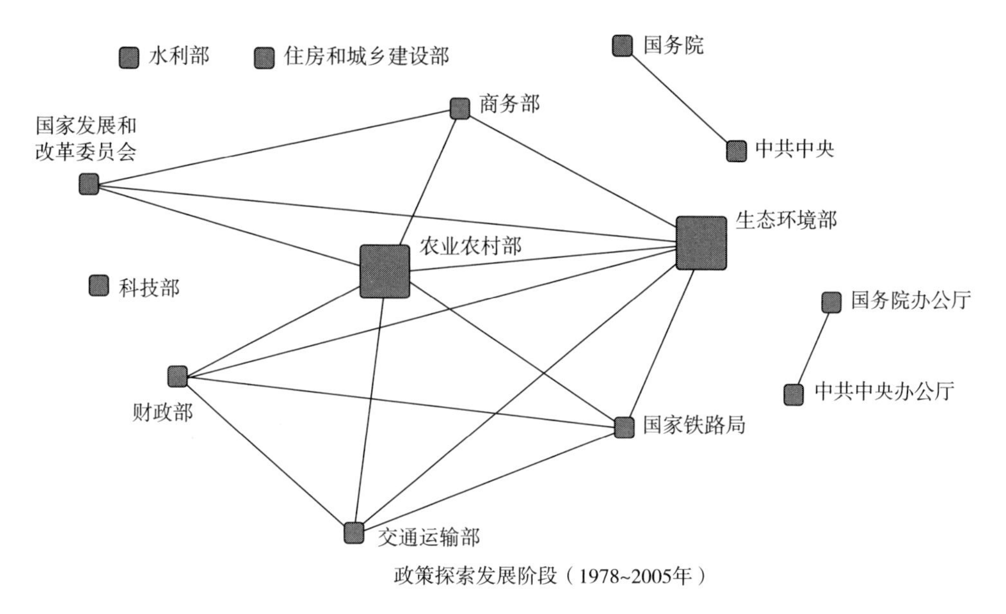

政策探索发展阶段（1978~2005年）

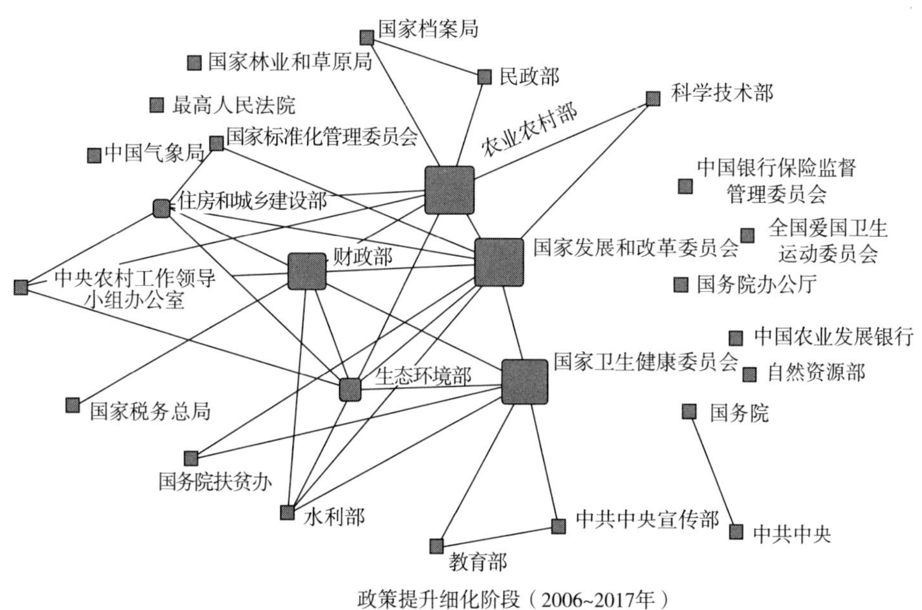

政策提升细化阶段（2006~2017年）

图 4-2 农村人居环境治理政策三个阶段的部门协作关系图谱

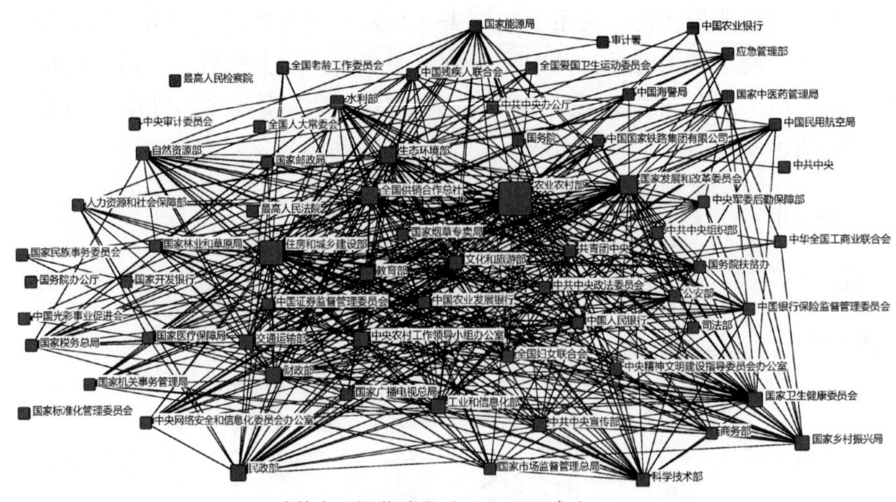

政策全面深化阶段（2018~2022年）

图 4-2　农村人居环境治理政策三个阶段的部门协作关系图谱（续）

资料来源：根据 Ucinet6. 0 软件绘制。

表 4-3　农村人居环境治理政策合作网络结构特征

指标	1978~2005 年	2006~2017 年	2018~2022 年
样本数量（篇）	5	25	100
网络规模（个）	14	26	66
聚类系数	1. 052	1. 547	3. 550
整体网络密度	0. 209	0. 197	0. 511
节点平均距离	1. 261	1. 992	1. 718

在农村人居环境治理政策探索发展阶段（1978~2005 年），仅有 14 个政策主体参与到政策网络中，且在各部门中农业农村部、生态环境部的网络节点较大，连接作用最强，部门间连线作用最多。总体而言，这一时期我国农村人居环境治理政策网络较为封闭，不同部门之间合作发文数量少，快速城镇化使农村污染逐渐加重，政策重点在农村住房改善、水利设施建设以及生态环境保护等方面，人居环境治理问题还未得到足够重视。

在农村人居环境治理政策提升细化阶段（2006~2017 年），我国农村生活垃圾污染、污水、厕所、粪便问题日益严重，给农村居民生产生活产生了不利影响。在社会主义新农村建设以及党的十八大以来农村生态文明建设的作用下，关于农村人居环境治理的政策议题不断扩大，政策主体数量比上一阶段增加了

12 个，网络关系线增多，结构越发复杂，政策网络逐渐由封闭走向半开放。国家发展和改革委员会、国家卫生健康委员会与住房和城乡建设部的连接作用增强，部门之间节点线条增多，联合发文的部门数量有所增加。

2018 年以后，农村人居环境治理作为实施乡村振兴战略的一项重要任务，开始以专项行动的形式有序推进，并强调政府、市场、社会组织与农民的协同参与。这一阶段农村人居环境治理参与主体和部门数量猛增至 66 个，而且各主体之间的连线大幅增多，交错密集，表明政策网络更加开放且覆盖范围持续扩大，部门间的协作进一步加强，为建设美丽乡村提供了坚强的组织保障。在联合发文政策网络中，农业农村部、国家发展和改革委员会、住房和城乡建设部、生态环境部和财政部联合发文数量最多，再加上中国农业发展银行、工业和信息化部、国家标准化管理委员会、人力资源和社会保障部等部门的参与合作，共同为解决农村人居环境治理过程中面临的资金、信息、技术标准、人力等资源难题提供了基础条件。

（二）政策主体互动紧密度分析

为判断各阶段网络互动的紧密度，需要对聚类系数、整体网络密度和节点平均距离这三个反映相对值的指标进行分析。一般而言，政策主体互动紧密程度随着网络密度增大、聚类系数变高而越紧密，如果节点平均距离越大，则表示网络联系越不紧密。联系紧密的网络能够为各主体提供多种多样的资源，但紧密度过高又不利于主体自身的发展。

由表 4-3 可知，首先，随着时间的推进，网络的聚类系数不断提高，1978~2005 年聚类系数仅为 1.052，到了 2018~2022 年上升至 3.550，说明网络之间拥有较强的凝聚力，农村人居环境治理的各职能部门之间的协作能力不断提高，网络地位趋于平等，资源、信息流动速度提高，信息可以在群体内部再生产。其次，随着时间发展，整体网络密度由 1978~2005 年的 0.209 到 2006~2017 年的 0.197 再到 2018~2022 年的 0.511，农村人居环境治理政策网络的辐射联系呈现先降低后加强的态势。最后，用节点平均距离表示每两个职能部门之间联系需要跨越的路径长度，测算结果表明三个阶段的部门之间节点平均距离呈现出先高后低的分布，具体表现为在 1978~2005 年只需通过 1.261 个职能部门即可联系两个职能部门，而在 2006~2017 年，这一数据上升到 1.992 个，随后在 2018~2022 年下降到 1.718 个。

具体到每个阶段，在农村人居环境治理政策探索发展阶段（1978~2005 年），部门之间合作关系一般，政策网络连接还较为松散。在长达 24 年的时间里，联合出台的政策文本仅有 5 篇，占该阶段发文总量的 16.13%。其中，《关于加强乡镇企业环境保护工作的规定》《秸秆禁烧和综合利用管理办法》的联合牵头部门均为生态环境部。此时，农村人居环境治理政策制定的核心部门初步凸显出来，这可能的原因是在该阶段我国初步建立农村环境保护的政策体系，以解决快速城镇化对农村带来的垃圾污染等问题，而农村人居环境治理工作还未得到足够重视。

在农村人居环境治理政策提升细化阶段（2006~2017 年），由数据变化可以看出该阶段的政策网络联系紧密程度有所降低，这可能是因为随着农村人居环境治理任务加重，越来越多的政策主体加入进来，但各主体之间缺乏协同和沟通，从而导致了网络密度比较稀疏。具体从发布的政策文本来看，在 103 篇政策文件中联合发文的文件仅有 25 篇，占比 24.27%。另外，这一时期农村人居环境治理政策网络的政策主体间横向关系在不断发生变化，而政策联合发文部门却具有一定的固定性，系统中多中心的社会网络关系逐渐形成，协同效应渐显。从图 4-2 可以看出，此时已形成了以农业农村部、国家发展和改革委员会、国家卫生健康委员会为中心的网络关系，而只有 8 个部门处于网络的边缘，这种固定的合作模式具有一定的路径依赖，即更多依靠行政权力来维系。这种模式在部门合作初期能降低沟通成本、提高合作效率，但当新问题出现后，其起到的作用则变得有限。

在农村人居环境治理政策全面深化阶段（2018~2022 年），各部门之间合作紧密度进一步增强，主要体现在联合发文政策的数量快速增多，达 100 篇，占该阶段发文总量的 51.28%。其中由作为主管部门的农业农村部牵头联合发文数量急剧增加且具有引领作用，农业农村部的核心地位进一步凸显。例如，2019 年农业农村部牵头印发《农村人居环境整治激励措施实施办法》，着力通过激励调动地方积极性，不断取得治理新成效；2020 年农业农村部联合六部门共同发布《关于抓好大检查发现问题整改扎实推进农村人居环境整治的通知》，解决地方目标定得过高、工作操之过急、质量管理和后续管护滞后等问题。此外，在农村改厕、污水资源化利用、供水、生活垃圾收运处置等方面，农业农村部也联合其他部门发布相关政策要求落实好工作。另外，与农村人居环境治理相关的多个部门提出政策议题的能力不断增强，由路径依赖转向资源依赖，开始根据政策目标和资源占有情况选择合作对象，不局限于长期形成的合作惯性，形成了多元化、紧密结合的政策网络①。例如，为做好抵押补充贷款资金支持农村人居环境整治工作，2018 年住房城乡建设部联合中国农业发展银行发布《关于做好利用抵押补充贷款资金支持农村人居环境整治工作的通知》；为发挥供销合作社乡村经营服务网络优势，激发企业在参与农村人居环境整治中的积极作用，2019 年中华全国供销合作总社印发《关于参与农村人居环境整治的行动方案的通知》；为建

---

① 付舒．我国养老服务政策行为者行动特征及其协同治理挑战——基于政策网络视角的文本量化分析［J］．南通大学学报（社会科学版），2019，35（4）：75-84.

立健全农村人居环境标准体系，2021 年市场监管总局等七部门印发《关于推动农村人居环境标准体系建设的指导意见》；为规范农村环境整治资金管理，提高资金使用效益，2021 年财政部印发《农村环境整治资金管理办法》；2022 年 5 月，国家乡村振兴局、民政部印发《社会组织助力乡村振兴专项行动方案》，要求充分发挥社会组织优势作用，聚焦改善农村人居环境。可见，为解决农村人居环境治理中的各类问题，各部门调动自身资源优势，与其他部门形成了紧密的合作关系，协同效应增强。

（三）政策主体信息中介能力分析

作为政策主体联结的基本要素，资源和信息在政策网络中发挥着重要的作用。Benson 认为，“一群复杂的组织因资源依赖而彼此结盟，又因资源依赖结构的中断而相互区别”[①]。政策主体的能力在于将不同部门的资源调动起来并协作完成任务，当政策主体拥有较多的政策资源和信息，能从子系统中得到权威和资金支持时，其在政策网络中则处于优势地位。因此，本部分从个体中心指标加以观察农村人居环境治理政策网络中具有较强能力的部门。

1. 度数中心度

度数中心度来自社会计量学的“明星”概念，被用来度量网络中与某一节点存在直接连接的节点个数情况。节点的度数中心度越大，表明其在网络中处于比较重要的地位，拥有的“权力”就越大[②]，即它能比较轻松地从网络中获取到所需的信息、知识等稀缺性资源，以此提升自身绩效。如表 4-4 所示，在我国农村人居环境治理的三个演进阶段中，拥有最高度数中心度的部门都不相同。1978~2005 年，生态环境部居于政策网络的中心地位，在该阶段农村人居环境治理未得到充分重视，政策重点主要集中于宏观的农村环境治理方面，如病害防治、水利工程、农田污染和住房建设等。到了 2006~2017 年，国家发展和改革委员会的度数中心度最大，即其能够获取更多的网络资源。在三个阶段内，农业农村部的度数中心度一直呈现逐渐增强的趋势，并在第三阶段达到 239.00，即表明其在第三阶段时位于政策网络中的中心地位，这种状况出现的原因可能是在 2018 年后农业农村部成为直接负责农村人居环境治理的最高级别部委。将三个阶段的结果进行综合对比，发现度数中心度最高的前六个部门都包括农业农村部、生态环境部、国家发展和改革委员会以及财政部，说明不同时期的农村人居环境治理政策网络的任务侧重点差别不大，各部门在政策网络中的作用地位较为稳定。

① Benson J K. A Framework for Policy Analysis [J]. Interorganizational Coordination: Theory, Research, and Implementation, 1982: 137-176.

② 张利华，闫明. 基于 SNA 的中国管理科学科研合作网络分析——以《管理评论》(2004-2008) 为样本 [J]. 管理评论，2010，22 (4): 39-46.

表 4-4 农村人居环境治理政策社会网络中前十部门（机构）度数中心度

序号	节点	1978~2005 年	节点	2006~2017 年	节点	2018~2022 年
1	生态环境部	7.00	国家发展和改革委员会	19.00	农业农村部	239.00
2	农业农村部	7.00	财政部	16.00	国家发展和改革委员会	181.00
3	财政部	4.00	生态环境部	16.00	住房和城乡建设部	165.00
4	国家铁路局	4.00	农业农村部	16.00	生态环境部	158.00
5	交通运输部	4.00	国家卫生健康委员会	10.00	财政部	150.00
6	国家发展和改革委员会	3.00	住房和城乡建设部	10.00	水利部	90.00
7	商务部	3.00	中央农村工作领导小组办公室	7.00	国家卫生健康委员会	86.00
8	中共中央	2.00	水利部	6.00	中央农村工作领导小组办公室	75.00
9	国务院	2.00	中共中央	5.00	交通运输部	61.00
10	中共中央办公厅	1.00	国务院	5.00	自然资源部	60.00

2. 中间中心度

中间中心度测量的是在网络中某一节点在多大程度位于其他节点相互可达的“捷径”上①，如果某一节点较多处于其他节点间的最短路径上，则表明该点具有较高的中间中心度②，居于重要地位。中间中心度的值越大，表明该节点在网络信息、技术和知识流动等方面的控制能力较强，在网络沟通中起到桥梁和媒介的作用③，为持续创新提供着有利条件。

纵观我国农村人居环境治理的三个阶段，农业农村部都拥有着最高的中间中心度（见表 4-5），表明该部门在农村人居环境治理的政策网络中位于核心地位，有着较强的资源控制能力，在众多部门之间协作中起到重要的媒介作用。此外，相比前面两个阶段，2018~2022 年，大多数部门的中间中心度逐渐增大，媒介作用有了大幅的增长，即各部门对重点信息的获得能力得到了较大的提升，意味着

① Freeman L C. Centrality in Social Networks Notional Clarification [J]. Social Networks, 1979, 1 (3): 215-239.

② 刘军. 社会网络分析导论 [M]. 北京：社会科学文献出版社，2004.

③ Burt R S. The Contingent Value of Social Capital [M] //Knowledge and Social Capital: Foundations and Applications. Routledge, 2009: 255-286.

政策制定和实施的部门增多，主体间横向关系变强，这主要与农村人居环境治理内容扩大、目标更加聚焦相关。如农村生活垃圾、厕所粪污、生活污水以及村容村貌、村庄规划的工作任务陆续推进和完善，为了保证治理任务顺利落实，涉及的政策越来越多。另外，在2018~2022年这一阶段中，财政部、民政部和生态环境部，国家乡村振兴局、交通运输部和国家卫生健康委员会这两组部门的中间中心度较为接近，意味着每一组部门内部的权力相对平等和分散，有助于政策信息的流动和资源的汇集整合。

表4-5 农村人居环境治理政策社会网络中前十部门（机构）中间中心度

序号	节点	1978~2005年	节点	2006~2017年	节点	2018~2022年
1	农业农村部	3.00	农业农村部	29.42	农业农村部	280.92
2	生态环境部	3.00	国家卫生健康委员会	28.33	住房和城乡建设部	166.79
3	财政部	1.33	国家发展和改革委员会	28.00	国家发展和改革委员会	91.09
4	国务院	0.00	财政部	21.92	全国供销合作总社	69.53
5	中共中央办公厅	0.00	生态环境部	7.92	财政部	55.24
6	国务院办公厅	0.00	住房和城乡建设部	4.42	民政部	53.19
7	国家发展和改革委员会	0.00	全国爱国卫生运动委员会	0.00	生态环境部	51.76
8	商务部	0.00	民政部	0.00	国家乡村振兴局	39.33
9	交通运输部	0.00	中国银行保险监督管理委员会	0.00	交通运输部	37.66
10	住房和城乡建设部	0.00	中共中央	0.00	国家卫生健康委员会	37.31

五、研究结论

政策网络分析的侧重点在政策过程中参与主体之间的结构关系、相互依赖和动态变化[①]。识别主体对政策过程影响的前提在于确定处于网络中心和网络边缘的政策主体有哪些，这也是了解主体间相互依存关系和信息共享路径的关键[②]。本书以农村人居环境治理领域239篇政策文本为数据，借助Ucinet6.0软件，根

① 毛寿龙，郑鑫．政策网络：基于隐喻、分析工具和治理范式的新阐释——兼论其在中国的适用性［J］．甘肃行政学院学报，2018（3）：4-13+126.

② Wang G X. Policy Network Mapping of the Universal Health Care Reform in Taiwan：An Application of Social Network Analysis［J］. Journal of Asian Public Policy，2013，6（3）：313-334.

据不同历史阶段将66个政策主体之间的协作关系进行可视化呈现并计算出66个政策主体中心度，详细分析了政策主体协作规模、互动紧密度和信息中介能力，借鉴熊尧等的研究①，将农村人居环境治理政策网络结构特征归纳为两个方面：

（一）农村人居环境治理政策网络主体呈现“多元一极”的特征

从研究结果来看，在农村人居环境治理政策网络中，政策主体呈现出“多元一极”的特征。“多元”是指构成网络的节点除了农业农村部外，还包含住房和城乡建设部、国家发展和改革委员会、财政部以及生态环境部等其他政策主体。例如，在全面推进农村垃圾治理上，不同类型的政策主体之间的横向合作至关重要，住房城乡建设部门负责农村生活垃圾清扫、收集、运输和处置等工作的监督管理，农村工作综合部门参与制定并落实农村垃圾治理有关政策，文明办负责将农村垃圾治理纳入文明村镇的考评内容，发展改革部门负责将农村垃圾治理纳入相关规划，财政部门负责统筹现有资金以支持农村垃圾治理。相比封闭政策网络，多元化主体的政策网络能更好克服制度障碍②。“一极”是指农村人居环境治理政策网络中多元政策主体的地位是不平衡的。从表4-4、表4-5可以看出，1978~2005年和2006~2017年这两个阶段中，农业农村部的度数中心度处于第二、第四的排名，2018年之后其度数中心度快速增加至第一。此外，在三个阶段内，农业农村部的中间中心度均排在第一，说明当下农业农村部处于农村人居环境治理政策网络的核心地位，其在政策网络中表现活跃，具有较高影响力，在政策网络沟通中起到桥梁和媒介的作用，能促进政策持续创新。

（二）农村人居环境治理政策网络结构呈“扁平化”的趋势演变

本书还发现，农村人居环境治理三个阶段的整体网络密度先降后升，节点平均距离先升后降，聚类系数逐渐增强，最终呈现政策网络联系密切、具有较强凝聚力、主体关系较为平等的演变趋势。首先，与前两个阶段的整体网络密度比较，2018~2022年农村人居环境治理政策的网络密度不断升高，参与部门越来越多，部门之间的连线密集，信息交流频繁，协同治理的水平提高，在后续的政策制定和实施中，联系将越来越密切。其次，三个阶段的聚类系数均大于1，在2018~2022年这一阶段，该系数更是提升至3.550，说明整体网络的凝聚力越来越强。最后，节点平均距离反映了绝大多数部门之间的距离较短，部门内部的小世界特征明显，信息传递需要的时间少，因此权力在部门之间并不集中，并随着越来越多的政策主体加入，短距离联系增强，主体间的平等程度提高，联系更加

---

① 熊尧，徐程，习勇生．中国卫生健康政策网络的结构特征及其演变［J］．公共行政评论，2019，12（6）：143-165+202.

② 朱亚鹏，岳经纶，李文敏．政策参与者、政策制定与流动人口医疗卫生状况的改善：政策网络的路径［J］．公共行政评论，2014，7（4）：46-66+183-184.

密切。在政策主体信息中介能力变化方面，各政策主体的度数中心度和中间中心度一直增加，说明随着时间的变化，各部门拥有更多的政策资源、更强的信息能力，能够相互作用对政策的总体效果产生更积极的影响。

第二节 我国健康乡村治理的政策变迁：演变阶段与特征分析

2016年8月，习近平总书记在中国卫生与健康大会中提出要把人民健康放在优先发展的战略地位，将健康融入所有政策。随后《“健康中国2030”规划纲要》出台，明确了健康中国建设的目标和任务。党的十九大报告提出，实施乡村振兴战略，建立健全城乡基本公共服务均等化的体制机制，推动公共服务向农村延伸，满足广大农民群众对美好生活的向往①。2018年9月，中共中央、国务院印发的《乡村振兴战略规划（2018—2022年）》专门就推进健康乡村建设任务进行描述，强调从疾病防治、医疗卫生服务体系完善、乡村医生队伍建设、健康教育等方面开展，可见在乡村振兴战略布局中，健康乡村建设是一项重要工作。2019年6月，中共中央办公厅、国务院办公厅印发的《关于加强和改进乡村治理的指导意见》明确指出，到2035年，乡村公共服务水平显著提高，乡村治理体系和治理能力基本实现现代化。健康治理作为乡村治理的重要组成部分，其意义不容忽视。国务院及其相关职能部门对健康乡村治理的重视程度不断提高，为了确保健康乡村建设工作开展的精准性和有效性，相继印发的《关于服务乡村振兴促进家庭健康行动的实施意见》《关于印发巩固拓展健康扶贫成果同乡村振兴有效衔接实施意见的通知》《“十四五”国民健康规划》等多项政策文件均提及将健康乡村作为重要任务部署安排。其中，《“十四五”国民健康规划》强调到2025年国民健康政策体系进一步健全，卫生健康治理能力和治理水平进一步提升。

健康治理是我国在2009年开始新一轮医药卫生体制改革时树立的新理念，也是医疗卫生事业发展的基本经验②。在各个历史发展时期，我国制定了一系列卫生健康政策来改善提升健康环境，推进医疗卫生事业建设。目前，有关卫生健

① 中共中央党史和文献研究院．十九大以来重要文献选编（上）[M]．北京：中央文献出版社，2019.

② 赵黎．新医改与中国农村医疗卫生事业的发展——十年经验、现实困境及善治推动[J]．中国农村经济，2019（9）：48-69.

康政策的研究文献主要从政策变迁的视角展开。譬如傅虹桥梳理了新中国卫生政策演进过程，认为我国卫生健康政策的演变经历了卫生事业福利时期（1949~1978年）、市场化改革时期（1978~2003年）、回归公益性时期（2003年以后）三个历史阶段，并分析了卫生政策与健康结果的相关性，表明卫生政策的导向与健康改善快慢有着密切的关系①。陈兴怡和翟绍果分析了中国共产党百年卫生健康治理的历史变迁，将其分为萌芽、初建、提效、转型等六个阶段，并总结了我国卫生健康治理的政策规律②。王延隆等则认为中国卫生与健康政策的百年发展遵循循序渐进的特点，历经理念萌发与群众性卫生运动、福利化、市场化改革、回归公益性四个阶段③。另外，悉数学者也对我国卫生健康领域五年规划政策网络的结构特征及其演变④、健康扶贫政策的历史沿革和主要内容⑤等问题进行了分析研究。

综上所述，学者们主要从全国范围内关注我国卫生健康政策的发展演变，而忽视了农村地区卫生健康政策的重要性。我国农村居民占全国人口基数较大，许多农村地区没有落实好关于健康乡村建设的政策措施，农村居民对健康的重视程度有限，所以不断提高农村居民健康水平，促进农村卫生健康治理可持续发展就尤为关键。因此，本项目同样基于公共政策变迁理论，全面梳理改革开放至今国家层面上的与农村居民健康密切相关的政策文本，借助ROST软件提取政策文本中的高频词，并通过Netdraw绘制语义网络结构图，探究我国健康乡村治理政策演变历程与内在特征，以期弥补既有研究的不足，同时为当下提升乡村卫生与健康治理体系和治理能力现代化水平提供对策建议。

一、材料与研究方法

（一）材料来源

健康政策是政府或其他机构为了实现人人享有基本医疗卫生服务的战略目标，提高全民健康水平而制定的决定、计划和行动⑥。农村医疗卫生服务供给、

① 傅虹桥．新中国的卫生政策变迁与国民健康改善［J］．现代哲学，2015（5）：44-50.

② 陈兴怡，翟绍果．中国共产党百年卫生健康治理的历史变迁、政策逻辑与路径方向［J］．西北大学学报（哲学社会科学版），2021，51（4）：86-94.

③ 王延隆，余舒欣，龙国存，闫春飞，陈翔．循序渐进：中国卫生与健康政策百年发展演变、特征及其启示［J］．中国公共卫生，2021，37（7）：1041-1045.

④ 熊尧，徐程，刁勇生．中国卫生健康政策网络的结构特征及其演变［J］．公共行政评论，2019，12（6）：143-165+202.

⑤ 田尧，蒋祎，张宵宵，唐新语，孙成珍，吴苗．中国公共卫生领域健康扶贫政策的现状分析［J］．中国农村卫生事业管理，2019，39（3）：186-190.

⑥ 冯显威，顾雪非．健康政策的概念、范围及面临的挑战与选择［J］．中国卫生政策研究，2011，4（12）：58-63.

医疗保障、健康环境建设以及农民健康状况与健康行为这四个层面是健康乡村治理的主要内容①。本书完整梳理了改革开放以来国家部委以上管理部门发布的所有政策文本，数据主要来源于“北大法宝数据库”中的法律法规类别。在检索政策文本过程中，本书以“农村卫生”“农村合作医疗”“健康促进”“健康档案”“健康扶贫”“健康教育”等为关键词进行“标题”精确查找，以“农民健康”“农村居民健康”“健康村”等为关键词进行全文查找。为保证数据来源的权威性，限定检索选项分类为“中央法规”，并根据“题目及内容是否直接与健康乡村密切相关”和“政策类型是否为法律法规、意见、办法、通知、公告、规划等能够具体体现政府政策意图的文件类型”两个标准进行判别以决定是否将其采纳为分析文本。为保证政策文本选取的全面性，本书还到国务院及其各部委官方网站搜集相关的政策作为补充。在对政策文献进行筛选和整理的基础上，结合相关学者的建议，本研究最终选取重要政策文献样本 151 份作为研究对象（部分政策文本见表 4-6）。

表 4-6　部分政策文本

序号	政策名称	发文字号
1	国务院批转卫生部关于卫生工作改革若干政策问题的报告的通知	国发〔1985〕62 号
2	国务院批转卫生部等部门关于改革和加强农村医疗卫生工作请示的通知	国发〔1991〕4 号
3	中共中央、国务院关于卫生改革与发展的决定	中发〔1997〕3 号
4	国务院办公厅转发卫生部等部门关于建立新型农村合作医疗制度意见的通知	国办发〔2003〕3 号
5	关于印发全国亿万农民健康促进行动规划（2006—2010 年）的通知	卫妇社发〔2006〕267 号
6	卫生部关于规范城乡居民健康档案管理的指导意见	卫妇社发〔2009〕113 号
7	卫生部办公厅关于做好农村居民基本公共卫生服务工作的通知	卫办农卫发〔2010〕159 号
8	国家卫生计生委关于印发全民健康素养促进行动规划（2014—2020 年）的通知	国卫宣传发〔2014〕15 号
9	国务院办公厅关于进一步加强乡村医生队伍建设的实施意见	国办发〔2015〕13 号
10	农业部 国家体育总局关于进一步加强农民体育工作的指导意见	农办发〔2017〕11 号
11	关于进一步健全农村留守儿童和困境儿童关爱服务体系的意见	民发〔2019〕34 号

① 白描．乡村振兴背景下健康乡村建设的现状、问题及对策［J］．农村经济，2020（7）：119-126.

续表

序号	政策名称	发文字号
12	国家卫生健康委办公厅关于新冠肺炎疫情防控期间统筹推进健康扶贫工作的通知	国卫办扶贫函〔2020〕159号
13	关于全面加强老年健康服务工作的通知	国卫老龄发〔2021〕45号
14	关于推进家庭医生签约服务高质量发展的指导意见	国卫基层发〔2022〕10号
15	国务院办公厅关于印发“十四五”国民健康规划的通知	国办发〔2022〕11号

资料来源：作者整理所得。

（二）研究方法

1. 公共政策变迁理论

在公共政策研究领域，公共政策变迁理论的发展与实践是始终不能忽视的一部分。政策变迁过程是政策制定者基于过去经验和获取的新信息，调整政策目标、改变政策工具及其设置以解决政策问题的过程[①]。任何一项公共政策的变迁都会经历“政策均衡—政策失效—政策创新—政策均衡”这种方程式循环[②]。本研究收集改革开放以来我国出台的与健康乡村治理相关的政策文本，从公共政策变迁理论视角出发关注变迁过程的内容与结果，系统分析健康乡村治理政策变化规律，并做进一步总结展望，以期促进政策创新和政策均衡发展。

2. 内容分析法

运用系统、客观和量化的方式识别定性文本中的关键特征，将其转化为用数量表示的资料，并根据一定规则对分析结果进行解释和检验的科学方法称为内容分析法[③]。针对政策内容，本研究借助ROST软件对1978年以来与健康乡村治理密切相关的政策文本进行量化分析，以发现各阶段政策特征及变迁动因。首先，将政策文本导入ROST分析软件对其进行分词并统计词频，随后进行社会网络和语义网络分析，依次提取高频词、过滤无意义词、提取行特征、运用Netdraw绘制每一阶段政策发布的网络结构图，得出每一阶段政策的关注重点及中心。其中，语义网络图以高频词两两之间的共现关系为基础，将词与词之间的关系数值化处理，再以图形化的方式揭示词与词之间的结构关系。图中两个节点的连线越粗，说明两者之间的联系越密切。通过语义网络图可以对高频词的层级关系、局

① Hall P A. Policy Paradigms, Social Learning, and the State: The Case of Economic Policymaking in Britain [J]. Comparative Politics, 1993: 275-296.

② 陈潭．公共政策变迁的过程理论及其阐释［J］．理论探讨，2006（6）：128-131.

③ 吕晓，牛善栋，黄贤金，赵雲泰，赵小风，钟太洋．基于内容分析法的中国节约集约用地政策演进分析［J］．中国土地科学，2015，29（9）：11-18+26.

部的簇群关系、亲疏程度进行分析。

二、我国健康乡村治理政策的基本特征

（一）健康乡村治理政策发文数量及政策阶段划分

根据发文时间特征对151篇政策进行量化分析，可以发现，从改革开放至今我国健康乡村治理的政策数量在总体上呈现逐年波动上升的趋势，其中个别年份的发文量呈现爆发增长的状态（见图4-3）。1985年《关于卫生工作改革若干政策问题的报告的通知》标志着国家开启了第一次医疗改革，提高效率、促进医疗卫生多元格局成为改革主题。在这一阶段，国家出台了多项卫生改革与发展的政策以加强农村公共卫生工作，如2002年《关于进一步加强农村卫生工作的决定》要求加强农村疾病预防控制，强调“政府卫生投入要重点向农村倾斜”。以此政策为节点，将1978~2002年划分为健康乡村治理政策第一阶段。该阶段，国家共发布相关政策21篇，仅占政策总体的13.91%。2003年政策数量显著增加，主要是由于我国局部地区暴发了SARS传染病，农村医疗卫生问题逐渐显现。为防止农村发生大的疫情，国家相继出台《关于认真做好农村非典型肺炎防治工作的意见》《关于加强农村传染性非典型肺炎防治工作指导意见》等政策。同年，卫生部等开始推行新型农村合作医疗制度，全面启动农村基本医疗卫生服务体系建设，健康卫生服务提供日益回归公益性，成为农村医疗卫生工作的重大转折点。因此将2003~2008年划分为健康乡村治理的聚焦提升阶段，该阶段的政策文本数量占到总体的21.19%，也表明党和政府更加重视农村卫生工作。2009年中共中央、国务院发布《关于深化医药卫生体制改革的意见》，标志着新一轮的医疗卫生改革的开启，此次改革强调以农村为重点，到2011年实现全民医保的战略目标。从此健康乡村治理进入全面深化阶段，2009~2022年的政策发文数量为98份，相较于前两个阶段，该阶段的发文量成倍增加，占政策总量的64.90%，总体处于波动增长态势。2016年10月，中共中央、国务院印发《“健康中国2030”规划纲要》，提出了健康中国建设的目标和任务，要求以农村和基层为重点。随后关于健康治理的各项政策数量达到峰值，其中2019年发布的《健康中国行动（2019—2030年）》对健康治理工作做出详细指导。

（二）发文主体及发文结构

为分析健康乡村治理政策的发文主体，考虑到不同时期相关政策主体的机构变动和职能调整，以及主体中政府部门的连续性，本书将已经撤销或改名的机构按照现责任机构纳入分析。政策发布部门的差异会对政策影响力产生影响，按照政策发布部门对政策进行分类梳理，如表4-7所示，结果显示我国健康乡村治理政策发布主体呈现以下三个特点：

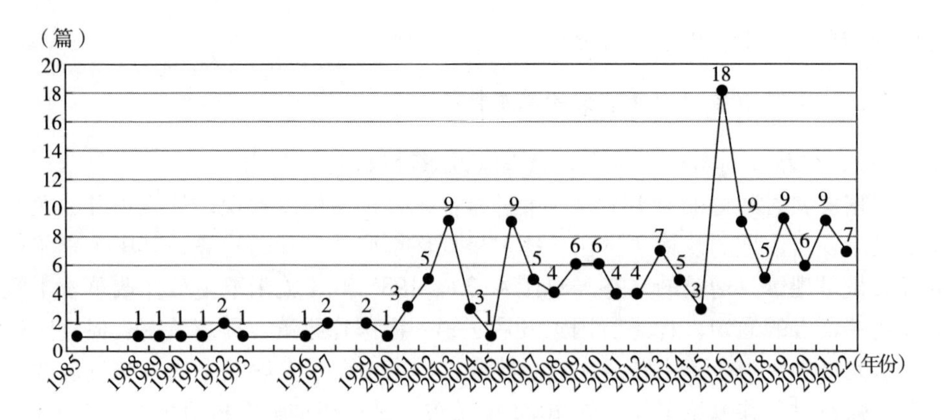

图 4-3　1985~2022 年我国健康乡村治理政策发布数量特征

资料来源：笔者计算与整理。

表 4-7　政策发文主体及其发文数量　　单位：篇

发布部门	总发布政策数	联合发布政策数	发布部门	总发布政策数	联合发布政策数
国家卫生健康委员会	99	59	国务院办公厅	15	1
财政部	42	42	国务院扶贫办	10	10
国家发展和改革委员会	27	27	国家医疗保障局	10	10
国家中医药管理局	23	23	中华全国妇女联合会	9	9
民政部	21	19	全国爱卫会	9	4
国务院	20	5	共青团中央	7	7
教育部	19	18	中共中央宣传部	7	7
人力资源和社会保障部	17	17	国家广电总局	7	7
农业农村部	16	15	住房城乡建设部	6	6

第一，发布主体呈现多元化特征。我国健康乡村治理政策发布主体共涉及56个部门和机构，具体有中共中央、国务院，国家卫生健康委、财政部、农业农村部、国家发展和改革委员会、民政部、国家药品监督管理局、全国爱卫会、国家中医药管理局等。第二，参与发文篇数量最多的是国家卫生健康委员会（99篇，占比65.56%），其次为财政部（42篇，占比27.81%），国家发展和改革委员会（27篇，占比17.88%），说明这三个部门在健康乡村治理政策的制定中占有极为重要的地位。而由中共中央、国务院和全国人大常委会参与发布的政策文本数为36篇，仅占总发布数量的23.84%。侧面说明了健康乡村治理政策文本发布主体的行政级别较低。政策发布机构中，还包括共青团中央、中华全国妇女联

合会、全国总工会、中国残联、中国红十字会总会、中国计划生育协会、中国科协7个群团组织，体现了农村健康建设呈现多主体协同治理的样态。第三，健康乡村治理政策多以联合的形式发布，形成了多个部门相互联动和协调的良好局面。从结果来看，健康乡村治理政策联合决策的程度一般，部门间基本形成耦合机制。在151篇健康乡村治理政策文本中，由两个以及两个以上机构联合发布的健康乡村治理文本数量共68篇，占总数的45.03%。统计结果显示，多个发布主体合作的政策自1990年开始出现，到2002年数量开始增加，特别是自2016年健康中国战略提出后，多部门合作的政策发布数量达到最多，充分说明国家对健康乡村治理的理解逐渐加深，政策设计日益完善。此外，随着时间的推移，联合发文的政策部门数量也逐渐增加，例如2016年的《关于加强心理健康服务的指导意见》由原国家卫生计生委、中共中央宣传部、国家发展和改革委员会等22个部门联合发布，反映各部门对健康乡村治理工作的重视程度不断增强，有利于形成协同联动的治理格局，推动健康乡村治理工作高效开展。

（三）政策发布形式

政策发布形式的数据分析表明（见表4-8），我国健康乡村治理政策文件形式涉及通知、意见、报告、行动方案、规划、法律法规。在151篇政策文件中，共有53.64%的政策以通知的形式发出，以意见形式发出的政策也占比40.40%，整体上看，政策文件级别偏低，缺乏强制性和规范性，政策影响力不足，执行起来存在一定的困难。只有《中华人民共和国基本医疗卫生与健康促进法》和《乡村医生从业管理条例》是以法律法规的形式发布。《乡村医生从业管理条例》是乡村医生从业管理现行的核心行政法规，该条例于2003年8月由国务院公布，对乡村医生执业注册、培训与考核、法律责任等做出了明确规定，有利于保障乡村医生合法权益。2019年《中华人民共和国基本医疗卫生与健康促进法》将全力推进“强基层”上升为法律，引领医药卫生事业改革，推动和保障健康中国战略的实施。总体上，该制度侧重于对公民健康权的保护及健康服务质量的改善，对民众健康参与能力提升的相关规定尚不明确，原则性较为突出，而对健康治理参与的功能导向不强。可见未来还需加强政策整合，例如，从国家层面研究制定《健康乡村治理条例》，对健康乡村治理的各方面做出顶层、系统的制度安排。

表4-8　政策发布形式统计

项目	通知	意见	报告	决定	行动方案	规划	法律法规
数量（篇）	81	61	1	3	2	1	2
占比（%）	53.64	40.40	0.66	1.99	1.32	0.66	1.32

三、政策演变阶段的特征分析

（一）健康乡村治理探索发展阶段（1985~2002 年）

本研究借助 ROST 软件统计得出健康乡村治理探索发展阶段的政策高频词（见表 4-9），并通过 Netdraw 绘制了语义网络结构图（见图 4-4），可以看出在这一阶段内，“卫生”“发展”“医疗”“服务”“保健”“农村”的词频较高且均处于语义网络结构图的中心位置。结合节点权重分析，“改革”和“发展”是此阶段的关注重点，政策内容围绕农村医疗卫生改革、初级卫生保健、农民健康教育等问题展开，政策手段侧重于政府和社会的积极合作，同时运用经济激励等混合型工具初步建立起农村健康治理政策体系。

表 4-9　1985~2002 年我国健康乡村治理政策高频词

序号	关键词	词频	序号	关键词	词频	序号	关键词	词频
1	卫生	1356	11	加强	226	21	政府	149
2	农村	618	12	提高	184	22	社会	140
3	医疗	524	13	医生	176	23	预防	140
4	服务	352	14	人员	173	24	建立	134
5	机构	339	15	乡村	170	25	事业	133
6	健康	322	16	建设	169	26	卫生院	131
7	教育	312	17	技术	170	27	合作	125
8	发展	307	18	改革	168	28	积极	125
9	管理	266	19	地区	156	29	制度	118
10	保健	258	20	农民	152	30	开展	117

根据表 4-9、图 4-4，结合政策颁布内容及实施情况，总结得出健康乡村治理探索发展阶段主要特征如下：

第一，该阶段注重宏观层面的健康乡村治理规划及设计，农村健康卫生治理主要以政府主导改革与市场主体参与这两类形式开展，形成了法治化、系统化与市场化的公共卫生治理体系①。改革开放后，市场经济体制改革驱动公共卫生服务发展。福利型医疗卫生体系带来的效率低下，财政负担过重的问题开始交由市

① 武晋，张雨薇．中国公共卫生治理：范式演进、转换逻辑与效能提升［J］．求索，2020（4）：171-180.

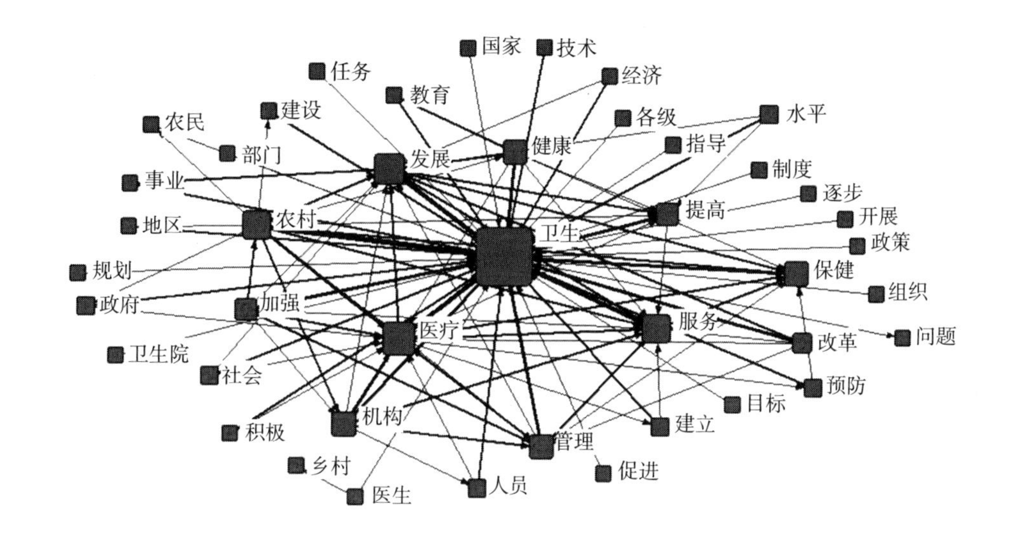

图 4-4　1985~2002 年我国健康乡村治理政策语义网络结构

场来解决①，政府放缓对医疗机构设立的管控。1985 年，新中国成立后第一份由中央发出的“医改文件”《关于卫生工作改革若干政策问题的报告》，认为卫生事业经费和投资严重不足、医疗收费标准过低、各方办医积极性不高等问题导致卫生事业“发展缓慢”，为此提出了设置农村村一级卫生机构，支持集体、个体办医疗卫生事业，开辟多渠道、多层次、多形式办医疗机构的途径，鼓励城市医院、医药院校支援农村医疗卫生事业的建设等意见。此后，《关于深化卫生改革的几点意见》《关于卫生改革与发展的决定》《关于农村卫生改革与发展的指导意见》等政策文本都明确了要改革卫生管理体制，农村卫生机构要以公有制为主导，鼓励多种经济成分卫生机构的发展，在理论上明确政府主导、市场为辅的政策导向，并关注农村基层卫生队伍人才改善问题。例如，卫生部颁发了《1991~2000 年全国乡村医生教育规划》，正式提出对乡村医生实行系统化、正规化中等医学教育。

第二，在该阶段，政府从制度层面对建立覆盖农村居民的医疗保障体系进行了诸多探索与实践。1997 年 1 月，《中共中央、国务院关于卫生改革与发展的决定》指出，农村合作医疗制度对于保证农民获得基本医疗服务、防止因病致贫具有重要作用。1997 年 5 月，国务院同意卫生部等部门《关于发展和完善农村合

① 丁忠毅，谭雅丹．中国医疗卫生政策转型新趋势与政府的角色担当［J］．晋阳学刊，2019（5）：84-91.

作医疗的若干意见》指出，各地要把发展和完善农村合作医疗当成农村工作的一件大事来抓。在较为有效的高位推动下，农村合作医疗制度推进迅速成为地方政府的年度工作重点。在城镇职工医疗保险的基础上，2002 年 10 月，中共中央、国务院印发的《关于进一步加强农村卫生工作的决定》提出，建立以大病统筹为主的新型合作医疗制度和医疗救助制度。总体而言，农村的基本医疗保障体系在顶层设计上逐渐得到建设完善，但并未开始试点落实。

第三，面对广大农村地区，特别是在贫困、边远地区农村中，农民缺乏卫生知识，自我保健意识淡薄的现象，我国围绕农民健康教育，在改水改厕等各项农村环境卫生建设和传染病、职业病、地方病等疾病预防方面开展了大量工作，发布了《关于印发全国九亿农民健康教育行动规划的通知》《关于加强领导进一步搞好初级卫生保健工作的通知》等政策文本，较好地促进了初级卫生保健任务的落实，为后续健康乡村治理提升奠定了良好基础。

（二）健康乡村治理聚焦提升阶段（2003~2008 年）

从这一阶段的高频词表及语义网络结构图可以看出（见表 4-10、图 4-5），“农村”“健康”“医疗”“建设”等词频逐渐上升，“沼气”“环境”“项目”等词频开始突出，反映健康乡村治理更加关注农村卫生环境建设。“农村”“卫生”等位于语义网络结构图中心位置且权重较高，聚焦的政策主题有农村新型合作医疗、农村环境卫生基础设施建设、农村非典型肺炎以及血吸虫病防治、农村卫生人才的能力提高。

表 4-10　2003~2008 年我国健康乡村治理政策高频词

序号	关键词	词频	序号	关键词	词频	序号	关键词	词频
1	农村	1424	11	沼气	408	21	教育	305
2	卫生	1289	12	开展	394	22	防治	258
3	建设	847	13	发展	393	23	组织	256
4	医疗	760	14	管理	391	24	规划	252
5	健康	638	15	技术	340	25	提高	246
6	机构	474	16	人员	337	26	保健	242
7	地区	458	17	合作	337	27	全国	242
8	服务	457	18	部门	331	28	中医药	221
9	农民	450	19	项目	331	29	建立	219
10	加强	410	20	环境	316	30	指导	218

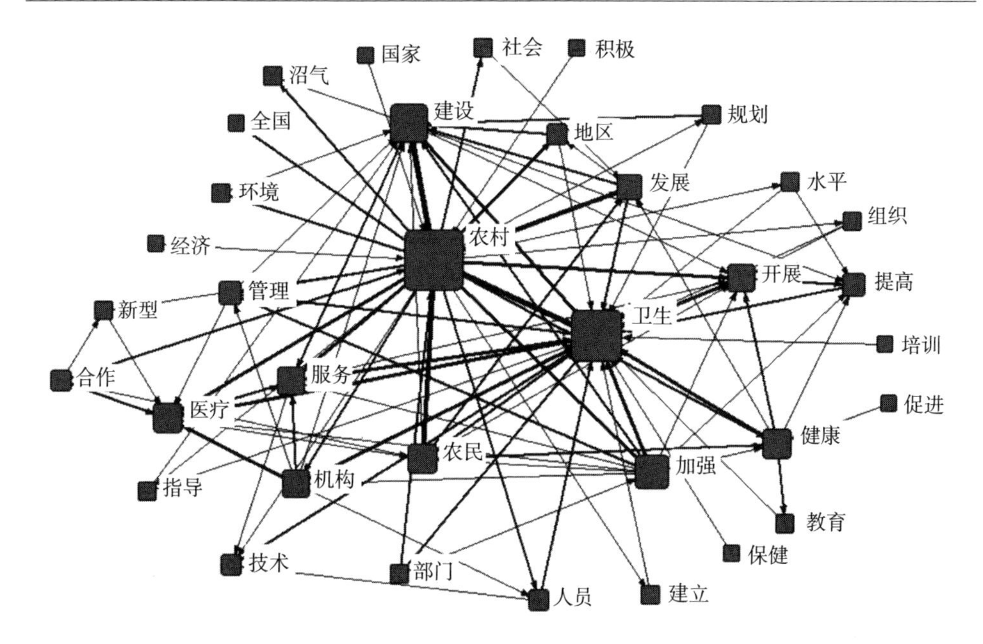

图 4-5　2003~2008 年我国健康乡村治理政策语义网络结构

2003 年的 SARS 疫情使我国公共卫生事业再次受到重视，尤其是关注到了突发公共卫生事件过程中农村三级卫生网络没能充分发挥作用，应急处理体系、疾病预防控制体系建设不足等问题。因此，国家出台一系列政策动员组织广大团员青年积极参与农村非典型肺炎防治工作，认真做好农村非典型肺炎防治。“非典”结束后，国家日益强调医疗卫生事业的公益性以及政府在基本医疗卫生制度中的责任，在推进基本医疗卫生服务均等化、着力化解“看病难，看病贵”难题过程中确立了健康中国建设的目标①。该阶段政策制定的针对性和有效性更为聚焦，逐渐重视农民群体的参与，开始宣传、发动、组织和依靠群众来推进健康乡村各项工作的开展。根据表 4-10、图 4-5，结合政策颁布内容及实施情况，总结得出健康乡村治理聚焦提升阶段主要特征如下：

第一，涉及改善农村新型合作医疗的政策制度明显增多且内容不断完善，着重围绕新型合作医疗的试点、统筹补偿、信息系统建设、健康体检以及医疗救助等方面的实际问题开展了大量工作。价值取向上，聚焦可持续化、公益化；政策工具上，强化政府对农村地区的筹资责任，重新构建公共卫生体系，建立城乡医

① 丁忠毅，谭雅丹．中国医疗卫生政策转型新趋势与政府的角色担当［J］．晋阳学刊，2019（5）：84-91.

疗保障制度[①]。2003年1月，国务院办公厅转发《关于建立新型农村合作医疗制度意见的通知》，提出进行新型农村合作医疗制度试点，并到2010年在全国实现基本覆盖。2003年11月，民政部、卫生部、财政部联合下发的《关于实施农村医疗救助的意见》，明确了农村医疗救助制度对象为患大病农村五保户和贫困农民家庭，规定了救助办法、申请审批程序、基金筹集和管理等内容。2004年1月，国务院办公厅转发卫生部等部门《关于进一步做好新型农村合作医疗试点工作指导意见的通知》，提出新型农村合作医疗试点工作的目标任务，要求认真对待宣传和引导工作，让农民自愿参加合作医疗。2006年，我国提出要建设新农合信息系统，进一步完善新农合的科学管理水平。为提高农民受益水平和扩大受益面，2007年9月，卫生部牵头下发的《关于完善新型农村合作医疗统筹补偿方案的指导意见》，规定了统筹补偿的范围，提出规范基金使用和住院补偿，加强门诊补偿管理等要求。2008年10月，卫生部下发的《关于规范新型农村合作医疗健康体检工作的意见》，要求合理确定新农合健康体检项目，确定费用的支付标准和支付方式，提高体检服务的规范性。2004~2008年，参加新型农村合作医疗的人数迅速上升，参保人数从0.8亿人上升到8.15亿人，参合率达到91.5%，基金收入和支出大幅提高[②]。可见在政策作用下，农民健康保障水平与医疗负担在此阶段得到显著改善，农村医疗保障得以完善健全，有力助推了我国健康乡村治理进入新的发展阶段。

第二，在该阶段，政府加强了对农村改水改厕、基本卫生防病知识健康教育的治理，加大力度推进农村沼气项目，有效减少了农村环境污染问题，显著提高了农村卫生环境整体质量。比如《全国爱卫办关于开展血防地区农村改厕相关知识健康教育活动的通知》《全国爱国卫生运动委员会关于加强农村爱国卫生工作推进社会主义新农村建设的指导意见》《国家环境保护总局关于印发〈国家农村小康环保行动计划〉的通知》以及《农业部关于印发〈全国农村沼气工程建设规划〉的通知》等，为增强农民健康意识和保健意识，提高农民健康素质打下了良好基础。

第三，该阶段进一步加强了农村卫生服务队伍建设。2003年1月，卫生部等五部门发布《关于加强农村卫生人才培养和队伍建设的意见》，提出建立健全农村卫生人员培训制度，培养农村卫生适宜人才。2003年8月，国务院发布《乡村医生从业管理条例》，目的是提高乡村医生的职业道德和业务素质。2006年

---

① 王家合，赵喆，和经纬. 中国医疗卫生政策变迁的过程、逻辑与走向——基于1949~2019年政策文本的分析［J］. 经济社会体制比较，2020（5）：110-120.

② 2008年我国卫生事业发展统计公报［EB/OL］.（2009-04-29）［2022-09-17］. http://www.nhc.gov.cn/wjw/zcjd/201304/b516dd26ccef424db1f5cd92e9e8f0de.shtml.

12月，卫生部公布《卫生部关于加强“十一五”期间卫生人才队伍建设的意见》，要求推动“万名医师支援农村卫生工程”深入开展，建立城市卫生支援农村的制度。根据我国卫生事业发展统计公报显示，2003年末，全国乡村医生和卫生员为86.8万人，每千农业人口乡村医生和卫生员为0.98人。到2008年底，这两个数据分别升至93.8万人、1.06人。可见其政策安排的落地性和执行效果良好，促进了农村公共卫生服务体系的完善。

第四，我国政府开始重视农民的健康素养提升工作，将其作为深化农村教育改革的相关内容，也采取了大量的措施配合相关部门进行改革。2008年1月，卫生部发布了《中国公民健康素养——基本知识与技能（试行）》，同年8月，卫生部办公厅印发了《中国公民健康素养促进行动工作方案（2008—2010年）》，要求多部门合作、全社会参与，在全国范围内启动健康素养促进行动。

（三）健康乡村治理全面深化阶段（2009~2022年）

在2009~2022年这一阶段，“健康”关键词词频达到4829，所占比例上升快速，“服务”“卫生”“医疗”等关键词在语义网络结构图中逐渐向中心位置靠拢，政策主题更加聚焦（见表4-11、图4-6）。根据节点权重分析可以看出，“健康服务”“健康教育”“健康医疗”等主题成为健康乡村治理政策重点。2009年3月，中共中央、国务院发布《关于深化医药卫生体制改革的意见》，标志着我国启动了第二轮医药卫生体制改革，提出全面加强公共卫生服务体系建设和“基本公共卫生服务均等化”的目标，以期实现全民健康，同年7月，卫生部、财政部、人口计生委联合印发了《关于促进基本公共卫生服务逐步均等化的意见》。党的十八届五中全会把“健康中国”上升为国家战略，2016年10月，中共中央、国务院印发了《“健康中国2030”规划纲要》，从普及健康生活、优化健康服务、完善健康保障、建设健康环境、发展健康产业等方面作出总体规划。2018年，国务院大部制改革，要求组建国家卫生健康委员会，统一协调大卫生、大健康，从称谓变化上更加突出健康这一核心目标导向，并强调“以人民健康为中心”的理念。由此，“要将健康融入各项政策中”被提出，我国健康体系的重点内容也由疾病防控、医疗卫生逐步转变为全民健康①。

根据表4-11、图4-6，结合政策颁布内容及实施情况，总结得出健康乡村治理全面深化阶段主要特征如下：

---

①　陈兴怡，翟绍果．中国共产党百年卫生健康治理的历史变迁、政策逻辑与路径方向［J］．西北大学学报（哲学社会科学版），2021，51（4）：86-94.

表 4-11 2009~2022 年我国健康乡村治理政策高频词

序号	关键词	词频	序号	关键词	词频	序号	关键词	词频
1	健康	4829	11	保障	1106	21	医院	761
2	服务	3714	12	开展	1096	22	促进	759
3	卫生	3263	13	国家	1008	23	机制	730
4	医疗	3071	14	农村	911	24	能力	711
5	机构	1867	15	建立	865	25	公共	703
6	加强	1598	16	社会	852	26	体系	697
7	留守	1499	17	完善	851	27	政策	648
8	建设	1430	18	推进	824	28	基层	637
9	管理	1280	19	提高	819	29	地区	625
10	发展	1189	20	教育	813	30	部门	617

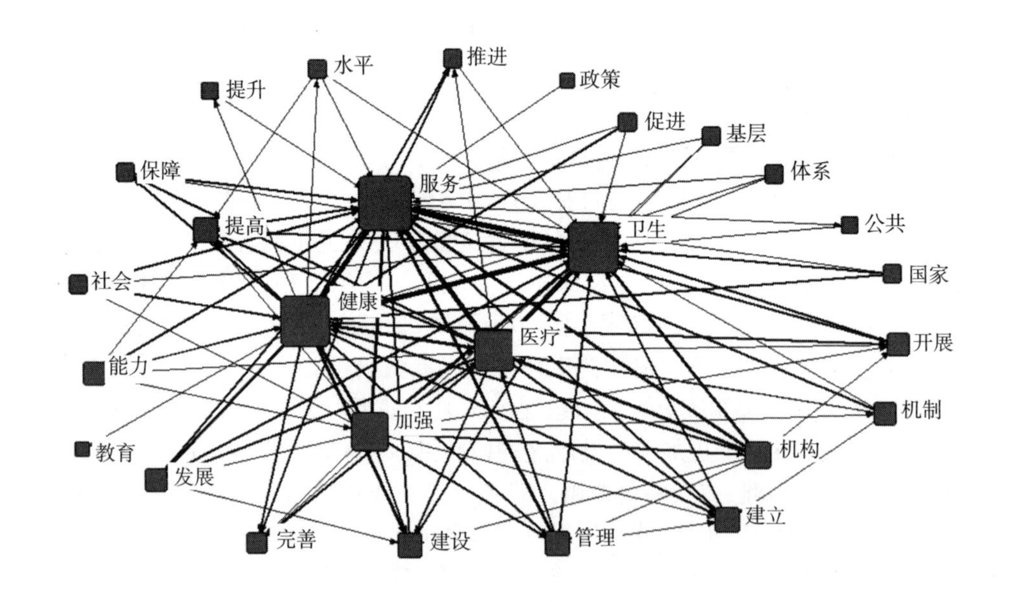

图 4-6 2009~2022 年我国健康乡村治理政策语义网络结构

第一，政策制定比以往阶段更加全面，内容涉及更加广泛。首先，按健康治理群体分类，政策涉及留守、儿童、老年人、妇幼等词语，频次分别为 1499、438、429、291。可见该阶段开始重视对农村老人、儿童等特殊群体的身心健康关怀服务体系建设。譬如《关于开展提高农村儿童重大疾病医疗保障水平试点工

作的意见》《关于加强义务教育阶段农村留守儿童关爱和教育工作的意见》《关于加强农村留守儿童关爱保护工作的意见》等政策文本对农村儿童健康教育、儿童医疗卫生服务改革与发展等方面做出明确规定，明确了相关治理内容。其次，按健康治理内容分类，相关政策涵盖了健康扶贫、健康环境整治、乡村卫生服务提升、乡村医生队伍建设、农村居民医疗保险制度完善等内容，既注重健康乡村治理的“面子”——人居环境层面，也注重健康乡村治理的“里子”——社会服务层面，全方位多角度地将政策安排与现有农村发展的社会经济条件进行精准匹配。比如健康扶贫政策大量吸纳了政治注意力资源，使我国迅速建立起识别精准、服务高效、管理科学、保障充分的医疗卫生扶贫体系，并使健康扶贫发展为脱贫攻坚战略的重大工程①。国家陆续出台《关于实施健康扶贫工程的指导意见》《健康扶贫三年攻坚行动实施方案》等文件，通过加快贫困地区医疗卫生服务体系标准化建设等具体措施，建立了相对完善的健康扶贫政策体系和运行机制。

第二，该阶段，我国加大了对农民健康素养提升工作的重视程度。加强健康促进与教育，是提高农民健康水平最根本、最有效的措施之一，健康素养作为健康促进和健康教育的一个重要组成内容，逐渐被政府各部门重视。2009 年，健康素养被纳入国家基本公共服务健康项目，并作为重点内容实施。2013 年，《健康中国行——全民健康素养促进活动方案（2013—2016 年）》，要求每年选择一个严重威胁群众健康的公共卫生问题作为主题开展健康促进和科普宣传活动。2014 年，《全民健康素养促进行动规划（2014—2020 年）》提出为了提高全民的健康文化素养，应该将基本医疗卫生法列入人大立法规划。2016 年和 2017 年，又相继出台了《流动人口健康教育和促进行动计划（2016—2020 年）》《关于加强健康促进与教育的指导意见》《关于加强健康教育信息服务管理的通知》，健康教育与促进政策网络逐渐完善。但目前健康教育制度仍存在不足，例如，只注重生物医学知识教育，忽视了“生物、心理、社会一体”的整体性健康知识教育②。这一阶段，农民健康促进与教育成效显著，呈现稳步提升态势。据相关资料显示，2012 年我国农村居民健康素养水平为 7.13%③，到 2021 年该指标值达

① 范逢春，王彪．健康扶贫政策的历史变迁及演进逻辑——基于历史制度主义的考察［J］．湖北民族大学学报（哲学社会科学版），2021，39（6）：93-102.

② 王三秀，卢晓．健康中国背景下农民健康治理参与模式重构——基于健康乡村的三重逻辑［J］．中州学刊，2022（4）：55-64.

③ 李英华，毛群安，石琦，陶茂萱，聂雪琼，李莉，黄相刚，石名菲．2012 年中国居民健康素养监测结果［J］．中国健康教育，2015，31（2）：99-103.

22.02%[①]，可见在该阶段内我国农民健康素养水平得到明显提高。

第三，该阶段，参与健康乡村治理的主体更加多元，在治理方式上，提倡政府主导、市场调节与社会参与的协同治理[②]。《关于服务乡村振兴促进家庭健康行动的实施意见》要求，充分调动社会组织、企业等的积极性，加大对健康领域的资源投入，形成多元筹资格局。《“十四五”环境健康工作规划》提出，注重发挥工会、共青团、妇联、残联等群团组织的作用，广泛动员社区、社会组织、家庭、个人和媒体参与环境健康素养的传播。总之，在多方合力下，该阶段的农村健康治理事业得到稳步推进，基层卫生服务能力不断提升，基本健康服务体系得以健全，农村居民生活质量和生活水平大幅上升，农村居民健康水平明显增强。

四、改革开放以来我国健康乡村治理政策演进逻辑

我国健康乡村治理政策的变迁必然是一个改革的过程，相关政策需根据不同时期的政治环境、经济环境和社会环境问题不断进行调整。以健康风险为抵御对象，改革开放以来健康乡村治理从抵御急慢性疾病到以糖尿病、高血压为代表的慢性非传染，再到冠状病毒等新型传染疾病[③]。随着时代的发展，健康乡村治理不断被赋予新的内容，转变了早期健康乡村治理仅仅立足于乡村医疗的狭义视角，逐渐形成了以“健康”为基础，以健康产业、健康环境、健康知识等层面为主攻点的发展新模式。有学者提出，中国经过30多年的努力，建立了一个完整的、独立的基本卫生保健体系，以命令与控制为特征的行政机制成为基本卫生保健体系的主宰治理机制[④]。除基本卫生保健外，早期健康乡村中的“政府主导，基层服从”治理机制也较为普遍。近年来，随着基层建设去行政化意见建议的提出，不少地区打破改变了原有的组织和运行方式，打造出“政+社+企”联合助力健康乡村新的运作机制。在健康乡村治理内容和机制发生转变的同时，治理主体也逐渐转移。改革开放后，政府利用市场化手段支持投资进入农村医疗机构、医疗保险等基础设施与保障的建设与发展中，下发了一系列的倾斜性政策为健康乡村治理打下了坚实的基础。随着健康乡村治理实践的不断深入以及党的十八大的召开，我国以“放管服”改革为重点积极推动政府职能转变，并推行简

---

① 2021年全国居民健康素养水平达到25.40% [EB/OL].(2022-06-07)[2022-09-17].http://www.nhc.gov.cn/xcs/s3582/202206/5dc1de46b9a04e52951b21690d74cdb9.shtml.

② 王家合，赵喆，和经纬．中国医疗卫生政策变迁的过程、逻辑与走向——基于1949~2019年政策文本的分析［J］．经济社会体制比较，2020（5）：110-120.

③ 陈兴怡，翟绍果．中国共产党百年卫生健康治理的历史变迁、政策逻辑与路径方向［J］．西北大学学报（哲学社会科学版），2021，51（4）：86-94.

④ 顾昕．“健康中国”战略中基本卫生保健的治理创新［J］．中国社会科学，2019（12）：121-138.

政放权，逐渐形成了以政府为主导，村民为主体，企业为助力的协同治理模式，村民治理主体地位得到提升。其中，依托村集体发动群众参与到健康乡村治理的方式更是大大提高了村民在治理中的主体地位。

五、政策展望

通过分析改革开放以来151篇与健康乡村治理密切相关的政策文本，本书将健康乡村治理的政策演变过程划分为探索发展（1985～2002年）、聚焦提升（2003～2008年）、全面深化（2009年至今）三个阶段，并系统总结了健康乡村治理政策的演变特征及演进规律。健康乡村治理任重而道远，未来相关政策的制定需要注重以下几个方面的改进：

第一，完善健康乡村治理的政策关注点。农村居民中的特殊群体如儿童、老年人、妇女是国家多个职能主体部门从战略的高度进行重要关切的群体。从国家对健康乡村治理的政策演变与发展中可以看出，健康政策重点关注农村儿童、老年人特殊群体健康的维护，而对于农村妇女健康的重视往往出现于妇幼健康的政策中，如专门关于妇女健康的论述散见于《中国妇女发展纲要（2021—2030年）》中。我国至今都没有专门为农村妇女制定一套成体系的国家级健康政策，也较少出现专门涉及农村残疾人健康的政策，其相关内容散见在《国务院关于印发“十四五”残疾人保障和发展规划的通知》中。总体而言，我国政府对农村妇女和残疾人健康促进的重视程度和统筹能力需进一步加强。另外，现有政策对农民体育健康的重视程度不够，2017年12月，农业部联合国家体育总局发布《关于进一步加强农民体育工作的指导意见》，对加强农民体育工作作了部署安排，要求健全农民群众健身组织、丰富健身活动、加强健身指导，但目前我国农民体育公共服务水平偏低，新时代条件下促进农民体育健康水平提升仍需加大工作力度，补齐农民体育短板，增强农民体质健康。

第二，加强农民健康治理参与能力的顶层安排。推动健康乡村治理需要激发农村的内生发展动力，注重农民参与主体的地位。目前在制度设计上对农民参与健康治理不够重视，现实中农民对健康治理的有效参与不足。健康乡村治理应该从农民价值观的视角出发，揭示农民对规划设计的主要“关注点”与具体“意愿”所在①。因此，未来需要构建农民健康参与规范体系，即在制度构成上形成健康参与立法的顶层设计、地方性立法、项目规划制度与乡规民约相结合的制度

① 唐燕，严瑞河．基于农民意愿的健康乡村规划建设策略研究——以邯郸市曲周县槐桥乡为例[J]．现代城市研究，2019（5）：114-121.

体系①。

第三，提升政府、市场和社会组织的健康参与能力。各政府部门、市场和社会部门要及时转变职能，建立多学科的合作团队，制定协同发展战略，建立稳定增长的公共卫生事业投入机制。同时创新医防协同机制，构建协同参与的公共卫生体系，优化农村医疗资源配置，提高突发公共卫生事件应对能力，从而改善农村居民的健康状况。

第三节　我国农村人居环境与居民健康协同治理政策文本分析

总体来看，我国农村人居环境与居民健康协同治理政策具有如下特点：

一、政策历经了三个发展阶段

改革开放后，我国农村人居环境与居民健康治理政策经历了三个历史阶段发展。

第一阶段是 2007 年以前。我国在 1989 年颁布了首部《环境保护法》，但当时并未专门谋划解决污染对健康影响的政策措施，也没有提供支持环境健康影响调查的资金②。直到 2005 年，农村可持续发展才成为政府关注的焦点，并提出了“新农村建设”战略，制定了有利于改善和重构农村人居环境的相关政策方针③。2007 年，原卫生部、国家环境保护总局等十八个部门联合印发了环境与健康领域的第一个纲领性文件——《国家环境与健康行动计划（2007—2015）》，规定了我国环境与健康工作的指导思想、基本原则、总体目标与阶段目标、行动策略、保障机制，标志着我国环境健康风险管理正式开始。这一时期环境与健康治理工作处于初始阶段，政策执行力度不够。环境污染治理主要重视污染物排放的减少，缺少对居民健康的关注，而卫生健康治理工作集中关注居民健康，无权交涉对人体健康造成影响的环境污染，进而造成环境健康问题越发严重④。

① 王三秀，卢晓．健康中国背景下农民健康治理参与模式重构——基于健康乡村的三重逻辑［J］．中州学刊，2022（4）：55-64.

② 贺珍怡．将环境与健康融入中国发展战略：新常态与新挑战［J］．学海，2017（1）：64-72.

③ 马婧婧，曾菊新．中国乡村长寿现象与人居环境研究——以湖北钟祥为例［J］．地理研究，2012，31（3）：450-460.

④ 李智卓．我国环境健康管理政策的发展历程、不足及完善建议［J］．河海大学学报（哲学社会科学版），2022，24（3）：83-90+115-116.

第二阶段是2008~2016年。国家各部委出台了多项环境与健康的政策，如2011年，原环境保护部发布《国家环境保护“十二五”环境与健康工作规划》，指出“立足风险管理是环境与健康工作的核心任务”，注重对环境与健康问题的调查研究，加强环境健康风险管理。为提高民众环境与健康素养，2013年，原环境保护部发布《中国公民环境与健康素养（试行）》。2016年，中共中央、国务院印发《“健康中国2030”规划纲要》，明确了建设健康环境等战略任务，提出要把“健康融入所有政策”，加强影响健康的环境问题治理。此外，《关于开展健康城市健康村镇建设的指导意见》《国家环境保护“十三五”环境与健康工作规划》等政策强化了农村人居环境与居民健康治理，环境与健康工作逐渐受到重视，并初步建立了环境与健康治理的政策体系。在公众对更健康环境的强烈需求推动下，环境与健康政策的重心开始从“环境卫生”转移到“环境与健康”，政策不仅朝着加强环境治理、减少对居民健康负面影响的方向挺进，而且更多地转向了可持续的发展战略①。

第三阶段是2017年至今。2018年1月，原环境保护部制定《国家环境保护环境与健康工作办法（试行）》，推动保障公众健康理念融入环境保护政策。同年9月，《乡村振兴战略规划（2018—2022年）》明确了“健康乡村建设”，围绕农村医疗卫生改革工作重点关注农村居民健康水平的提升，核心要缩小健康贫富差距。2019年7月，《国务院关于实施健康中国行动的意见》将居民环境与健康素养提升纳入其中，提出开展“健康环境促进行动”等15项专项行动。2020年7月，生态环境部印发了《中国公民生态环境与健康素养》《居民生态环境与健康素养提升行动方案（2020—2022年）》，有利于群众认识到生态环境的价值及其对健康的影响。2022年7月，生态环境部又印发《“十四五”环境健康工作规划》，要求加强环境健康风险监测评估、大力提升居民环境健康素养，进一步为建设健康环境，保障公众健康，提高国家环境风险防控能力提供了目标方向。这一阶段政策紧紧围绕美丽乡村与健康中国的目标，更加聚焦于着力解决农村人居环境与居民健康的问题，治理手段趋向政府、社会与个人协作。

二、政策制定的针对性和有效性不足

现行农村人居环境与居民健康协同治理政策制定的针对性和有效性存在不足。目前国家制定了一系列农村人居环境与居民健康治理的法律法规与政策标准，但均不是专门针对农村人居环境与居民健康治理的全国性法律法规。2015~2020年，国家发布了多项与环境治理相关的法律，包括《中华人民共和国环境

① 贺珍怡．将环境与健康融入中国发展战略：新常态与新挑战［J］．学海，2017（1）：64-72.

保护法》《中华人民共和国水污染防治法》《中华人民共和国大气污染防治法》《中华人民共和国固体废物污染环境防治法（2020修订）》，这些法律规定了国家要建立健全环境与健康监测调查制度，开展有关环境质量对居民健康影响等的学术研究，在具体内容上明确了推进农村污水、垃圾、畜禽粪便集中无害化处理，合理施用化肥农药，减少氨及其他挥发性有机物等大气污染物的排放，从而保护和改善农村人居环境，预防和控制与环境污染有关的疾病，提高农村居民健康水平。总体而言，以上相关规定往往过于原则和抽象，而政策手段的可操作性不强，还缺乏真正符合农村人居环境与居民健康协同治理工作所需的具体法律制度和标准。此外，许多现行的农村人居环境治理制度及目标大多缺乏与健康问题的衔接，一些与农村人居环境与居民健康问题密切相关的重要制度仍未建立起来。因此未来在这方面需要做好顶层设计工作。一是在法律法规上，可借鉴发达国家的环境与健康风险治理的工作经验，在2007年发布的《国家环境与健康行动计划（2007—2015）》基础上完善环境与健康治理的体制机制。如韩国制定的《环境健康法》是世界上第一部环境与健康法，其建立了环境健康风险全过程管理制度[①]。该法律以维护居民健康为核心，要求设立专门的环境健康委员会，随时识别环境风险因子对人体健康的影响，各层级政府及时采取措施保护公众免受环境风险因素影响。二是在部门规章等类别上，研究制定如《关于推进农村人居环境与居民健康协同治理的指导意见》《农村人居环境与居民健康工作管理办法》，主要用以规范相关政府部门在农村人居环境与居民健康治理上的职责与义务，规定农村人居环境与居民健康的基本原则、预警手段、控制方法、可持续性以及多元主体参与。

三、政策主体重视程度不够

从政策发布主体来看，卫生健康相关部门对农村人居环境与居民健康协同治理的重视程度不够。在环境与健康治理相关政策性文件中，只有少数政策如《国家环境与健康行动计划（2007—2015）》、《有毒有害大气污染物名录（2018年）》和《有毒有害水污染物名录（第一批）》是环境治理部门和卫生健康部门共同印发的，而环境与健康五年工作规划、环境与健康素养等政策均由环境治理主管部门下发。另外，2013年国家卫生计生委单独发布了《2013年空气污染（雾霾）人群健康影响监测工作方案》和《2013年农村环境卫生监测工作方案》；此后，国家卫生健康委员会对后者进行修订，发布了《全国农村环境卫生监测工作方案（2018年版）》。综上说明，在环境与健康治理工作上，环境治理

---

① 中国水网．环境健康立法时机成熟［EB/OL］.（2013-03-07）［2022-09-23］. https：//www. h2o-china. com/news/114379. html.

部门是主要牵头机构，卫生健康部门只发挥了一部分作用。农村人居环境与居民健康治理，说到底是以人的健康为中心的，不仅要把工作重心放在“环境治理”上，还应突出居民的需求，要以居民健康为导向进行相应的人居环境治理，因此，需要将人体健康保障纳入农村人居环境治理工作中。随着我国对农村人居环境与居民健康问题的逐渐重视，应加强卫生健康部门对环境与健康治理工作的责任，实现环境治理主管部门和卫生健康主管部门的双头负责机制。

四、尚未健全协同治理机制

2007 年，为加强环境与健康治理职责部门间的协调与配合，卫生部和国家环保总局联合发布了《卫生部国家环保总局环境与健康工作协作机制》，以此推进国家环境与健康工作持续、健康、顺利开展。但关于农村人居环境与居民健康治理工作的协同机制未有相关规定，各主要部门之间信息交流不畅，难以统筹工作。而且随着农村人居环境与居民健康治理工作的深入推进，其面临的问题越发繁杂，建立协作机制显得越发重要。建立农村人居环境与居民健康治理工作协作机制，提升农村人居环境与居民健康治理的政策主体互动协作水平，保证治理的效率和效果得到明显提高，具体包括政府部门之间、政府部门与企业、政府部门与群团社会组织、政府部门与农村居民等各主体间的协作机制。

第五章　农村人居环境与居民健康协同治理现状和影响因素

“十四五”规划坚持农业农村优先发展，全面推进乡村振兴。规划明确指出，因地制宜推进农村改厕、生活垃圾处理和污水治理，实施河湖水系综合整治，改善农村人居环境。这表明在农村居民实现脱贫，全面解决了温饱问题之后，农村的生活环境、健康卫生方面的改善也成为新农村建设和乡村振兴的重点。

2018 年农村人居环境整治行动实施以来，“扭转了农村长期以来存在的脏乱差局面，村庄环境基本实现干净整洁有序，农民群众环境与卫生观念发生可喜变化”①，但生活污水和垃圾污染、畜禽养殖污染以及不合理施用化肥、农药引发的污染等现象仍然在很多农村普遍存在。特别是在生活垃圾和生活污水两个方面，农村人居环境整体整治状况并不理想，各项政策也难以得到有效执行②。在乡村防疫工作上，农村居民疫情防控意识淡薄，日常消毒和规范处理垃圾都比较欠缺。由于居民的居住地分散，无法进行大规模的消杀工作，农村在卫生防疫政策实施上面临困境，防控措施落实不仔细、不严格，个别地区防控工作流于形式③。

卫生意识和卫生行为有极大的相关性，卫生意识的提高会改变其卫生行为④。不断升级和丰富基本公共卫生服务宣传载体及宣传形式⑤，是当前公共卫

---

① 中华人民共和国中央人民政府网．中共中央办公厅 国务院办公厅印发《农村人居环境整治提升五年行动方案（2021—2025 年）》[EB/OL].（2021-12-05）[2022-09-23]. www.gov.cn/zhengce/2021-12/05/content_5655984.htm.

② 于法稳，侯效敏，郝信波．新时代农村人居环境整治的现状与对策 [J]. 郑州大学学报（哲学社会科学版），2018，51（3）：64-68+159.

③ 吴童，张汉飞．乡村防疫的特征、短板与治理路径的现代化趋向 [J]. 攀登，2020，39（6）：80-85.

④ 张雪，任锐，李莉．公共卫生与全民的健康意识 [J]. 医学与哲学，2005（8）：2-3+6.

⑤ 谭雄燕，左延莉，刘文波，周吉，陈海滨，杨绍湖，赵越，黄秋兰．广西实施国家基本公共卫生服务项目进展、成效与政策建议 [J]. 中国农村卫生事业管理，2020，40（3）：166-171.

生服务项目实施的重点。而合理有效的卫生政策及其宣传实施，对提升居民的卫生健康意识，改变其日常行为都有着重要的意义。

本研究将通过调研，了解农村人居环境政策和卫生政策实施状况、农村人居环境与居民健康治理具体举措，以及农村居民个人卫生健康意识与行为的现状，剖析影响农村人居环境与居民健康治理的影响因素，为改善村民所居住的卫生环境，提高农村居民健康意识与身体健康水平，建设健康卫生的农村人居环境提供借鉴。

第一节　研究设计

一、数据来源

本研究主要通过问卷调查的方式对西部地区四个省份的农村居民进行资料收集。同时，在每个省份选择1~2个农村进行实地考察和访谈。

（一）实地资料的收集

本研究选择以广西桂林、贵州贵阳、云南曲靖和四川绵阳作为实地调研和问卷调查的地点。2021年10月，研究者在桂林几所大学招募调查员，要求调查员家在这几个城市，且户籍在农村，共计招募学生调查员35人。研究者结合学生调查员所在的家乡的条件，在每个城市选择了1~2个村庄，既包括纯粹的农业型村庄，也包括城郊农村和城中村。最后选择了6个村庄作为实地考察地点（见表5-1）。桂林的GQ村和贵阳的DL村兼具城郊村和城中村的特点，除了部分种植蔬菜的村民外，其谋生形态更偏向于城市，以打工、做小生意和出租住房为主。桂林CDX村、曲靖的TJC村和绵阳的JS村则更偏向于传统的农业型村庄，村中的青年大多数外出务工，留在农村的居民主要是老人，其经济来源以种植蔬菜、水稻为主。实地访问对象主要涉及政府有关部门的责任人员、社会组织与市场主体中的主干力量、村民委员会干部，以及村庄居民等。实地观察主要针对村庄的道路、公共设施、河流、厕所及污水处理状况、垃圾清运点、村委会宣传栏等。由于很多村委会下辖多个自然村组，因此，考察重点针对其中1~2个自然村进行。

2021年11月至2022年3月，在部分学生调查员的陪同下，研究者分别对几个村庄进行实地考察，考察时间一般4~5天。部分城市的实地考察时间较短，后续的访问主要通过微信等方式进行。本研究深入了解农村居民在环境与卫生方面

表 5-1 实地考察的村庄信息

村庄名称	村庄类型	所属城市	产业类型	经济状况
GQ	城郊农村	广西桂林	蔬菜种植	中等
CDX	农村	广西桂林	蔬菜、水果种植	中等偏上
JS	农村	四川绵阳	水稻种植	中等
DL	城中村	贵州贵阳	小生意、房屋出租	中等偏上
XL	城郊农村	云南曲靖	蔬菜种植	中等
TJC	农村	云南曲靖	水果、小麦	中等偏下

的意识、行为情况，了解基层政府人居环境与卫生相关政策的落实与执行情况，并重点关注村庄在近几年发生的与人居环境和居民健康治理相关的重要事件。通过实地考察调研，本研究共访谈了农村人居环境与居民健康治理中来自不同主体类别的参与者，共 27 人，得到了来自不同考察点的访谈与案例资料；同时结合对政府信息、权威媒体报道等资料的收集，共形成了扎根材料约 3.8 万字。

（二）问卷调查及样本概况

调查小组于 2021 年底在以上各村庄实地调研时，每个村线下发放 30~50 份纸质问卷，共发放 260 份问卷，有效回收 223 份。

其后的调查主要通过电子问卷进行。由户籍在农村的这 4 个城市的学生调查员，在寒假返乡时，通过家乡的初高中同学，将问卷链接转发给农村的亲戚朋友填答。在采用这一问卷发放方式下，问卷调查的样本范围基本超出了实地考察的几个村庄，但仍然限于选定的几个城市。从 2022 年 1 月中旬到 2 月中旬，近一个月的时间，共收集网络电子答卷 1336 份，剔除部分明显不合规的问卷之后，回收有效问卷 1325 份。线上和线下总计有效回收 1548 份问卷，每个城市的问卷基本在 350~450 份之间。具体的样本状况如表 5-2 所示。

表 5-2 问卷调查样本概况

变量	类别	频数	百分比（%）
性别	男	669	43.2
	女	879	56.8
年龄	24 岁及以下	429	27.7
	25~39 岁	763	49.3
	40~59 岁	235	15.2
	60 岁及以上	121	7.8

续表

变量	类别	频数	百分比（%）
学历	小学	77	5.0
	初中	209	13.5
	高中（中专/技校）	842	54.3
	专科	185	12.0
	本科及以上	235	15.2
居住地区	农村	834	53.9
	镇上或街道集市	291	18.8
	城中村	120	7.7
	城中城区	303	19.6
职业	种植养殖业	517	33.4
	外出打工	520	33.6
	其他职业	199	12.8
	学生	267	17.2
	无业	45	3.0
地区	桂林	437	28.2
	贵阳	374	24.2
	曲靖	371	24.0
	绵阳	366	23.6

二、研究内容

问卷调查与半结构性访谈主要涉及三个方面的核心内容：农村居民家庭或个人的环境与卫生状况及环境与卫生意识、村庄人居环境与卫生状况、村庄落实执行人居环境和卫生政策的现状。问卷还同时调查了农村居民的性别、年龄、学历、居住状况等个人信息。具体而言，以上三个方面的调查内容如下：

首先，农村居民的个人环保与卫生状况。包括生活方面的环保与卫生行为、生产方面的环保与卫生行为、环保与卫生观念三个方面。其一，日常生活中的环境与卫生现状：生活用水情况与污水处理、家庭生活垃圾现状与垃圾处理、厕所建设现状与人畜粪便处理、禽畜饲养、燃料使用、疫情防控，共计六个方面。其二，农业生产方面的环境与卫生现状：农田中的塑料垃圾处理、化肥使用状况、农药使用状况、农药残留的处理、农田秸秆的处理，共计五个方面。其三，农村居民的环保与卫生观念，包括环保与卫生知识、环保与卫生意识两个方面。

其次，农村人居环境与卫生状况。其一，村庄的垃圾桶设置及垃圾清运状况；其二，村民对环境与卫生的评价、对村庄环境与卫生设施现状的评价。

再次，村庄的人居环境与卫生政策实施状况。其一，人居环境与卫生政策的宣传状况；其二，人居环境与卫生政策的施行数量和具体落实措施；其三，对各级政府部门施行人居环境和卫生政策的满意度评价或对政策施行的效果评价；其四，政府部门与村委会执行人居环境与卫生政策的行为表现。

最后，本研究还调查了村民参与村庄人居环境与卫生整治的情况以及村庄人居环境和卫生政策实施中各参与主体合作的情况。

第二节　农村人居环境与卫生现状

一、村民日常生活中的环境与卫生状况

（一）农村居民用水状况

1. 饮用水状况

以问卷调查的形式询问村民们日常生活中的饮用水包括哪些类型，根据表5-3的调查数据，大部分被调查的村民是饮用自来水，其次是订购桶装水，第三位的是井水。出于方便的考虑，近一半的居民购买了可以直接饮用的桶装水。统计分析发现，饮用水选择自来水或桶装水之一的农户占88.8%。实地访谈期间发现绝大多数农户近几年都已经实现了户户通自来水，与城市居民使用同一个自来水公司的供水。这表明大部分农村居民的饮用水已经完全达到了安全标准。自来水在农村的普及率已经非常高，2019年全国农村的自来水普及率已经达到81%[①]。总体上，按照公布的数据，西部各个省份的自来水普及率大多接近或超过这个比例。例如，到2022年底，广西农村的自来水普及率预计会达到86%以上[②]。本次调查的数据（72.5%）和公布的自来水普及率有一定差距，主要原因在于问卷直接询问的是饮用水类型，而非询问生活用水类型。

① 中华人民共和国中央人民政府．水利部印发2022年水利乡村振兴工作要点［EB/OL］.（2022-03-15）［2022-09-22］. www. gov. cn/xinwen/2022-03/15/content_5679068. htm.

② 广西新闻网．广西持续升级农村水利基础设施年底农村自来水普及率达86%以上［EB/OL］.（2022-05-24）［2022-09-22］. https：//www. gxnews. com. cn/staticpages/20220524/newgx628c392c-20764923. shtml.

表 5-3　村民家庭的饮用水类型

饮用水类型	频次	百分比（%）
饮用自来水	1122	72.5
桶装水	699	45.2
井水	408	26.4
村边河水	78	5.0
其他	114	7.4

另外，调查发现农村地区有26.4%的居民的饮用水还包括家里或村庄的水井。实地考察中看到的家用水井，基本都是封闭式的使用手动压水机的水井。部分只有老人在家的家庭，即使已经安装了自来水管，但是由于习惯和节约水费的目的，其仍然偏好使用自家的水井作为生活用水来源。在实地访谈中了解到，少部分居民使用的河水，其水质也基本能够保证安全，没有出现污染。当前，河水主要被农村居民用作为生产用水的来源。被访谈的若干位农户，都表示自来水、河水、井水都是烧开之后饮用，基本没有直接饮用的情况。在实地考察的几个村庄的干旱期内，其生产用水都出现过部分问题，但是近年来一直没有出现饮用水短缺的问题，周边也未听说过饮用水安全事故。总体上，农村居民的饮用水条件及自身的饮用水安全意识都不错。

2. 生活污水排放及处理状况

农村污水处理的常见方式有三种：其一，接入城镇污水处理厂；其二，村庄集中收集后处理；其三，农户自己分散收集处理①。被调查居民的生活污水处理方式，最常见的是直接排入村庄的下水管道，其次是排入自家的化粪池，比例最低的是将村中污水集中处理后排入河道。2016年，我国西部行政村中，对生活污水进行过集中处理的比例仅占13.56%②。大部分的村庄仍然是以农户自己的分散处理为主。本次调查发现，村庄集中处理污水的比例更低，只有10.9%。如果将排入化粪池、排入下水管道、村中污水集中处理后排入河道这三类当作比较合理的污水处理方式，将排入村中露天沟渠、排入菜地直接用于灌溉作为不合理污水处理方式，则总计有近30%的居民至少使用了其中一种不合理的方式来处理生活污水。如表5-4所示。

① 马涛，陈颖，吴娜伟．农村环境综合整治生活污水处理现状与对策研究［J］．环境与可持续发展，2017，42（4）：26-29.

② 于法稳，侯效敏，郝信波．新时代农村人居环境整治的现状与对策［J］．郑州大学学报（哲学社会科学版），2018，51（3）：64-68+159.

表 5-4　村民家中污水处理状况

污水处理方式	频次	百分比（%）
排入村中露天沟渠	312	20.2
排入自家建的化粪池	552	35.7
排入菜地农田，直接用于灌溉	261	16.9
排入下水管道	840	54.3
村庄污水集中处理后排入河道	168	10.9
其他	135	8.7

从最终的结果来看，将污水排入下水管道并不就意味着是一种比较合理的污水处理方式。在几个村庄考察时发现，很多农村自建的下水管道并没有接入城市的污水处理系统，也就是说农村的生活污水通过下水管道直接排入了村庄周边的河流。在 JS 和 GQ 两个村庄，都能够看到河流中接入的排污口，河水污染现象比较普遍。这种污染没有工业污染严重，河水没有明显的变色和臭味，可以用于灌溉，但肯定不能作为生活用水。在实地访谈中也发现，部分居住比较分散的村民，通常是将污水直接排入露天沟渠或自家菜地，这样做尽管也会形成一定的污染，但因为单个农户的排污量少，能够被土地或大自然吸收和利用，反而在某种程度上减少了污染。如果农户居住比较集中，没有紧邻房屋的农田菜地，也没有利用污水作为肥料或灌溉用水的需要，就极少采用以上两种方式处理污水，而更多的是将污水排入村庄的下水管道。

总体上，农村居民对生活污水的处理是在其自身居住、生活、生产条件的影响下形成的一种理性选择。传统的排污方式不一定就是不好的，通过村中统一修建的下水管道排污也不一定合理。关键是污水排放之后的最终的处置对策。在很多村庄并没有将下水道并入城市污水处理系统的情况下，将生活污水统一排入下水道，反而对农村生活环境造成了污染。

（二）农村居民的生活垃圾现状

1. 生活垃圾的类型或来源

调查询问了农户近两年家里是否有下列哪些生活垃圾，结果发现，79.8%的家庭有废旧纸张、旧衣物，75.0%的家庭有厨余垃圾，69.6%的家庭有塑料包装袋、塑料瓶、快餐盒、电器包装，64.5%的家庭有废旧电池、废旧电器、过期药品，另外，有 32.6%的家庭有废弃的砖瓦陶瓷等各类建筑垃圾。如表 5-5 所示。

表 5-5　生活垃圾的类型

生活垃圾类型	频次	百分比（%）
废旧纸张、旧衣物	412	79.8

续表

生活垃圾类型	频次	百分比（%）
塑料包装袋、塑料瓶、快餐盒、电器包装	359	69.6
厨余垃圾	387	75.0
废旧电池、废旧电器、过期药品	333	64.5
建筑垃圾（油漆和颜料、砖瓦陶瓷、家庭装修后的废弃物）	168	32.6

实地考察中，很多农民都反映现在生活垃圾的量比以往要多了，且种类也更复杂。上述前三类垃圾在农村家庭中极为多见，几乎每天都有产生，后两类则是偶尔出现，但几乎每个农户家庭都有。以上生活垃圾中，废旧纸张和衣物通常会被二次利用且可以在自然界降解，不会造成多大的污染问题。但是废旧塑料瓶和包装袋、外卖快餐盒等，在农村越来越常见，更可能造成环境污染。访谈中了解到，此类塑料废品，主要是由于儿童和青年人的消费需求而出现。在农村，小学生每天放学前后购买各类袋装零食的现象非常普遍。在城郊农村，通过美团订购外卖的现象也越来越常见，只要有青年人（主要是初高中生及周末在家的打工青年）在家里，基本上都有过在家订购外卖的经历。

综上，农村有污染风险的生活垃圾越来越常见，其中，青年人和小学生的特定消费行为成为这类垃圾的主要来源。

2. 生活垃圾的处理

农村的生活垃圾一般采取集中填埋、焚烧、高温堆肥、回收再利用等方式来处置。在询问“家里人日常是如何处理各类生活垃圾”时，81.0%的居民是扔到垃圾桶或者垃圾站点，并有专业人收集清运；28.3%的居民对部分垃圾分类回收，部分倒入化粪池。另外，有17.6%的居民直接扔到家门外空地、路边或直接倒入门外的沟渠、河道，选择集中燃烧或填埋的有13.8%。扔到垃圾桶这种处理方式是合理的，垃圾分类回收利用则是最为推荐的，而表5-6中的第一种处理方式肯定会造成环境污染，燃烧填埋，特别是对塑料制品的燃烧填埋也会造成一定的环境污染。如果将前两类垃圾处理方式，界定为不合理的处置方式，计算发现有25.6%的农村居民都以某种不合理的方式处理过生活垃圾。

表5-6　生活垃圾的处理

生活垃圾的处理方式	频次	百分比（%）
扔到家门外空地、路边或直接倒入门外的沟渠、河道	273	17.6
集中燃烧或填埋	213	13.8
扔到垃圾桶或者垃圾站点，并有专业人收集清运	1254	81.0
部分分类回收，部分倒入化粪池	438	28.3

当前，农村垃圾的处理程序是“户分类、村收集、镇转运、县处理”。实地考察中发现，前后两头都做得不够好。农户不只是垃圾的生产者也是垃圾的直接处理者，很多生活垃圾实际上是由农户按照自身的需求或条件在分散处理，如回收利用，或焚烧填埋。基层和各级政府部门在收集和转运垃圾上做得比较到位，但是在最后的集中处理上没有做好。

实地调查中发现，在农村，随手扔垃圾的行为仍然很常见。相对而言，青年群体的此类行为更少一些。接受过更多教育，特别是有过城市生活经历的青年人，通常都减少了随手扔垃圾的行为。农村小学生将各类零食包装袋拆开之后经常随手扔掉。在学校里因为有垃圾桶，且有校纪校规的约束，这种随手扔垃圾的行为还比较少见，但是在上学或回家的路上，由于垃圾桶不多见，随手扔零食包装袋的行为很常见。

实地考察的几个村庄基本上都有垃圾池，村内每隔一段距离也都放置了垃圾桶，且很多都是分类垃圾桶。但是很少有农村居民能做到对垃圾的分类投放，相对而言，中青年人垃圾分类的知识和投放行为都比老年人要多一些。但是在农村，对垃圾进行分类回收利用的则主要是老年人群体。如果家里有老年人，被青年人直接扔到垃圾桶的快递包装盒、快餐盒、矿泉水瓶，经常被老人回收后当作废品卖掉。在 CDX、DL 两个村庄的访谈中还发现，由于这两年到农村走街串巷收购废品的人减少，如果周边（半里）没有固定的废品收购站点，部分有收集废品习惯的老年人因为觉得不方便，也减少了回收行为。

除了回收利用部分废旧生活垃圾之外，也有部分村民，主要是老年人对生活垃圾进行燃烧填埋。如焚烧没有回收利用价值的废旧塑料袋、门前屋后的枯枝乱叶等。采用这两类方式，主要是因为部分村民房屋周围百米都没有专门的垃圾桶，或者垃圾桶清运频率比较低。总之，村民对生活垃圾的处理也受到生活习惯及客观条件的影响，需要特别关注老年人群体的垃圾处理习惯和意识。

除了修建垃圾池、安排定期清运垃圾之外，村集体一般很少统一对生活垃圾进行回收处理。各个村庄的生活垃圾被乡镇转运到垃圾场之后，通常并没有后续的处理措施。实地调查中，在 XL 和 JS 两个村庄周边都能够看到几个小规模的垃圾场，这些都是附近村民扔过来的，以建筑垃圾为主，还有部分生活垃圾和废旧农用薄膜。这类垃圾场没有被政府部门认可，但是也没有相关部门来管理。

（三）农村居民的厕所和粪便处理情况

1. 厕所的使用类型

在问及家庭使用的厕所类型时，有 83.9%的居民家庭使用水冲厕即冲水马桶，有 13.0%的居民家庭还在使用旱厕，使用村庄公共厕所的有 3.1%（见表 5-7）。实地考察时发现，农村绝大部分的居民都在家里安装了冲水马桶，主要是蹲

厕。旱厕也能够见到，大多都在离住房旁边一段距离修建，而不是像冲水马桶装在屋内。另外，还有部分建在田间地头的旱厕，一方面为自己和路人提供一个方便的场地，另一方面也主要是为了方便收集和使用粪肥。访谈中了解到，部分居民的冲水马桶是在前些年建楼房时就同时装好了，另有部分老旧房屋的马桶是后来额外安装上去的，一般是对原有的旱厕进行改装。

表 5-7　使用厕所的类型

类型	频次	百分比（%）
旱厕	201	13.0
水冲厕	1299	83.9
公共厕所	48	3.1
合计	1548	100.0

总体上，实地考察的几个村庄的旱厕改马桶工程大概已经在 10 年前左右完成，大部分都是村民自己主动完成建造的，特别是很多有过在外面打工或城市生活经历的中青年人，他们在使用城市的冲厕之后，很难再适应农村的旱厕，返乡后他们都成为在农村进行厕所革命积极推动者。当然，农村冲水马桶的普及也与国家当年“厕所革命”的政策补贴有一定关联。2004 年至 2013 年底，中央累计投入了 82.7 亿元改造农村厕所，截至 2013 年底，中国农村卫生厕所普及率已达 74.09%①。据国家乡村旅游监测中心对 109 个监测点（村）的调查，2019 年上半年，这些点（村）水冲式厕所普及率达 75.1%②。当前较高的农村水冲厕普及率，反映了国家政策推进与人们思想观念变革的综合作用。

2. 粪便的处理

在询问家庭的厕所粪便如何处理时，有 53.0%的农村居民家庭将其排入化粪池或沼气池，有 35.1%的居民家庭将其排入下水管道，排入露天粪池的有 4.3%（见表 5-8）。粪便的处理方式与厕所的类型有密切关系。交叉分类分析发现，无论旱厕还是水冲厕，都有接近一半的粪便是排入化粪池或沼气池的，但是排入露天粪池的，旱厕的比例则明显要高于水冲厕的。

表 5-8　粪便的处理方式

类型	频次	百分比（%）
排入下水管道	543	35.1

①② 360 百科．厕所革命［EB/OL］．（2021－05－28）［2022－09－23］．https：//baike.so.com/doc/6666995-6880827.html.

续表

类型	频次	百分比（%）
排入露天粪池	66	4.3
排入化粪池或沼气池	822	53.0
其他	117	7.6
合计	1548	100.0

实地考察时发现，农村居民对粪便的处理方式也与居住环境和生产方式有关。集中居住且不再主要以农业为生的村民，如 DL 这样的城中村村民，更多是将粪便直接排入下水管道。分散居住且仍以种植业为生的家庭，如在 CDX、JS 这样的农业型村庄，建立化粪池或沼气池的比例更高，以方便对粪肥的利用。具体考察时了解到，化粪池的粪便主要是用于生产农家肥，而不是生产沼气。实地考察中的部分村庄曾经有过部分村民建沼气池，但是由于液化气的普及，以及沼气在稳定性及安全上的问题，后来沼气池逐渐被村民放弃。

随着农村居民的生产生活方式的城市化、下水管道的普及，村民对农家粪肥的需求会进一步降低，未来农村修建化粪池或沼气池的需求会进一步降低。

（四）农村居民饲养宠物和禽畜的安全卫生问题

1. 宠物问题

调查中还询问了宠物和禽畜粪便的处理及相关问题。本次调查数据显示，在西部农村，近两年来养过猫、狗等各类宠物的家庭占 37.8%，即接近四成的农村居民都有养过各类宠物。2013～2018 年，我国家庭宠物拥有率从 16% 提升到 22%①。在农村由于更便利的条件，养猫狗的比例更高。实地考察中发现，CDX、TJC 等传统型农村，养猫狗的家庭明显要超过 JS 这样的城中村。传统上，猫狗等宠物更多是作为农户生活生产的一个帮手，而不仅仅是宠物。但是，近年来农村宠物有逐渐向城市靠拢的趋势，访谈中很多村民都表示，家里养的猫狗除了作为生产生活的帮手，更多被当作陪伴老人或孩子的宠物。

问卷调查发现，养了宠物的农村居民给猫狗等宠物打疫苗的比例较低，只有 36.4%。每年我国因为猫狗咬伤导致的问题非常突出，中国是全球第二大狂犬病高发国家，根据国家疾病预防控制局透露的数据，2019 年中国狂犬病发病数量为 290 例，死亡人数为 276 人②，中国狂犬病疫苗的使用量则是世界第一，在

① 齐鲁晚报. 2019 宠物消费生态大数据报告［EB/OL］.（2019-07-25）［2022-10-05］. https：//www.qlwb.com.cn/detail/10494170.html.

② 腾讯新闻. 中国狂犬疫苗使用量世界第一，专家：消灭狂犬病，关键是把针打到狗身上［EB/OL］.（2020-11-08）［2022-09-23］. https：//view.inews.qq.com/wxn2/20201108A08FRF00.

2019 年达到了 5883 万支，并且中国的这类疫苗不是用于狗，而是用于人[①]。另外，访谈中了解到，村庄养猫狗的家庭为宠物办理相关证件，主动进行登记，接受管理的非常少。农村的宠物饲养基本处于放养状态，缺乏必要的规范和管理。在农村由于宠物管理的缺失，带来的卫生及安全问题也非常突出。在绵阳的 JS 村，几乎每隔两三年都会出现本地村民或外来人员被土狗咬伤的事件，由此也引发了很多矛盾和纠纷。在桂林的 CDX 村，前几年经常有家养的猫狗被外面的偷盗者毒死后偷走，这些存在安全隐患的土狗通常是售卖给狗肉贩子，进入市场。另外，2019 年该村有两个盗狗贼被村民抓住后殴打，差点酿成刑事案件。

总之，农村宠物饲养存在着社会安全和疾病卫生方面的大量隐患，但又长期被忽视，一直缺乏必要的管理和规范。

2. 禽畜问题

问卷中询问了农村禽畜养殖的情况，调查发现，近两年养殖了猪牛羊等畜类的农民比例有 26%，养殖鸡鸭鹅等禽畜的家庭接近 60%，计算发现只有 20%左右的农村家庭没有养殖过任何禽畜。在实地考察的几个村庄中，禽畜养殖更多只是居民自用，而不是用于出售。原因在于专业的禽畜养殖利润低、竞争激烈且风险高，再加上农村人居环境整治的要求越来越严格，部分原来的养猪或养鸡的专业户都不得不放弃了。

在问及宠物或禽畜粪便如何处理时，有 27.4%的居民是收集清理后扔到垃圾桶，有 27.2%的居民把粪便当作肥料直接投入农田菜地，清理后排入沼气池或堆肥发酵后当作肥料的比例有 26.5%，回答“没有人管”的占 18.9%（见表 5-9）。交叉分析发现，养宠物的家庭因为宠物数量有限，且产生的粪便较少，粪便主要是清理后扔到垃圾桶。养殖禽畜的家庭则主要是把粪便当作肥料利用。实地考察时经常看到屋外或村庄周边散养的鸡鸭，由于数量都比较有限，其产生的粪便基本上不会带来多少环境污染问题。

表 5-9　宠物或禽畜的粪便的处理方式

类型	频次	百分比（%）
收集清理后扔到垃圾桶	378	27.4
当作肥料直接投入农田菜地	375	27.2
清理后排入沼气池	144	10.4
堆肥发酵后当作肥料	222	16.1

① 腾讯新闻．中国狂犬疫苗使用量世界第一，专家：消灭狂犬病，关键是把针打到狗身上［EB/OL］.（2020-11-08）［2022-09-23］. https：//view. inews. qq. com/wxn2/20201108A08FRF00.

续表

类型	频次	百分比（%）
没有人管	261	18.9
缺失或无回答	168	—
合计	1548	100.0

调查中发现，禽畜的养殖及粪便处理方式，同样受到生产和生活方式的影响。集中居住且不是以传统农业为生的居民，通常很少养殖禽畜，最多只是养少数几只鸡，产少量的肉蛋自用。分散居住的居民，空间更大，养禽畜的比例更高，也有利用禽畜粪便作为肥料的需求。在桂林 GQ 村实地访谈时了解到，前几年有几位居民，因为养猪带来污染问题，引发了和周边邻居的矛盾，最后在村委会介入下，不得不放弃养殖。在禽类的养殖上，村民也形成了默契，不会养殖过多的、超过环境承载力的鸡鸭鹅。

总体上，由于居住和生活环境的变化、政策的限制，专业养殖户逐年减少，各地农村禽畜养殖的环境或卫生问题也相对减少。

（五）日常生活中的燃料使用

问卷中询问农民家庭取暖、烧水做饭使用的燃料类型，调查发现有 64.0%的居民使用液化气或管道煤气，有 59.9%的居民使用电饭锅、电磁炉等，有 28.9%的居民使用木柴、秸秆，另外，有 17.8%的居民使用煤炭，14.0%的居民使用太阳能或其他燃料（见表 5-10）。实地考察中了解到，各类燃料主要用于做饭，用于冬天取暖的比例不高。

表 5-10　家用燃料类型

类型	频次	百分比（%）
液化气或管道煤气	330	64.0
煤炭	92	17.8
木柴、秸秆	149	28.9
电饭锅、电磁炉等	309	59.9
太阳能或其他燃料	72	14.0

作为一种清洁又方便的能源，天然气日益成为农村主流的一种燃料。实地考察发现，除了部分城中村外，大部分农村都没有通管道煤气，因此，农村居民使用的天然气主要是灌装液化气。调查时发现，大部分村民家庭虽然都在使用液化气，但不是将液化气当作唯一的燃料。由于液化气比较贵，其使用频率并不很

高，在XL村访谈中，某位老人就说“家里四个人常住，通常要2~3个月才用完一罐气（15公斤）”，通常是在“比较忙或者来了客人”或“没胃口和精力做饭时”才用到。使用电饭锅和电磁炉的农户比例也很高，调查中发现，现在农村煮米饭基本上都使用电饭锅或高压锅，用柴火灶煮饭没有电饭锅或高压锅方便。

另外，考察时发现有部分农村居民安装了太阳能热水器，主要是前些年在公司下乡推销时安装上的，总体比例不高，部分村民在太阳能热水器出现故障后也不再使用了。尽管沼气也是一种相对安全廉价的能源，但是由于沼气池的建设维护比较麻烦、供气不稳定等，使用沼气的比例更低。

木柴、秸秆或煤炭都算是一种传统的，有一定污染性的燃料。近几年，由于煤炭价格上涨，农村煤炭的使用比例越来越低，而秸秆由于廉价和易获得，很多居民习惯以其作为燃料。计算发现，有四成的农户在日常取暖做饭中仍然经常使用这两类燃料。在考察的几个农业型村庄里，有八九成的农户厨房里都建有柴火灶，尽管村民们都认为柴火灶在清洁、方便性上不如天然气和电力，但是从成本角度考虑，有稳定柴火和秸秆来源的农户，日常使用柴火灶的频率是比较高的。由于柴火灶的存在，农户日常在生活中用电、用气支出也要远少于城市居民。如XL村的一个农户，其女儿一家三口在市内租房打工，平均每月用于煮饭的液化气和用电消费大概在100元，在农村生活的四口人（两位老人及一对孙子女），平均每月的液化气和电费只要60多元。访谈中发现，虽然有相当一部分使用木柴和秸秆的农户也购买了液化气，但是其使用木柴和秸秆的频率要高于液化气。

综上，天然气和电力作为洁净能源，在农村的普及已经成为一种趋势，但是秸秆木柴仍然有廉价和易获取的优势，尽管存在一定污染，并不能完全被取代。总体上，西部地区的农户在生活中使用的各类燃料的搭配是比较合理的，能够在农户的经济能力和环境压力之间形成一种平衡。

二、村民日常生产中的环境与卫生状况

（一）农业生产中的塑料制品的使用

1. 塑料袋及薄膜的使用现状

调查中询问农民在农业生产中用到塑料包装袋或塑料薄膜的情况，24.0%的农户表示经常使用，40.9%的农户表示偶尔使用，几乎不使用的有9.7%，没有用过的占25.4%。

生产中用到的塑料包装袋主要是装粮食的塑料编织袋，也包括购买化肥种子等生产资料使用的塑料包装袋。实地调查发现，农民接触或使用这类塑料包装袋的比例较高，而塑料薄膜的使用频率则相对低一些。在几个地方的实地调查中都

了解到，大部分塑料薄膜的使用者都是从事蔬菜种植的农户，其一般是在寒冷季节使用地膜或棚膜进行育种或保温。

除了产业特征之外，整体的气候环境对塑料薄膜的使用有很大影响。由于广西的气候相对温暖，当地塑料薄膜的使用比例很低。而在贵州、四川等地则由于气温偏低，塑料薄膜的使用量就高出很多。实地考察中能够很明显地感受到这种差异，例如，同样是冬天种植蔬菜，桂林的两个村庄的菜地只能见到少数地膜、棚膜。但是在贵州和四川，基本上每户菜农都广泛使用了地膜、棚膜。从全国31个省区市2019年农用薄膜的使用量排名来看，广西的农用薄膜使用量只有0.47万吨，不及第一位的山东省12.5万吨的零头，也远远比不上四川的7.04万吨和贵州的11.5万吨①。

实地考察中还发现，由于农村居民外出打工及农村的城市化，农业活动的减少，近些年农村田间地头的白色垃圾污染有下降的趋势。

2. 塑料袋及薄膜的处置

调查中询问农户家里的农用塑料废弃物是如何处置的，处置方式为收集起来直接焚烧的有26.4%，有16.3%的居民是用完随手扔到田间地头，收集后填埋处理的有14.0%，收集后投放到垃圾桶的有57.3%，收集起来作为废旧物品出售的有31.9%（见表5-11）。将后两种处置方式当作合理规范的处置方式的话，前面的三种方式都可以看作是不合理的、可能会造成一定污染的处置方式。计算发现，至少有过其中一种不合理处置方式的农户占总数的32.9%，即有超过三成的农户曾使用可能造成污染的方式处置农用废旧塑料。

表5-11　农用废旧塑料的处置方式

类型	频次	百分比（%）
用完随手扔到田间地头	63	16.3
收集起来直接焚烧	102	26.4
收集后填埋处理	54	14.0
收集起来作为废旧物品出售	123	31.9
收集后投放到垃圾桶	221	57.3

由于过去几十年来农业生产中塑料薄膜的长期使用，以及回收处理必要性的缺乏，导致了农业生产中白色污染的加剧。实地考察中发现，由于总体的用量不

① 产业信息网.2020年中国农用塑料薄膜产量及使用量分析：产量及使用量均呈下降态势[EB/OL].(2021-02-02)[2022-09-23].https：//www.chyxx.com/industry/202102/928673.html.

多，在桂林农村田间地头的废弃地膜、棚膜并不很常见，但是在曲靖和绵阳农村，丢弃在田间地头的废旧塑料要多很多。尽管在日常劳作中，将废旧塑料随意丢弃在田间地头的比例并不高（16.3%），但是由于缺乏清理，且塑料制品无法有效降解，因此，在农田周围或沟渠中，经常看到的是被随意丢弃的废旧塑料或包装袋，很多塑料袋明显是若干年前就被丢弃的。这些塑料袋包括生产类废弃物如种子或农药的包装袋，也包括生活类的废弃物如饮料瓶、零食包装袋等。访谈中了解到，对于田间地头的白色污染，很少有专人进行收集和清理。除了村民个人收集和清理自身农业生产中的废旧塑料之外，村集体或环卫部门很少有过对田间地头的塑料垃圾的清理活动。因此，尽管当前农业农村生产活动中塑料使用的频率和数量都在减少，但是由于缺乏必要的清理和处置，累计造成的污染还是比较严重。

（二）农业生产中秸秆的处置

在询问农业生产中各类秸秆的处置方式时，有50.2%的居民将秸秆弄回家当柴火，选择耕地后埋在土里做肥料的有44.8%，在田埂上直接烧掉的有43.6%，任其在田间地头自然腐烂的有24.8%，作为牲口饲料或以其他方式进行处置的有17.4%。如表5-12所示。

表5-12　农田秸秆的处置方式

类型	频次	百分比（%）
在田埂上烧掉	675	43.6
弄回家当柴火	777	50.2
耕地后埋在土里做肥料	693	44.8
任其在田间地头自然腐烂	384	24.8
作为牲口饲料或其他	270	17.4

通常，将秸秆无害化之后还田，或者回收作为养殖饲料，或者作为沼气原料等是最合理有价值的秸秆回收处理方式，但是由于实际条件的限制，以上方式对很多农民来说都是不现实的。

在田埂上烧掉是很多农民最常见的秸秆处理方式，但同时也是比较有争议的一种处理方式。这种处置方式能够杀死害虫，燃烧后的草木灰也能够作为肥料，但是燃烧会造成一定的空气污染，燃烧产生的高温可能破坏土壤结构，杀死土壤中的微生物，影响农田质量。因此，传统的焚烧方式确实有着很大的弊端。农户把秸秆弄回家当作燃料的比例最高。秸秆是很多农村地区最传统和最廉价的一种燃料，尽管会造成一定污染，但是也是当前的秸秆处理方式中最常见最有效用的一种。只是随着天然气在农村的普及，使用秸秆作为家庭燃料的农户比例在下降。通过计算可知，选择这两类处理方式的农户占所有调查对象的比例达到93.8%，即总体上有超九成的农户采用这两种有一定污染性质的方式处理秸秆。

耕地后埋在土里做肥料，或者任其自然腐烂都属于秸秆还田，这种处理方式因为没有杀灭秸秆上的害虫，很可能造成下一季的农作物病虫灾害。由于农民养殖牛羊的比例很低，因此，作为动物饲料只是很少一部分农户的需求。农村建沼气池的农户很少，也没有多少农民愿意将其沼气池的原料进行回收。将秸秆无害化之后作为肥料还田，则需要先对秸秆切短粉碎，再发酵处理，成本并不低。考察中也了解到，尽管农户也有出售秸秆的意愿，但是近些年很少企业或公司来农村收购秸秆，主要的原因是单个农户的秸秆产量低，且秸秆的类型不一，产地分散，收购方的成本高，企业缺乏收购的动力。

以上农民对农业生产中秸秆的处理，除了直接在田埂上烧掉和当柴火使用会直接对环境造成一定的污染之外，其他几种处理方式并不会带来环境危害，只是秸秆这一种重要的资源，没有能得到有效利用罢了。

（三）农业生产中化肥农药的使用

1. 化肥的使用

调查中询问在农业生产中使用的肥料类型，63.4%的农民使用化肥，37.0%的农民使用发酵的人畜粪便或沼气池的肥料，23.6%的农民使用未发酵的人畜粪便，还有24.0%的农户使用其他肥料。如表5-13所示。

表5-13　使用的肥料类型

类型	频次	百分比（%）
未发酵的人畜粪便	366	23.6
发酵的人畜粪便或沼气池的肥料	573	37.0
化肥	981	63.4
其他	372	24.0
总计	366	23.6

化肥的使用在农业肥料中占绝对主导地位，访谈中发现，即使是那些只保留一小块菜地种植蔬菜自用的农户，也购买使用过化肥。另外，化肥不像农家肥那样需要农户自己收集制作，使用简单，肥力大、见效快。对于很多种植业农户来说，饲养的禽畜也无法提供足够的粪便作为肥料。调查发现，在从事专业种植的农户中，有九成以上的农户都使用过各类化肥。访谈中了解到，农户在使用化肥时很少出现过量施肥的现象，也没有发现明显的土壤板结、肥力下降等问题。但

是在施肥的技巧和方式上，无论是粮食还是蔬菜水果，农户都以传统的撒施和表施为主，很少采用深施或水肥一体化的施用方式。由此造成肥料的利用效率不高，农田养分流失，土壤保水保肥能力较差等问题。农业部的资料显示，中国农作物亩均化肥用量 21.9 公斤，远高于世界平均水平（每亩 8 公斤）①。农业部 2015 年开始实施农药化肥用量“零增长行动”，其主要目标就是提升中国农药化肥的使用效率。因此，改进化肥使用效率，增加农家肥的使用，是实现零增长行动目标的重要举措。

施用方式的变革需要一定的物质条件，调查发现，受限于农田的碎片化机械化深耕深施无法有效实施，而水肥一体化施肥在部分蔬菜水果种植户中已开始普及。例如，近年来在桂林 GQ 村，农家肥的使用量有了一定的增长，几位莲藕种植户都专门购买过农家肥。大多数农户都认为使用农家肥种植的粮食蔬菜在口感上要好于使用化肥的，这也是推动农户使用各类农家肥的重要动力。调查发现，使用过农家肥的农户占所有农户的 50.6%。30.1%的农户都是化肥和农家肥搭配使用，专门使用农家肥而不使用化肥的农户有 19.6%，专门使用化肥而不使用农家肥的有 32.4%。调查还发现，有少部分农户使用一些其他类型的肥料，如燃烧之后的草木灰、腐烂的鱼虾等。

总体上，只使用化肥对农田生态化建设肯定有不利影响，只用农家肥，或者化肥与农家肥搭配使用，都是有利于土壤肥力和农田生态的有效施用方式。

2. 农药的使用及废弃物处理

问卷中询问农药的施用频率，18.9%的农户表示经常施用，50.7%的农户表示偶尔施用，30.5%的农户表示极少或没有施用过。另外，认为自己使用的农药完全无毒无残留的比例为 15.7%，认为低毒低残留的占 23.6%，认为有一定毒性和残留的占 40.3%，认为毒性和残留都较多的占 20.3%。如表 5-14 所示。

表 5-14　使用的农药类型

类型	频次	百分比（%）
无毒无残留	243	15.7
低毒低残留	366	23.6
有一定毒性和残留	624	40.3
较多残留与毒性	315	20.3
总计	1548	100.0

① 农资网．农业部首度发布化肥农药利用率数据［EB/OL］.（2015-12-11）［2022-09-23］. http：//www.ampcn.com/news/detail/107046.asp.

访谈中发现，只要施用过农药的农户，对农药的基本知识都比较了解：如化学农药、生物农药的区分，杀虫类与除草类、杀菌类农药的不同。购买农药时，除了药效之外，也比较关注农药的毒性和残留状况，大多农户也会尽量选择低毒低残留的产品。从全国来看，受“零增长政策”的影响，化学农药的使用有所降低，低毒低残留的生物农药越来越受到农户的偏爱。但是我国农药行业依旧以化学农药为主，2017 年，生物农药销售收入为 319.3 亿元，占全国农药销售收入的比重不足 10%①。因此，尽管高效低毒低残留的生物农药是未来农药发展的趋势，但是由于可选生物农药有限，再加上成本和药效的影响，很多农户主要购买使用的仍然是杀虫类的化学农药，对土壤和粮食蔬菜会造成一定的污染和残留。

在农药的使用上，访谈中了解到，大多数农户仍然以传统的背负式手动喷雾器为主，由此导致农药的使用效率低且施用量偏多。这也会增加农户使用农药的成本，并造成更多的农药残留。但由于调查的很多农户种植业的规模小且分散，各类自动化喷雾技术和机器的使用推广也面临一定的成本。很多农户听说过无人机喷洒农药，但是除了少部分种植业大户，很多农户并无这方面的服务需求，当然很多村民在村庄周围也没有听说过有公司提供此类服务。

此外，在农药包装袋和药瓶的处置上，12.6%的农户是留在原地或田间地头，32.0%的农户扔到垃圾堆里，当作废旧塑料卖掉的占 17.1%，统一回收处理的占 38.4%。如表 5-15 所示。

表 5-15　废弃农药瓶的处置方式

类型	频次	百分比（%）
留在原地或田间地头	195	12.6
扔到垃圾堆	495	32.0
卖废旧	264	17.1
统一回收处理	594	38.4
总计	1548	100.0

访谈中，大多数农户都能够慎重处置农药瓶，直接丢弃的比例很少。在云南 JS 村的调查中，很多农户都反映近些年在田间地头和沟渠边，随意丢弃的农药瓶确实比以前要少了。有过直接丢弃行为的两个农户认为，“瓶内农药冲洗干净了”“瓶内完全没有残留”才丢弃。即使这样，这种处置方式也会对人居环境直

① 农药快讯信息网.2018 年中国农药行业市场分析：化学农药销售收入增速明显下滑，生物农药占比将会稳步提高［EB/OL］.（2019-07-15）［2022-09-23］.http：//www.agroinfo.com.cn/other_detail_6710.html.

接造成污染。统一回收处理仍然是最合理的处置方式。访谈中了解到，统一回收处理的机构部门，主要是一些有回收资质的农资站点，但是这类有回收资质的站点在很多地方都没有设置，或者太偏远，由此，限制了这种处置方式的推广。当前，农户最常见的处理方式仍然是将农药瓶带回家，售卖给废品收购站，或者自己焚烧填埋。

总体上，农户都能够意识到农药对人居环境和健康的影响，能够慎重地购买和使用农药，在效力相似的情况下，很多农户还是更愿意选择低毒低残留的生物农药。因此，国家对生物农药的研发和销售提供相应的政策支持和补贴，能够有效减少化学类农药的使用。此外，使用农药后对废弃药瓶的合理处置则更为必要，农民的回收意识并不缺乏，但由于缺乏必要的回收政策支持，药瓶的回收处理比较滞后，对人居环境的不利影响也更加突出。

三、村民的人居环境与卫生观念

（一）环保与卫生知识的掌握状况

以下共涉及6个方面的环保与健康知识，本书将答案从完全不了解到非常了解分别赋分1~5分，计算出每个项目的平均分。如表5-16所示。

表5-16　农户环保与卫生知识掌握情况　　单位:%

	完全不了解	大多不了解	了解一半	了解大半	非常了解	均值（分）
垃圾分类的相关法律法规	6.4	27.5	22.1	36.0	7.9	3.12
环境保护的相关法律法规	5.6	27.7	21.3	38.0	7.4	3.15
可回收和不可回收垃圾的区分	4.3	15.3	25.6	45.0	9.9	3.41
低残留使用农药的相关知识	9.1	26.6	23.3	33.5	7.6	3.04
生活垃圾分类标志/图标的区分	4.7	15.3	27.1	42.4	10.5	3.39
常见疫病防控方面的知识、政策	3.1	11.6	20.3	47.3	17.6	3.65

依据表格的数据可知，所有选项的平均分都在3~4分，最后汇总各个项目求和得出的平均分为3.294分。可见农户对各类知识的掌握总体状况还不错，基本都能够了解一半或以上的相关知识。在6类知识中，得分最高的是有关疫病防控方面的知识和政策（3.647分），有85.2%的农户了解一半以上的有关疫情防控的知识；其次是可回收和不可回收垃圾的区分（3.408分），有80.5%的农户了解一半以上的有关两类垃圾区分的知识。得分最低的是使用农药的相关知识，大部分没有使用农药经历的青年人，对使用农药的相关要求缺乏足够了解。

（二）环保与卫生意识

以下通过6个方面的指标来了解环保与卫生意识和观念的得分。可以将6个指标分为三个维度：危机意识、行动意识、责任意识。其中前两个指标测量对人居环境危机的看法，中间两个指标测量环保与卫生行为意识，最后测量环保与卫生的责任归属。前四个指标的答案从很不赞同到非常赞同，分别赋分 1~5 分，后两个指标的答案反向赋分，分别赋值 5~1 分。经过赋值之后，分值越高表明环保与卫生意识越强。如表 5-17 所示。

表 5-17 村民环保与卫生意识状况

单位:%

环保与卫生意识的体现方面	很不赞同	不大赞同	说不清	基本赞同	非常赞同	均值（分）
中国面临的人居环境问题很严重	2.5	6.4	26.4	45.3	19.4	3.73
如果不进一步加大治理力度，农村的人居环境会继续恶化	2.3	7.8	20.9	39.0	30.0	3.87
为保护人居环境，我们应该减少或禁止使用塑料袋、一次性餐具	7.4	18.8	15.7	14.1	44.0	3.69
为了保护农村人居环境，我们应该少化肥农药的使用	3.1	8.7	27.7	40.5	20.0	3.66
除非大家都做，否则我个人保护人居环境的努力就没有多大意义	18.2	18.2	21.7	27.9	14.0	2.99
改善农村人居环境和卫生主要依靠政府和环卫部门，普通村民的作用不大	12.2	37.6	34.9	11.6	3.7	3.43

从以上数据可知，几乎所有指标的环保与卫生意识得分都在 3~4 分，可以认为村民的环保与卫生意识处于中等稍微偏上的水平。比较而言，村民的环境与卫生危机意识得分最高，其次是行动意识，得分最低的是责任意识。

四、农村人居环境与卫生状况

（一）农村垃圾桶设置及清运状况

通过问卷调查了解到，76.2%的居民在房子周围步行 5 分钟内有公用垃圾桶或垃圾投放点。44.8%的居民所在小区或村庄有用于分类投放的垃圾桶，85.1%的居民认为小区或村庄垃圾桶的垃圾每天或每 2~3 天都有专人清运。

在实地考察的几个村庄中，其公共垃圾桶的设置相对于疫情前都有了明显增加。在桂林 GQ 村，每隔百多米基本都能够看到一个垃圾桶，并且很多垃圾桶是新的，在村里还能够看到大型环卫铁皮垃圾箱。分类投放的垃圾桶主要是可回收与不可回收两类，通常并排安放在一起。但是，实地考察的几个村庄没有看到细分为四类（可回收、厨余、有害、其他）的垃圾桶设置。也没有发现专门投放废弃口罩的垃圾桶。大部分村民在投放垃圾时，并没有真正按照可回收与不可回

收进行分类投放。村庄的垃圾在清运时也没有按照分类进行清运处理。

在垃圾的清运上，城中村的状况比农村要更好一些。如在 DL 这样的城中村，每天都能有专门的清运车清运垃圾桶，每天也有专门的清洁工对公共设施和道路上的垃圾进行清扫，而农村一般无法做到这样。除了由乡政府雇佣之外，还有部分农村的清洁工由村委会雇佣。在 CDX 村，由村委会雇佣 1~2 位清洁工，其每天或者每 2~3 天会对农村的道路和公共区域进行清扫。村里雇佣的清洁工通常会将垃圾运到统一的垃圾清运点，倒入环卫用的大铁皮垃圾箱，然后乡镇再安排垃圾清运车将垃圾运走。总体上，村庄垃圾箱的设置以及垃圾的清运管理，在规范性上比不上城市社区，但是也能够保证村庄基本的公共卫生需求。

（二）对农村人居环境与卫生的评价

农村人居环境与卫生的评价，包括对村庄其他村民的生活、生产方面环保与卫生状况的评价，也包括对村庄道路、河流、下水道等人居环境与卫生的评价。问卷从 8 个方面了解调查对象对村庄人居环境与卫生的评价。将评价得分由“比较差”到“很不错”，分别赋分 1~3 分。由表 5-18 可以看到，村民对村庄各类环境与卫生的评价都在 1.4~2.0 分，表明村民整体上对村庄各类环境与卫生状况的评价接近，但尚未达到中等水平。其中，公共设施或道路环境与卫生的评价稍高，而其他各个方面的评价得分都比较相似。各个指标汇总求均值，最后计算出村民对环境与卫生的总评分为 1.765 分。

表 5-18 对村庄人居环境与卫生状况的整体评价 单位:%

村庄人居环境与卫生的情况	很不错	一般/尚可	比较差	均值（分）
村民厕所卫生及粪便处理状况	10.5	56.8	32.8	1.78
村民家中生活垃圾处理及废水排放	10.7	57.9	31.4	1.79
村民的健康、个人卫生及村庄疫病防控	11.4	56.8	31.8	1.80
村民对农药瓶、塑料袋、塑料薄膜的处置	9.9	52.5	37.6	1.72
村民对田间地头的秸秆处理状况	9.5	55.0	35.5	1.74
村庄的下水道建设	10.3	53.3	36.4	1.74
农村公共设施或道路的环境与卫生	11.8	58.5	29.7	1.82
村庄的小河、池塘、小溪等的环境与卫生	9.1	54.8	36.1	1.73

实地访谈中，很多村民都认为农村家居环境与卫生确实比不上城市。有过城市学习或打工经历的中青年人，往往对农村的环境与卫生更不满意。GQ 村一位假期回乡的打工青年就说，“回乡后总是看不惯家里人穿着在外面穿的鞋直接走进屋里，在城市打工租房住，都是门口换了拖鞋再进去的”。农村在环境与卫生

的管理上也相对落后，与城市相比存在明显差距。如虽然很多村庄也设置了河流的河长，但是河长制在部分农村过于形式化，河流中的白色污染一直没有专人定期清理，更谈不上解决污水排放问题了。村庄仍有部分道路没有硬化，农田的道路两旁积累的垃圾很多，也很少有人负责清理，这些都是导致农村居民对村庄的环境与卫生整体评价不高的原因。但比较而言，村民对生活环境与卫生的评价好于对生产环境与卫生的评价。

总之，在村民生活环境及卫生现状方面，农村居民以自来水和桶装水作为主要的饮用水来源，将河水、井水作为辅助饮用水来源，整体上能够保证农村饮水的基本安全卫生。农村厕所和粪便的处理总体上也比较环保与卫生。农村厕所大部分都是水冲厕，旱厕的比例较低，大部分粪便也是排入沼气池或下水道，较少排入露天粪池。在燃料的使用上，农民逐渐以液化气或电力为主要燃料，也有使用太阳能的，总体上有近九成的居民在取暖做饭中都使用了各类清洁能源；出于廉价方便的考虑，有近三成农村居民也会使用秸秆和木柴作为燃料。但农村的生活污水排放和处理面临很多问题，有二成多的农户将污水排入露天沟渠或菜地，一半的农户通过下水管道排污，但由于很多村庄下水管道没有接入城市的排污处理系统，很多污水直接排入村庄旁边的沟渠河流，由此造成水源污染。农村生活垃圾的处理也面临很多问题，有近三成农村居民有过对垃圾的回收利用，但是村民的垃圾分类投放做得很不好，乱扔垃圾或燃烧填埋垃圾等不环保不卫生处置方式也较常见。农村宠物和禽畜的饲养也存在着社会安全和疾病卫生方面的大量隐患，宠物打疫苗的比例较低，禽畜粪便的环保与卫生处置比例也较低。

在村民生产环境及卫生现状方面，使用塑料薄膜的农户超过六成，但由于农村城市化和农业活动的减少，近年来农业生产中使用塑料薄膜的比例有降低的趋势。在废弃薄膜的处置中，以随手扔到田间或填埋焚烧等不环保不卫生进行处置的比例仍然很高，白色污染还是较为严峻。总体上，农户对农田秸秆的处理以资源利用为主，但还有四成多的农户采取直接在地里焚烧这一有争议的处理方式，其他的处置方式包括当作燃料、动物饲料、肥料。化肥在农用肥料的使用中处于主导地位，有六成以上的农户都使用了化肥，但也有一半的农户使用过农家肥，更多的农户是将农家肥和化肥搭配使用，还有三成农户只用化肥而不用农家肥。在农药的使用方面，有近七成农民使用过农药，且认为自己使用的农药毒性或残留较多或很多的比例有近六成。使用后直接将废弃的农药瓶扔在田里或垃圾堆的占四成，实际上农药瓶的回收处理政策在很多地方因为执行不到位而名存实亡。

在村民的环境与健康观念方面，农户对环保或卫生健康相关知识的掌握尚可，处于中等稍微偏上的水平；农户的环保与卫生意识总体上也处于中等稍微偏上的水平，其中环境与卫生危机意识较强，行动意识居中，责任意识相对较低。

在村庄的人居环境与卫生现状方面，村庄垃圾桶的设置和垃圾清运都做得比较好，但分类垃圾桶的设置不够且垃圾分类工作做得不好。村民对村庄人居环境与卫生的评价介于中等稍微偏下水平。相对而言，村民对生活环境中环保与卫生状况的评价稍高，对生产环境中的环保与卫生状况评价稍低。

第三节　农村人居环境和卫生政策执行及协同治理现状

农村人居环境和卫生政策执行情况，包括人居环境与卫生政策的宣传状况，农村人居环境和卫生政策的施行数量，对各级政府部门施行人居环境与卫生政策的满意度评价，村委会执行人居环境和卫生政策的行为表现。协同治理情况，包括村民的人居环境与卫生治理行为参与，村民对村庄人居环境与卫生治理的智力参与，也包括村民在人居环境与卫生活动中与外部资源合作的情况，村委会在人居环境与卫生活动中与外部资源合作的情况。

一、开展人居环境与卫生整治的具体举措

（一）人居环境与卫生政策宣传状况

关于村里有无环境保护或卫生健康等方面宣传教育的问卷调查结果显示，20.3%的村民认为经常有，63.4%的村民认为偶尔有，认为很少或没有相关宣传的占16.3%。询问村庄各类宣传教育的形式是否丰富多样，9.3%的村民回答丰富多样，61.2%的村民认为一般，认为单调乏味的占29.5%。

总体上，农村环保或卫生健康方面的宣传是比较常见的。在考察的几个城中村或城郊农村的村委信息公告栏和宣传栏里，经常看到关于春冬季预防呼吸道疾病、新冠疫情防控、养犬安全及管理、垃圾分类、流动人口健康登记等方面的信息或宣传画。很多农村，除了村委会宣传栏外，部分村民的房屋外墙也被村委会作为文化宣传墙，经常能够在上面看到关于疫情防控、灭“四害”、预防口蹄疫等方面的宣传标语或绘画。

比较起来，农村的人居环境与卫生宣传，无论是频率、宣传形式还是内容上都要比城中村以及城市的差一些。在城市社区常有的健康讲座、健康宣传或公益活动，在农村很少能够见到。在对GQ村部分村委会工作人员的访谈中了解到，农村在人居环境与卫生宣传上可以利用的资源确实比较有限。例如，城市医院多，医疗资源密集，请医生到社区做一些志愿讲座非常方便，城市居民特别是老

年人也有这方面的意识，愿意积极配合参与。但是在农村，举办讲座的场地设备等硬件条件首先就有欠缺，邀请医务人员过来也不很方便，再加上农村居民居住分散，健康意识也不足，有时候安排了讲座，愿意参加的人员太少，弄得组织人员也比较尴尬。因此，村委会在宣传的形式上比较单一，面对面的培训讲座很少，基本上都是以村委会宣传栏的海报、宣传标语等形式为主，或者通过网络微信群发布链接，进行信息通告。

另外，农村人居环境与卫生宣传教育的信息更新频率也比较低，时效性不够，很多宣传内容与农村切实需求脱节。访谈中发现，很多农村居民都认为农村环保与卫生教育和宣传流于形式，没有结合农民的实际需求。教育宣传内容只有和农民的切身利益、兴趣相结合，才能取得效果。新冠疫情的宣传教育之所以效果不错，就是如此。其他的很多宣传教育内容也需要和农民的实际需求结合。例如前几年，农资人员在JS村进行农药使用的培训时，顺便做了一些有关农药残留、农药瓶处理、水土污染防范等方面的教育。由于参加者本身就是经常使用农药的农民，参与的动力很足，最终反馈的培训效果就很不错，访谈的几位农户至今还保留着当年发放的培训资料。2021年该村在发放药物，统一对蟑螂和老鼠进行消杀前，在微信群里进行的宣传动员也很有效，其中很多消杀技术的注意事项都被村民记住。

因此，农村环保与卫生教育宣传尽管面临着形式单一、资源不足等问题，但是只要能够和农民的关注点结合，就能够产生一定的效果。

（二）人居环境与卫生整治活动的实施状况

调查中询问近几年村庄开展了哪些具体的人居环境与卫生整治活动，回答共涉及到六类活动。其中，最多的是村庄道路硬化、修建垃圾池和消杀“四害”，50%以上的村庄都开展了这两类活动；最少的是清理回收农业生产中的白色垃圾，只有18.4%的村庄有过此类活动；有4.1%的调查对象认为自己所在的村庄没有开展过以上几类整治行动。整体上，只开展过其中一类活动的村庄有27.3%，开展过其中三类活动的村庄有21.1%，开展过其中三类及以上活动的村庄共计39.9%。如表5-19所示。

表5-19　村庄开展人居环境与卫生治理活动现状

开展治理活动的类型	频次	百分比（%）	开展活动类型数量	百分比（%）
村庄道路硬化	879	56.8	0	4.1
建立垃圾池，定期消杀“四害”	1077	69.6	1	27.3
露天厕所改造或沼气池化粪池建设	555	35.9	2	23.3

续表

开展治理活动的类型	频次	百分比（%）	开展活动类型数量	百分比（%）
修建公共排污管道	603	39.0	3	21.1
维修或新建农业灌溉引水渠	558	36.0	4	8.1
清理回收农业生产中的白色垃圾	285	18.4	5	10.7
以上都未整治过	63	4.1	6	5.4

农村道路硬化与我国政府实施的“村村通公路”政策有着密切关系。在广西农村公路“村村通”政策推进下，在2014年全广西建制村通畅沥青（水泥）路率已接近九成[①]。实地考察的几个村庄近十年前已经基本完成了公路村村通任务，近些年村庄的道路硬化主要是针对村庄内部，修建村民房前屋后的出行道路。由于政府的政策资金支持，村庄内部的很多小路也都实现了硬化。

实地考察中了解到，当前农村在农田水利建设方面的投入不多，新建的给排水工程很少，更多的是原有水渠的维修管理，如在农闲冬休时清理部分河道，对原有水渠补漏、清淤等。近几年，由于GQ村新开农田种植莲藕的农户较多，用水需求量大，村委会在农户的要求下，对原有的水渠进行改建和维修，以满足这些用水大户的需要。在农村白色污染方面，无论农田还是日常生活中的白色污染问题较为严重，但是由于缺乏必要的政策资金支持，村庄开展白色垃圾的回收清理工作较少，并且流于形式，如前文提到的农药瓶回收，前期很多农村都有过相关的政策宣传，但是并没有配套的政策，相关治理行为也就没有实施下去。

目前，很多村庄都有进行人居环境与卫生整治的压力与动力，常见的举措包括在村庄内部增设垃圾桶、在垃圾清运点修建垃圾池或设置大型铁皮垃圾箱。定期开展蚊虫、蟑螂消杀，清理村内污水沟等活动，也成为大多数村庄预防疫病的重要举措。另外，与人居环境与卫生整治密切相关的露天厕所改造、修建排污管道等工作也都有村庄在继续开展。被访谈的村委会工作人员认为，这两年村庄在清理垃圾、保持人居环境与卫生等方面投入的资源明显增多，并且基本上能够得到村民的有效配合，虽然村委会的工作量增加，但是开展工作的难度并不算大。

（三）各级政府及村委会施行人居环境与卫生政策的表现

问卷除了了解村庄在人居环境和卫生治理方面做了什么外，还询问了做得怎样这一问题。问卷中询问村民认为各级政府及村委会施行人居环境与卫生政策的工作表现如何，可以将民众对各级政府及村委会施政的评价作为人居环境与卫生

① 中央人民政府门户网站．广西加快推进农村公路“村村通”[EB/OL].(2015-11-03)[2022-09-23]. www.gov.cn/xinwen/2015-11/03/content_2959248.htm.

治理的质量评价，共涉及对中央、省市、乡镇三个级别的政府及村委会工作表现的评价。如表 5-20 所示。

表 5-20　村民对各级政府及村委会施政表现的整体评价　　单位:%

施政表现方面	很不错	一般/尚可	比较差	均值（分）
村委会在农村人居环境与卫生方面所做的工作	9.3	71.3	19.4	1.90
区、街道办或乡镇政府在农村人居环境与卫生方面所做的工作	9.5	72.9	17.6	1.92
省或市政府在农村人居环境与卫生方面所做的工作	9.7	74.2	16.1	1.94
中央政府在农村人居环境与卫生方面所做的工作	11.6	73.8	14.5	1.97

从上面的数据可知，各级政府及村委会在农村环卫工作上的表现得分都在 1.8~2.0 分，即接近于一般或尚可，最后计算出来的总平均分为 1.931 分。总体上，农户对各级政府及村委会在农户人居环境与卫生方面的施政表现评价一般。

比较对各级政府及村委会的评价，能够发现总体上政府级别越高，农民对政府施政表现的评价就会越高，政府层级越低，则农民的评价越低。

当然，本书中发现的这种央强地弱的评价差异体现得并不是很明显，通过因子分析也只能提取出一个公因子，即说明中央和地方基层政府在施政评价上的差异并不算大。农村的人居环境在近些年虽然有了明显的改善，但是与城市相比，无论是基础设施、服务管理，还是民众素质等方面，都有着明显的差异，这些都影响着农村居民对施政者的评价。

（四）村委会执行人居环境与卫生政策的表现

问卷中询问村民如何看待村委会在执行各类政策时的表现，共涉及 6 个指标。其中，前三个是正向表现，村委会能否做到公开、公正、因地制宜；后三类是负向表现，村委会是否有形式主义、做事拖沓、滥用职权等现象。对前三类指标，其答案从没有过到经常这样，分别赋值 1~3 分。后三类指标，其答案反向赋值。赋分之后，值越高，表明村委会的政策执行意愿和能力越好。如表 5-21 所示。

表 5-21　村委会执行政策的表现　　单位:%

执行政策表现	经常这样	偶尔这样	没有过	均值（分）
政务公开、财务公开	25.6	58.5	15.9	2.096
公平公正处理各类村庄事务	28.3	58.7	13.0	2.153
执行政策时，能因地制宜，结合实际	19.6	60.5	20.0	1.996

续表

执行政策表现	经常这样	偶尔这样	没有过	均值（分）
执行政策时，形式主义多，爱做表面工作	16.9	56.2	26.9	2.100
执行政策时，做事拖沓，敷衍塞责	16.5	53.5	30.0	2.135
执行政策时，滥用职权，照顾私人	15.9	50.4	33.7	2.178

以上数据可知，总体上村民对村委会各项表现的打分基本超过2分，6个指标汇总求出的均值为2.110分，表明村民对村委会的政策执行评价都处于中等稍微偏上一点的水平。总体上，村民对基层村委会政策执行的评价并不算高。

实地调查中了解到，村庄每年的政务公开和财务公开基本上是每个村委会都能够做到的。而有部分村民认为村委会完全没有做到这一点，一方面是因为有部分村民没有关注到村务公开的信息，另一方面是因为这些村民对基层工作人员不信任，不相信公开的财务和政务能够做到真正的透明和真实。

此外，基层政府在政策执行时出现形式主义、办事拖沓、照顾私人等问题也是一直存在的。调查发现，有六七成村民都认为自己所在村委会或社区出现过以上负面行为。总体上，村民对基层组织的政策执行表现不算很满意，但总体的评价也不算低。实地访谈中，几位基层工作人员就表示，与十多年前相比，现在的干群关系已经好了很多。由于基层管理的规范化和透明化，再加上网络自媒体的影响，在直接涉及村民利益的一些政策上，基层工作人员都能够严格按照规定执行，尽管还是会有一些形式主义，但总体上能够中规中矩地落实好各类政策。

二、各方力量协同参与农村人居环境与卫生治理行动的现状

村庄人居环境与卫生的治理，既体现为各类行政主体对村庄各类政策的宣传、实施与执行，也体现为各方力量对人居环境与卫生治理的参与和协作。其中，村民作为村庄人居环境与卫生治理的一个重要力量，并不只是作为一个政策施行目标而存在的。村庄人居环境与卫生治理的成效，既需要村民在私人领域的生活生产中做到环保与卫生，也需要他们在村庄的人居环境与卫生治理中能够积极参与。村民对村庄环保与卫生事务的关注和参与，是村庄人居环境与卫生治理有效且可持续的重要保障。

（一）村民参与农村人居环境与卫生治理的现状

村民参与农村人居环境与卫生治理体现在两个方面：其一，实际的行动参与，如参与道路建设、清理垃圾、参加基层会议等；其二，智力参与，主要是村庄人居环境与卫生治理中的问题反映或对策建议提出等。

1. 人居环境与卫生治理的行为参与

在问卷中询问调查对象及家人近些年是否参与了表 5-22 中 8 类与村庄人居环境与卫生治理有关的行动。其中，前 3 类是有关村庄公共基础设施，如道路、水利、下水管道建设的参与情况，中间 3 类是有关村庄垃圾清理等方面的参与情况，最后 2 类是基层政策活动的参与情况。

表 5-22　村民参与村庄人居环境与卫生治理活动现状

参与治理活动的类型	频次	百分比（%）	参与活动类型数量	百分比（%）
参与村庄的道路修建	549	35.1	1	38.5
参与村庄的农田水利设施建设	381	24.3	2	24.1
参与村庄下水管道建设	312	19.9	3	16.7
参与村庄公共设施或道路的卫生清洁	543	34.7	4	8.6
清理田间地头的农药瓶或废旧塑料	336	21.5	5	4.8
督促或宣传垃圾的规范投放	495	31.6	6	1.0
关注和参与村庄防疫政策的宣传实施	555	35.4	7	0.4
关注和参与基层相关会议和政策制定	762	48.7	8	5.9

调查发现，村民的前 3 类参与行为受两方面影响，一方面来自村委会的动员，另一方面是基于村民自身的利益。访谈中了解到，大部分乡村公路都是上级政府规划修建的，有专门的建筑工程队负责，村民很少直接参与这类道路修建。村民参与修建的道路，大多是政府规划之外，村民自行筹资，政府进行补贴而修建的公路，如村庄内部某些村民屋前的道路硬化。这类道路尽管也会请外面的工程队帮忙，但通常需要村庄自己出一部分资金和人力。比如，在 CDX 村，出于对道路质量的关注，有几位在外打工，有过建筑经验的村民回乡参与道路修建，这也有利于监督施工方，保证施工质量。相对而言，国家对农田水利和下水管道的关注和投入明显比不上其对农村道路建设的关注与投入，这两项建设与部分村民的利益关联不是那么直接和紧密，普通村民参与这两项公共活动的比例也要相对低一些。

中间 3 类有关村庄垃圾投放清理的活动，大多是村民自发参与的，如忙完农活后顺便清理田间地头的废旧塑料或其他垃圾，也会督促家人或邻居不要随意乱扔垃圾。村委会或集体组织参与的清洁活动并不多，在有上级来村庄检查，或村庄要组织某些集体活动等特殊情况下，通常会安排村委会工作人员，或动员部分村民志愿者对村庄重点地段的垃圾进行清理。

计算发现，只参与其中 1 类活动的村民有 38.5%，同时参与了其中 3 类活动

的有 16.7%，参与了 3 类及以上活动的村民共计 37.4%，同时参与了这 8 类活动的也有 5.9%。总体上，村民对村庄人居环境与卫生治理活动比例的参与不算低。

2. 人居环境与卫生治理的智力参与状况

问卷中询问村民及家人近年来是否有过表 5-23 中的 4 类活动，主要涉及向村庄或外界反映人居环境与卫生方面的问题，或者提出对策建议。其中前两者提出的问题和建议面向村庄内部，后两者面向村庄外部。

表 5-23 村民智力参与村庄人居环境与卫生治理活动现状

智力参与治理活动的类型	频次	百分比（%）	参与活动类型数量	百分比（%）
向村委会反映人居环境与卫生方面的问题	747	47.7	1	67.8
为村庄或小区的人居环境与卫生建设出谋划策	567	36.2	2	19.3
通过自媒体或微信等向外界反映村庄问题	783	50.0	3	2.7
向上级相关部门等反映村庄建设中的问题	333	21.3	4	10.2

从以上数据可知，直接向村委会或通过自媒体等反映村庄人居环境建设方面问题的村民很多，接近或达到半数。只参与过其中 1 类活动的有 67.8%，同时参与过其中 2 类的有 19.3%，至少参与过其中 2 类的有 32.2%。

总体上，农村在人居环境与卫生上面临的问题较多，并且这些人居环境与卫生问题直接与村民个人的生活息息相关，村民有足够的动力来解决这些问题。如果向村委会反映之后无法起到作用，村民也会利用微信群等媒体向外界反映。村民向村委会反映的问题，主要涉及乱扔垃圾、垃圾投放点的设置、停车占用村庄道路等。实地访谈中了解到，贵阳 DL 村某个大型垃圾清运点，一到夏天味道就很大，并且经常有村民为了少走几步路，将垃圾扔到投放点外面。靠近投放点的居民多次到村委会投诉，要求将铁皮垃圾箱移到其他地方。村委会与村民协商了好几次，最后才重新确定了铁皮垃圾箱的设置地点。

当前，由于手机网络及自媒体的普及，村民也经常利用微信等自媒体来反映村庄人居环境与卫生问题。绵阳 JS 村有几位村民因为村庄垃圾投放点周围的老鼠、蟑螂比较多，通过微信群向村委会反馈，要求村庄统一安排投放灭杀药物。由于村委会没有作出有效回应，村民就将垃圾箱周围出现蟑螂、老鼠的情况拍照，多次上传在群里或朋友圈，一直到村委会专门开会作出反馈才停止。另外，也有部分村民以各种形式向上级相关部门反映村庄建设中的问题。向上级反映问题，往往意味着基层村委会已经无法解决问题，矛盾比较大，因此这种类型的反馈或投诉很可能得罪人，以该方式解决问题的村民比例也不算高。

（二）与外部资源合作的情况

村委会或村民个体进行村庄人居环境与卫生治理行动也需要其他各方力量的

参与。如村民建立化粪池或沼气池可能需要咨询专业技术人员或有经验的村民，村委会在面临道路硬化等村庄重大事项时，需要召开村民大会，或者咨询专家。

1. 农民在生产生活中利用各方力量的现状

表 5-24 从 5 个方面了解村民在人居环境与卫生治理行动中主动与其他力量合作的情况。涉及的合作力量主要有 3 类：有经验的村民、基层或政府工作人员、专业技术人员。

表 5-24　农户与各类主体合作的情况　　单位：%

合作方面	有经验的村民	村委会或街道办等政府工作人员	专业技术人员	自己解决，没咨询别人
如何建立化粪池或沼气池	17.8	27.9	26.6	27.7
如何处理或回收各类农药瓶、地膜等生产类垃圾	13.2	29.7	22.3	34.9
如何选择和安全有效地使用农药	18.4	23.1	30.6	27.9
如何进行绿色、低污染的农业生产	15.5	25.4	30.2	28.9
如何在以上活动中获得各类政策支持或补贴	16.3	29.5	27.3	26.9

以上数据显示，村民在各类人居环境与卫生治理活动中基本利用到了其他各类力量和资源。在村民所选择合作的对象中，除了有经验的村民之外，根据合作的具体事项，主要选择基层政府工作人员，或专业技术人员。如建立化粪池或沼气池，既需要咨询技术人员，也需要找政府工作人员获得信息，了解相关的政策。在回收处理各类生产类垃圾中，政府的政策支持或信息可能更加重要。而在选择或使用农药、进行绿色农业生产方面，则更多需要考虑技术人员的帮助。

实地访谈中发现，绝大多数村民都有过寻求各类组织或个人帮助的经历，也有着较大的合作需求。例如，桂林 GQ 村的部分莲藕种植户专门到湖北学习莲藕种植技术，在育种和肥料、病虫害防治等方面都得到过湖北那边的帮助，并与湖北的莲藕种植户建立了长期的联系。总体上，村民在以上各类活动中，只依靠自己个人力量完成工作的只有三成左右，大多数村民都能够有效利用其他个人或组织的帮助。这种帮助对村民们减少环境污染，提高农业生产效益都起到了一定作用。

2. 村委会利用各类资源的情况

问卷调查村委会在执行各类政策中利用各方资源或与各方主体合作的情况，主要是涉及三类主体或资源的利用情况：村民、技术专家、外部的各类组织群体。将答案从没有到经常赋分 1~3 分，可以计算出利用各类资源的得分均值。如表 5-25 所示。

表 5-25　村委会在执行政策时与三类主体合作的情况　　单位：%

合作类型	经常	偶尔	没有	均值（分）
村庄重大事项，村委会能召开村民大会，主动征求村民意见	29.7	58.7	11.6	2.180
村庄重大事项，村委会能在必要时咨询专家或技术人员	25.4	57.6	17.1	2.083
村委会为了村庄发展，能够引入各类企业或社会组织等外部资源	14.9	54.5	30.6	1.843

以上数据表明，基层村委会在决定村庄重大事项时，能够有效积极地调动内外部的各类力量。有超过八成的村委会都有过召开村民大会，征求村民意见，或者咨询专家或技术人员的经历。相对而言，引入各类企业或社会组织比例稍低，但也接近七成。

在村庄发展的重大事项上，召开村民大会是村民自治管理的基本要求，对于统一村民意见，避免内耗，保证重大的决策能够有效执行都有着重大意义。另外，在产业发展上，咨询专业技术人员也非常必要。桂林 GQ 村前些年开始兴起莲藕种植，最初是少部分村民挖塘种藕，后来其他村民开始仿效，但都比较零散，缺乏统一规划。地方政府和村委会也有意把莲藕种植作为村里的支柱产业，打造一个莲藕种植基地。村委会召开多次村民大会，在获得大多数村民认可之后，从上级政府得到了必要的政策资金支持，进行了村庄道路改造、给排水设施维修等，并与专家及外省的种植大户联系。整个莲藕种植基地的建设，充分体现了基层组织和政府对各类资源的协调利用。

总之，农村人居环境和卫生方面的宣传比较常见，但与城中村或城郊农村相比，偏远农村在内容更新、宣传资源的获取、宣传形式的多样性上都有所不足。在农村人居环境与卫生治理措施中，最常见的是道路硬化、建垃圾池和消杀"四害"，其次是修建下水道、化粪池、农田水利维修等，最少见的是对农村白色污染进行清理。在 6 类人居环境与卫生整治措施中，接近三成村庄实施过其中 3 类以上措施。农户对各级政府在人居环境与卫生整治中的表现的评价接近中等水平。比较而言，政府级别越高，农户的评价越高，其中农户对中央政府环保与卫生施政的评价得分最高，对基层的评价得分最低，对村委会施政表现的评价处于中等稍微偏上一点的水平。

在村民参与人居环境与卫生治理的 8 类公共活动中，排在前列的是参与基层的相关会议、参与防疫政策宣传实施、参与村庄道路清洁。每个村民都至少参加了其中 1 类活动，同时参加 3 类以上的村民接近四成。在村民智力参与人居环境与卫生治理的 4 类活动中，排在前列的是通过自媒体或微信等向外界反映村庄问题，直接向村委会反映人居环境与卫生方面的问题。每个村民也都至少参加了其中1类活动，至少参加过2类的有三成多。村民在人居环境与卫生治理中咨询或求助的主要对象包括有经验的村民、基层或政府工作人员、专业技术人员。相对而言，村民在农业生产上更多地求助或咨询技术人员，在了解相关政策或获取政策支持上，更多地咨询或求助基层或政府工作人员。在村委会与三类主体的合作中，最常见的合作主体是村庄内的村民，其次是专家和技术人员，而村委会对外部企业或社会组织的资源利用最少。

第四节 农村人居环境与卫生政策执行和协同治理对治理效果的影响

一、变量说明

前文研究了农村居民环保与卫生行为和村庄人居环境与卫生的现状，农村人居环境与卫生治理或政策实施的现状。本部分将探讨两者之间的关系，即政府部门（主要是基层政府部门）对农村人居环境和卫生政策的执行实施是否能够影响村民个人的环保观念和行为，是否能够影响村庄的人居环境与卫生？为此，本书将以农村人居环境和卫生政策的执行状况为自变量，以村民的环保与卫生意识、行为，村庄的人居环境与卫生现状为因变量，通过多元线性回归模型分析自变量和因变量之间的关系。另外，本书还特别关注村庄人居环境与卫生治理中，各方力量协同参与对人居环境与卫生治理效果的影响。因此，同时以村庄人居环境与卫生治理中的协同参与状况作为自变量，关注其对村民环保与卫生行为、村庄人居环境与卫生的影响。具体的变量操作如下：

（一）因变量的操作

1. 村民环保与卫生行为观念

村民个人或家庭的环保与卫生行为和观念分为以下三个方面：

其一，村民生活中的环保与卫生行为。本书对环保与卫生行为从负向的角度来测量，即关注农民生产生活中的不环保不卫生行为。生活中的不环保不卫生行为包括6个指标：污水的不环保不卫生处理（排入露天沟渠或直接排入菜地，有其一即为不环保不卫生）、生活垃圾的不环保不卫生处理（扔在路边或填埋燃烧，有其一即为不环保不卫生）、厕所类型的不环保不卫生（仍在使用旱厕则为不环保不卫生）、禽畜粪便的不环保不卫生处理（扔垃圾桶或放任不管，有其一即为不环保不卫生）、燃料的不环保不卫生处理（只选择秸秆或煤炭作为燃料，

有其一即为不环保不卫生）、防疫参与行为不足（最多只参与了3类的防疫行为，即为防疫参与不足）。以上6个指标的取值都是0（无不环保不卫生行为）和1（有不环保不卫生行为）两类。将以上各类不环保不卫生行为加总，得到的就是村民在生活中的不环保不卫生行为总数。

其二，村民生产中的健康环保行为。生产中的环保与卫生行为也是从负向角度来测量，即关注生产中的不环保不卫生行为。包括下列5个方面：农用废旧塑料薄膜的不环保不卫生处理（扔到田里或焚烧或填埋，有三者之一即为不环保不卫生）、秸秆的不环保不卫生处理（直接在田埂上烧掉即为不环保不卫生）、肥料使用不环保不卫生（只用化肥不用农家肥即为不环保不卫生）、农药使用类型的不环保不卫生（使用了有较多毒性或残留的农药即为不环保不卫生）、农药瓶的不环保不卫生处理（扔在田地或扔到垃圾桶即为不环保不卫生）。以上5个指标取值都是0（无不环保不卫生行为）和1（有不环保不卫生行为）两类。将以上各类不环保不卫生行为加总，得到的就是村民在生产中的不环保不卫生行为总数。

其三，村民的环保与卫生观念。包括环保与卫生知识和环保与卫生意识两个维度。将表5-16和表5-17中的各6个指标相加求总均分，即为村民环保与卫生观念的得分。分值越高，表示村民的环保与卫生观念越强。

2. 农村人居环境与卫生状况

村庄人居环境与卫生状况，是通过村民对村庄人居环境与卫生的评价来测量。将表5-18中的几个指标加总求均值，得到的就是村民对村庄人居环境与卫生的评分，得分越高，表示村庄的人居环境与卫生越好。

（二）自变量的操作

本书的自变量包括村庄的人居环境与卫生治理政策实施现状，村庄人居环境与卫生治理中的协同参与现状。

1. 农村人居环境与卫生治理政策实施现状

包括以下四个维度：

其一，人居环境与卫生政策宣传教育情况，即村庄人居环境保护与卫生健康方面政策宣传的频率、村庄各类教育宣传的形式多样性，两个指标相加求均值，值越高，则表明宣传教育工作做得越好。

其二，村庄人居环境与卫生整治数量或施政数量，即村庄近几年开展人居环境与卫生整治活动的数量，共涉及道路硬化、建立垃圾池等6项活动（见表5-19）。6项活动的数量加总，值越高表示村庄有过的人居环境与卫生治理的数量类型越多。

其三，村庄人居环境与卫生治理的水平或施政质量，即对各级政府部门在村庄人居环境与卫生整治中施政表现的评价，共涉及对3个级别的政府和基层村委会的施政评价（见表5-20）。将四类评价加总求均值，得分越高，表明各级政府和村委会的环卫施政表现越好，人居环境与卫生治理的水平或质量越高。

其四，基层村委会执行人居环境与卫生政策的表现得分。共涉及6个指标（见表5-21），加总后求均值，得分越高，表示基层村委会的人居环境与卫生政策执行表现越好，能够做到合理有效。

2. 农村人居环境与卫生协同治理状况

包括与外部资源合作情况以及人居环境与卫生治理的公共参与情况。与外部资源合作情况分为村民与外部资源合作、村委会与外部资源合作两个方面。人居环境与卫生治理的公共参与情况，包括村民对人居环境与卫生治理的行为参与，村民对人居环境与卫生治理的智力参与两个方面。四个方面的操作具体如下：

其一，村民与外部力量合作的现状。村民与外部力量的合作情况，是指村民在5类活动中（见表5-24），是否寻求了有经验的村民、政府工作人员、技术人员这三类人员的帮助，与这三类外部力量之一进行合作，则取值为1。然后将5类活动是否与外部力量合作的分值相加，即得到村民与各类外部资源合作的得分，分值越高，表明村民在人居环境与卫生治理中与外部力量的合作越多。

其二，村委会与各方资源合作的情况。是指村委会在施政过程中，与村民、专家技术人员、企业等外部组织力量合作的情况。将表5-25中的三个指标得分加总，即得到村委会与外部资源合作的得分，分值越高，外部资源的利用越多。

其三，村民的人居环境与卫生治理中的行为参与，即村民是否参与了8类与村庄人居环境与卫生治理有关的行动（见表5-22）。参与各类公共活动的数量越多，表明村民对村庄公共活动的行为参与越积极。

其四，村民人居环境与卫生治理中的智力参与，即村民是否在四个方面对村庄人居环境与卫生治理提出建议或对策（见表5-23），参与各类智力活动的数量越多，表明村民在村庄智力活动的参与上越积极。

（三）控制变量的操作

本书还引入了性别、年龄、学历、经济状况、身体状况、居住区域、住房类型作为控制变量。其中性别（是否男性）、住房类型（是否自建房）设置为虚拟变量。在年龄、学历、经济状况和身体状况的引入方面，本书直接将顺序变量作为定距变量使用。居住区域有四个取值，即农村、乡镇集市、城中村和城市市区，将其分别赋值为1~4，表示距离城市的远近或城市化程度，值越高，表示离城越近或城市化程度越高。

（四）变量描述统计

表 5-26　变量描述统计

变量类型	变量名	最小值	最大值	均值	标准差
自变量 政策实施	人居环境与卫生政策宣教传育	1.00	3.00	1.916	0.604
	环保与卫生施政数量（村庄实施的人居环境与卫生治理的措施数量）	0.00	6.00	2.556	1.579
	环保与卫生施政质量或水平（对各级政府人居环境与卫生治理表现的评价）	1.00	3.00	1.931	0.469
	村委会的执行政策表现	1.00	3.00	2.110	0.316
自变量 协同 治理	村民与外部资源合作情况	0.00	5.00	3.536	2.073
	村委会与外部资源合作情况	3.00	9.00	6.106	1.471
	村民人居环境与卫生治理的行为参与	1.00	8.00	2.509	1.868
	村民人居环境与卫生治理的智力参与	1.00	4.00	1.558	0.958
因变量	村民生活中的不环保与不健康行为	0.00	6.00	1.474	1.181
	村民生产中的不环保与不健康行为	0.00	5.00	2.114	1.260
	村民的环保与卫生观念	1.67	4.75	3.424	0.589
	村庄人居环境与卫生质量	1.00	3.00	1.765	0.537
控制 变量	性别	0.00	1.00	0.432	0.495
	年龄	1.00	4.00	1.837	0.626
	学历	1.00	5.00	3.190	1.013
	经济状况	1.00	4.00	1.936	0.692
	健康状况	1.00	4.00	2.788	0.807
	离城远近	1.00	4.00	1.930	1.181
	住房类型	0.00	1.00	0.701	0.458

二、政策实施对个人环保与卫生行为及意识的影响

（一）各类农村人居环境和卫生政策实施对生活中的不环保不卫生行为的影响

以下将以四类政策实施变量作为自变量，以村民生活中的不环保与不卫生行为作为因变量，建立四个回归模型，探讨政策实施的哪些因素会抑制或降低村民生活中的不环保不卫生行为。模型五则是同时引入四类政策实施变量，考察相互控制下各类变量的影响。如表 5-27 所示。

表 5-27　各类环卫政策实施对生活中的不环保不卫生行为的影响

	模型一		模型二		模型三		模型四		模型五	
	B	SE	B	SE	B	SE	B	SE	B	SE
性别	-0.139**	0.288	-0.125**	0.061	-0.146**	0.061	-0.187***	0.061	-0.168	0.061
年龄	0.069	0.061	0.067	0.053	0.062	0.053	0.076	0.053	0.055	0.053
学历	0.017	0.053	0.033	0.030	0.010	0.030	0.011	0.030	0.013	0.030
经济状况	-0.109**	0.030	-0.116**	0.047	-0.107**	0.047	-0.111**	0.047	-0.112	0.047
健康状况	0.113***	0.047	0.102***	0.039	0.122***	0.039	0.115***	0.039	0.126*	0.039
离城远近	-0.020	0.039	-0.013	0.032	-0.017	0.032	-0.003	0.032	0.000	0.032
是否自建房	0.121	0.032	0.149*	0.083	0.114	0.083	0.125	0.082	0.120	0.083
宣传教育	-0.165**	0.084	—	—	—	—	—	—	-0.094	0.084
施政数量	—	—	-0.053**	0.019	—	—	—	—	-0.045**	0.020
施政质量	—	—	—	—	-0.270***	0.065	—	—	-0.234***	0.084
村委会表现	—	—	—	—	—	—	-0.617***	0.094	-0.555***	0.097
常量	1.500***	0.288	1.257***	0.258	1.721***	0.289	2.480***	0.324	2.729***	0.338
F	4.211***		4.323***		5.572***		8.811***		7.695***	
调整后的 R^2	0.016		0.017		0.023		0.039		0.045	

注：*表示 p<0.1，**表示 p<0.05，***表示 p<0.01。

以上数据显示，前四个模型对应的四个自变量的回归系数都是负值，表明四类政策实施变量都能够对村民生活中的不环保不卫生行为产生一定的抑制作用。结合模型五的数据，宣传教育对生活中的不环保不卫生行为的抑制不显著，其他几个政策变量都能够对不环保不卫生行为产生一定的抑制作用。结合边际效应的分析（四个标准化回归系数值分别为 0.038、0.060、0.093、0.146），可以知道村委会表现和施政质量比施政数量更能够减少生活中的不环保不卫生行为。

村庄有关人居环境与卫生方面的宣传教育由于形式相对单调，宣传内容与农民的实际需求脱节，对改变村民环境与卫生习惯并没有产生很显著的作用。政府在人居环境与卫生方面的治理活动越多，越能够为村民的环保与卫生行为创造条件。但是如果这些整治措施仅注重数量，只是为了完成上级布置的人居环境与卫生整治任务，忽视实际的实施效果，却不能真正让村民受益，那么这些人居环境与卫生治理活动的实施也并不会显著减少村民在生活中的不环保不卫生行为。例如，在 JS 村的排污管道建设中，政府只对居住比较集中的大部分村民进行了管道改建，居住相对分散的部分住户原定第二期再修建，但后续由于资金不足，部

分村民拒绝集资，最后第二期的下水道建设工作并没有完成。这部分村民的生活污水还是和以往一样，直接排放到露天沟渠。

可见，形式主义的村庄人居环境与卫生治理活动，并不一定能够对村民日常的环保与卫生行为产生影响。村民更看重的是各级政府或基层村委会的施政表现和施政实效。

（二）各类农村人居环境和卫生政策实施对生产中的不环保不卫生行为的影响

以下将以四类政策实施变量作为自变量，以村民生产中的不环保不卫生行为作为因变量，建立四个回归模型，探讨政策实施的哪些因素会抑制或降低村民生产中的不环保不卫生行为。模型五则是同时引入四类政策实施变量，考察相互控制下各类变量的影响。如表 5-28 所示。

表 5-28　各类环卫政策实施对生产中的不环保不卫生行为的影响

	模型一		模型二		模型三		模型四		模型五	
	B	SE	B	SE	B	SE	B	SE	B	SE
性别	0.054	0.060	0.054	0.061	0.041	0.060	-0.002	0.060	0.015	0.060
年龄	-0.007	0.053	0.008	0.053	-0.008	0.052	0.012	0.052	-0.013	0.052
学历	0.082***	0.030	0.100***	0.030	0.077***	0.030	0.081***	0.029	0.073**	0.030
经济状况	-0.104**	0.046	-0.111**	0.047	-0.102**	0.046	-0.107**	0.046	-0.104**	0.046
健康状况	-0.008	0.039	-0.031	0.039	-0.006	0.039	-0.017	0.038	0.003	0.038
离城远近	-0.318***	0.032	-0.311***	0.032	-0.313***	0.032	-0.298***	0.032	-0.301***	0.032
是否自建房	0.264***	0.082	0.306***	0.083	0.267***	0.082	0.284***	0.081	0.257***	0.082
宣传教育	-0.300***	0.063	—	—	—	—	—	—	-0.094	0.083
施政数量	—	—	-0.033*	0.019	—	—	—	—	-0.014	0.019
施政质量	—	—	—	—	-0.334***	0.064	—	—	-0.186**	0.083
村委会表现	—	—	—	—	—	—	-0.641***	0.093	-0.545***	0.096
常量	2.973***	0.284	2.409***	0.255	3.047***	0.284	3.722***	0.320	4.133***	0.334
F	38.919***		35.999***		39.612***		42.577***		32.803***	
调整后的 R^2	0.164		0.153		0.166		0.177		0.184	

注：* 表示 $p<0.1$，** 表示 $p<0.05$，*** 表示 $p<0.01$。

以上数据中，前四个模型对应的自变量的回归系数也都是负值，表明四类施政因素都能够或多或少地减少村民在生产中的不环保不卫生行为。结合模型五，统计检验表明宣传教育及施政数量对抑制不环保不卫生行为的作用不显著。与前面对生活中的不环保不卫生行为的研究类似，环保与卫生整治活动的实施质量、村委会的施政表现能够显著减少村民生产中的不环保不卫生行为。

综合来看，环境保护或卫生健康方面的宣传教育，对减少村民生产生活中的不环保不卫生行为虽然有一定效果，但效果比较有限。真正能够对村民的环保与卫生行为产生影响的政策因素，还是政府实施环卫政策的质量以及基层政府的行政表现。政府在开展人居环境与卫生整治活动的过程中，质量比数量更为重要。政府的人居环境与卫生治理活动需要避免形式主义，注重落实，才能保证农民生产中环保与卫生行为的可持续性。例如，几年前，实地考察的几个村庄都专门进行过农药瓶的回收政策宣传，并设置了回收点，但是由于实际设置的回收点太少，基层也没有健全回收管理的制度，后续的配套没有做好，一两年后很多地方的回收政策都名存实亡了。

（三）各类农村人居环境和卫生政策实施对村民的环保与卫生观念的影响

以下将以四类政策实施变量作为自变量，以村民的环保与卫生观念作为因变量，建立四个回归模型，探讨政策实施中哪些因素会提升村民的环保与卫生观念。模型五则是同时引入四类政策实施变量，考察相互控制下各类变量的影响。如表 5-29 所示。

表 5-29　各类环卫政策实施对村民环保与卫生观念的影响

	模型一		模型二		模型三		模型四		模型五	
	B	SE	B	SE	B	SE	B	SE	B	SE
性别	-0.046	0.030	-0.046	0.030	-0.044	0.030	-0.028	0.030	-0.047	0.030
年龄	-0.066**	0.026	-0.066**	0.026	-0.061**	0.026	-0.067**	0.026	-0.052**	0.026
学历	0.075***	0.015	0.075***	0.015	0.078***	0.015	0.078***	0.014	0.071***	0.015
经济状况	0.100**	0.023	0.100***	0.023	0.099***	0.023	0.100**	0.023	0.103***	0.023
健康状况	0.008	0.019	0.008	0.019	0.003	0.019	0.005	0.019	0.002	0.019
离城远近	-0.009	0.016	-0.009	0.016	-0.010	0.016	-0.015	0.016	-0.018	0.016
是否自建房	-0.110**	0.041	-0.110***	0.041	-0.104**	0.041	-0.108**	0.040	-0.109***	0.040
宣传教育	0.038	0.031	—	—	—	—	—	—	-0.032	0.025
施政数量	—	—	0.038	0.031	—	—	—	—	0.043***	0.010
施政质量	—	—	—	—	0.102***	0.032	—	—	0.065**	0.033
村委会表现	—	—	—	—	—	—	0.253***	0.046	0.228***	0.048
常量	3.042***	0.141	3.042***	0.141	2.908***	0.141	2.578***	0.158	2.481***	0.165
F	13.139***		16.081***		14.317***		16.949***		14.780***	
调整后的 R^2	0.059		0.072		0.064		0.076		0.089	

注：*表示 p<0.1，**表示 p<0.05，***表示 p<0.01。

以上数据显示，除了宣传教育之外，其他几个政策实施变量都对村民的环保与卫生观念产生了显著的正向影响，即村庄实施的人居环境与卫生整治活动越多，政府施政的质量越佳，村委会的施政表现越好，村民的环保与卫生观念就会越强。可以认为，硬性的环保与卫生政策的执行实施，比软性的环保与卫生宣传，更能够提升居民的环保与卫生观念。环保与卫生观念包括环保与卫生知识和意识两个维度。各类人居环境与卫生整治的具体实施，如建立垃圾转运点、消杀“四害”、改造厕所、建立化粪池等，应该能够增加村民对环保与卫生知识或相关政策的了解。同样地，各类整治活动中居民的实际参与以及整治活动带来的生产生活环境的改变，也应该能够提升他们环保与卫生的行为意识和责任意识。

但是在模型一中，环保与卫生政策的宣传教育并没有对村民的环保与卫生观念产生显著的正向影响。在模型五中甚至还发现，政策宣传对环保与卫生观念产生了微弱的负向作用（但统计检验并不显著）。本书的结论与预想不一致，为详细了解教育宣传对环保与卫生观念的具体作用，表 5-30 将环保与卫生观念拆分为环保与卫生知识和环保与卫生意识两个因变量，分别进行回归。

表 5-30　环保与卫生宣传对村民环保与卫生知识和意识的影响

	模型一 环保与卫生知识		模型二 环保与卫生意识	
	B	SE	B	SE
性别	0.042	0.045	-0.133***	0.028
年龄	-0.071*	0.039	-0.060**	0.025
学历	0.116***	0.022	0.033**	0.014
经济状况	0.140**	0.035	0.059***	0.022
健康状况	0.025	0.029	-0.008	0.018
离城远近	0.003	0.024	-0.021	0.015
是否自建房	-0.121**	0.062	-0.099**	0.039
宣传教育	0.169***	0.047	-0.093***	0.030
常量	2.306***	0.212	3.778***	0.134
F	13.356***		9.1787***	
调整后的 R^2	0.060		0.041	

注：* 表示 p<0.1，** 表示 p<0.05，*** 表示 p<0.01。

通过对以上数据统计分析发现，政策宣传对环保与卫生知识产生了显著的正向影响（B=0.169），环保与卫生宣传频率越高，形式越多样化，村民能够更多地了解或掌握环境保护与卫生健康方面的政策和知识，即环保与卫生宣传能够提升村民的环保与卫生知识。环保与卫生宣传对环保与卫生意识则产生了显著的负向影响（B=-0.093），即宣传的频率越高，形式越多样化，并没有带来农民环保与卫生意识的提升，反而降低了村民的环保与卫生意识。因此，环保与卫生宣传对环保与卫生观念的两个维度产生了两类相反的影响，环保与卫生宣传提升了村民的环保与卫生知识，但降低了村民的环保与卫生意识。

环保与卫生宣传会降低村民的环保与卫生意识的原因可能有两点。其一，与宣传的形式有关。与危机意识和责任意识相关的环保与卫生意识在实际的宣传中大多是口号式的，如“保护环境人人有责”“保护地球就是保护我们自己”；或者脱离农民的实际生活，如“节能意识进万家、减排连着你我他”“倡导低碳消费，共建美好家园”等。这种超出很多农民的理解范围，且与其实际生活脱节的宣传，可能导致他们出现逆反心理，宣传得越多，危机感和责任感反而越低。其二，与农村人居环境与卫生宣传的内容有关。很多人居环境与卫生方面的宣传都是关于新农村建设下，农村人居环境与卫生逐渐变好的内容。农民也确实感受到了农村人居环境与卫生向好的变化。并且国家的投入在农村人居环境与卫生的改变中起到非常大的作用，村民更多地感受到国家富裕和充裕的资金投入是人居环境与卫生变好的主要原因，村民自身的参与及其作用相对降低了。这类宣传越多，反而让农民的危机意识和责任意识出现某种程度的下降。

总之，环保与卫生宣传对农民的环保与卫生观念影响比较复杂，且作用并不算突出。与软性的环保与卫生宣传相比，人居环境与卫生整治的硬性活动更能直接影响农民的环保与卫生观念。

（四）各类农村人居环境和卫生政策实施对农村人居环境与卫生状况的影响

以下将以四类政策实施变量作为自变量，以村庄的人居环境与卫生状况作为因变量，建立四个回归模型，探讨政策实施中哪些因素会提升村庄的人居环境与卫生状况。模型五则是同时引入四类政策实施变量，考察相互控制下各类变量的影响。如表5-31所示。

表5-31 各类环卫政策实施对村庄人居环境与卫生状况的影响

	模型一		模型二		模型三		模型四		模型五	
	B	SE	B	SE	B	SE	B	SE	B	SE
性别	0.017	0.022	0.027	0.027	0.046**	0.022	0.060**	0.027	0.018	0.021
年龄	-0.039**	0.019	-0.080**	0.024	-0.041**	0.019	-0.092**	0.024	-0.025	0.018
学历	-0.007	0.011	-0.042**	0.013	0.001	0.011	-0.030**	0.013	0.000	0.010
经济状况	0.000	0.017	0.014	0.021	-0.003	0.017	0.009	0.021	-0.003	0.016

续表

	模型一		模型二		模型三		模型四		模型五	
	B	SE	B	SE	B	SE	B	SE	B	SE
健康状况	0.051***	0.014	0.102***	0.017	0.049**	0.014	0.099***	0.017	0.040**	0.013
城市化程度	-0.021*	0.012	-0.035**	0.014	-0.031**	0.012	-0.035**	0.014	-0.025**	0.011
是否自建房	-0.038	0.030	-0.128**	0.037	-0.049*	0.030	-0.116**	0.037	-0.031	0.028
宣传教育	0.662***	0.023	—		—	—	—		0.371***	0.029
施政数量	—	—	0.049***	0.009	—	—	—	—	0.015**	0.007
施政质量	—	—	—	—	0.696***	0.023	—	—	0.462***	0.029
村委会表现	—	—	—	—	—	—	0.191***	0.043	0.083**	0.033
常量	0.516***	0.105	1.808***	0.115	0.439**	0.103	1.593***	0.146	0.303	0.115
F	116.340***		13.968***		128.486***		12.403***		40.071***	
调整后的 R^2	0.373		0.063		0.397		0.056		0.455	

注：*表示 p<0.1，**表示 p<0.05，***表示 p<0.01。

以上数据表明，四类政策实施变量都能够正向影响农村的人居环境与卫生，人居环境与卫生方面的宣传教育、人居环境与卫生治理活动的数量、质量、村委会的表现都能够提升或改善农村的人居环境与卫生。综合模型五的数据，比较而言，宣传教育和政府人居环境与卫生治理的质量对农村人居环境与卫生的影响更大。

环保与卫生宣传教育对村庄集体环境与卫生的正向影响，主要是通过改变村民个体的行为来实现的。表 5-27 和表 5-28 的研究表明，环保与卫生宣传教育能够或多或少降低村民在生活和生产中的不环保不卫生行为。每个村民在日常生活生产中行为的改变，必将带来村庄人居环境与卫生的变化。此外，人居环境与卫生政策、知识的教育宣传，所形成的舆论氛围，也能够直接或间接地影响村委会等基层组织的环保与卫生决策。例如，在访谈中，曲靖 XL 村工作人员就谈到，每年 3~4 月，地方政府都会发布一些灭“四害”的宣传，村委会的宣传栏上也会有相关的图片和知识介绍。这两年，很多村民来村委会办事，看到相关的宣传之后，就会询问工作人员村里什么时候开始灭“四害”？怎么领取和投放药物？需要村民配合做哪些工作？本来村委会只是把灭“四害”当作一个宣传任务，并没有想过以村集体的力量来统一灭“四害”，但是由于村民经常询问，关注的人多了，最后村集体就开始主动安排和组织灭“四害”的行动，这几年村委会已经将灭“四害”作为每年春夏的常规工作了。

各级政府在农村人居环境与卫生整治中的投入和表现，是能够真正改变农村人居环境与卫生的力量。近年来，各地政府在全国农村开展了多项人居环境与卫生整治活动，如道路硬化、化粪池或沼气池建设、农田水利维修、建立垃圾清运点等，都真切地影响和改变了村民的生产生活环境。各地政府在人居环境与卫生整治方面做的工作越多，表现得越尽职尽责，人居环境与卫生整治的成效越显著，村庄的人居环境与卫生向好变化就会越明显。

三、协同治理对个人环保与卫生行为及农村人居环境与卫生的影响

（一）与外部资源的协作对个人环保与卫生行为及农村人居环境与卫生的影响

以下将以人居环境与卫生治理中村民与外部资源的合作情况作为自变量，以生活中的不环保不卫生行为、生产中的不环保不卫生行为、环保与卫生观念、村庄人居环境与卫生状况作为因变量，分别建立 4 个回归方程，了解个人与外部资源的环保与卫生协作对村民个人环保与卫生行为以及农村人居环境与卫生的影响。

表 5-32 的数据表明，在各类和人居环境与卫生治理相关的活动中，村民与外部资源的合作没有对自身的环保与卫生行为和意识产生影响。但村民与外部资源的合作能够对村庄的人居环境与卫生产生正向影响。村民在日常生产生活中与他人的合作越多，越是咨询或求助其他村民、政府工作人员或技术人员，那么村庄的人居环境与卫生越好。

表 5-32　村民与外部资源的合作对个人环保与卫生行为及村庄人居环境与卫生的影响

	模型一 生活中的不环保不卫生行为		模型二 生产中的不环保不卫生行为		模型三 环保与卫生观念		模型四 村庄人居环境与卫生	
	B	SE	B	SE	B	SE	B	SE
性别	-0.159**	0.061	0.037	0.061	0.052	0.045	0.028	0.027
年龄	0.094*	0.053	0.021	0.053	-0.088**	0.039	-0.076*	0.023
学历	0.018	0.030	0.092*	0.030	0.111***	0.022	-0.041*	0.013
经济状况	-0.110	0.047	-0.108	0.047	0.142***	0.035	0.013	0.021
健康状况	0.102**	0.039	-0.032	0.039	0.037	0.029	0.105***	0.017
离城远近	-0.016	0.032	-0.313***	0.032	0.000	0.024	-0.028	0.014
是否自建房	0.160*	0.084	0.306***	0.083	-0.147**	0.062	-0.094	0.037
村民与他人合作	0.016	0.015	0.009	0.014	-0.008	0.011	0.056***	0.006
常量	1.010**	0.262	2.308***	0.259	2.693***	0.193	1.678***	0.115
F	4.414***		35.613***		11.718***		19.923***	
调整后的 R^2	0.016		0.152		0.053		0.089	

注：* 表示 p<0.1，** 表示 p<0.05，*** 表示 p<0.01。

村民向他人咨询求助的多少，与个人环保与卫生行为没有直接的关联。这可能表明，较多求助于他人的个体，同时也是在生产生活中缺乏相关的环保与卫生建设能力和知识技能的个体，越是咨询求助于他人，可能越是在生产生活中没有做到环保与卫生。此外，在生产生活中出现与环保与卫生建设相关的困难和问题时，能够找到足够的外部资源来获得帮助，并解决这些问题，也说明村庄本身在人居环境保护和健康治理建设方面有足够的人力资源，这些人力资源之间的相互合作，是村庄人居环境与卫生建设的重要条件。

以下将以人居环境与卫生治理中村委会与外部资源的合作情况作为自变量，以生活中的不环保不卫生行为、生产中的不环保不卫生行为、环保与卫生观念、村庄人居环境与卫生状况作为因变量，分别建立4个回归方程，了解村委会与外部资源的环保与卫生协作对村民个人环保与卫生行为以及农村人居环境与卫生的影响。

表5-33模型一和模型四的数据表明，村委会与外部资源的合作能够显著降低村民日常生活中的不环保不卫生行为，也能够显著提升村庄的人居环境与卫生。模型二的数据显示这种合作也能够降低生产中的不环保不卫生行为，只是这种改变在统计学上并不显著。

表5-33 村委会与外部资源的合作对个人环保与卫生行为及村庄人居环境与卫生的影响

	模型一 生活中的不环保不卫生行为		模型二 生产中的不环保不卫生行为		模型三 环保与卫生观念		模型四 村庄人居环境与卫生	
	B	SE	B	SE	B	SE	B	SE
性别	-0.141**	0.061	0.043	0.060	-0.137***	0.028	0.035	0.025
年龄	0.064	0.054	0.009	0.053	-0.055**	0.025	-0.056**	0.022
学历	0.030	0.030	0.097	0.030	0.037***	0.014	-0.048***	0.013
经济状况	-0.111**	0.047	-0.108	0.047	0.058***	0.022	0.009	0.020
健康状况	0.112***	0.039	-0.027	0.039	-0.014	0.018	0.079***	0.016
离城远近	-0.026	0.032	-0.317***	0.032	-0.021	0.015	0.013	0.014
是否自建房	0.121	0.084	0.291**	0.083	-0.090***	0.039	-0.076**	0.035
村委会与他人合作	-0.063***	0.021	-0.029	0.021	-0.007	0.010	0.133***	0.009
常量	1.538***	0.285	2.523***	0.282	3.627***	0.133	1.089***	0.119
F	4.524***		35.845***		7.983***		40.416***	
调整后的 R^2	0.018		0.153		0.035		0.169	

注：*表示 $p<0.1$，**表示 $p<0.05$，***表示 $p<0.01$。

村庄能够获取的外部资源，与村庄自身所处的区位有很大的关联，如城郊或城中村的村组织要比偏远地区的农村获得的资源更多。同时，由于公益观念的普及，以及各类民间组织的兴起，非营利资源要比公司企业等营利性资源更容易获取，成本也更低。由于民间志愿者的力量主要关注环保与卫生宣传教育，而非农业生产方面，因此，村委会与这类民间力量的合作更有可能对农民生活中的环保与卫生行为产生影响。例如，DL 村委会的工作人员就谈到，由于他们村靠近城市，邀请市里的医生来做健康公益讲座很方便，区民政部门和市里的两所大学也有实习合作，DL 村委会可以主动要求区里或街道办安排学生过来实习，而且由于学校距离村委会很近，实习学生通勤比较方便，村里每年都能收到几个实习生，但另外几个偏远的村庄就比较难申请到实习学生。近几年，选派到 DL 村的这些实习学生通常比较擅长自媒体运营或视频制作宣传，经常帮村委会制作卫生健康方面的公益宣传视频，或帮忙维护村委会的网站或公众号。

村委会对基层民众的动员、对专家技术人员的尊重和对各类民间资源的开发使用等都在很大程度上体现了村委会的基层治理能力和责任心。随着农村大规模基建的完成，当前很多农村人居环境与卫生治理项目都需要村委会能够主动去寻找政策支持，主动获取外部资源，前文提到发展莲藕种植业的 GQ 村委会就是如此。通过村民大会统一思想，联系外省的莲藕种植专家提供技术支持，进行产业化的可行性考察，并据此向上级政府反映政策和资金支持需求，使得路面硬化、农田水利改建等得以进行，最终将少数村民自发的莲藕种植发展成为村庄的特色产业。

（二）村民的参与行为对个人环保与卫生行为及农村人居环境的影响

以下将以人居环境与卫生治理中村民的人居环境与卫生治理行为参与作为自变量，以生活中的不环保不卫生行为、生产中的不环保不卫生行为、环保与卫生观念、村庄人居环境与卫生评价作为因变量，分别建立 4 个回归方程，以了解村民参与人居环境与卫生治理活动对村庄人居环境与卫生的影响。如表 5-34 所示。

表 5-34　村民行为参与对个人环保与卫生行为及村庄人居环境的影响

	模型一 生活中的不环保 不卫生行为		模型二 生产中的不环保 不卫生行为		模型三 环保与卫生观念		模型四 村庄人居环境与 卫生评价	
	B	SE	B	SE	B	SE	B	SE
性别	-0.136**	0.061	0.033	0.061	-0.056**	0.030	0.040	0.027
年龄	0.079	0.053	0.020	0.053	-0.066**	0.026	-0.092***	0.024

续表

	模型一 生活中的不环保 不卫生行为		模型二 生产中的不环保 不卫生行为		模型三 环保与卫生观念		模型四 村庄人居环境与 卫生评价	
	B	SE	B	SE	B	SE	B	SE
学历	0.030	0.030	0.090***	0.030	0.067***	0.015	-0.038***	0.013
经济状况	-0.118**	0.047	-0.104**	0.047	0.107***	0.023	0.014	0.021
健康状况	0.105***	0.039	-0.035	0.039	0.006	0.019	0.100***	0.017
城市化程度	-0.022	0.032	-0.310***	0.032	-0.004	0.016	-0.027**	0.015
是否自建房	0.131	0.084	0.309***	0.083	-0.103**	0.040	-0.114***	0.037
行为参与	-0.037**	0.016	0.024	0.016	0.039***	0.008	0.026***	0.007
常量	1.237***	0.258	2.290***	0.255	3.034***	0.125	1.845***	0.115
F	4.025***		35.833***		16.216***		11.432***	
调整后的 R^2	0.015		0.153		0.073		0.051	

注：* 表示 $p<0.1$，** 表示 $p<0.05$，*** 表示 $p<0.01$。

以上数据表明，村民个人参与村集体的环境与卫生治理活动，能够提升个人的环保与卫生观念，也能够改善村庄的人居环境与卫生。村庄的人居环境与卫生建设，既取决于国家和村集体的投入，也需要作为村庄主人翁的每个村民的积极参与。当前，很多地方农村取消义务工，农村的大规模国家基建投资基本停止，村民义务参与村庄人居环境与卫生治理活动，一方面，能够节约村庄环境与卫生治理和建设的成本，保持村庄人居环境的整洁与卫生，为村民的生产生活创造更好的物质条件；另一方面，也能够培养村民的集体观念，提升其责任感和效能感，进而增进其环保与卫生意识。在新农村建设中，村民积极参与集体环境与卫生治理活动，是低成本高效率建设新农村的重要条件，也是决定村庄发展潜力的重要因素。

以下将以人居环境与卫生治理中村民人居环境与卫生治理的智力参与作为自变量，以生活中的不环保不卫生行为、生产中的不环保不卫生行为、环保与卫生观念、人居环境与卫生评价作为因变量，分别建立 4 个回归方程，了解村委会与外部资源的环保与卫生协作，对人居环境与卫生的影响。如表 5-35 所示。

表 5-35 村民智力参与对个人环保与卫生行为及村庄人居环境与卫生的影响

	模型一 生活中的不环保 不卫生行为		模型二 生产中的不环保 不卫生行为		模型三 环保与卫生观念		模型四 村庄人居环境与 卫生	
	B	SE	B	SE	B	SE	B	SE
性别	-0.146**	0.061	0.039	0.061	-0.056*	0.030	0.032	0.027
年龄	0.082	0.053	0.018	0.053	-0.063**	0.026	-0.086***	0.024
学历	0.023	0.030	0.093***	0.030	0.069***	0.015	-0.039***	0.013
经济状况	-0.112**	0.047	-0.108**	0.047	0.101***	0.023	0.011	0.021
健康状况	0.101**	0.039	-0.032	0.039	0.007	0.019	0.098***	0.017
城市化程度	-0.017	0.033	-0.313***	0.032	-0.005	0.016	-0.025*	0.014
是否自建房	0.142*	0.084	0.304***	0.083	-0.096	0.041	-0.097***	0.037
智力参与	-0.001	0.032	0.008	0.031	0.063***	0.015	0.082***	0.014
常量	1.156***	0.261	2.331***	0.258	3.023***	0.126	1.775***	0.115
F	3.368		35.566***		15.193***		14.198***	
调整后的 R^2	0.012		0.153		0.068		0.064	

注：* 表示 p<0.1，** 表示 p<0.05，*** 表示 p<0.01。

以上数据表明，村民对农村人居环境与卫生治理的智力参与，能够有效提升其环保与卫生观念，也能够促进村庄人居环境与卫生的改善。村民积极主动为村庄的发展出谋划策，是村民集体意识和社会责任的体现。同时在村庄基层治理过程中，由于政策和监管的缺陷，很可能会出现以权谋私、形式主义、一刀切等各种不合理的现象，如果这类基层治理中的问题没有反馈渠道，以致长期积累得不到解决，则会严重危害农村的发展。当前自媒体的普及，普通村民公民意识和法律意识的增加，都为我们解决这类问题提供了有利的条件。

由于农村外出打工或求学的人群越来越多，很多村庄开展的人居环境与卫生治理活动，都会出现村民参与不足的问题。比较分析调查数据中不同年龄段的人群，发现年轻和年老的农村居民参与的人居环境与卫生治理活动要比中年人更多。访谈中了解到，年轻人（主要是节假日返乡的高中生或大学生）主要参与的是垃圾分类投放的督促宣传、参与或关注村庄的会议或政策、通过各类媒体反映村庄人居环境与卫生方面的问题等。老年人主要参与村庄的道路清扫、清理田间地头垃圾等。总体上，外出打工的中年人作为农村人口的主体，在村庄人居环境与卫生治理方面的参与有着明显不足。如何动员和利用外出人群的力量，如何让村民以各种灵活的方式参与村庄公共事务，对新农村建设有着重大的意义。

由于农村人口的流动与外出，动员外出人群返乡参与实地人居环境与卫生治

理活动确实会面临很大的问题。现代通信技术的变革，新兴媒体的出现，为外出人群以多种形式参与农村集体事务创造了条件。本书也证明了这种主要依靠新媒体的智力参与方式对新农村人居环境与卫生建设的巨大意义。鼓励村民通过智力参与的方式，为村庄发展出谋划策，监督和关注村庄的人居环境与卫生治理，也是今后农村居民参与村庄人居环境与卫生治理的一个重要选择。

总之，宣传教育对村民日常生活和生产中不环保不卫生行为有一定的抑制作用，但作用效果并不显著。能够显著降低村民生活和生产中不环保不卫生行为的是各级政府的施政质量和村委会的执行政策表现。相对而言，施政的数量虽然也有一定作用，但影响比较小。宣传教育对村民环保与卫生观念的影响比较复杂，分析发现宣传教育能够提升村民的环保与卫生知识，但有可能降低村民的环保与卫生意识。另外，施政的数量、质量、村委会施政表现都能够显著改善村民的环保与卫生观念，但施政质量和村委会施政表现对环保与卫生观念提升的作用更大。四类政策变量都能够提升村庄的人居环境与卫生状况，比较而言，宣传教育和施政质量对村庄人居环境与卫生的提升效用更加突出。

村民与其他资源或主体的合作对自身生产和生活中的不环保不卫生行为没有产生显著的影响，但这种合作能够显著改善村庄的人居环境与卫生状况。村委会与其他资源的合作能够显著降低村民生活中的不环保不卫生行为，也能够显著改善村庄的人居环境与卫生状况。村民对农村人居环境与卫生治理活动的行动参与，能够降低个人生活中的不环保不卫生行为，也能够提升个人的环保与卫生观念，并能改善村庄的人居环境与卫生状况。村民在农村人居环境与卫生治理中的智力参与，能够有效提升其环保与卫生观念，也能够促进村庄人居环境与卫生状况的改善。

第五节　农村人居环境与居民健康协同治理的影响因素

通过对考察点进行调研走访，按照政府组织、社会组织、市场主体及村庄居民划分访谈人群，结合政府网站颁布的相关内容，分别从县、镇、乡、村层面对相关资料进行收集，获取详尽的研究资料，建立扎根理论的研究资料库。在此基础上，运用开放式编码、主轴编码、选择式编码对信息进行梳理与比较，进行概念化的思考及分析，进而归纳出核心范畴，探索出我国农村人居环境与居民健康协同治理效果的影响因素。

一、扎根理论

（一）开放式编码

开放式编码是用完全开放的行为对开放型数据进行逐句编码，进而呈现出开放型数据当中隐藏的初始概念。在开放式编码过程中，逻辑思维不受主观因素的影响，要求以客观、开放的态度将所有的资料内容进行编码，同时统计重复出现的编码节点。开放式编码主要包括范畴、原始语句概念化两个部分，其中范畴是对原始语句概念化的凝练，原始语句概念化则是对访谈资料的初步概括。开放式编码是扎根理论分析的第一步，也是最重要的一步，因为现阶段的编码结果将会是以后阶段再编码的基础与底本。本书通过整理访谈资料，划分出 264 个参考点，剔除无效或关联性不大的参考节点，并对其反复归纳分类、合并组合，最终形成 188 个高频参考点，然后逐行编码，得到 24 个范畴，如表 5-36 所示。

表 5-36　农村人居环境与居民健康协同治理影响因素的开放式编码

范畴［频次］	原始语句概念化
整合上级信息［9］	我们会及时关注上面发布的信息，提前做好相关工作的准备，跟着最新的变动情况来调整环境的治理……
政策与知识宣传［11］	村里开会的时候经常会和我们强调把村里的环境搞好的重要性，也和我们解释了一些国家政策，是说做得好还会有奖励的，村里的一些宣传栏也有很多保护环境、保持健康的宣传内容……
地区往来筛查［15］	对于别的地方传过来的污染物可能没办法很好控制，但是在居民健康管理这一块，我们对传染病的控制还是可以做到的……
实行预检分检［7］	我们村是对符合条件的老年人、妇女等人群定期开展全身体检或是专项体检活动的，在体检中发现问题的，我们会及时安排他们转到上级医院进行进一步的诊断和治疗，在有资源的情况下，我们也会安排一些公益的手术治疗，比如白内障手术……
建立闭环管理［7］	因为污染和传染病都是具有一定流动性的，在这种情况下我们就会及时采取闭环管理，比如在河流里发现了严重的污染物的时候，我们会把水库的闸关上，及时进行这段水域的污染整治工作……
保持持续观察［6］	有一些地方的整治不是一次性就能彻底搞定的，我们一般会对一些治理难点地方进行持续、严格的检查，这个方法也适用于保障居民健康方面……
辅以人文关怀［6］	有一些突发疾病的村民，我们会安排村委会的工作人员打电话或者亲自去慰问一下，看看能不能帮助他们一些……
功能小组监督［12］	好像是上面统一安排的，隔一段时间就会有一些穿着制服的工作人员来检查和维修水管、污水处理之类的设备，也会有人来河里取样拿回去检测……
环境小组监督［9］	我们是环境巡查 4 组负责的，我们组的组长就住在我们家旁边，他工作很认真，基本每天都会安排人员去一些垃圾点、河涌这些地方看看……

续表

范畴［频次］	原始语句概念化
村庄协同制度［6］	我们村还是想通过一些正式的制度来联合不同村和村里不同小组的力量，来一起面对环境治理的复杂问题……
村民保障制度［6］	虽然平时没什么事，但在一些特殊情况下，像我们这种灵活就业人员，社会保障金怎么交还是个问题，还有那些突然生了重病的人，家里又没有那个条件，就生活困难……
医务人才不足［8］	村里就只有两个老大夫轮流值班，平均年龄都超过 55 岁了，没什么办法，我们这块村里都这样……
治安人员缺失［6］	遇到一些重大事件或任务的时候，村委会和党支部的人都调用完了，平时村里治安大多依赖极个别自发组织的居民……
信息技术保障［6］	现在不像之前那么落后了，政府在我们这里安装了摄像头还有其他的一些检测设备，我们工作人员就可以很快地了解各地区有些什么新情况……
视频采集设备［8］	村里很多地方都安置了摄像头和大喇叭，对一些违法排污、乱堆垃圾等行为能起到一个很好的监管作用，大喇叭主要是用在一些号召活动中……
医药用品保障［9］	村里就一家诊所，很多药都没有，需要去城里买药……
整治用品供给［7］	在环境整治的时候，我们都会派发手套、垃圾夹、扫把之类的工具，在村里组织的健康体检、义诊等的活动里，我们也会保障工作者的口罩、手套等物资，还有提供酒精、消毒液的……
环境与卫生实时数据［6］	我们镇政府有官方的网站，也有微信公众号，他们对河流、土壤里的污染监测数据、污水的处理情况等都会上传到网上，我们村的环境、卫生治理工作也是按照上面颁布的公告指示来做的，比如说对哪些地方的巡查要加强，我们都是按照官方通告的信息为标准……
部门联系方式［8］	村委会那边和环境督察、设备维修的负责人是有联系的，看到有环境破坏、污水排放、路灯之类的设备坏了，都可以直接打电话联系。一般来说，我们直接联系相关的负责人就行了……
相关专家建议［7］	虽然现在环境好一些了，但还是能经常在新闻里听到说要加强乡村卫生环境的工作，特别是说让我们做好垃圾分类、参与改厕所之类的……
媒体观点评论［9］	在家经常在电视上看到很多优秀党员、志愿者为农村的事情付出了很多，志愿者、医护人员都很辛苦的……
工作获得认可［5］	我们是自愿的，没考虑过能得到什么，就是觉得为我们这个大家庭做一点事，看到大家对我们工作都尊重和理解，我们就很开心了……
工作内部反省［6］	我们内部定期会对环境、卫生工作做检讨与反省，有相互批评也有自我批评……
工作福利报酬［9］	我们村里的工作人员本身就是为群众办事的，虽然环境的清洁工作比较繁琐，一些卫生工作也是有点风险的，但是这也是我们分内之事，没有什么额外奖励的……

（二）主轴编码

将开放式编码内提取的不同类型、不同层级、关系尚未明晰的范畴再次组合、归纳、比较、提炼，并且把已经形成的范畴进行有机联系、分类归纳，形成主范畴。主轴编码主要包括主范畴、范畴和关系内涵，其中主范畴是对范畴的再次凝练，关系内涵反映出影响农村人居环境与居民健康协同治理的驱动力的要素作用方式，它从深层上解释了各个维度下的不同要素对驱动力的影响。主轴编码是在开放式编码的基础上再次对编码节点进行归纳，从而形成主要的范畴，其中最重要的一步是确定各范畴之间的关系内涵。本研究依据开放式编码形成的24个范畴继续归纳概念层级的内在关系逻辑，最终提取出10个主范畴，分为监测预防、长效把控、监督问责、应急处置、硬性保障、柔性保障、事实性信息、意见性信息、精神激励、物质激励（见表5-37），以上因素成为目前影响我国农村人居环境与居民健康治理效果的重要要素。

表5-37 农村人居环境与居民健康协同治理影响因素的主轴编码

主范畴［频次］	监测预防［31］	长效把控［12］	监督问责［21］	应急处置［7］
范畴	整合上级信息	保持持续观察	功能小组监督	建立闭环管理
	地区往来筛查	辅以人文关怀	环境小组监督	
	实行预检分检			
主范畴［频次］	硬性保障［36］	柔性保障［31］	事实性信息［14］	意见性信息［16］
范畴	村庄协同制度	政策与知识宣传	环境与卫生实时数据	相关专家建议
	村民保障制度	医务人才不足	部门联系方式	媒体观点评论
	视频采集设备	治安人员缺失		
	医药用品保障	信息技术保障		
	整治用品保障			
主范畴［频次］	精神激励［11］	物质激励［9］		
范畴	工作获得认可	工作福利报酬		
	工作内部反省			

（三）选择式编码

选择式编码基于开放式编码与主轴编码，通过整合与凝练，在所有命名的概念类属中提炼出最能体现所有现象的核心范畴，通过对主范畴进行分析，并挖掘出核心范畴和主范畴、范畴之间的逻辑关系。通过对主轴编码形成的10个主范畴进行选择式编码，本研究得到了能高度概括农村人居环境与居民健康协同治理过程的四大重要的影响因素，分别为运行机制、保障机制、信息联动机制与激励

机制。其中运行机制包括监测预防、长效把控、监督问责与应急处置，保障机制包括硬性保障与柔性保障，信息联动机制包括事实性信息联动与意见性信息联动，激励机制包括精神激励与物质激励，如表5-38所示。

表5-38　农村人居环境与居民健康协同治理影响因素的选择式编码

核心范畴	运行机制	保障机制	信息联动机制	激励机制
主范畴	监测预防	硬性保障	事实性信息联动	精神激励
	长效把控	柔性保障	意见性信息联动	物质激励
	监督问责			
	应急处置			

（四）饱和度检验

饱和度检验是为了检测在编码过程中是否出现了遗漏概念的情况，一般的做法是在不额外获取原始资料的情况下，对其他未编码部分重新进行三级编码分析，以确保全部的概念、范畴和关系都已经被挖掘出来。本研究为了进行理论饱和度检验，对随机抽取的剩余三分之一的原始文字材料进行再次编码、归纳与总结，以下列举了部分原始代表性语句和概念范畴，如表5-39所示。通过理论饱和度检验，可发现未出现新的概念与范畴，也并没有在各概念和范畴之间产生新的关系，说明当前获得的主体范畴基本涵盖农村人居环境与居民健康协同治理的必备要素，进一步表明了所构建的模型达到理论饱和条件。

表5-39　理论饱和度检验示例

序号	范畴	原始语句概念化
1	政策与知识宣传	我们前排道路那块儿还印着不乱扔垃圾口号，是我们这边村委会的人印的……
2	辅以人文关怀	村里很关心我们，有时候家里有什么突发状态，他们知道了之后都会来关心一下，有时候也能帮我们申请上一些政策补贴或者帮我们争取一下公益项目的名额……
3	功能小组监督	我们也有微信群，每家都有一个人在微信群里，村委会里的人经常在群里给我们公布消毒杀菌情况……
4	医务人才不足	我们村诊所值班的大夫我们都认识啊，就那两个，年纪也都挺大的，小病啥的可以去拿个药，大病就去城里了……
5	部门联系方式	无论是张贴通告，还是在微信群下发通知，我们都会把相关负责人的联系方式附着在下面……

续表

序号	范畴	原始语句概念化
6	媒体观点评论	党支部这边会经常给大家推送在农村环境建设或者卫生健康维护方面做出突出贡献的党员啊，很多这类报道，然后这些都成为我们学习的榜样……
7	工作获得认可	其实一些特殊时期，看到村里值班的工作人员，我们真的觉得他们很辛苦，自己家做的饭啊，有时候就会送过去一些……
……	……	……

二、结果分析

运用扎根理论对访谈资料进行编码，本研究得到了影响农村人居环境与居民健康治理效果的因素，即囊括了运行机制、保障机制、信息联动机制和激励机制四个方面的10个要素。在运行机制中，监测预防是一种未雨绸缪的方式，及时发现威胁农村人居环境条件与居民健康水平的因素，对污染源、传染病等及早做出干预，做到早发现早治理，在最大程度上降低相关风险对农村人居环境与居民健康的影响。长效把控是维系长期治理效果的关键，农村人居环境与居民健康治理并非一蹴而就的，而是一个长期的整治与维护过程，需要持续关注农村垃圾点、排水口等地方的污染情况，关心农村居民的健康素质与突发重大疾病的发生，保持农村人居环境与居民健康治理不松懈。监督问责是农村人居环境与居民健康治理中的反馈环节，只有压实责任问题，将治理主体责任与其工作绩效考核结合起来，才能充分发挥各治理项目负责人的工作有效性。应急处置是现代化治理中必不可少的一环，现代社会中突发事件频发，不论是在农村人居环境还是居民健康的治理中，都存在着可能关系到治理全局的突发性公共事件，面对突然暴发的环境污染或是传染性疾病，应急处置能迅速调动社会资源截断相关风险因素的传播，在最大程度上减少其对治理全局的影响。

在农村人居环境与居民健康治理的保障机制方面，主要存在着硬性保障与柔性保障这两类影响因素。硬性保障包括制度性的保障与物质性的保障，亨廷顿指出，制度化流程是机构和程序中实现价值观和稳定性的一个进程①，制度的确立保障着各主体参与治理的权利，其完善性决定着农村人居环境与居民健康治理开展的有序性。物资保障是农村人居环境与居民健康治理中的重要支撑，任何治理活动的展开都离不开物质资源的投入，但在现阶段的人居环境与居民健康治理中，农村所拥有的治理资源与城市地区所拥有的仍有较大差距，特别是在医疗卫

① ［美］塞缪尔·P. 亨廷顿. 变化社会中的政治秩序［M］. 王冠华，刘为，等，译. 上海：上海人民出版社，2008.

生服务供给、医养结合等方面的优质资源较少，从而造成了农村居民不得不进入城市以获取所需物资的现象。柔性保障主要包括人才保障和信息技术保障，多元协作治理的人才队伍是实现农村人居环境与居民健康治理的重要基础，污水治理、垃圾处理、医疗卫生服务提供等都需要大量的人才投入，但农村人才流失严重，导致人居环境的整治与居民健康的治理面临着专业人员、技术人员、维护人员等各类人才的紧缺。此外，在信息化时代，信息技术已在实时监控、数据传播、全民监督等方面发挥着不可替代的作用，在农村人居环境与居民健康治理中信息技术也被广泛地运用在了流域水质监测、空气质量指数监测、疫情防控等领域，相关技术的应用极大地提高了治理的效率。

信息联动机制主要受事实性信息传播和意见性信息传播的影响。类似农村人居环境与居民健康治理中各责任部门的联系方式、环境保护知识、健康卫生知识、新冠患者流调信息等事实性信息可以满足农村居民在人居环境与居民健康治理中的知情权与参与权，提高农村居民的环境与健康意识，促进农村人居环境与居民健康治理中社会力量的凝结。意见性信息主要指的是专家学者研究和意见、行政机关文件和倡议、新闻媒体观点评述等[①]，这类意见的传播可以向社会大众强调与凸显农村人居环境与居民健康治理的意义与重要性，让农村居民得到不同视角的信息，全面提升其参与治理的意识，形成社会共谋农村人居环境优美、居民健康状况良好的发展局面。

在激励机制中，主要存在着精神和物质两方面激励的影响。合理适当的激励措施可以为人们带来较强的工作动力，从而进一步激发其工作的积极性与创造性[②]。物质上的激励可以充分调动各类主体参与治理的积极性与主动性，通过补贴、奖励、资金支持、贸易授权等物质激励手段可以丰富农村人居环境与居民健康治理的人才队伍，吸引市场主体、社会组织、农村居民个体等多元主体发挥自身本领积极参与到治理中。而精神激励可以满足参与主体在物质需求之上的精神追求，补充物质需求所不能供给的精神满足感，同时也能营造出全民参与、积极投身农村人居环境建设与居民健康提升事业的整体社会氛围。精神激励还可以表现为上级政府对治理工作者的认可与关心，上级的认可能给予各方参与者足够的信心，使其更加大胆与努力地投入到农村人居环境与居民健康治理的工作中。

① 张莉．农村地区风险沟通困境与策略探讨［J］．新闻研究导刊，2021，12（17）：143-145.

② 王琳瑛，张经伟．网格化管理与运动式治理在农村突发公共卫生事件中的协同运作——以Z县新冠肺炎疫情防控为例［J］．山西农业大学学报（社会科学版），2021，20（2）：10-19.

第六章　农村人居环境与居民健康治理协同测度和综合效率评价

第一节　农村人居环境与居民健康的协同测度模型构建

农村人居环境与居民健康协同度，指的是农村人居环境与居民健康子系统在发展步调上的一致程度，本书借鉴孟庆松和韩文秀（2000）的研究①，构建了农村人居环境与居民健康协同度测度模型，其中包括子系统有序度模型和复合系统协同度模型。

一、子系统有序度模型

将人居环境与居民健康视为复合系统 $S=\{S_1, S_2\}$，其中 S_1 为人居环境子系统，S_2 为居民健康子系统。考虑子系统 S_j，$j\in[1, 2]$，设其发展过程中的序参量为 $e_j=(e_{j1}, e_{j2}, \cdots, e_{jn})$，其中 $n\geqslant1$，$\beta_{ji}\leqslant e_{ji}\leqslant\alpha_{ji}$，$i=1, 2, \cdots, n$，$\alpha_{ji}$、$\beta_{ji}$ 为系统稳定临界点上序参量分量 e_{ji} 的上限和下限。此中，序参量指的是决定着系统演化速度快慢的指标，它对系统存在着正向与反向两种不同的作用效果，这里假定 e_{j1}，e_{j2}，$\cdots$，e_{jk} 为正向指标、e_{jk+1}，e_{jk+2}，$\cdots$，e_{jn} 为逆向指标。为此，有如下定义：

定义 1：定义式（6-1）中的 $\mu_j(e_{ji})$ 为子系统 S_j 的序参量分量 e_{ji} 的系统有序度。

① 孟庆松，韩文秀．复合系统协调度模型研究［J］．天津大学学报，2000（4）：444-446.

$$\mu_j(e_{ji})=\begin{cases}\dfrac{e_{ji}-\beta_{ji}}{\alpha_{ji}-\beta_{ji}}, & i\in[1,\ k]\\ \dfrac{\alpha_{ji}-e_{ji}}{\alpha_{ji}-\beta_{ji}}, & i\in[k+1,\ n]\end{cases} \tag{6-1}$$

由以上定义可知，$\mu_j(e_{ji})\in[0,\ 1]$，$\mu_j(e_{ji})$数值越大，则表明序参量分量e_{ji}对系统有序的“贡献力”越大。

在对定义式（6-1）中上限α_{ji}与下限β_{ji}的设定上，考虑到复合系统协同度模型的本质，即在时间序列上探究多个系统协同发展的波动与趋势，为了使子系统有序度的评价更有现实意义，研究中需要扩大测度指标数据的时间序列，本研究借鉴杨士弘①和邬彩霞②的测度方法，将各指标的上限α_{ji}和下限β_{ji}分别确认为指标历史值、对比标准值以及预期值中的最大值与最小值。

从总体上看，各序参量分量e_{ji}对子系统S_j有序程度的“总贡献力”可通过对$\mu_j(e_{ji})$的集成来实现；考虑到各子系统有序度的测度值大小及其具体组合形式都会影响集成结果，本研究采用了线性加权求和法的集成方法，即：

$$\mu_j(e_j)=\sum_{i=1}^{n}\lambda_i\mu_j(e_{ji}),\ \lambda_i\geqslant 0,\ \sum_{i=1}^{n}\lambda_i=1 \tag{6-2}$$

定义2：定义式（6-2）中的$\mu_j(e_j)$为序参量变量e_j的系统有序度。由式（6-2）可知，$\mu_j(e_j)\in[0,\ 1]$，$\mu_j(e_j)$数值越大，表明e_j对子系统S_j的有序度“贡献力”就越大，即说明子系统的有序程度越高；反之，则表示子系统的有序程度越低。此中，权系数λ_i代表e_{ji}在保持系统有序运行过程中所处的地位。

二、复合系统协同度模型

定义3：假设在给定的初始时刻t_0，人居环境子系统有序度为$u_1^0(e_1)$，居民健康子系统有序度为$u_2^0(e_2)$；在复合系统发展演变过程中的另一时刻t_1，假定人居环境子系统有序度为$u_1^1(e_1)$，居民健康子系统有序度为$u_2^1(e_2)$，定义式（6-3）为人居环境与居民健康复合系统的协同度。

$$C=\{sig\}(\cdot)\times\sqrt{|u_1^1(e_1)-u_1^0(e_1)|\times|u_2^1(e_2)-u_2^0(e_2)|}$$
$$\{sig\}(\cdot)=\begin{cases}1, & u_1^1(e_1)-u_1^0(e_1)>0\text{ 且 }u_2^1(e_2)-u_2^0(e_2)>0\\ -1, & \text{其他}\end{cases} \tag{6-3}$$

定义式（6-3）对农村人居环境与居民健康子系统的有序度进行了综合分析与运用，其基于时间序列归结了两个子系统有序度的变动情况，以一个动态的视

① 杨士弘. 广州城市环境与经济协调发展预测及调控研究［J］. 地理科学，1994（2）：136-143+199.

② 邬彩霞. 中国低碳经济发展的协同效应研究［J］. 管理世界，2021，37（8）：105-117.

角刻画出该复合系统的协同状态与发展趋势。其中，复合系统协同度测度值 $C \in [-1, 1]$，其数值越大，则表明复合系统的协同状态越佳。当复合系统处于协同演进状态时，测度值 C 会表现为正值，其充要条件是两个子系统在 t_1 时刻的有序度均大于其在 t_0 时刻的有序度。此外，当子系统的协同发展步调不一致，即出现一方发展迅速，而另一方发展缓慢时，尽管其协同度测度值 C 大于零，但它的数值是非常小的，这就表明此时复合系统协同发展的状况并不理想。而只要出现一个子系统的发展在时间序列上的变化是后退的，那么测度值 C 都会表现为负值，即表明复合系统正处于非协同演进状态。综上可知，复合系统协同度模型同时考虑了多个子系统的运行状态，并提供了一种能有效度量复合系统管理效果的评价体系。

三、协同度测度指标体系

哈肯提出的系统协同是一个动态的概念，即协同形成于复合系统的发展演进之中，本研究也将从时间维度来度量农村人居环境与居民健康复合系统的协同度。通过上文对农村人居环境与居民健康协同演进的逻辑梳理可知，农村人居环境的宜居度与居民的健康状态是决定该复合系统达到协同发展的关键性参量，即为复合系统的序参量。按照人居环境建设的逻辑顺序，改善农村人居环境要从改善基础环境、卫生环境以及宜居环境三方面着手；本研究参考王宾和于法稳①的度量以及《关于全面推进乡村振兴加快农业农村现代化意见》中对农村人居环境整治提出的要求，从上述三个建设方面出发，构建了农村人居环境宜居度的测度指标体系，以综合反映我国对农村人居环境建设的投入、基层政府对农村人居环境整治的管理以及农村居民的参与度。对于另一个子系统而言，居民的健康状况可从健康意识与身体健康水平来衡量，其中健康水平又包括生理与心理两个方面的健康情况，本研究借鉴王萍和宋晓冰②的数据指标体系与《“健康中国 2030”规划纲要》的建设目标，构建了反映我国农村居民健康状况的指标体系。农村人居环境与居民健康复合系统协同度测度的具体指标如表 6-1 所示。

---

① 王宾，于法稳．“十四五”时期推进农村人居环境整治提升的战略任务［J］．改革，2021（3）：111-120.

② 王萍，宋晓冰．中国 2012—2016 年精神疾病死亡流行特征分析［J］．预防医学，2018，30（11）：1156-1159.

表 6-1　农村人居环境与居民健康复合系统协同度测度指标体系

序参量	一级指标	二级指标
人居环境宜居度	基础建设 M_1	供水普及率 M_{11}
	卫生建设 M_2	环卫专用车辆设备 M_{21}
		对生活污水进行处理的乡镇比率 M_{22}
	宜居建设 M_3	人均道路面积 M_{31}
		绿地率 M_{32}
		设有村镇建设管理机构占比 M_{33}
		村镇建设管理居民参与率 M_{34}
居民健康状况	健康意识 F_1	健康素养水平 F_{11}
	健康水平 F_2	婴儿死亡率 F_{21}
		孕产妇死亡率 F_{22}
		精神障碍死亡率 F_{23}

第二节　农村人居环境与居民健康协同度的实证检验

一、数据来源

(一) 原始数据

依照上述协同度测度指标体系，本研究将采用 2012~2020 年我国农村人居环境与居民健康的相关数据作为实证样本。其中，居民健康状况指标数据采用直接查找的方法，数据来源为各年的《中国居民健康素养检测报告》与《中国卫生健康统计年鉴》。而人居环境宜居度指标数据则需进行相应的整合计算，本研究借鉴王宾和于法稳①对农村人居环境现状的评定，参照《中国城乡建设统计年鉴》的计算方法与数据，整合了全国建制镇、乡、镇乡级特殊区域的指标数据，以反映农村人居环境现状，其中设有村镇建设管理机构占比与村镇建设管理居民参与率并未在《中国城乡建设统计年鉴》中直接给出，需进行相应计算或替代，具体计算公式如下：

① 王宾，于法稳．“十四五”时期推进农村人居环境整治提升的战略任务［J］. 改革，2021（3）：111-120.

$$设有村镇建设管理机构占比=\frac{设有村镇建设管理机构的乡镇个数}{乡镇总个数}$$

$$村镇建设管理居民参与率=\frac{村镇建设管理机构人员总数-专职人员数}{乡镇常住人口数}$$

根据上述方法，整理 2012~2020 年我国农村人居环境与居民健康测度指标数值如表 6-2、表 6-3 所示。

表 6-2　农村人居环境协同度测度指标数据

年份	M_{11}（%）	M_{21}（辆）	M_{22}（%）	M_{31}（平方米）	M_{32}（%）	M_{33}（%）	M_{34}（‰）
2012	78. 67	108151	7. 67	12. 07	7. 35	80. 01	0. 196
2013	79. 75	125071	12. 99	12. 29	8. 17	81. 81	0. 208
2014	80. 90	132153	15. 19	12. 68	8. 50	84. 74	0. 180
2015	82. 05	141727	17. 96	12. 89	8. 92	87. 64	0. 177
2016	82. 46	148483	20. 91	12. 99	9. 08	89. 03	0. 170
2017	87. 16	144998	39. 07	14. 13	10. 19	85. 61	0. 187
2018	87. 18	144527	45. 07	14. 88	10. 43	86. 64	0. 191
2019	88. 09	151846	50. 86	15. 86	10. 48	87. 18	0. 192
2020	88. 55	150135	55. 53	16. 46	10. 57	86. 89	0. 199

表 6-3　农村居民健康协同度测度指标数据

年份	F_{11}（%）	F_{21}（‰）	F_{22}（1/10 万）	F_{23}（1/10 万）
2012	7. 13	12. 40	25. 60	3. 10
2013	6. 92	11. 30	23. 60	2. 72
2014	7. 15	10. 70	22. 20	2. 70
2015	6. 89	9. 60	20. 20	2. 83
2016	8. 47	9. 00	20. 00	2. 85
2017	10. 64	7. 94	21. 10	2. 78
2018	13. 72	7. 30	19. 90	2. 81
2019	15. 67	6. 60	18. 60	2. 86
2020	20. 02	6. 20	18. 50	3. 07

（二）指标上下限

本研究以五年为基准，扩大研究的时间序列长度，以确定各项指标的历史值、对比标准值或预期值，然后在此基础上将每个指标体系中的最大值与最小值分别确认为指标的上限 α_{ji} 和下限 β_{ji}。

首先，通过《中国城乡建设统计年鉴》与《中国卫生健康统计年鉴》确定各项指标在 2007 年的数值；对于没有该历史数据记录的指标（如居民健康素养水平），则采用增长率公式进行推算，即以 2012 年的测度值为基准、以 2012～2017 年的年均增长率为依据，来倒推该指标在 2007 年的历史值；并将上述历史值确定为对比标准值。其次，再以 2020 年的测度值为基准，以 2015～2020 年的年均增长率为依据，计算各指标的预期值，并将明显不合理的预测值与我国制定的发展目标、我国城市地区以及发达国家的相关指标测度值进行对比，将其调整至合理范围。最后，在各指标的对比标准值、预期值以及研究周期内的历史值这一体系中，找出最大值与最小值，并将其分别确认为指标的上限和下限，具体数据如表 6-4 所示。

表 6-4 各项指标的上下限

农村人居环境测度指标的上下限

上/下限	M_{11}	M_{21}	M_{22}	M_{31}	M_{32}	M_{33}	M_{34}
下限	73.35	62101	2.60	10.73	6.55	74.39	0.17
上限	95.00	159000	80.00	21.00	17.00	90.00	0.26

农村居民健康测度指标的上下限

上/下限	F_{11}	F_{21}	F_{22}	F_{23}
下限	4.78	3.60	14.00	2.25
上限	28.00	18.60	41.30	3.50

资料来源：《中国城乡建设统计年鉴》《“健康中国 2030”规划纲要》《中国卫生健康统计年鉴》。

二、实证过程

（一）计算各指标权重

本研究选用熵值法来确定子系统内各项指标的权系数，以在一定水平上规避主观赋值法的缺陷；以 X_{ji} 表示第 j 个系统第 i 项指标值，则熵值法计算各指标权重的步骤为：

第一步，数据标准化：$X_{ji}^{*}=\begin{cases}\dfrac{X_{ji}-X_{ji}(\min)}{X_{ji}(\max)-X_{ji}(\min)}, & X\text{ 为极大型}\\ \dfrac{X_{ji}(\max)-X_{ji}}{X_{ji}(\max)-X_{ji}(\min)}, & X\text{ 为极小型}\end{cases}$

式中：X_{ji}^{*} 为标准化数据；$X_{ji}(\max)$表示变量 X_{ji} 的最大值；$X_{ji}(\min)$表示变量 X_{ji} 的最小值。

第二步，计算指标在系统内的比重：$p_{ji}=\dfrac{X_{ji}^{*}}{\sum\limits_{j=1}^{n}X_{ji}^{*}}$（j=1，2，…，m；i=1，2，…，n）。

第三步，求各指标的熵值：$g_i=-\dfrac{1}{\ln n}\sum\limits_{j=1}^{m}p_{ji}\ln p_{ji}$，i=1，2，…，n；其中 $g_i\geqslant0$。

第四步，通过熵值计算各指标权重 λ_i：$d_i=1-g_i$，i=1，…，n；$\lambda_i=\dfrac{d_i}{\sum\limits_{i=1}^{n}g_i}$，i=1，…，n。

通过上述计算步骤，得出农村人居环境与居民健康协同测度指标体系中各二级指标的权重，如表 6-5 所示。

表 6-5　农村人居环境与居民健康协同度测度指标权重

农村人居环境测度指标权重							农村居民健康测度指标权重			
M_{11}	M_{21}	M_{22}	M_{31}	M_{32}	M_{33}	M_{34}	F_{11}	F_{21}	F_{22}	F_{23}
0. 163	0. 083	0. 191	0. 223	0. 115	0. 099	0. 125	0. 526	0. 176	0. 131	0. 167

（二）计算子系统有序度

首先，将反映农村人居环境与居民健康状况的各项指标值代入定义式（6-1），计算得到各子系统序参量分量的有序度；其次，运用定义式（6-2）以及上文得出的指标权重 λ_i 对各分量的有序度进行集成，得到各子系统有序度的历年测度值，如表 6-6 和图 6-1 所示。

表 6-6　农村人居环境与居民健康子系统有序度测度值

年份	农村人居环境子系统有序度	农村居民健康子系统有序度
2012	0. 2020	0. 2547

续表

年份	农村人居环境子系统有序度	农村居民健康子系统有序度
2013	0.2794	0.3232
2014	0.2919	0.3449
2015	0.3381	0.3441
2016	0.3584	0.3852
2017	0.4736	0.4509
2018	0.5199	0.5300
2019	0.5731	0.5819
2020	0.6095	0.6576

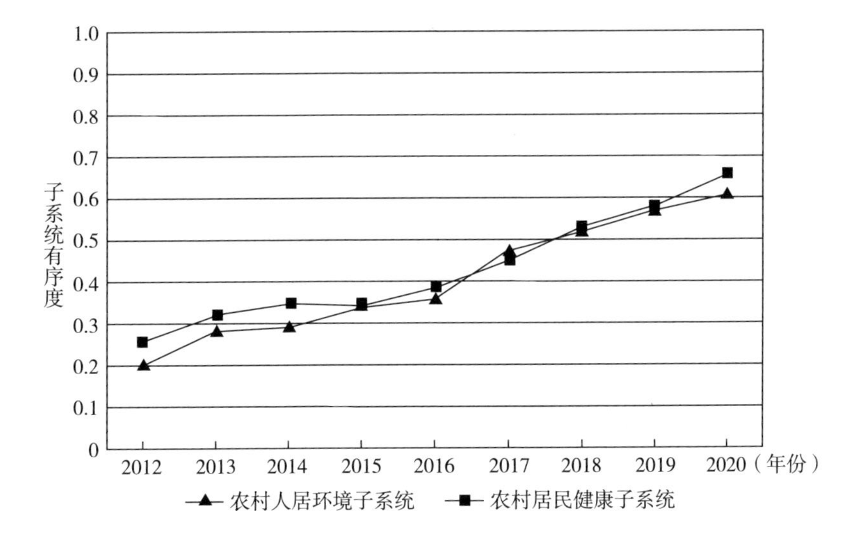

图 6-1　农村人居环境与居民健康子系统有序度发展趋势

（三）计算复合系统协同度

通过定义式（6-3），对上文得出的农村人居环境与居民健康子系统有序度进行综合分析与运算，便得到了该复合系统在 2013~2020 年的协同度测度结果，如表 6-7 与图 6-2 所示。

表 6-7　农村人居环境与居民健康复合系统协同度测度值

年份	2013	2014	2015	2016	2017	2018	2019	2020
协同度	0.073	0.016	-0.006	0.029	0.087	0.060	0.053	0.053

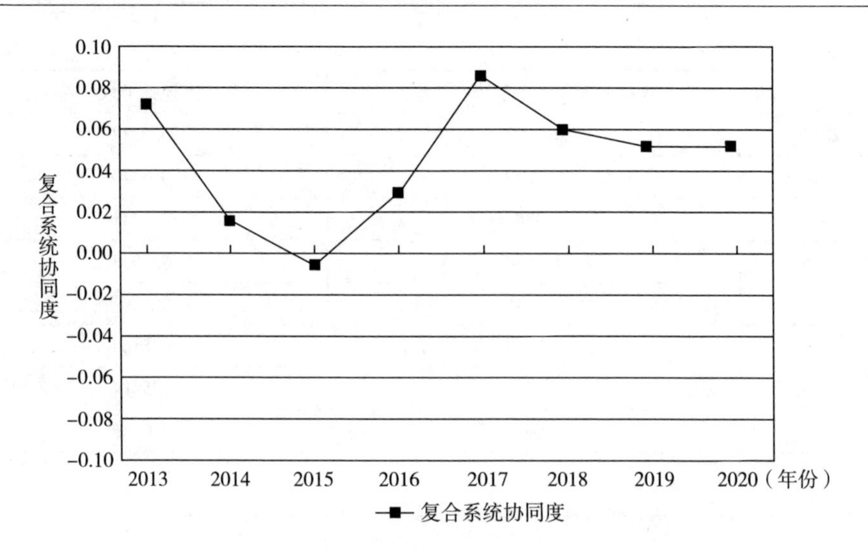

图 6-2　农村人居环境与居民健康复合系统协同度的发展趋势

三、结果分析

通过上述测算发现，2012~2020 年，我国农村人居环境与居民健康子系统有序度呈上升发展态势；其中，在 2016 年之前，各子系统的上升趋势较为平缓，而在 2016 年之后，人居环境状况与居民健康水平都得到了大幅的改善与提升。此外，该复合系统的协同度在区间［-0.01，0.1］上下波动，整体偏低，表明在我国农村人居环境与居民健康之间尚未形成较为优良的协同发展机制。另外，人居环境整治与居民健康水平提高工作具有的长期性与循序性等特性，也可能导致数据指标的整体低迷。通过建立模型来透视农村人居环境与居民健康复合系统协同发展的历史特性，有助于我们发现子系统协同发展过程中出现的问题。

（一）政策效果持续力度弱

在研究周期内，农村人居环境与居民健康复合系统协同度的测度值是较为波动的，主要表现为螺旋上升的态势；具体体现为在有政策推动的情况下，复合系统协同度会得到大幅提升，而在相关政策热度下降后，其协同度也会开始下降，直到下一波政策的出台，又将其协同度拔高到更高的水平。

党的十八大后，习近平总书记就改善农村人居环境作出重要指示，各省份纷纷开始部署并开展农村人居环境治理的工作，极大地改善了农村居民的生活环境，为居民实现健康生活方式提供了可能，同时我国提出坚持以农村为重点实施医疗卫生体制深化改革，在相关政策的推动下，2013 年我国农村人居环境与居民健康的复合系统协同度达到了党的十九大前的最大值，其后又慢慢回落，甚至在 2015 年其协同度测度值跌破了零。2017 年，党的十九大提出“健康中国”战略，同年，《中共中央 国务院关于加强和完善城乡社区治理的意见》出台，由此，村镇建设管理的居民参与率开始大幅提升，虽然村民参与率并没有达到 2013 年的峰值，但农村人居环境的治理有了自下而上的转变，这也在一定程度上保障了当地居民的健康需求，该阶段人居环境与居民健康子系统的同步快速发展，使二者的发展协同度达到了研究周期内的峰值，其后子系统有序度的增长率又开始放缓，使复合系统协同度下降。党的十九大后，改善农村人居环境与提高居民健康状况，成为我国实施乡村振兴战略与建设现代化强国的重要任务，相关的政策与意见也陆续发布；此后，我国农村人居环境与居民健康复合系统的协同度维持在相对稳定的状态，且其整体水平要优于党的十九大召开之前的协同水平。总的来看，我国农村人居环境与居民健康复合系统的协同发展需要不断用新的政策去刺激与推动；单一政策的落地效果得不到良好的维持，起不到持久的推动作用，导致复合系统的协同发展受到我国重要会议周期以及政策周期的影响，呈现出螺旋发展的态势。

（二）监督体系不够完善

2014 年，住房和城乡建设部开始着手建立全国农村人居环境信息系统，并提出将根据各地调查和录入的数据，组织开展农村人居环境状况评价，定期发布评价结果及发展报告。但经过搜索，我们发现上述提及的结果与报告在后续期间并没有公布，且该工作仅开展了 4 年；从 2018 年开始，系统开始进行维护，农村人居环境信息录入工作也暂停了。至今并没有完整、连续的年鉴或报告来反映农村人居环境治理的效果与进程，社会大众也就缺少了一种途径来了解与监督我国农村人居环境治理的进展。

2019 年，国务院办公厅印发了《健康中国行动组织实施和考核方案》，提出各省（区、市）可根据相关要求和本地实际情况研究制定具体行动方案并组织实施，同时要将主要健康指标纳入各级党委、政府绩效考核指标。截至 2021 年，已有不少省份出台了健康中国行动的考核方案，也有省份（如广西、重庆等）成立了行动推进委员会来统筹推进组织、实施、监测和考核相关工作，有关健康中国行动的考核效率与监督力度存在着显著的省际差异，甚至有些省份（如北京、广东等）至今没有拟定考核方案，考核方案的缺失会导致政府部门以及社会大众对其监督缺少一个重要的核定测度。

在农村人居环境治理与提高居民健康水平的过程中，需要建立有效的监督体系和机制来评估与监测治理的效果及效率，以及时发现治理过程中的问题。就政策制定与落实的情况来看，目前我国并没有建立起完善的监督体系，这也在一定程度上导致了有关农村人居环境治理与“健康中国”建设的政策实施效果持续力较弱等问题。

（三）居民参与度较低

从农村人居环境和居民健康的两个子系统来看，2012~2020年，绝大部分序参量分量的有序度都是逐年上升的，而村镇建设管理的居民参与率变化趋势则有明显不同，其变化趋势是先大幅下降后上升，上升的转折点发生于2017年。2017年，中共中央、国务院印发了《关于加强和完善城乡社区治理的意见》，提出要增强社区居民参与治理能力，广泛发动居民群众参与环保活动，推进健康村镇建设；该年度，村镇建设管理居民参与度有了大幅提高，该分量有序度从2016年的最小值0提升至了2017年的0.18，在2017年以后，该分量的有序度也在缓慢上升，但总体而言，村镇建设管理居民参与率并没有达到之前那样的高水平状态。

总之，本研究在分析农村人居环境与居民健康相互作用关系的基础上，根据协同学理论思想，构建了农村人居环境与居民健康复合系统协同度模型，同时，基于我国农村人居环境治理现状与目标，以及“健康中国”的建设情况与标准，形成了评价我国农村人居环境与居民健康协同状况的指标体系，并利用2012~2020年的相关数据进行实证分析。研究发现，我国农村人居环境与居民健康子系统有序度呈现出上升的发展态势，但其复合系统协同度测度值在区间［-0.01，0.1］震荡，农村人居环境与居民健康之间的良性协同发展机制尚未形成。为此，本研究将从加强政策落实持续性、完善监督体系、提高居民参与度等方面提出促进农村人居环境与居民健康协同发展的实现路径。

第三节　农村人居环境与居民健康协同治理的综合效率评价研究设计

农村人居环境是广大农民开展生产与生活活动的空间场所，是乡村居民赖以生存与发展的物质与非物质环境的综合体[①]，关系着广大农民的根本福祉。一方面，随着城市化的快速发展，农村环境逐步恶化，出现了耕地土壤污染、水资源污染、大气污染等问题，各类污染问题使居民免疫系统遭受破坏，疾病多发，极大地影响了农村居民的身体健康[②]。幸而，近十几年来，我国越来越重视农村的

① 李伯华，刘沛林，窦银娣．乡村人居环境系统的自组织演化机理研究［J］．经济地理，2014，34（9）：130-136.

② 于法稳．基于健康视角的乡村振兴战略相关问题研究［J］．重庆社会科学，2018（4）：6-15.

建设问题，从社会主义新农村建设到乡村振兴战略，改善农村环境始终是农村建设目标之一，进入新时代以来，人民对农村的建设与发展有了更高的期盼与要求，推动美丽乡村走向健康乡村、提高广大农村居民的生态福祉成为实现乡村振兴的必经之路①。尽管自2018年全面推进农村人居环境整治以后，我国农村人居环境质量逐渐改善，但总体仍未达到高质量水平，地区不平衡、发展不充分等问题仍然存在，且不平衡与不充分呈进一步扩大趋势②。另一方面，农村人居环境问题对居民健康素质的负面影响，会导致农村居民环保意识淡薄、健康生产力低下，进而加重地区发展的不平衡。由此一来，农村人居环境与居民健康发展的不平衡与不协调会在恶性循环中愈演愈烈，使农村人居环境成为乡村全面振兴的短板与弱项。虽然政府与学界都十分关注农村问题的发展与解决对策，农村人居环境及居民健康治理的效率、影响因素与治理模式也一直是学界研究的热点，但目前少有研究将二者结合起来进行讨论，大多数文献都集中在对农村人居环境或居民健康各自发展状况的研究上。随着我国改革与社会治理的深入化以及农村问题的复杂化与综合化，农村人居环境与居民健康协同治理已成为一种不可阻挡的趋势。本研究将以更加全面与综合的角度考察我国农村人居环境与居民健康协同发展效应及地区差异，首先利用耦合协调度模型计算二者发展的协调程度，同时将其作为衡量农村人居环境与居民健康治理效率的约束性条件，并利用DEA—BCC模型分别对二者的治理效率进行测度，以期在发展协调性与效率性两个方面分析我国农村人居环境与居民健康协同治理过程中出现的问题，并对其提出政策建议。

一、耦合协调度模型

耦合协调度模型是一种基于距离的协调度模型，其计算公式最早由张陆彪和刘书楷于1992年在研究生态效益、经济效益和社会效益的协调发展表征时提出③，而后分别在1999年与2005年由廖重斌和刘耀彬等对其进行补充完善，并形成了耦合协调度模型④⑤。该模型运用离差系数最小化的计算原理，将系统的

---

① 梁晨，李建平，李俊杰．基于“三生”功能的我国农村人居环境质量与经济发展协调度评价与优化［J］．中国农业资源与区划，2021，42（10）：19-30.

② 葛明，韦丽，张静，等．2015—2017年南京市农村环境卫生健康危险因素调查［J］．现代预防医学，2019，46（6）：996-999.

③ 张陆彪，刘书楷．生态经济效益协调发展的表征判断［J］．生态经济，1992（1）：17-20.

④ 廖重斌．环境与经济协调发展的定量评判及其分类体系——以珠江三角洲城市群为例［J］．热带地理，1999（2）：76-82.

⑤ 刘耀彬，李仁东，宋学锋．中国城市化与生态环境耦合度分析［J］．自然资源学报，2005（1）：105-112.

协调发展表示为在一定的综合发展水平下，各子系统的实际发展状态差距不大，且接近系统综合发展水平①。

我们将农村人居环境与居民健康视作两个系统，其中农村人居环境系统表示为E，农村居民健康系统表示为H，建立耦合度计算模型如下：

$$C_{ij}=\left\{\frac{f(E_{ij})\times g(H_{ij})}{\left[\frac{f(E_{ij})+g(H_{ij})}{2}\right]^2}\right\}^k \quad (\text{取}\ k=2) \tag{6-4}$$

式（6-4）中，C_{ij} 为第 i 年 j 省农村人居环境与居民健康协调发展的耦合度，其体现的是各系统间相互作用力的强度大小，并不区分作用的优劣利弊②，$C_{ij}\in[0,\ 1]$，指标值越大则说明各系统的发展状态差距越小，其耦合关系越紧密；$f(E_{ij})$、$g(H_{ij})$ 分别为第 i 年 j 省农村人居环境质量指数和居民健康质量指数，该指数采用熵权法和线性加权法计算而来；k 为调节系数，用以加强不同耦合度测度值之间的对比程度。

虽然耦合度能在判断系统间相互作用力的大小上提供一定的标准，但它不能准确地反映出在此作用力条件下系统自身的发展水平，为对系统协调发展状况进行更加深入的描述，本项目构建耦合协调度模型如下：

$$D_{ij}=\sqrt{C_{ij}\times T_{ij}} \tag{6-5}$$

式（6-5）中，D_{ij} 为第 i 年 j 省农村人居环境与居民健康发展的耦合协调度，该指标主要用于衡量系统间耦合关系的良性程度，即反映相关各方的联系是相互促进抑或是相互阻碍的③，$D_{ij}\in[0,\ 1]$，指标值越大则说明各系统发展的协调程度越高；$T_{ij}=\alpha f(E_{ij})+\beta g(H_{ij})$，$T_{ij}$ 为两系统的综合指数，其中取 $\alpha=\beta=0.5$ 表示农村人居环境系统与健康系统同等重要。

二、DEA 模型

为评价“多投入多产出”模式下决策单元（DMU）的相对有效性，Charnes 和 Cooper 等于 1978 年提出了数据包络分析模型（DEA）④。经过长时间的演化，最初的 CCR 模型扩展出了数十种衍生模型，其中较为常用的是由 Banker 和 Charnes 等于 1984 年提出的 BCC 模型⑤，该模型将 CCR 模型得出的综合

① 汤铃，李建平，余乐安，等．基于距离协调度模型的系统协调发展定量评价方法［J］．系统工程理论与实践，2010，30（4）：594-602.

②③ 梁晨，李建平，李俊杰．基于“三生”功能的我国农村人居环境质量与经济发展协调度评价与优化［J］．中国农业资源与区划，2021，42（10）：19-30.

④ 冯怡康，王雅洁．基于 DEA 的京津冀区域协同发展动态效度评价［J］．河北大学学报（哲学社会科学版），2016，41（2）：70-74.

⑤ 韩松．DEA 方法进行规模收益分析的几点注记［J］．数学的实践与认识，2003（7）：65-71.

技术效率（TE）进一步分解为了纯技术效率（PTE）和规模效率（SE）[①]，对决策单元的投入产出效率做出了更为细致的判断。其中，综合技术效率（TE）评价的是决策单元在资源配置与使用效率等多方面的综合能力；纯技术效率（PTE）反映了治理主体的管理能力、技术水平等因素对治理效率的影响，用以判断在一定的技术条件下，资源的投入是否得到充分利用，从而使产出最大化；规模效率（SE）从宏观管理水平出发，反映规模因素对治理效率的影响，具体衡量的是系统产出与投入比例是否恰当，其数值越大则表示系统规模比例越合适。

为测度在耦合协调度约束下各子系统的发展效率，本研究构建以产出为导向的 DEA-BCC 模型。现假设有 n 个决策单元 DMU，每个 DMU 有 m 种投入和 s 种产出，分别记第 j 个决策单元的输入和输出分别为：

$X_j=(x_{1j}, x_{2j}, \cdots, x_{mj})$

$Y_j=(y_{1j}, y_{2j}, \cdots, y_{sj})$

其中，$x_{ij}>0$，$y_{rj}>0(i=1, 2, \cdots, m; r=1, 2, \cdots, s)$，DEA-BCC 模型的线性规划如下：

$$\min\theta$$

$$\text{s. t.}\begin{cases}\sum_{j=1}^{n}\lambda_j x_{ij}+s_i^-=\theta_0 x_{i0}\\ \sum_{j=1}^{n}\lambda_j y_{rj}-s_r^+=y_{r0}\\ \sum_{j=1}^{n}\lambda_j=1,\ \lambda_j\geqslant 0,\ j=1, 2, \cdots, n\\ s_i^-,\ s_r^-\geqslant 0\end{cases} \tag{6-6}$$

式（6-6）中，θ 为决策单元 DMU 的效率值，反映了在一定的产出水平下，所投入资源的有效利用程度；λ_j 为决策单元 DMU_j 的规模收益，s^-和 s^+为松弛变量。根据计算结果，可将决策单元的效率状态划分为以下三类：

第一，DEA 有效状态，此时各类型效率值均为 1，且投入、产出指标的松弛变量全为 0。

第二，弱 DEA 有效状态，此时存在某类型效率值等于 1，但投入、产出指标的松弛变量不全为 0。

第三，DEA 无效状态，此时所有效率值都小于 1，且投入、产出指标的松弛变量全不为 0。

---

① 冯怡康，王雅洁．基于 DEA 的京津冀区域协同发展动态效度评价［J］．河北大学学报（哲学社会科学版），2016，41（2）：70-74.

第四节　农村人居环境与居民健康协同治理的耦合协调度测算

一、指标选取与数据说明

借鉴已有的研究成果①②③，同时考虑统计数据的可得性与完整性，本研究将从农业生产环境、农村生活环境与农村生态环境三个方面综合评价我国农村人居环境质量。对于农村居民健康水平的评价，不同的国际组织采用了不同的测度标准，其中预期寿命、死亡率及其相关变量最为常见④；聚焦到国内，学者较多采用孕产妇死亡率、婴儿死亡率、传染病发病率等指标⑤。囿于相关农村数据的不可获得性，本研究借鉴李向前等的计算方法⑥，计算得出了我国各地区农村疾病死亡率，并将其作为评价指标之一。该指标用各地区农村分年龄段疾病死亡率与各地区农村分年龄段人口占比综合求得，其中各地区农村分年龄段疾病死亡率用全国农村疾病分年龄死亡率与农村按年龄分布的人口数加权计算求得。此外，本研究还采用了农村孕产妇死亡率作为衡量指标。对于上述指标，本研究采用熵值法对每个指标的权重做出了计算，具体如表 6-8 所示。

表 6-8　农村人居环境与居民健康评价指标与权重

系统	指标		权重
农村人居环境	生产环境	人均可支配收入	0. 1522
		人均有效灌溉面积	0. 2146
		单位耕地面积农机总动力	0. 1274

① 梁晨，李建平，李俊杰. 基于“三生”功能的我国农村人居环境质量与经济发展协调度评价与优化［J］. 中国农业资源与区划，2021，42（10）：19-30.

② 孙慧波，赵霞. 中国农村人居环境质量评价及差异化治理策略［J］. 西安交通大学学报（社会科学版），2019，39（5）：105-113.

③ 鄂施璇. 韧性视角下农村人居环境整治绩效评估［J］. 资源开发与市场，2021，37（9）：1053-1058.

④⑥ 李向前，李东，黄莉. 中国区域健康生产效率及其变化——结合 DEA、SFA 和 Malmquist 指数的比较分析［J］. 数理统计与管理，2014，33（5）：878-891.

⑤ 俞佳立，杨上广，刘举胜. 中国居民健康生产效率的动态演进及其影响因素［J］. 中国人口科学，2020（5）：66-78.

续表

系统	指标		权重
农村人居环境	生活环境	农村供水普及率	0. 0454
		人均道路面积	0. 0942
		污水处理率	0. 1892
		生活垃圾处理率	0. 0310
	生态环境	绿化覆盖率	0. 1082
		农用化工使用强度	0. 0182
		单位农作物播种面积农业用水量	0. 0194
农村居民健康	孕产妇死亡率		0. 4021
	疾病死亡率		0. 5979

注：表中数据利用各统计年鉴数据计算得出。

考虑到数据的可得性，本研究选取了我国 25 个省份作为研究样本，并将研究的时间范围框定在了 2015~2019 年，其样本数据主要来源于历年《中国社会统计年鉴》《中国环境统计年鉴》《中国农村统计年鉴》《中国城乡建设统计年鉴》《中国卫生健康统计年鉴》《中国人口就业统计年鉴》等统计资料。为使数据满足模型的适用条件，本研究选用极值标准化法对所获数据进行了归一化处理，方法如下：

$$Z_{ij}=\begin{cases}\dfrac{x_{ij}-\min(x_j)}{\max(x_j)-\min(x_j)} & \text{收益型指标}\\[2ex] \dfrac{\max(x_j)-x_{ij}}{\max(x_j)-\min(x_j)} & \text{成本型指标}\end{cases} \tag{6-7}$$

二、结果分析

（一）农村人居环境质量指数

2015~2019 年，我国农村人居环境质量呈现出稳步提升的态势，取 2015 年和 2019 年农村人居环境质量指数做对比，如图 6-3 所示，可以发现除广东、山西这两个省份外，其他省份的农村人居环境质量指数都呈现出不同程度的增长幅度。其中江苏、安徽、重庆等地的增幅较大，河北、浙江、山东、辽宁、宁夏等地的涨幅较小。从绝对值来看，通过熵权法和线性加权法计算得出的农村人居环境质量指数是介于 0 至 1 之间的，数值越接近 1，则说明农村人居环境质量越好；反之则越差，而我国各省份的指标值介于 0. 11 至 0. 55 之间，这说明了我国农村人居环境质量较差，仍具有较大的提升空间。从图 6-3 的构图来看，雷达图呈现出整体向右下方偏移的结构，说明我国25个省份农村人居环境质量指数的差异较大，出现了比较明显的区域分布性，农村人居环境的整治存在发展不均衡的问题。考察区域整体水平与各省份农村人居环境治理情况，我国农村人居环境质量指数按区域划分从大到小的排序为：东部地区>中部地区>东北地区>西部地区，其中，农村人居环境质量较高的省份为江苏、新疆、安徽，而西南地区的农村人居环境质量排在全国末位。总的来说，我国农村人居环境质量并不高，且省际的差距较大，虽然其质量水平有逐年提高的趋势，但省际差异却越来越明显，未来我国农村人居环境建设工作仍任重道远。

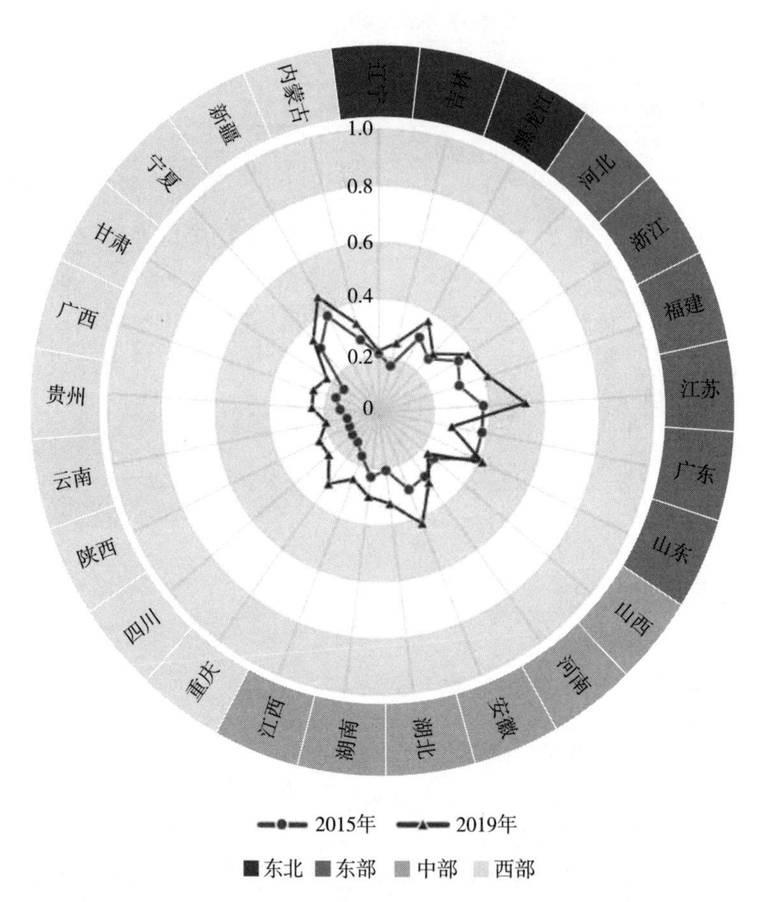

图 6-3　2015 年和 2019 年我国 25 个省份农村人居环境质量指数

（二）农村居民健康水平指数

2015~2019年，我国农村居民健康指数在0.49至0.63区间内波动，每年波动涨幅变动不一，但总体呈上升趋势。以2015年与2019年为例（见图6-4），

大部分地区的农村居民健康指数都大幅提升，其中福建、新疆、广西等地增幅较大，而辽宁、黑龙江等地的农村居民健康指数出现了小幅下降。从绝对值来看，五年来，我国 25 个省份农村居民健康指数的分布范围在 0. 19 至 0. 8 之间，由此可以看出，各省份农村居民健康水平的省际差异较大。与我国农村人居环境质量的省际差异相比，我国农村居民健康水平的省际差异有着不一样的特点，如图 6-4 所示，雷达图的整体构图仍位于中心位置，但数据线圈在四川、重庆等位置有着明显的凹陷，在广西、江西等位置有着明显的凸起，说明了虽然我国各省份农村居民健康水平的省际差异较大，但区域分布性较小，省际差异与地区分布没有明显关系。总的来说，各省份农村居民健康水平相对较优，但省际差异突出，且逐年变化的波动性较大，农村居民健康水平的总体提升需要依赖多方面的配合，其中医疗资源的合理配置，人居环境的全方位改善就是重要的支撑点。

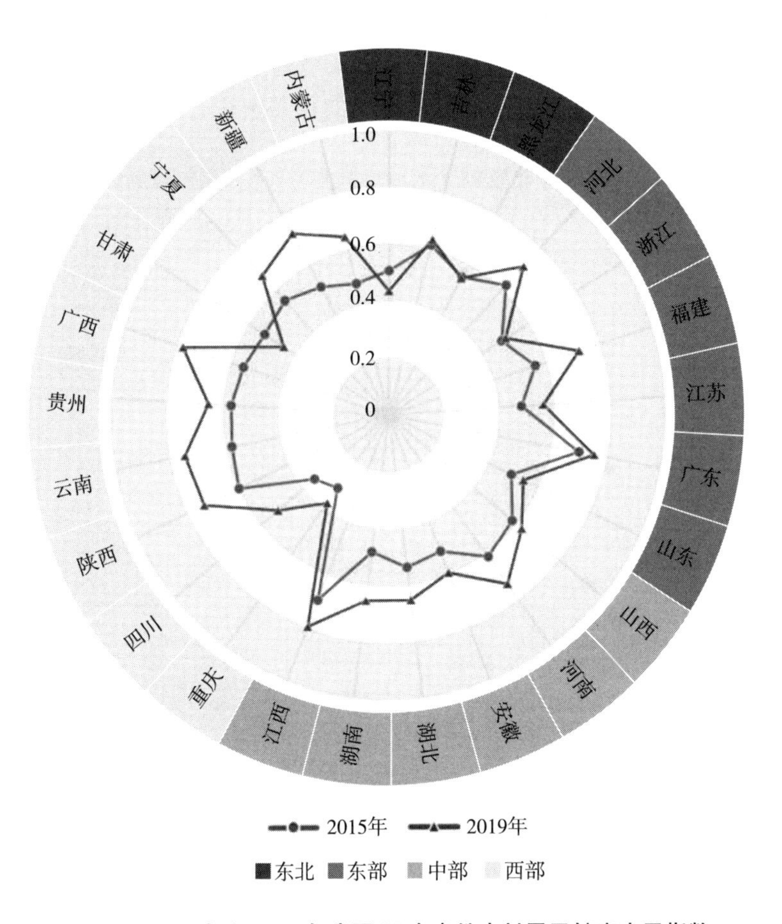

图 6-4 2015 年和 2019 年我国 25 个省份农村居民健康水平指数

（三）农村人居环境与居民健康发展耦合度

如表6-9所示，从横向来看，2015~2019年，我国25个省份的耦合度分布在0.29至1之间，农村人居环境与居民健康发展的耦合关系在整体上较为密切，但各省之间的差异巨大，这一现象在图6-5上显示为雷达图整体向右边平移，各地区耦合度大小的排序为：东部地区>东北地区>中部地区>西部地区。耦合度较高的省份有山东、江苏、浙江等，耦合度高说明农村人居环境与居民健康的发展关系较为密切，农村人居环境的发展对居民健康的影响较大，居民健康状况的变化也能带动人居环境的发生改变。耦合度较低的省份为云南、陕西、甘肃等西部地区省份，耦合度低表示该地区农村人居环境与居民健康的互动关系处于松散无序的状态，农村人居环境的发展对改善农村居民健康水平的带动作用不大，同样地，农村居民健康素质的改善对人居环境整治的影响也有限。从变化幅度上看，2015~2019年，我国各省份的耦合度整体呈上升趋势，尤其是耦合水平较低省份的耦合度上升趋势较为稳定，而耦合水平较高省份的耦合度在高水平范围内逐年波动，各省份农村人居环境与居民健康之间的相互作用力处于动态变化状态。

表6-9　2015~2019年我国25个省份农村人居环境与居民健康发展耦合度

地区		2015年	2016年	2017年	2018年	2019年	5年平均
东部地区	河北	0.693	0.617	0.742	0.755	0.668	0.695
	浙江	0.940	0.967	0.982	0.984	0.963	0.967
	福建	0.837	0.869	0.895	0.904	0.858	0.872
	江苏	0.971	0.984	0.969	0.947	0.999	0.974
	广东	0.831	0.848	0.671	0.627	0.599	0.715
	山东	0.971	0.957	0.992	0.997	0.966	0.977
	地区平均	0.874	0.874	0.875	0.869	0.842	0.867
东北地区	辽宁	0.684	0.588	0.806	0.780	0.793	0.730
	吉林	0.460	0.585	0.998	0.764	0.665	0.695
	黑龙江	0.839	0.807	0.987	1.000	0.927	0.912
	地区平均	0.661	0.660	0.930	0.848	0.795	0.779
中部地区	山西	0.722	0.528	0.633	0.664	0.615	0.632
	河南	0.740	0.682	0.723	0.757	0.690	0.718
	安徽	0.856	0.839	0.963	0.944	0.944	0.909
	湖北	0.643	0.623	0.777	0.791	0.788	0.725
	湖南	0.777	0.766	0.799	0.820	0.742	0.781
	江西	0.388	0.386	0.469	0.527	0.535	0.461
	地区平均	0.688	0.638	0.727	0.750	0.719	0.704

续表

地区		2015 年	2016 年	2017 年	2018 年	2019 年	5 年平均
西部地区	重庆	0.687	0.837	0.985	1.000	0.982	0.898
	四川	0.600	0.651	0.817	0.845	0.740	0.730
	陕西	0.299	0.350	0.527	0.475	0.550	0.440
	云南	0.314	0.376	0.452	0.482	0.433	0.411
	贵州	0.403	0.376	0.503	0.710	0.630	0.524
	广西	0.502	0.415	0.499	0.574	0.545	0.507
	甘肃	0.398	0.372	0.523	0.642	0.512	0.489
	宁夏	0.850	0.756	0.937	0.806	0.811	0.832
	新疆	0.962	0.924	0.938	0.960	0.902	0.937
	内蒙古	0.845	0.811	0.955	0.837	0.793	0.848
	地区平均	0.586	0.587	0.714	0.733	0.690	0.662
全国平均		0.688	0.677	0.782	0.784	0.746	0.735

注：表中数据利用各统计年鉴数据测算得出。

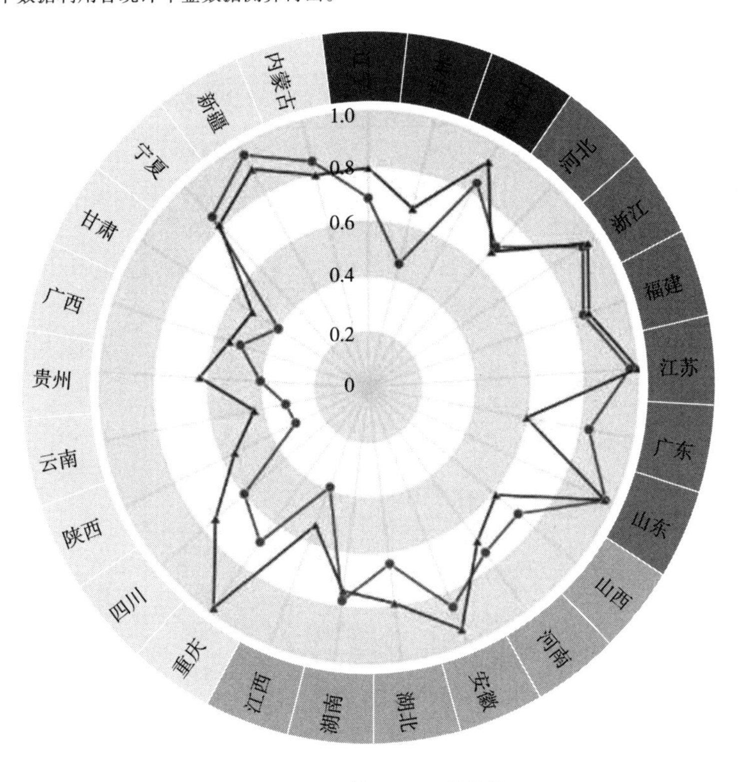

图 6-5　2015 年和 2019 年我国 25 个省份农村人居环境与居民健康耦合度

（四）农村人居环境与居民健康发展耦合协调度

2015~2019 年我国农村人居环境与居民健康的耦合协调度测度指标如表 6-10 所示，在测度年份内，二者的协调发展呈现出总体向好的趋势，但总体水平一般，且各省份的发展水平存在较大的差异（见图 6-6），各地区农村人居环境与居民健康协调发展水平的排序为：东部地区>中部地区>东北地区>西部地区。从 25 个省份的各年变化来看，2015~2019 年，东部各省份农村人居环境与居民健康的耦合协调度变化不大，大部分省份的耦合协调度在 0.5 至 0.7 的区间范围内逐年缓慢增长，其中江苏省和福建省的协调发展水平较高且逐年增幅较大，而广东省的协调发展水平呈现出下滑趋势。东北地区和中部地区各省份的协调发展水平较为稳定，耦合协调度在 0.4 至 0.7 的区间范围内有小幅波动，其中吉林省、湖北省以及安徽省的增幅较大。西部地区各省份的协调发展水平差异较大，其耦合协调度在 0.3 至 0.75 的区间范围内波动，其中重庆每年都保持着较大的增长，增长幅度紧随其后的是陕西省、四川省和贵州省等，新疆与宁夏的耦合协调度较高，增长幅度较小。

表 6-10　2015~2019 年我国 25 个省份农村人居环境与居民健康发展耦合协调度

地区		2015 年	2016 年	2017 年	2018 年	2019 年	5 年平均
东部地区	河北	0.552	0.516	0.572	0.559	0.577	0.555
	浙江	0.622	0.632	0.638	0.639	0.652	0.637
	福建	0.600	0.633	0.642	0.681	0.698	0.651
	江苏	0.646	0.668	0.626	0.620	0.739	0.660
	广东	0.670	0.672	0.565	0.540	0.554	0.600
	山东	0.652	0.666	0.656	0.632	0.678	0.657
	地区平均	0.624	0.631	0.616	0.612	0.650	0.627
东北地区	辽宁	0.494	0.476	0.484	0.506	0.509	0.494
	吉林	0.425	0.426	0.597	0.513	0.543	0.501
	黑龙江	0.598	0.612	0.590	0.583	0.651	0.607
	地区平均	0.506	0.505	0.557	0.534	0.568	0.534
中部地区	山西	0.550	0.477	0.493	0.503	0.512	0.507
	河南	0.575	0.565	0.564	0.581	0.599	0.577
	安徽	0.588	0.605	0.627	0.673	0.693	0.637
	湖北	0.490	0.498	0.549	0.572	0.621	0.546
	湖南	0.522	0.553	0.548	0.573	0.595	0.558
	江西	0.409	0.413	0.459	0.496	0.529	0.461
	地区平均	0.522	0.519	0.540	0.566	0.592	0.548

续表

地区		2015 年	2016 年	2017 年	2018 年	2019 年	5 年平均
西部地区	重庆	0.391	0.437	0.456	0.526	0.583	0.479
	四川	0.377	0.387	0.475	0.510	0.529	0.456
	陕西	0.327	0.361	0.439	0.443	0.518	0.417
	云南	0.330	0.362	0.417	0.439	0.452	0.400
	贵州	0.379	0.362	0.412	0.514	0.531	0.440
	广西	0.425	0.414	0.457	0.502	0.530	0.465
	甘肃	0.390	0.373	0.446	0.487	0.497	0.439
	宁夏	0.605	0.562	0.566	0.605	0.643	0.596
	新疆	0.658	0.674	0.677	0.689	0.732	0.686
	内蒙古	0.559	0.584	0.606	0.615	0.619	0.597
	地区平均	0.444	0.451	0.495	0.533	0.563	0.497
全国平均		0.513	0.517	0.542	0.560	0.591	0.545

注：表中数据利用各统计年鉴数据测算得出。

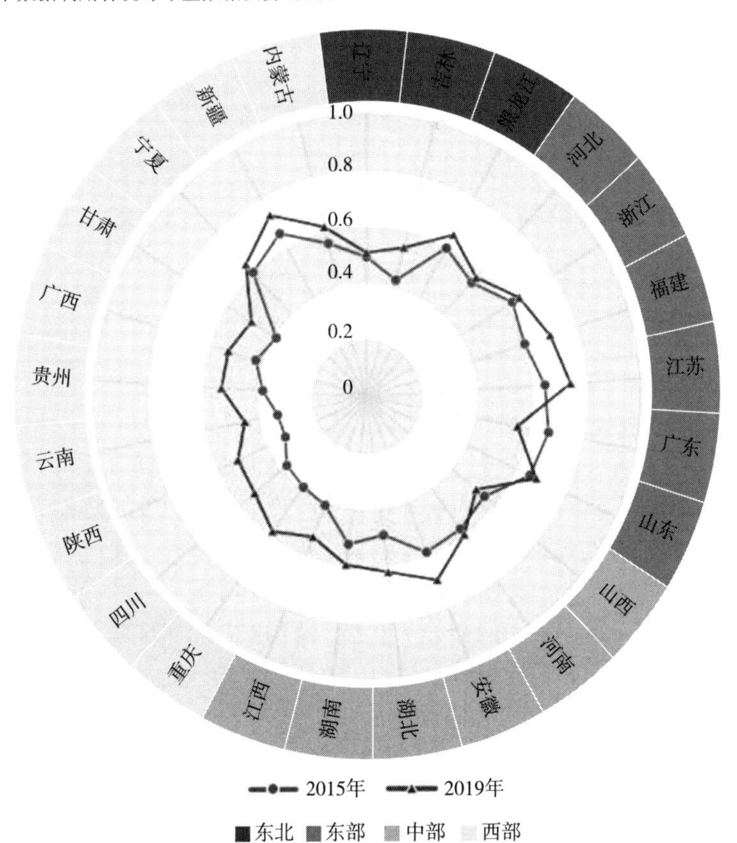

图 6-6　2015 年和 2019 年我国 25 个省份农村人居环境与居民健康耦合协调度

为直观地反映我国农村人居环境与居民健康协调发展的时空演变规律，本研究按照耦合协调度将25个省份进行分级（见表6-11），不难看出，我国各省份农村人居环境与居民健康协调水平在时空上的差异较大。2015年，农村人居环境与居民健康发展呈轻度失调和濒临失调的省份有11个，没有已达到优质协调程度的地区，水平为中等协调和基本协调的省份个数分布得比较均匀。经过五年的发展，到2019年时，绝大多数省份的耦合协调度等级得到了提升，轻度失调的省份清零，仅剩甘肃和云南两个省份处于濒临失调状态，并出现两个处于优质协调状态的省份，大多数省份的耦合协调度都集中在基本协调层次上。虽然从总体上，我国各省份农村人居环境与居民健康协同发展的水平并不是很高，但经过五年的发展，各省的协调水平还是有了很大的进步，总体发展趋势向好。

表6-11　2015年和2019年我国农村人居环境与居民健康耦合协调度分级

等级	标准		2015年	2019年
1	[0.7，1]	优质协调	—	江苏、新疆（2）
2	[0.6，0.7)	中等协调	广东、新疆、山东、江苏、浙江、宁夏、福建（7）	福建、安徽、山东、浙江、黑龙江、宁夏、湖北、内蒙古（8）
3	[0.5，0.6)	基本协调	黑龙江、安徽、河南、内蒙古、河北、山西、湖南（7）	河南、湖南、重庆、河北、广东、吉林、贵州、广西、江西、四川、陕西、山西、辽宁（13）
4	[0.4，0.5)	濒临失调	辽宁、湖北、吉林、广西、江西（5）	甘肃、云南（2）
5	[0.3，0.4)	轻度失调	重庆、甘肃、贵州、四川、云南、陕西（6）	—
6	[0，0.3)	严重失调	—	—

综上所述，我国农村人居环境质量、农村居民健康水平以及二者之间的耦合度与耦合协调度都存在省际差异，总体呈现出东高西低的格局。农村人居环境质量总体上较差，但随着我国对农村人居环境重视程度的加深以及对农村人居环境整治的投入加大，我国农村人居环境质量得到大幅提升。在农村居民健康水平方面，我国农村居民健康水平一般，每年的变化比较波动，且地域之间的差距更加明显，但整体依旧向好发展。从二者的耦合关系上看，我国农村人居环境与居民健康的发展存在着较为紧密的联系，且这种联系呈现出逐年增强的态势，说明了我国农村人居环境与居民健康之间的关系越来越密切，二者的发展相辅相成，要建成健康乡村、实现乡村振兴，就必须优化农村人居环境，满足农村居民日益增长的美好生活需要。虽然我国农村人居环境与居民健康发展的耦合关系较强，但目前我国农村人居环境质量与居民健康水平都没有达到较高水准，且农村人居环境质量指数与居民健康水平指数之间的差距较大，这就导致了二者之间的耦合协调系数相对较低，即说

明了我国农村人居环境与居民健康的发展还未能达到相互促进、互为发展的水平，总体呈现出发展协调性较弱的局面，其中大部分省份的农村人居环境与居民健康发展表现为基本协调，还有一些省份表现为濒临失调与轻度失调。

第五节　农村人居环境与居民健康协同治理的综合效率测算

一、指标选取与数据说明

（一）投入指标

投入指标一般涉及人、财、物[①]，本研究选用各省份农村用于人居环境建设的资金投入以及村镇管理人数作为测度农村人居环境治理效率的投入指标，选用各省份农村每千人口卫生技术人员数量以及每千人口卫生机构床位数作为测度农村居民健康治理效率的投入指标。此外，本研究还将农村人居环境与居民健康发展的耦合协调度加入农村人居环境与居民健康治理效率测度的投入指标中，表示效率的测定需要满足协调度的约束[②]。

（二）产出指标

本研究分别从生活环境与生态环境两个方面设置农村人居环境治理效率的产出指标，分别是污水处理率、生活垃圾处理率、绿化覆盖率和农用化工使用强度（取倒数）。在农村居民健康治理效率的产出指标方面，本研究选用孕产妇死亡率（取倒数）作为产出指标，其在一定程度上反映了一个地区健康服务水平的高低[③]。同时，为了满足 DEA 测度方法适用条件，减少测算误差，本研究用孕产妇死亡率与疾病死亡率构造出一个综合健康产出指标[④]，该指标用熵权法和线性加权法计算而得。

上述指标的数据来源均与前文一致。此外，在应用 DEA 模型进行效率评估之前，本研究将各指标进行了无量纲化处理，具体处理方法如下：

---

① 俞佳立，杨上广，刘举胜．中国居民健康生产效率的动态演进及其影响因素［J］．中国人口科学，2020（5）：66-78.

② 刘满凤，宋颖，许娟娟，等．基于协调性约束的经济系统与环境系统综合效率评价［J］．管理评论，2015，27（6）：89-99.

③ 雷光和，张海霞．国际健康的公平性探析［J］．中国全科医学，2018，21（8）：882-887.

④ 申曙光，郑倩昀．中国的健康生产效率及其影响因素研究［J］．中山大学学报（社会科学版），2017，57（6）：153-166.

$$Z'_{ij}=\frac{Z_{ij}-\min Z_{ij}}{\max Z_{ij}-\min Z_{ij}}\times 9+1,\ Z'_{ij}\in[1,\ 10] \tag{V}$$

二、结果分析

（一）农村人居环境治理效率

从全国水平来看（见表 6-12），我国农村人居环境治理的综合效率五年均值小于1，即表明我国在农村人居环境治理过程中，资源配置效率较差，农村人居环境治理的资金投入、人员投入以及与居民健康的协调发展没有发挥出最佳的有效性。五年来我国农村人居环境治理综合效率的分布范围在 0.83 至 0.89 之间，整体呈下降的态势，技术效率在 0.93 至 0.95 的范围内有小幅浮动但呈上涨趋势，规模效率在 0.86 至 0.96 的范围内波动。总体上我国农村人居环境治理的技术效率优于规模效率，也表明五年来我国在农村人居环境治理的技术和管理等能力方面取得了一些小进步，但对于农村人居环境治理资源投入规模的把控较差且较为不稳定，没能充分利用农村人居环境治理的资源投入。从地区水平来看，我国各地区农村人居环境治理的综合效率从大到小排序为：东北地区>西部地区>东部地区>中部地区，其中东北地区的技术效率和规模效率是最优的，东部地区的技术效率和中部地区的规模效率是最差的，即治理技术与管理水平较差是东部地区农村人居环境治理效率低下的主要原因，而投入资产的规模比例没有达到最优状态导致了中部地区农村人居环境治理效率较差。

表 6-12　2015 年和 2019 年我国 25 个省份农村人居环境治理效率

		2015 年			2019 年			五年均值		
		综合效率	技术效率	规模效率	综合效率	技术效率	规模效率	综合效率	技术效率	规模效率
东部地区	河北	0.410	0.469	0.875	0.528	0.643	0.822	0.510	0.664	0.782
	浙江	0.769	0.963	0.798	0.621	0.933	0.666	0.674	0.920	0.733
	福建	1.000	1.000	1.000	0.931	1.000	0.931	0.902	0.994	0.907
	江苏	1.000	1.000	1.000	1.000	1.000	1.000	1.000	1.000	1.000
	广东	1.000	1.000	1.000	1.000	1.000	1.000	1.000	1.000	1.000
	山东	0.930	1.000	0.930	0.811	1.000	0.811	0.888	1.000	0.888
	地区平均	0.852	0.905	0.934	0.815	0.929	0.872	0.829	0.930	0.885
东北地区	辽宁	0.946	0.969	0.977	0.972	1.000	0.972	0.984	0.994	0.990
	吉林	1.000	1.000	1.000	0.781	0.782	0.999	0.877	0.911	0.960
	黑龙江	1.000	1.000	1.000	1.000	1.000	1.000	1.000	1.000	1.000
	地区平均	0.982	0.990	0.992	0.918	0.927	0.990	0.953	0.968	0.983

续表

		2015年			2019年			五年均值		
		综合效率	技术效率	规模效率	综合效率	技术效率	规模效率	综合效率	技术效率	规模效率
中部地区	山西	0.979	0.979	1.000	1.000	1.000	1.000	0.996	0.996	1.000
	河南	0.874	0.874	0.999	0.523	0.863	0.606	0.631	0.885	0.712
	安徽	0.774	0.843	0.917	0.603	0.996	0.605	0.683	0.911	0.758
	湖北	0.872	0.985	0.885	0.555	0.937	0.593	0.687	0.937	0.732
	湖南	0.895	0.979	0.914	0.677	0.966	0.701	0.765	0.956	0.799
	江西	0.887	1.000	0.887	0.844	1.000	0.844	0.797	0.998	0.798
	地区平均	0.880	0.943	0.934	0.700	0.960	0.725	0.760	0.947	0.800
西部地区	重庆	1.000	1.000	1.000	1.000	1.000	1.000	1.000	1.000	1.000
	四川	0.748	1.000	0.748	0.851	0.994	0.856	0.719	0.983	0.730
	陕西	1.000	1.000	1.000	1.000	1.000	1.000	0.994	1.000	0.994
	云南	1.000	1.000	1.000	1.000	1.000	1.000	0.966	0.972	0.995
	贵州	1.000	1.000	1.000	1.000	1.000	1.000	1.000	1.000	1.000
	广西	1.000	1.000	1.000	0.979	1.000	0.979	0.956	1.000	0.956
	甘肃	0.868	0.875	0.992	1.000	1.000	1.000	0.961	0.963	0.998
	宁夏	1.000	1.000	1.000	0.985	0.999	0.987	0.997	1.000	0.997
	新疆	0.625	0.653	0.957	0.423	0.643	0.657	0.508	0.672	0.758
	内蒙古	0.639	0.685	0.934	0.766	0.784	0.978	0.721	0.800	0.905
	地区平均	0.888	0.921	0.963	0.900	0.942	0.946	0.882	0.939	0.933
全国平均		0.889	0.931	0.953	0.834	0.942	0.880	0.849	0.942	0.896

注：表中数据利用各统计年鉴数据由 DEAP-xp1 软件测算得出，考虑到版面问题，表格仅列出部分结果。

根据各省份农村人居环境治理效率的五年均值，本研究将 25 个省份的治理效率划分为三组类别，由表 6-12 可知：

第一组，东部地区有 2 个省份（江苏、广东）的治理效率达到了 DEA 有效，东北地区有 1 个（黑龙江），西部地区有 2 个（重庆、贵州），占总评价单元的 20%。在既定的农村人居环境与居民健康耦合协调度约束下，这些省份能以相对较低的资本和相对较少的劳动力实现农村人居环境治理的最大产出。

第二组，东部地区有 1 个省份（山东）的治理效率表现为弱 DEA 有效，中部地区有 1 个（山西），西部地区有 2 个（陕西、广西），占总评价单元的 16%。其中陕西、广西、山东表现为技术有效，而规模无效，此时农村人居环境治理的产出相对于投入达到最大化，但是其投入规模没有达到理想的状态；山西表现为规模有效，而技术无效，说明该省农村人居环境治理的技术水平与管理水平仍有改进空间。

第三组，农村人居环境治理效率为 DEA 无效的省份有 16 个，占总评价单元的 64%，表明我国大部分省份的农村人居环境治理效率都属于 DEA 无效状态，且突出表现为规模效率较低。其中宁夏表现为投入冗余型 DEA 无效，在农村人居环境与居民健康协调发展过程中，二者协调程度的提高没有带动农村人居环境质量的进一步提升，从而形成了农村人居环境治理中资金投入的冗余。其他省份均同时存在着投入冗余和产出不足的问题，在投入方面，浙江、湖北、安徽、湖南、内蒙古等地的投入冗余主要体现在资金投入的不平衡上，河南、福建、云南、河北、吉林、辽宁、甘肃等地的投入冗余主要体现在人员投入的不平衡上；在产出方面，新疆、内蒙古、甘肃、湖南、河北、河南等地的产出不足主要体现在生活环境方面，浙江、福建、江西、湖北、安徽、四川等地的产出不足主要体现在生态环境方面。

（二）农村居民健康治理效率

从全国水平来看（见表 6-13），我国农村居民健康治理效率五年均值小于 1，即表明整体上我国农村居民健康治理效率没有达到 DEA 有效状态。综观五年的变化趋势，我国农村居民健康治理效率波动较大，综合效率的波动范围是 0.54 至 0.64，技术效率的波动范围是 0.72 至 0.83，呈现波动上涨趋势，规模效率的波动范围是 0.70 至 0.79，呈现出下降的态势。总体上，我国农村居民健康治理的技术效率要略优于规模效率。从地区水平来看，我国各地区农村居民健康治理的综合效率从大到小排序为：中部地区>西部地区>东部地区>东北地区，具体来说，综合效率排名靠前的两个地区分别在技术效率和规模效率上最占优势，而排名处于最后一位的东北地区在这两方面的表现都较差。虽然东部地区的技术效率与中部地区的相差无几，但其规模效率较差，导致了其综合效率也较差，这也直接反映出东部地区在医疗技术与卫生管理水平上的表现较为突出，但并未规划好资源投入比例，未能使其充分发挥出最佳效用。

表 6-13 2015 年和 2019 年我国 25 个省份农村居民健康治理效率

		2015 年			2019 年			五年均值		
		综合效率	技术效率	规模效率	综合效率	技术效率	规模效率	综合效率	技术效率	规模效率
东部地区	河北	0.576	0.824	0.700	0.575	0.816	0.704	0.515	0.805	0.641
	浙江	0.358	0.584	0.613	0.383	0.727	0.526	0.435	0.778	0.566
	福建	0.373	0.674	0.554	0.829	0.968	0.856	0.608	0.840	0.712
	江苏	1.000	1.000	1.000	0.468	0.964	0.485	0.610	0.804	0.720

续表

		2015年			2019年			五年均值		
		综合效率	技术效率	规模效率	综合效率	技术效率	规模效率	综合效率	技术效率	规模效率
东部地区	广东	1.000	1.000	1.000	1.000	1.000	1.000	1.000	1.000	1.000
	山东	0.248	0.548	0.453	0.374	0.665	0.563	0.319	0.639	0.502
	地区平均	0.593	0.772	0.720	0.605	0.857	0.689	0.581	0.811	0.690
东北地区	辽宁	0.418	0.579	0.721	0.248	1.000	0.248	0.511	0.716	0.743
	吉林	0.627	0.814	0.770	0.518	0.650	0.797	0.406	0.564	0.698
	黑龙江	0.379	0.651	0.583	0.333	0.457	0.730	0.307	0.510	0.621
	地区平均	0.475	0.681	0.691	0.366	0.702	0.592	0.408	0.597	0.687
中部地区	山西	0.394	0.726	0.542	0.676	1.000	0.676	0.530	0.799	0.670
	河南	0.658	0.805	0.817	0.866	0.879	0.984	0.727	0.845	0.859
	安徽	1.000	1.000	1.000	1.000	1.000	1.000	0.941	1.000	0.941
	湖北	0.437	0.669	0.653	0.391	0.716	0.546	0.409	0.705	0.581
	湖南	0.301	0.496	0.608	0.401	0.695	0.577	0.348	0.622	0.561
	江西	1.000	1.000	1.000	1.000	1.000	1.000	1.000	1.000	1.000
	地区平均	0.632	0.783	0.770	0.722	0.882	0.797	0.659	0.828	0.769
西部地区	重庆	0.470	0.721	0.651	0.509	1.000	0.509	0.436	0.586	0.829
	四川	0.441	0.496	0.888	0.398	0.403	0.987	0.424	0.456	0.928
	陕西	1.000	1.000	1.000	0.778	0.881	0.883	0.956	0.976	0.977
	云南	1.000	1.000	1.000	1.000	1.000	1.000	0.991	0.992	0.999
	贵州	0.856	1.000	0.856	0.581	0.688	0.844	0.780	0.859	0.893
	广西	0.610	0.668	0.913	1.000	1.000	1.000	0.888	0.910	0.972
	甘肃	0.800	0.856	0.934	0.889	0.916	0.970	0.794	0.850	0.933
	宁夏	0.542	0.654	0.829	0.448	0.744	0.603	0.441	0.665	0.660
	新疆	0.164	0.562	0.291	0.273	0.850	0.321	0.200	0.723	0.275
	内蒙古	0.256	0.491	0.522	0.379	0.672	0.564	0.315	0.625	0.501
	地区平均	0.614	0.745	0.788	0.626	0.815	0.768	0.622	0.764	0.797
全国平均		0.596	0.753	0.756	0.613	0.828	0.735	0.596	0.771	0.751

注：表中数据利用各统计年鉴数据由 DEAP-xp1 软件测算得出，考虑到版面问题，表格仅列出部分结果。

根据各省份农村居民健康治理效率的五年均值，本研究也将 25 个省份的治理效率划分为三组类别，由表 6-13 可知：

第一组，东部地区有 1 个省份（广东）的治理效率达到了 DEA 有效，中部地区有 1 个（江西），占总评价单元的 8%。在既定的农村人居环境与居民健康协调度约束下，上述省份能以相对较少的医疗资源实现农村居民健康治理的最大产出。

第二组，农村居民健康治理效率表现为弱 DEA 有效的仅有安徽一个省，占总评价单元的4%。该地区的弱 DEA 有效具体表现为技术有效，此时农村居民健康治理的产出相对于投入达到了最大化，而投入规模没有达到理想的状态。

第三组，农村人居健康治理效率为 DEA 无效的省份有 22 个，占总评价单元的 88%，表明我国绝大多数省份的农村居民健康治理效率都属于 DEA 无效状态，且突出表现为规模效率较低。我国农村居民健康治理在卫生技术人员数量和卫生机构床位数两个方面存在着相同程度的投入冗余，其中新疆的投入冗余最多，浙江、内蒙古、吉林、宁夏等地的投入冗余主要表现在卫生技术人员数量上，湖北、湖南、四川、辽宁等地的投入冗余主要体现在卫生机构床位数上。

（三）对比分析

对比表 6-12 和表 6-13 可知，从五年均值来看，我国农村人居环境与居民健康治理的综合效率均值分别为 0. 849 和 0. 596，二者差距较大，说明在全国范围内农村人居环境与居民健康两个系统并不是同等效率发展的。在投入产出方面，我国农村人居环境与居民健康的治理都存在投入冗余与产出不足，且后者的投入冗余与产出不足情况更为严峻，具体而言，前者在人员投入上的冗余大于资金投入的冗余，后者在人员与基础设备两方面的投入冗余状况几乎一致。

从各省份来看，2015~2019 年，全国只有广东省的农村人居环境治理效率与农村居民健康治理效率同时达到了 DEA 有效水平，实现了农村人居环境与居民健康的同步高效发展。除此之外，云南省也实现了农村人居环境治理与农村居民健康治理的同步发展，且治理的综合效率较高。绝大部分地区的农村人居环境治理效率要优于农村居民健康治理效率，但也有例外，如江西、河南、安徽等中部地区省份。

整体上，我国农村人居环境质量相对农村居民健康水平来说较低，但是其治理的综合效率较高；而农村居民健康水平及其治理效率的测度值分布就呈现出与之相反的状况。本研究分析认为，这种状况的出现与农村人居环境和居民健康治理处于不同的发展阶段有一定的关系。自新中国成立以来，我国就积极开展了各项健康治理行动，从爱国卫生运动到健康中国计划的实施，我国卫生健康治理体系逐步完善，农村居民的健康素质也得到了大幅提高。但必须要重视的一点是，一直以来我国对高质量农村基层卫生医疗建设的重视程度不高、资源投入也不够充足，农村基层医疗设备老旧、诊疗环境差等问题十分突出[①]。农村高质量医疗

① 卢祖洵，徐鸿彬，李丽清，等. 关于加强基层医疗卫生服务建设的建议——兼论推进疫情防控关口前移 [J]. 行政管理改革，2020 (3): 23-29.

服务的供需不平衡，在一定程度上导致了在现阶段医疗服务供给制度下，我国农村基层医疗卫生机构资源的利用效率较低[①]，进而造成了现阶段我国农村居民健康治理效率较低。一方面，我国农村人居环境治理的起步较晚，直到2002年才进入全面加速时期[②]，并在2018年正式成为我国农村治理方案中的一项专项行动；另一方面，在过去很长的一段时期里，我国的发展重心落脚于工业制造与粮食生产上，以环境为代价的发展策略导致农村环境问题凸显[③]。由于起步晚，基础差，目前我国农村人居环境质量水平较低，但随着我国发展战略的转变，构建"生态宜居"的农村环境成为实现乡村振兴的必经之路，为此，各级政府的高度重视及资源投入在一定程度上促使了我国农村人居环境整治效率的提高。

虽然在整体上我国农村人居环境质量与治理效率和农村居民健康水平与健康治理效率存在着上述相反的布局，但具体到各系统内部，各省份农村人居环境质量与治理效率之间并没有明显的对应关系，农村人居环境质量较高的省份多分布在东部地区，其中东部沿海地区的农村人居环境质量更高，而农村人居环境治理效率较高的省份分布得比较分散。同样地，我国农村居民健康水平与健康治理效率之间也没有明显的对应关系，各省份农村居民健康水平差距不大，仅有零星几个省份出现较低的农村居民健康水平指数，而农村居民健康治理效率较低的省份较为集中在我国的北部和中西部。各省份在农村人居环境与居民健康的质量水平和治理效率上存在着较大的差距，这种省际发展的不平衡性与上述系统内部发展的不平衡性都是未来我国农村发展所要面对的重大问题。

总之，建成美丽乡村、健康乡村，促进乡村振兴是时代的要求，也是人民的期盼。为了解在农村的发展过程中，农村人居环境与居民健康发展的耦合协调度如何，哪些地区发展的协调性较好，本研究计算了农村人居环境质量指数与农村居民健康水平指数，并测度了我国各地区农村人居环境与居民健康动态发展的耦合协调度。测度结果表明，大部分地区在过去的五年中都处于基本协调和濒临失调的状态，尤其是西部地区的耦合协调度较低，这种失调是由低水平农村人居环境质量和与之不匹配的相对较高水平农村居民健康状况造成的。在总体发展趋势上，二者发展协调程度越来越高，特别是耦合协调度较低的地区增长幅度较大，而耦合协调度处于相对较高水平的地区增长幅度较小，甚至在广东、山西等地出现了负增长。目前，我国仍没有实现农村人居环境与居民健康的协调同步发展，但农村人居环境与居民健康发展的关系越来越密切，农村人居环境质量与居民健

---

① 管仲军，陈昕，叶小琴．我国医疗服务供给制度变迁与内在逻辑探析［J］．中国行政管理，2017（7）：73-80.

②③ 杜焱强．农村环境治理70年：历史演变、转换逻辑与未来走向［J］．中国农业大学学报（社会科学版），2019，36（5）：82-89.

康水平的协同发展越来越成为重中之重。

将协调程度作为一个强制性约束，应用 DEA-BCC 模型，本研究分别测度了农村人居环境与居民健康治理效率，二者的表现有很大不同。从全国平均状况来看，我国农村人居环境与居民健康治理效率差距较大，前者的综合效率大大优于后者，但整体上二者都没有达到 DEA 有效状态。无论是农村人居环境治理还是农村居民健康治理，二者的技术效率都优于规模效率，且五年来二者的技术效率增长值都大于规模效率的增加值；尤其是在农村人居环境治理方面，这两种现象更为突出。数据表明，在我国农村人居环境与健康治理中，治理技术与管理能力对治理效果的正向影响较大，各省份治理技术的进步与管理能力的提高较好地促进了治理效率的提升，而各省份在资源投入规模与比例方面的表现就略逊一筹，未能充分利用其投入的资源。除此之外，我国农村人居环境与居民健康的治理还出现了农村人居环境质量指数较低但治理效率较高、农村居民健康水平指数较高但治理效率低的现象，该现象的形成与我国农村人居环境和居民健康治理各自所处的发展阶段有一定关系。总的来说，我国农村人居环境与居民健康的治理效率较低，且存在着极大的省际差异，治理能力与资源配置水平都有待进一步提升，同时还要注意我国农村人居环境与居民健康发展的不平衡与不充分问题。

第七章　农村人居环境与居民健康协同治理体系构建

农村问题一直是党和政府关注的重点，是社会发展必须突破的一个难点。党的十九大提出乡村振兴战略后，农村各项事业的建设都成为全党工作的重中之重。农村人居环境与居民健康治理关系着农村居民的生活条件与民生福祉。农村人居环境与居民健康协同治理体系的构建不仅能推进国家治理体系与治理能力现代化的发展，还能为农村人居环境与居民健康的治理提供有效的指引与参考，促进治理合力的形成，推动农村人居环境与居民健康治理工作有序展开。

改善农村人居环境，建设美丽宜居乡村，是实施乡村振兴战略的一项重要任务，事关广大农民根本福祉。但现阶段农村人居环境整治仍处于专项行动阶段，并未形成系统有序的治理体系。2020 年，中共中央办公厅、国务院办公厅结合我国推进国家治理体系和治理能力现代化的战略抉择，印发了《关于构建现代环境治理体系的指导意见》，为构建党委领导、政府主导、企业主体、社会组织和公众共同参与的现代环境治理体系作出了重要指导。强调多主体共同参与的现代环境治理体系蕴含着丰富的协同治理思想。协同治理在“治理”的基础上着重强调“共同行动”“共同治理”，Emerson、Bryson 等指出协同治理是公共政策决策、管理的过程和结构，其能使人们跨越政府部门、公共组织以及市场领域的边界，促进信息、资源、治理能力的组合与共享，从而实现各部门单独行动下无法实现的治理效果①②。除了环境治理参与主体的协同对治理效果起着重要作用外，在现实生活中，与环境治理息息相关还有居民健康治理。在作用效果上，农村人居环境的改善能极大提高农村居民的健康水平，如厕所革命能改善厕所卫生条

---

① Emerson K. Collaborative Governance of Public Health in Low-andmiddle-income Countries: Lessons from Research in Public Administration [J]. BMJ Global Health, 2018, 3 (Suppl4): e000381.

② Bryson J M, Crosby B C, Stone M M. Designing and Implementing Cross-sector Collaborations: Needed and Challenging [J]. Public Administration Review, 2015, 75 (5): 647-663.

件，从而减少肠道寄生虫感染率和肠道传染病发病率①；居民健康水平的提升可以促进其亲环境行为的实施②，有助于提高农户参与人居环境治理的意识与积极性。在治理范围与内容上，二者的治理也存在着一定程度重叠，如在农村人居环境治理中要求普及文明健康理念，推进环境与卫生综合整治，大力建设健康村镇③，在居民健康治理中强调加强环境健康管理，减少污染，深入开展爱国卫生运动，推进农村人居环境整治④。基于以上考虑，本研究结合协同治理理论，以“坚持党的领导，坚持依法治理，坚持多方共治，坚持问需于民”四项原则为导向，从治理主体、治理保障、治理规范三个角度出发，构建了党政领导负责、政府优化服务、市场参与、企业规范、全民行动的主体参与体系，由资金、基础设施建设、科技等支撑力量，评价考核、社会监督与信用监督等监督方式构成的保障体系，以及由立法、执法与司法组成的协同治理规范体系，丰富了农村人居环境与居民健康协同治理体系框架，并用实际案例印证了各体系的可行性。农村人居环境与居民健康治理涉及内容繁多，治理范围较广，多主体协同治理有利于资源的集中与相关部门、人员的配合，本研究构建的体系框架可以作为农村人居环境与居民健康治理实践中的参考与对照标准，以发现问题，推动我国农村人居环境与居民健康治理体系现代化与治理能力现代化的发展，从而提高农村人居环境与居民健康治理的效率与效果。

第一节　农村人居环境与居民健康协同治理体系的需求分析

一、农村人居环境与居民健康协同治理的复杂性需要

从演进过程来看，随着经济社会的发展与科学技术的革新，我国农村人居环

① 张鹏飞，高静华．农厕改造对乡村振兴的影响及其机制研究［J］．青海民族研究，2021，32（1）：99-107.

② 彭远春，曲商羽．居民健康状况对环境行为的影响——基于 CGSS2013 数据的分析［J］．南京工业大学学报（社会科学版），2020，19（4）：41-51+115.

③ 中华人民共和国中央人民政府网．中共中央办公厅 国务院办公厅印发《农村人居环境整治提升五年行动方案（2021—2025 年）》［EB/OL］.（2021-12-05）［2022-05-23］. http：//www. gov. cn/zhengce/2021-12/05/content_5655984. htm.

④ 中华人民共和国中央人民政府网．国务院办公厅关于印发“十四五”国民健康规划的通知［EB/OL］.（2022-04-27）［2022-05-23］. http：//www. gov. cn/zhengce/content/2022-05/20/content_5691424. htm.

境与居民健康的治理过程不断复杂化。这种复杂化主要体现在治理目标的多维化，治理范围的扩大化，治理主体的多元化，治理技术的丰富化等。从新中国成立至今，农村人居环境与居民健康治理的目标从保障基本人居环境、减少传染病向打造优美舒适的人居环境、提升全民健康素质转变。治理目标的提升必然带来治理范围的拓宽，从住房到村庄建设、从水电供给到垃圾污水处理、从医疗保健到健康教育，现阶段我国农村人居环境与居民健康的治理范围几乎囊括了农村地区的衣食住行、教育、医疗等各个方面，治理内容与范围的扩大会造成治理过程的复杂化。同时，治理内容的延伸也会引起治理主体的多元化，暂且不谈非政府组织与个人的参与，目前我国农村人居环境与居民健康治理所涉及的政府部门就有农业农村部、生态环境部、住房和城乡建设部、交通运输部、财政部、国家发展和改革委员会、国家卫生健康委员会等几十个部门。治理主体的多元化一方面能赋予治理足够的行政资源与人力资源，另一方面又会加大治理过程中多部门间相互配合的难度与协调工作的复杂程度。科学技术的进步丰富了治理过程中技术与模式运用的选择，而具体到农村人居环境与居民健康的治理上，技术与模式的运用需要与当地的实际情况相匹配，这就需要专业人员的调研、分析与因地制宜的技术实施。多维目标的实现需要多方的共同努力，农村人居环境与居民健康治理在各方面的复杂化导致了协同治理体系构建的需求产生，以期通过协同治理体系的构建，将人力、物力等资源有效结合起来，建立健全各主体间的沟通、配合与协调机制。

二、农村人居环境与居民健康协同治理的可持续性需要

农村人居环境与居民健康治理目标的多维化也会带来资源投入方面的压力。如 2009 年新医改把“强基层”作为改革着力点，投资 400 亿元用于基层卫生医疗机构的建设，安排了 130 多亿元用于县乡村三级医疗卫生机构的设备购置①；2016 年至 2020 年，中央投入 258 亿元专项资金用于农村环境整治②。医疗卫生财政支出及其占财政总支出的比重逐年上升，2009 年，医疗卫生财政支出为 3994.19 亿元，占财政总支出 5.23%，至 2019 年时，其支出上升为 16665.34 亿元，占财政总支出 6.98%③。除医疗卫生机构的软硬件提升及其服务的升级以及农村人居环境整治需要大量资金投入外，农村人居环境与居民健康治理目标的多元化还会带来养老、健康教育、全民运动、环境监督等相关领域的投资需求，同

① 资料来源：国务院关于深化医药卫生体制改革工作情况的报告——2010 年 12 月 22 日在第十一届全国人民代表大会常务委员会第十八次会议上。

② 资料来源：人民网。

③ 资料来源：相应年份《中国统计年鉴》。

时也会引发治理成本的增加。在任何情况下如果仅依靠政府的投入与管理，将会为农村人居环境与居民健康治理带来巨大的压力，可能会形成对政府负责模式的“依赖”现象，进而导致非可持续化的后果①。

资源投入压力的增加也反映出了资源的稀缺性问题。资源的稀缺性从本质上造成了在复杂问题治理过程中的组织相互依赖。在我国现阶段的农村人居环境与居民健康治理中，已出现了资金投入来源单一、资金投入不足、技术支撑薄弱等资源稀缺问题，而协同治理能有效破解单一主体治理无法解决的资源稀缺性问题，将各治理主体所能提供的资源聚集起来，通过全局性的资源再分配，提高资源的利用效率，或通过资源交换的形式，调节不同地区、不同治理项目的资源不平衡问题②③。

三、国家治理现代化与人民日益增长的美好生活需要

早在 2013 年，党的十八届三中全会就提出“推进国家治理体系和治理能力现代化”的要求。2020 年，中共中央办公厅、国务院办公厅印发了《关于构建现代化环境治理体系的指导意见》，意见指出要构建党委领导、政府主导、企业主体、社会组织和公众共同参与的现代环境治理体系。以多元主体共同治理为本质的协同治理理论思想与我国现代环境治理体系的内核相匹配，本研究在环境治理的基础上，增添了与环境治理密切相关的公共健康治理内容，以治理演进过程的视角出发，从治理目标、治理主体、治理方式上总结了我国农村人居环境与居民健康治理的异同点，以统筹环境与健康的协同治理，构建农村人居环境与居民健康协同治理体系。该体系的建立有利于推进国家治理体系与治理能力现代化，是协同治理理论与我国环境和健康治理的结合创新。

中国特色社会主义进入新时代以来，人民对美好生活的需要日益增长。人居环境的改善、健康状况的提高是人民普遍追求的，但在现阶段的农村治理过程中，农民的获得感不如预期，以农村生活污水治理为例，政府绩效目标虚高、治理偏离农民实际需求、农民治理主体缺位、治理设施闲置、腐败现象严重等治理问题极大地影响了农民对治理效果的获得感与体验感④。将协同治理思想运用到农村人居环境与居民健康的治理中，有利于提高治理的合法性，这里的合法性指

---

① 王三秀，卢晓．健康中国背景下农村健康福利效能优化：目标、困境及破解——农民健康主体能力塑造视角［J］. 宁夏社会科学，2022（2）：139-151.

② 王喆，唐婍婧．首都经济圈大气污染治理：府际协作与多元参与［J］. 改革，2014（4）：5-16.

③ 杨宏山，周昕宇．区域协同治理的多元情境与模式选择——以区域性水污染防治为例［J］. 治理现代化研究，2019（5）：53-60.

④ 郑方辉，朱鑫．农村生活污水治理：为什么农民获得感不如预期？——基于 G 省的抽样调查［J］. 广西大学学报（哲学社会科学版），2021，43（5）：85-92.

的是人们对治理政权或治理体系的普遍接受，包括内部合法性与外部合法性，民众对治理政权或治理体系的看法会影响其对政策的支持性及对治理效果的满意程度[①②]。通过农村人居环境与居民健康协同治理，农户可有效地参与到治理过程中，发挥其对治理工作的监督作用，提高自身的环境素养与健康能力，从而增强对农村人居环境与居民健康治理的满足度。

第二节　农村人居环境与居民健康协同治理体系构建的基本原则与整体框架

一、农村人居环境与居民健康协同治理体系构建的基本原则

（一）坚持党的领导

坚持和加强党的全面领导，关系党和国家前途命运，我们的全部事业都建立在这个基础之上，都根植于这个最本质特征和最大优势[③]。坚持党的领导的最大优势在于能够充分调动全国各族人民的积极性，汇聚有限的资源和人力，集中力量办大事[④]。现阶段，农村人居环境与居民健康治理内容多、范围广、程度深，治理过程需要充足的资源支撑与人力支持。一方面，坚持党的领导可以凝聚全国上下的力量，保障农村人居环境与居民健康治理的持续推进。另一方面，对于国家治理体制改革与现代治理能力建设而言，坚持党的领导起到掌舵方向的重要作用[⑤]。农村人居环境与居民健康治理涉及农村生活污水治理、农村生活垃圾处理、村容村貌治理、医疗卫生规范、养老保健服务、职业安全保障等众多内容，治理内容体系庞大、关系交错复杂，且具有较强的系统性与综合性，综合治理需要有科学、明确的规划、指导与引领。坚持党的领导，贯彻落实党中央有关农村人居环境整治专项行动与健康中国行动的总体要求，确保农村人居环境与居民健康治理的科学性、有序性与有效性。

---

① Dupuy C, Defacqz S. Citizens and the Legitimacy Outcomes of Collaborative Governance an Administrative Burden Perspective [J]. Public Management Review, 2022, 24 (5): 752-772.

② Lee S, Esteve M. What Drives the Perceived Legitimacy of Collaborative Governance? An Experimental Study [J]. Public Management Review, 2022: 1-22.

③ 张志丹. 新时代坚定对党的领导的自信的阐释与建构 [J]. 马克思主义研究, 2022 (3): 45-54+155-156.

④⑤ 王立峰. 坚持党的领导的政治逻辑与制度优势 [J]. 云南社会科学, 2022 (2): 1-8.

（二）坚持依法治理

法治是国家治理体系和治理能力的重要依托，通过制度推进国家和社会的各项工作，可以最大限度地避免碎片化管理，同时依靠法律统一各管理部门的政策，可以避免政策“打架”。依法治理农村人居环境与居民健康，明确各主体治理权利与治理责任，维护各方合法权益，保障治理的公平性与公正性。

（三）坚持多方共治

改革开放和市场经济的不断发展打破了我国原有的国家统揽政治、经济和社会等所有事务的格局，责任由政府主要承担向多主体共同承担转变。构建党委领导、政府主导、企业主体、社会组织和公众共同参与的多元治理体系是推进国家治理体系和治理能力现代化的要求。农村人居环境与居民健康的多方共治有利于推动治理过程中相互推诿、“搭便车”、规避责任向相互激励、互动监督转变，提高农村人居环境与居民健康治理的社会氛围，凝聚社会力量，以不同主体的视角发现不同领域的治理问题，从多元化的角度分析问题，并利用不同主体的资源解决问题。

（四）坚持问需于民

党的根基在人民、力量在人民，坚持一切为了人民、坚持以人民为中心，始终坚守中国共产党人的初心和使命。农村人居环境与居民健康治理具有较强的地方性特征，受地理气候、人文风俗、经济水平等众多因素的影响，不同地区的农民对优良人居环境的评价不尽相同，各地区农村人居环境与居民健康治理模式也有一定的差异。在农村人居环境与居民健康治理中，要突出农民主体，充分体现乡村建设为农民而建的原则，深入了解农村地区治理所需，把握农村地区人居环境与居民健康治理的薄弱点，尊重农民的意愿，保障村民知情权、参与权、表达权、监督权，形成全民共享的美丽农村人居环境与安全的健康保障体系。

二、农村人居环境与居民健康协同治理体系构建的整体框架

构建农村人居环境与居民健康协同治理体系，首先要明确协同治理的领导力量、协同治理的参与主体、协同治理有序开展的规范与边界、协同治理持续开展的支撑力量。通过梳理协同治理推动力、回顾我国农村人居环境与居民健康治理演进过程及现状，分析我国农村人居环境与居民健康协同治理体系的需求，本研究构建我国农村人居环境与居民健康协同治理体系的整体框架，如图 7-1 所示。

该整体框架由治理主体框架、治理保障框架和治理规范框架这三个分支搭构而成。其中，治理主体是我国农村人居环境与居民健康协同治理体系的核心，各参与主体需在党政主体领导与负责下“各司其职”，如政府需要提高其服务供给能力，市场需要建立健全行业规范，企业需要积极配合参与，社会组织需要发挥

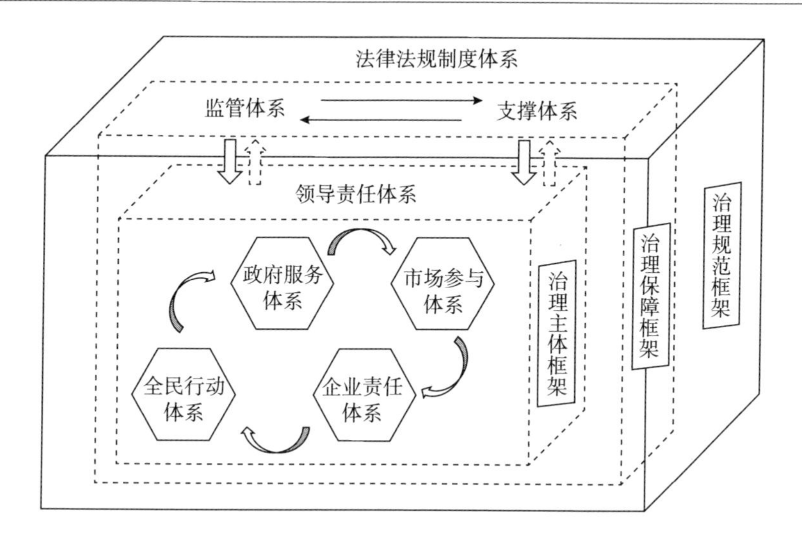

图 7-1　农村人居环境与居民健康协同治理体系的整体框架

资料来源：笔者自制。

组织与纽带作用，个人需要响应号召，积极参与相关治理活动，提高自身环保与健康素养。即在领导责任体系下，政府服务体系、市场参与体系、企业责任体系、全民行动体系相互配合，共同构建出农村人居环境与居民健康协同治理的主体框架。

治理保障是构建并稳固我国农村人居环境与居民健康协同治理体系的重要支持性力量，框架内部的双向箭头表示相互促进、互为所用的关系，一方面，监管体系的完善与运行需要科技化、信息化等技术力量的支持；另一方面，支撑体系的正常运行也需要受到监管体系的监管。类似地，治理主体与治理保障两组框架间也存在着相互依赖、相互支持的关系，其中实线箭头表示监管体系与支撑体系对治理主体参与治理的保障作用，包括技术保障、资金保障、基础设施保障、执法保障、司法保障等；虚线箭头表示治理保障框架的构建需要治理主体的参与，如党政主体提供党内监督、部门内部监督，市场主体发挥市场监管作用，个人及其他组织发挥社会监督作用。

最外围的实线长方体表示的是治理规范框架，主要指的是法律法规制度的规范。这一体系是我国农村人居环境与居民健康协同治理体系构建的依据与政治性支撑，是各主体参与治理、实施治理行为、判断治理标准及其边界的依据，其囊括了监管、财政支持、金融扶持、治理标准等一系列治理规定，是农村人居环境与居民健康协同治理过程中必须具备并予以遵守的秩序。

治理主体框架是农村人居环境与居民健康协同治理体系整体框架的核心，协同治理就是各治理主体相互配合、沟通、执行的过程。治理保障框架、治理规范框架是协同治理体系整体框架的构建“骨架”，支撑和规范了协同治理主体的参与行为。三组框架之间以及框架内部的体系要素相互联系、相互制约、互为依存，共同构建了我国农村人居环境与居民健康协同治理体系的框架，并共同服务于我国农村人居环境与居民健康治理的全过程。

第三节　农村人居环境与居民健康协同治理主体框架

一、农村人居环境与居民健康协同治理的领导责任体系

在多元主体的协同共治过程中，领导力是发起协同治理并确保治理过程中所需资源和支撑的领袖力量。领导力的构建可以将各主体紧密地联系起来，促进主体间的沟通与互动，形成系统思维，提高协同治理绩效①。中国共产党的领导是中国特色社会主义最本质的特征，也是中国特色社会主义制度的最大优势。我国农村人居环境与居民健康协同治理的领导力建设要坚持党的领导，建立健全党政主体责任体系，加强顶层设计，完善中央统筹、地方落实的分级工作机制。

（一）落实党政主体责任

农村人居环境整治是全面推进乡村振兴的第一仗，居民健康的治理关系着经济发展、人民的获得感、幸福观与安全感，农村人居环境与居民健康的治理关系着民生福祉与农村社会发展。各级党委和政府应贯彻中央关于建设美丽乡村、健康乡村的决策部署，坚持党对农村人居环境与居民健康治理工作的统一领导，强化“党政同责、一岗双责”制度的落实，扛起农村人居环境与居民健康治理的责任，将农村人居环境与居民健康治理工作视为重点工作内容。在辽宁铁岭县，县委、县政府高度重视村庄清洁行动，并将其列入党政“一把手”工程；县委书记、县长多次实地检查村庄清洁行动开展情况，组织各部门、各乡镇进行全县实地拉练，通过“学优赶先”促进村庄清洁行动扎实开展②。广东省广州市增城区区委、区政府也将农村厕所革命摆上重要议事日程，建立党政“一把手”负总责的工作责任制，把农村改厕工作列入“为民办实事”任务清单，并定期召

---

① Wang H，Ran B. Network Governance and Collaborative Governance：Athematic Analysis on Their Similarities，Differences，and Entanglements［J］. Public Management Review，2022：1-25.

② 中国农村网．全国村庄清洁行动先进县展示｜辽宁省大连市金普新区、宽甸满族自治县、铁岭县［EB/OL］.（2022-03-11）［2022-07-01］. http：//www. crnews. net/zle/945769_20220311024249. html.

开会议调度工作进展，督促改厕工作的如期开展①。

农村人居环境与居民健康治理的范围广泛、内容复杂、涉及部门较多、产生治理责任的原因众多，在实际工作中要科学界定不同责任的属性，并根据不同党政机关工作部门与工作任务的属性以及领导干部与工作人员在治理该过程中的权力地位和作用影响，制定有针对性的责任清单②，使责任“看得见”“落得实”“可追责”，压实党政主体责任。政府权责清单制度是法治政府建设的基础性制度，有利于监督政府部门做到法无授权不可为、法定职责必须为，防止行政不作为、乱作为。2021 年，为解决职责不清、边界不明、权责不一导致的单位间推诿扯皮难题，海南省三亚市以问题为导向制定了市级责任清单与权力清单，对全市 99 个单位的 5660 项职责及其与相关部门的职责边界、事中事后监管制度、公共服务事项承办机构等内容做出了详细的安排，明确了 47 个单位的 4804 项职权事项③。如在医疗保障乡村振兴工作中，医保局负责统筹全市医疗保障乡村振兴工作，牵头相关单位开展医疗保障乡村振兴督导工作；民政局负责相关身份认定工作；乡村振兴局负责建档立卡人员身份认定工作；社保中心负责落实医疗保障乡村振兴相关政策；医保局、育才生态区教科卫健局做好辖区内医疗保障乡村振兴工作，做好重点监测对象的医疗费用监测工作，协助市医疗保障局开展工作督导。而开展健康村建设工作更是涉及到精神文明建设和爱国卫生运动委员会办公室、宣传部、住房和城乡建设局、发展和改革委员会、人力资源和社会保障局、生态环境局、教育局、税务局、旅游和文化广电体育局、农业农村局、科技工业信息化局等 17 个部门的职责。三亚市重点解决权责清单中职责边界事项、充分利用信息化手段建立清单运行平台，实现权责制度化、流程标准化与运行规范化，进一步压实了各部门履行权力的责任。

（二）强化规划提议引领

“凡事预则立，不预则废”，科学规划是引领实践有序推进的重要指南与路线图。在规划的系统性上，要加快制定生活污水治理、村容村貌治理、健康环境促进行动、全民健身等专项规划，以及具体治理政策，形成农村人居环境与居民健康治理规划、政策体系。通过党的规划引领，统筹农村人居环境与居民健康的协同治理，突出整体规划作用，协调多方治理行动与资源配置，做到规划先行、精准施策，提高治理效率与效果。目前，我国已确立了“十四五”期间的土壤、

---

① 国家乡村振兴局网．农业农村部办公厅　国家乡村振兴局综合司关于推介农村厕所革命典型范例的通知［EB/OL］.（2022-02-10）［2022-07-01］. http：//nrra. gov. cn/art/2022/2/10/art_50_193882. html.

② 刘少华，陈荣昌．新时代环境问责的法治困境与制度完善［J］. 青海社会科学，2019（4）：49-54.

③ 三亚市人民政府网．三亚市市级部门权力清单和责任清单［EB/OL］.（2022-07-01）［2022-07-01］. http：//www. sanya. gov. cn/sanyasite/qzqd/qzqd. shtml.

地下水和农村生态环境保护规划、国民健康规划、健康老龄化规划、国家老龄事业发展和养老服务体系规划等农村人居环境与居民健康治理的相关规划。在农村人居环境治理方面，近年来我国已出台《农村人居环境整治提升五年行动方案（2021—2025 年）》《农村人居环境整治村庄清洁行动方案》《农业农村污染治理攻坚战行动方案（2021—2025 年）》《乡村绿化美化行动方案》《关于推进农村“厕所革命”专项行动的指导意见》等。在居民健康治理方面，我国也已出台了《健康中国行动监测评估实施方案》《全民健康生活方式行动方案（2017—2025 年）》《全民健身计划（2021—2025 年）》等以改善居民健康水平为目标的政策方案。强化规划的系统性要从治理变化与居民需求的实际情况出发，不断扩大规划的覆盖面，完善规划方案细节，使其贴合实际，以更好地指导实践工作的开展。

在规划的地方性上，各级党委与政府要积极响应中央的规划与提议，依据当地实际情况、紧扣当地村情民意，贯彻落实中央的规划方案，明确重点工作与责任分工，以科学且适应当地的规划指导治理工作的有序开展，确保重点任务及时落地见效。中央规划是各地政府制定规划、开展行动的风向指标与基本依据，地方规划是对中央规划的细节扩充与因地调整，随着行政等级的逐级划分，规划与方案也级级传递。如 2021 年中共中央办公厅和国务院办公厅印发了《农村人居环境整治提升五年行动方案（2021—2025 年）》后，现已有 9 个省（区、市）编制了当地的行动方案。方案再细分，就落脚到了县、乡级别，2019 年江苏省苏州市吴江区联合苏州科技大学建筑与城市规划学院组建调研团队，花费近半年时间对全区 210 个行政村中的公共厕所建设现状展开了调查与分析，并深入到 1000 多个自然村中切实了解当地居民对卫生公厕建设的要求与期盼，收集了群众关于公厕建设的众多意见与建议。调研团队根据调研结果和实际应用条件与建设支撑，对吴江区农村公厕建设规划目标、现状评估、三年建设计划、建设改造标准等多项内容作了细致的阐述说明，形成了因地制宜、科学引导的良好局面[①]。

规划科学是最大的效益、规划失误是最大的浪费、规划折腾是最大的忌讳[②]。在科学性上，规划需突出目标导向和问题导向，科学设定各项目标指标与重点任务，强化各规划间的横向与纵向衔接工作，并按照规划任务配置公共资

---

① Wang H，Ran B. Network Governance and Collaborative Governance：Athematic Analysis on Their Similarities，Differences，and Entanglements [J]. Public Management Review，2022：1-25.

② 齐心 . 规划科学是最大的效益 [J]. 前线，2019（3）：10-13.

源，完善与丰富配套支持性政策，增强规划的可操作性与可执行性①，以实现农村人居环境与居民健康治理规划的引领和管控作用。福建省永春县在污水治理的行动中不仅组织有关单位和主要领导前往外地参观学习小流域综合治理和农村环境连片整治经验，聘请中国水电顾问集团华东勘测设计院精心设计《桃溪流域生活污染和面源污染防治专项规划》，做到科学规划、合理布局；还十分注重与农村污水治理规划相匹配的政策支持与指导，先后印发了《关于加快推进乡镇生活污水处理设施建设的实施意见》《永春县农村生活污水处理设施建设与管理暂行办法》，指导乡镇有序开展污水处理设施建设工作，进一步推动农村生活污水处理设施化建设与规范化管理②。

（三）完善分级工作机制

按照中央定方向、省负总责、市县抓落实的原则。党中央、国务院统筹制定农村人居环境与居民健康治理的大政方针，提出总体目标，谋划重大战略举措，制定实施中央和国家机关有关部门治理责任清单。省（区、市）委、省（区、市）政府认真贯彻执行党中央、国务院各项决策部署，对全省（区、市）农村人居环境与居民健康治理负总体责任，抓好做好制定目标、明确任务、监管执法、完善机制等工作。市、县党委和政府承担具体责任，按照党中央、国务院和上级党委、政府的部署要求，进一步明确目标、分解任务、细化措施，统筹做好监管执法、市场规范、资金安排、宣传教育等工作。各级党委和政府及其有关部门要各司其职，密切配合，制定专项实施方案和配套政策，强化相关议事协调机构在农村人居环境与居民健康治理中的统筹协调、督促落实等方面的职能作用，建立健全各级党委和政府横向协调与纵向协调关系，协同推进各项任务落实。

2018 年，在中共中央、国务院提出进行农村人居环境整治后，四川省委与省政府在《四川省农村人居环境整治三年行动实施方案》中，就四川农村人居环境治理内容、资金投入、推进方式、管护机制等进行了说明，明确了治理目标，并决定开展农村生活污水治理“千村示范工程”。随后，四川省广元市制定出台了《广元市农村人居环境整治三年行动方案》《广元市推进“厕所革命”三年行动方案（2018—2020 年）》，将农村户厕改造与生活污水治理、畜禽粪污处理统筹实施，并按照五级书记抓乡村振兴的要求，明确由农村工作领导小组牵头抓总，成立农村人居环境整治工作推进组，建立起“1+4+2”的协同推进工作机

---

① 高强，曾恒源．“十四五”时期农业农村现代化的战略重点与政策取向［J］．中州学刊，2020（12）：1-8.

② 中华人民共和国住房和城乡建设部．住房和城乡建设部村镇建设司关于印发县域统筹推进农村生活污水治理案例的通知［EB/OL］.（2019-09-17）［2022-07-01］. https：//www. mohurd. gov. cn/gongkai/fdzdgknr/tzgg/201909/20190917_241830. html.

制，即1个农村人居环境整治综合协调组，4个专项行动推进组（农村生活垃圾治理、农村污水治理、农村厕所革命、畜禽粪污资源化利用）和2个提升推进组（村容村貌提升、农村居民文明素养提升）[①]。广元市昭化区在此基础上，走出了“三个三”趟出农村厕所革命新路子[②]，“三个三”的其中两个分别为：一是建好三个专班。即，成立以区乡村行政主要负责人为组长、相关部门为成员的厕所革命组织领导专班，负责统筹协调、宣传发动等相关事宜；组织农业、建设等相关部门专家组成技术培训专班，负责全程技术指导；将村廉勤委和部分党员村民代表组成质量监督专班，负责全程质量监督。确保厕所革命有人主抓、有人主推、有人监督，能够有序推进。二是开好三个会。即，由区政府统筹，组织相关部门和乡镇召开厕所革命动员和推进会议，明确目的意义、目标任务及推进措施；以村为单位召开好群众动员会议，宣传厕所革命整村推进示范村建设项目相关政策及要求，解答在“厕所革命”基层实践中遇到的难题与困惑；以社为单元督促指导意见不统一的农户开好家庭会，统一家庭成员思想，争取得到每个家庭成员的支持。通过“中央—省—市—区—乡”的层层传递与任务细化分解，再联合行政体系外的村与社，“厕所革命”的每一工作步骤都落实到了具体的单位与人员上。同时，农村人居环境整治综合协调小组加强了各单位的协调与沟通，密切了单位之间的关系，细致分工与紧密联系使得专项行动顺利开展，并开创了具有特色的治理模式。

二、农村人居环境与居民健康协同治理的政府服务体系

早在2000年，政府服务职能作为新公共服务理论的七大原则之一，就引起过学界与实践界的热潮[③]。改革开放后，特别是党的十八大以来，我国政府职能发生了深刻转变，并仍在持续优化。为人民服务是我们党的根本宗旨，也是各级政府的根本宗旨，建设人民满意的服务型政府是深化政府职能改变的总抓手之一。在农村人居环境与居民健康治理过程中，除了要发挥“掌舵”的职能外，服务型政府更加强调拓宽政府服务领域、提升政府服务质量。

（一）提升政府服务能力

进入新时代以来，我国社会主要矛盾转化为人民日益增长的美好生活需要和

---

① 四川省农业农村厅网．广元市“3443”模式走出农村改厕“山区路径”［EB/OL］.（2021-04-12）［2022-07-01］. http：//nynct. sc. gov. cn/nynct/c100632/2021/4/12/075c71ea5760403aae179f2e817f8bee. shtml.

② 中国农业信息网．广元市昭化区“三个三”趟出农村厕所革命新路子［EB/OL］.（2019-10-25）［2022-07-02］. http：//www. agri. cn/V20/ZX/qgxxlb_1/sc/201910/t20191026_7220881. htm.

③ 韩兆柱，翟文康．西方公共治理前沿理论述评［J］. 甘肃行政学院学报，2016（4）：23-39+126-127.

不平衡不充分发展之间的矛盾，农村人居环境的整治与健康服务的提供仍存在着较强的地区不平衡性。农村人居环境的治理要全范围、宽领域，健康服务与场所的提供要下基层、到边远，使全国百姓都能享受到农村人居环境与居民健康治理带来的红利，并获得农村人居环境与居民健康治理带来的幸福感与满足感。为实现公共体育服务均等化，山东省体育局实施了“千村扶贫健身工程”，各村可以根据本村的场地情况，在建设目录规定范围内自行选择具体建设内容。2012 年至 2014 年，山东省体育局在该项目中共投入了 1.8 亿元，改善了全省 3035 个贫困村的健身设施与健身环境，提升了当地农村公共文化体育服务水平，受到了群众的衷心拥护和欢迎①。

除了实现政府服务均等化外，提升政府服务能力还需要推动政府服务高质量发展。实现政府服务高质量发展要健全农村人居环境与居民健康服务体系，坚持以问题导向精准服务、以解决导向落实服务、以满意导向检验服务，始终以服务人民、便利民众为中心，在破解治理难题的同时有效推进服务高质量发展，提高政府服务效率与质量。以政府购买服务为例，政府购买服务应该始终以群众需求为基本出发点，走群众路线，推动公共服务供给模式从过去的“政府配餐”逐步过渡为“群众点菜”。为满足县内老年人对养老服务的需求，2019 年，福建省三明市建宁县通过政府购买服务的形式引入了社区居家养老专业化的服务组织，满足了当地老年人不同层次、不同类型的养老服务需求。2019 年 5 月，建宁县民政局与福建微尚信息科技有限公司以 1458240 元为价款签订了合同，规定微尚公司需为建宁县 80 周岁以上的老年人以及 65 周岁以上的“特定六类老年人”提供基础信息服务、实体援助服务和紧急救援服务等线上线下融合服务，服务期限为两年。截至 2020 年 12 月，该项目累计提供线上电话回访 27202 人次，上门回访 7167 人次，实体援助服务 7023 人次，开展各类志愿活动和节日主题活动 200 余场次，累计办理“时间银行存折”100 余本、服务老年人 3 万余人次。居家养老服务的引入不仅使老年人拥有了“助餐、助洁、助医、助农、助行”等基本生活服务，还丰富了老年人的精神文化生活。精准的居家养老服务深受建宁县老年人及家属的欢迎，该项目还收到了服务对象感谢信 16 封，锦旗 5 面，字画 8 幅②。

（二）深化农村人居环境与居民健康治理领域服务改革

以服务质量发展为核心，推动农村人居环境与居民健康治理领域的服务改

① 国家体育总局网．体育彩票公益金丰富农民们体育健身生活［EB/OL］.（2018-11-05）［2022-07-02］. https：//www. sport. gov. cn/n20001280/n20745751/n20767297/c21159634/content. html.

② 搜狐网．三明市建宁县居家养老服务案例入选财政部政府购买服务案例汇编［EB/OL］.（2020-12-15）［2022-07-02］. https：//www. sohu. com/a/438340335_120789737.

革，深化简政放权放管结合优化服务，切实以服务大提升推动环境大优化、问题大解决、作风大转变，推进治理政策、措施、机制集成改革，切实增强政务服务改革工作责任感、使命感和紧迫感，实打实帮助企业、群众、基层解决实际困难和问题。近年来，我国不断推进“放管服”改革，为支持社会办医发展，加快形成多元办医格局，2018 年，国家发展改革委联合民政部等 9 个部门印发了《关于优化社会办医疗机构跨部门审批工作的通知》，进一步规范了审批工作程序，压减了审批工作日，推动了行政审批制度改革，为相关医疗机构带来了便利，促进了健康服务业的发展。2022 年年初，江苏省连云港市赣榆区医疗保障服务中心深入推进综合柜员制，努力打破前台业务分割的状况，全力推进“一站服务、一窗受理、一单结算”模式，实现前台医保业务通收通办，后台统一受理，以简化办事流程，提高办事效率①。同时，为满足群众需求和提高服务质量，服务大厅还设置了引导咨询窗口，并配备专门工作人员为企业和群众提供咨询、引导服务，为办事群众提供“保姆式”一对一贴心服务。截至 2022 年 7 月，医疗保障服务中心共办理 14274 件结算审批业务，其中异地就医手工结算 2312 件，异地就医转诊备案 2272 件，门诊慢性病审批 125 件，门诊特定项目审批 215 件，门诊特药审批 1620 件。

政府服务改革还可以从科技出发，利用数字化赋能，拓宽农村人居环境与居民健康治理的服务渠道，完善政府服务平台，依托政务服务网、手机 App、小程序，拓宽网上、掌上办事的广度和深度，灵活提供环境与健康服务、宣传环境与健康知识，使各项服务设施为民所用，提高农村居民的健康与环境意识。近年来，浙江省金华市金东区围绕常态化疫情防控下的“健康金东”建设，以数字赋能精准发力，构建了功能齐全、智慧便民的卫生健康服务新模式②。2021 年，金东区积极对接“浙里办”平台，启动了基层医疗机构电子居民健康医保卡应用系统改造工作，让医院就诊卡与居民医保卡“两卡”融合，打造市民就医“一卡（码）通办”的就医新体验。居民电子健康卡是以二维码形式呈现的、具有身份识别功能的“健康身份证”，且其申办全程可在手机上完成。持有电子健康卡的市民在支持使用该卡的医疗机构就诊时，在诊室即可完成挂号、就诊、处方开具、结算、检验检查结果查询、既往处方查阅等诊疗服务，而无须携带实体卡。居民电子健康卡“一卡通办”的内核是居民卫生健康信息的电子化，电子健康卡关联个人电子健康档案、电子病历，凭借数据互通，将不同医疗机构的就

---

① 连云港市人民政府网．赣榆：医保业务“一窗通办”惠民生［EB/OL］.（2022-06-30）［2022-07-02］. http：//www.lyg.gov.cn/zglygzfmhwz/xqdt/content/e6ff053f-05ed-44a6-9701-520d5cbf98fb.html.

② 金东区人民政府网．群众满意率 98%以上“健康金东”品牌越来越响亮［EB/OL］.（2021-08-02）［2022-07-02］. http：//www.jindong.gov.cn/art/2021/8/2/art_1229171399_59294249.html.

诊数据联通起来，实现医护人员、患者、卫生管理部门之间的信息共享，辅助提供覆盖市民生命周期的预防、治疗、康复等健康管理服务。同时，居民也可以自行查阅自己的电子健康档案，以形成对自身健康状况更系统、更深入的了解，根据自身健康水平与突出问题，提高自身健康意识与素养，培养自我管理与约束能力，主动识别与规避健康危险因素。

三、农村人居环境与居民健康协同治理的市场参与体系

相比于政府全权管控，市场主体参与公共事务的管理可以使资源分配更加高效，并能缓解财政负担。现阶段我国农村人居环境与居民健康治理范围广、内容多、影响远，仍需要专业主体或团队提供的服务支撑，而市场主体的参与也能使我国农村人居环境与居民健康的治理更高效且可持续。完善市场参与体系，需从产业、模式以及市场运行整体情况出发，构建具有支撑力、创新力的开放市场，为农村人居环境与居民健康治理注入新的活力。

（一）强化产业支撑

充分利用当地资源，结合当地条件，明确产业发展定位和方向，培育农村污水治理、垃圾治理、养老保健、体育健身等多领域产业。大力推进现有示范点和产业项目提档升级，强化产业策划、统筹产业布局、促进行业协调，做大做强骨干企业，培育一批龙头企业，扶持一批专特优精中小企业，推广一批创新样板与支持平台，推动农村人居环境与居民健康治理向市场化、专业化、产业化发展。截至 2022 年 7 月 9 日，我国已有污水处理行业上市公司 84 家、垃圾处理行业上市公司 18 家、养老行业上市公司 16 家、保健行业上市公司 76 家、医疗行业上市公司 184 家、体育健身行业上市公司 25 家（见图 7-2），其中医疗、保健以及从事污水处理的上市公司较多。从发展变化来看，对比 2017 年之前与 2017 年之后的情况（见图 7-3），开展农村人居环境整治专项行动后，污水处理与垃圾处理行业的上市公司数量明显增多，五年涨幅超过 10%。在健康服务业方面，改革开放后市场机制就被引入到了公共卫生服务供给领域中①，而早在 2013 年国务院就出台了《关于促进健康服务业发展的若干意见》。相比于环境治理领域，我国健康服务业的发展较早，上市公司数量较多，在增长率上，医疗行业与养老行业上市公司数量的增长速度较快，保健行业次之，而体育健身行业上市公司的数量增长较慢。总的来说，我国农村人居环境与居民健康治理的相关产业正在发展壮大，特别是农村人居环境治理相关产业发展速度较快。

---

① 武晋，张雨薇．中国公共卫生治理：范式演进、转换逻辑与效能提升［J］．求索，2020（4）：171-180.

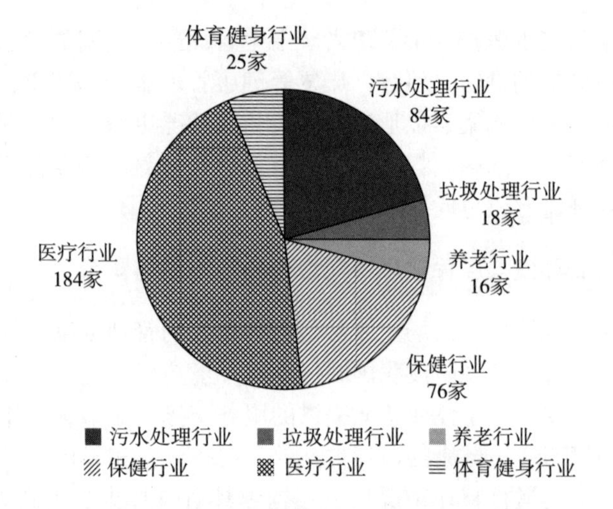

图 7-2　农村人居环境与居民健康治理相关上市公司数量分布

注：数据来源于同花顺财经网。

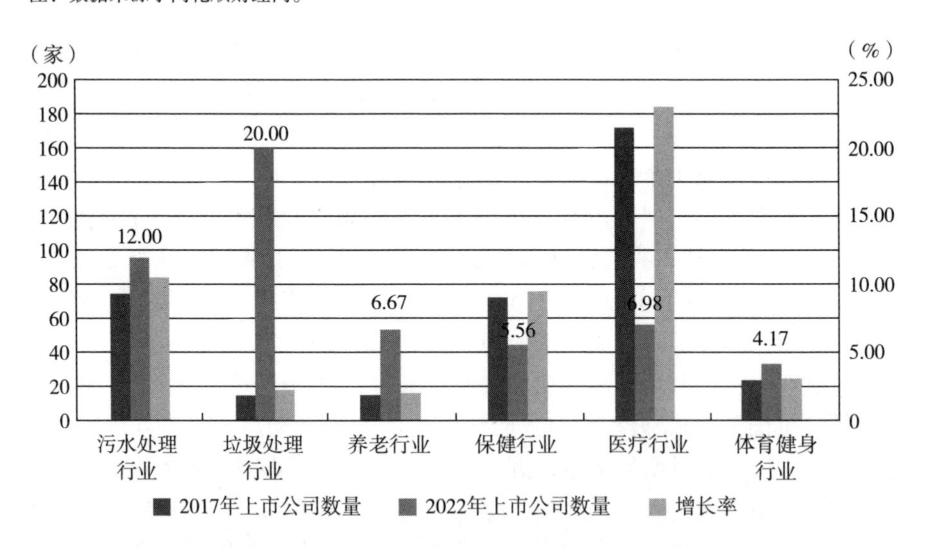

图 7-3　农村人居环境与居民健康治理相关上市公司数量变化情况

注：数据来源于国泰安数据库。

发挥垃圾处理、污水处理等重大技术设备示范效应，加快提高农村人居环境污染整治产业的技术装备水平。如北京易修复生态科技有限公司依托中国科学院生态环境研究中心等国内外权威科研院所，运营着“易修复生态平台”。该平台是生态环保智慧共享平台，平台拥有污染调查评估、修复、风险管控等相关精品课程，提供生态修复方案需求发布与方案提出等服务，组织全国生态修复研究生论坛暨青年科技创新大赛等学术活动，并通过微信公众号定期总结或转载分享国

内外环境治理技术与模式，如 2021 年 1 月发布了包括“稳定塘——高效藻类塘系统”“生物膜法处理生活污水”“人工湿地处理系统”等在内的国外农村生活污水处理技术①。在居民健康治理上，要夯实健康服务产业的发展基础，强化产业融合，建成功能多样、特色鲜明的现代健康服务产业体系。2017 年 11 月，河北爱晚红枫集团成立了“幸福家”公司，该公司是一所集养老、医疗、康复于一体的综合性医养结合服务单位，下设老年养护中心、安宁疗护中心、社区医疗中心和功能康复中心，提供全方位、全体系的养老医疗服务，并获得了国家卫生健康委与世界卫生组织颁发的“医养结合在中国的最佳实践案例”②③。落实由环境问题治理到健康服务供给过程中方方面面的产业建设，将相关产业编织成网，为农村人居环境与居民健康治理提供坚实的产业支撑。

（二）创新市场参与模式

加快农村人居环境与居民健康治理专业化与精细化发展，探索市场参与项目运作模式，结合新兴技术，打通市场参与项目实施路径，创新市场参与模式。如鼓励第三方治理单位延伸产业链，探索一体化服务模式。浙江省衢州市开化县采用农村污水治理设施设计、建设、运营一体化模式，至 2018 年已累计建成农村污水处理终端 825 个，受益户数 9.6 万余户。在顶层设计上，开化县请技术力量扎实的浙江省环科院对污水设施进行设计与建设。在统一运维上，开化县将所有农村污水处理设施（包括管网）与集镇设施一并打包给运维公司，由运维公司建立运维管理平台，并严格“按照半小时服务圈”要求配备污水处理相关人员与车辆，运维人员实行打卡签到、运维车辆实行 GPS 定位，推动运维工作有序开展。除此之外，还有特许经营等市场参与模式，如河南省安阳市汤阴县将涉及改厕的基础设施和公用事业特许经营权授予汤投集团，由其具体负责项目的融资、建设及后期运营管护，并允许其作为业主通过公开招标的方式确定项目施工企业、监理单位和后期运营企业④。

进一步丰富与完善现有市场参与模式，对现有模式进行分析、分解、重组，构建更适应当地情况、更具治理效果的工作模式。河北省邢台市巨鹿县用五种模

---

① 生态修复网. 国内外农村污水处理主要有哪些典型技术?［EB/OL］.（2021-01-04）［2022-07-06］. https://mp.weixin.qq.com/s/HeTMPxV4_YZNJ49jW_pUTA.

② 搜狐网. 地方交流：访邢台爱晚红枫幸福家老年公寓［EB/OL］. https://www.sohu.com/a/324467177_780159.

③ 中国社会福利与养老服务协会网. 红枫相伴　医养无忧——河北爱晚红枫集团［EB/OL］.（2022-04-13）［2022-07-08］. https://mp.weixin.qq.com/s/P_uu031ghuzGwoYK8-PsqQ.

④ 海南省农业农村厅网. 农村厕所革命典型范例之三丨河南省安阳市汤阴县：专业公司特许经营建管运维一体推进［EB/OL］.（2019-11-12）［2022-07-08］. https://agri.hainan.gov.cn/hnsnyt/zt/r#/tszs/201911/t20191112_2702973.html.

式做支撑，初步形成县乡村三级医养服务保障网[①]。模式一是整合“联体建”项目，统筹卫计、民政等有关部门的项目资金等资源，兴办集医疗、康复、养老于一体的公办服务机构，建成后移交卫生机构负责运营，如拥有500张机构养老床位、集居家养老上门服务、日间照料、应急救护、人才培养等服务于一体的巨鹿县健康养老综合服务指导中心，建成后交由县医院运营。模式二是挖掘“扩容建”优势，鼓励医疗机构依托自身的设施、资金、管理等优势，由单一的医疗功能向“两院”功能拓展延伸。模式三是龙头“带头建”先行，巨鹿县医院作为县级资源最丰富的医疗机构，依托先发优势将两个分中心改建为巨鹿县健康养老综合服务指导中心，同时联建了祥和园医养中心，有力带动了全县医养结合事业发展。模式四是建立“协议建”合作，为不具备条件的养老和医疗机构，提供补充性的资源支撑，如由养老机构提供病房，医护人员或诊所医生兼职养老机构的医疗保健员，实现资源共享、人员互通、设施共用。模式五是开展“签约建”行动，借助基本公共卫生平台，对辖区内老年人按需提供医养结合服务。治理模式的创新一方面需要依靠产业的技术进步、设备的更新换代，另一方面也需要各主体的沟通协作，产业内的协同合作以及与政府、社区等治理主体的结合可以促进治理模式的多元发展，不同模式间的“排列组合”也能激发出新的火花，使农村人居环境与居民健康治理的产业支撑网更加灵活有力。

（三）构建规范开放的市场

打破地区与行业壁垒，优化营商环境，平等对待各类市场主体，不制定或实施歧视性政策措施，保障各类市场主体能依法公平使用相关生产要素和公共资源，支持各类主体企业积极参与市场合作和竞争，持续激发市场主体的发展活力、竞争活力与创新活力，增强市场主体可持续发展的内生动力。为此，国务院常务会议于2019年通过了《优化营商环境条例》，并决定于2020年1月1日起施行该条例。条例确立了对各类市场主体一视同仁的营商环境基本制度规范，对构建我国规范市场有着重大意义。

规范市场秩序，积极引导各类资本参与到农村人居环境与居民健康治理的投资、建设与运行中，减少恶性竞争，防止恶意低价中标，加快形成公开透明、规范有序的农村人居环境与居民健康治理市场环境。在农村人居环境与居民健康治理领域，许多重大工程的建设都需要通过政府购买等方式寻求市场的力量，其中招标投标制度作为一种优化市场资源配置的方式，是社会主义市场经济体制的重要组成部分。《中华人民共和国招标投标法》颁布实施二十多年来，有效地激发

---

① 中华人民共和国国家发展和改革委员会网．河北巨鹿：“医养结合+护理险”构建农村多元养老保障网［EB/OL］.（2021-01-19）［2022-07-08］. https：//www. ndrc. gov. cn/xwdt/ztzl/qgncggfwdxal/202101/t20210119_1265198_ext. html.

了企业竞争的活力，优化了市场资源配置。2017年，《招标投标法》修订后，更是加大了招标人的权力和责任，并更加重视对营商环境的优化，以保证招标人和投标人之间的公平。虽然相关法律已得到了一定程度的完善，但在实际中，仍有许多问题有待解决，需要进一步加强我国招标投标过程的透明度与监管力度。2020年，某市财政部门收到了关于某市环卫保洁项目招标的检举信，经调查分析后发现，此次招标过程中出现了“中标率异常、横向抱团投标、纵向抱团投标”等现象，财政部门随即将此情况通报公安机关，公安机关进行调查后认定此次事件为“行业乱象，查无实据”，最后事件也不了了之。目前，尚未有法律依据对上述“行业乱象”进行定性，只能认为这些现象是存在围标、串标的嫌疑，在未有实质性证据的前提下，相关部门也只能表示无奈[①]。

完善环境服务业与健康服务业的惩戒和退出机制，加强对服务领域内第三方服务机构的监督管理，定期开展专项检查、抽查或质量考核等行动，对不符合相关要求的机构，依法进行查处，并向社会公开。2020年，浙江省绍兴市上虞区开展了为期近四个月的医疗卫生行业重点领域专项综合整治行动，查处了一批违法违规行为，共计查处医疗机构22家，非法医疗美容场所8家，非法医疗场所6家，其中移送案件1起，非现场执法3起，立案37起，罚款44.554万元，没收违法所得1.9036元，没收药品15箱、器械73件[②]，整顿和规范了该区健康服务业市场，促进了有序市场的形成。

四、农村人居环境与居民健康协同治理的企业责任体系

企业成长壮大于经济社会的发展中，通过市场机制参与农村人居环境与居民健康的治理过程，并进一步投身于公共产品与服务的供给中，其肩负着一定的社会责任。在市场主体广泛参与公共事务治理的时代，企业作为市场主体中最重要的组成部分之一，为农村人居环境与居民健康治理提供了大量的资金、技术与产品、服务。但同时，企业的生产行为也会深刻影响农村人居环境与居民健康的治理效果，甚至带来长期的损害。虽然企业的行为能受到政府的监管与规制，但其仍有充分的自主权，为提高企业参与治理的效能，规避企业不当行为对治理过程的影响，企业责任体系的构建是不可或缺的。

（一）加强全过程治理

改革开放以来，我国工业由城市工业主导转为农村工业主导，乡镇企业、工

① 中国政府采购网．一起非合理低价中标案背后的故事与思考［EB/OL］.(2020-07-31)［2022-07-10］. http://www.ccgp.gov.cn/llsw/202007/t20200731_14752648.htm.

② 上虞区人民政府网．关于开展医疗卫生行业重点领域专项综合整治工作总结［EB/OL］.(2021-04-23)［2022-07-10］. http://xxgk.shangyu.gov.cn/art/2021/4/23/art_1229036676_59028712.html.

业聚集区的建立与形成使工业污染源大量流入农村地区①。同时，随着农业农村的发展，化肥污染、农膜污染、生物污染等污染源也不断增强，形成了严峻的农业面源污染形势②。农村工农业污染与农村生活污染相互交错，严重影响农村人居环境的质量，影响着居民的身心健康。制造业、养殖业、种植业等排污企业，必须树立企业责任意识，加强生产制造全过程中的污染物治理。

督促企业落实“谁污染、谁治理”“谁破坏、谁修复”的主体责任，定期更新重点排污单位名录，及时将新确定的重点排污单位纳入在线监控网络平台，严格落实污染物超标排放预警机制，依法严厉打击企业非法排放污染物。坚持“污染者治理”原则，即使企业对自身污染物的产生与排放行为负责，也不得以“以罚代管”“以罚代刑”等形式消极实行环境保护政策。2020 年 5 月，河北省财政厅、河北省生态环境厅等十部门联合印发执行《生态环境损害赔偿资金管理办法》，按照“谁主管谁负责”“谁污染谁治理”原则，建立起河北省生态环境损害赔偿资金管理机制，明确了由赔偿权利人负责生态环境损害赔偿具体工作，赔偿义务人承担生态环境损害赔偿责任的实现路径。2022 年，生态环境部、最高人民法院等十四个部门联合出台《生态环境损害赔偿管理规定》，进一步夯实了我国企业“谁污染、谁治理”的主体责任，明确了我国实现“谁污染、谁治理”原则的路径。对于有重大排污风险的企业，要加大对其的监控力度，防止企业污染物偷排多排。2020 年，广东省东莞市 268 家重点排污单位完成了监控联网，较上年新增 56 家，初步构建起“人防+技防”的现代化监管体系，为污染防治攻坚战提供科学、有效的数据支撑③。

推进生产服务绿色化。从源头防治污染，优化原料投入，加大落后产能和落后生产工艺淘汰力度，推进产业转型升级，强化产品全生命周期绿色管理，提供资源节约、环境友好的产品和服务。例如，华北制药集团就是一所十分重视环保生产的企业，在很多家庭还在烧蜂窝煤的 20 世纪 80 年代初，华药生活区就用上了沼气来做饭，这是华药环保研究所设立初期就萌发的环保理念④。靠抗生素起家的华北制药，曾经面临着青霉素废水治理的世界性难题，其从 1981 年开始对丙丁废醪液进行治理实验研究工作，1986 年引进澳大利亚废水处理技术和设备，建成了日处理 800 吨丙丁废醪的处理设施，并将废水厌氧消化过程中产生的沼气

---

① 李玉红．中国工业污染的空间分布与治理研究［J］．经济学家，2018（9）：59-65.

② 邓晴晴，李二玲，任世鑫．农业集聚对农业面源污染的影响——基于中国地级市面板数据门槛效应分析［J］．地理研究，2020，39（4）：970-989.

③ 东莞日报社官方网站．百日冲刺·行动丨东莞 268 家重点排污单位纳入监控联网［EB/OL］．(2020-10-06)［2022-07-10］. https：//www. timedg. com/p/21152183. shtml.

④ 河北日报网．引领全国制药行业绿色化生产技术升级　华北制药的“治水法宝”［EB/OL］．(2022-06-09)［2022-07-10］. http：//hbrb. hebnews. cn/pc/paper/c/202206/09/content_138514. html.

供给华药生活区 2000 多户居民，成功地实现了资源的综合利用，同时减少了二次污染。目前，华北制药已掌握了青霉素、链霉素、土霉素等一系列抗生素生产废水的治理技术，其中“青霉素废水治理中试”“青霉素废水微生物脱硫技术”分别通过了原国家医药管理局组织的成果鉴定，“青霉素废水治理技术”“含硫尾气的净化处理技术”分别获得国家发明专利。现集团各子分公司共有污水处理设施 11 套，投资近 6 亿元，年运行费用约 1.2 亿元，打造出了“水专项”延链。

（二）公开治理信息

信息公开有利于企业接受社会监督，增加群众对企业的信任度。应督促养殖场、养殖小区、制药厂等污染物排放企业，通过企业网站、法定污染物公开网站、微信公众号等自媒体平台，依法公开主要污染物名称及其排放浓度、执行标准等相关信息，及时公布企业污染防治设施建设与运行情况，为信息准确性与真实性负责，自觉接受社会监督。2021 年，我国颁布《排污许可管理条例》，条例明确指出依法实行排污许可重点或简化管理的排污单位应按照排污许可证规定，在“全国排污许可证管理信息平台”上公开污染物排放信息。2022 年，江苏省扬州市天楹环保能源有限公司未在规定时间内按要求在江苏省重点监控企业自行监测发布平台如实填报并公开，被生态环境局执法人员立案查处①。

健康服务业企业也应公开机构基本概况、服务内容、服务流程、招标采购信息等相关信息，营造公开透明的健康服务业市场氛围，为群众提供充足信息以支撑安全消费。2018 年，医疗机构“傍名牌”的现象被媒体揭露，即名气不大的医院挂用“协和”“同济”“复旦”等全国著名医院的名号行医，而其本身并不存在与各大著名医院的合作或指导关系，如互联网显示全国有 1700 多家“协和”字号的医院，而北京协和医院宣传处表示，除了北京协和医院外，只有两家协和医院与“协和”有关联。更为严重的是这些“山寨医院”频频发生违规、违法事件，严重影响了医疗市场秩序和居民的人身健康权②。2021 年，由国家卫生健康委、国家中医药局和国家疾控局组织制定的《医疗卫生机构信息公开管理办法》正式发布，旨在规范医疗卫生机构的信息公开工作，提高医疗卫生服务水平。

鼓励与农村人居环境与居民健康密切相关的企业，如排污企业、养殖业、农产品加工业等在确保安全生产的前提下，设立企业开放日或建设教育体验场所，组织邀请公众参观企业治污设施，向公众介绍有关环保知识，在公开企业信息提

---

① 扬州日报网．江都开出虎年首张生态环境罚单［EB/OL］.（2022-02-14）［2022-07-13］. http：//www.yznews.com.cn/xsqpd/2022-02/14/content_7362513.htm.

② 中国新闻网．国家卫健委回应医疗机构“傍名牌”：加强信息公开［EB/OL］.（2018-10-30）［2022-07-13］. https：//www.chinanews.com.cn/gn/2018/10-30/8663991.shtml.

升民众对企业的信任度的同时，提高居民的环境素养。2022 年，中信环境集团发起了一项名为“我为小河做体检”的环保公益科普项目，项目于世界环境日前后开展，主要形式为组织全国各地子公司举办污水厂开放日活动①。活动在河北省保定市高阳县、四川省凉山彝族自治州、湖北省孝感市孝昌县、山东省潍坊市等多地开展，邀请了中小学生、大学生、企业代表等前来参加，主要活动有污水处理知识讲解、参观污水厂与分析中心、观摩污水处理工艺实验等。该活动为学生们普及了污水处理的科学知识，增强了同学们的环保意识，更是激发了相关专业大学生努力学习环保业务知识的信心和决心。

（三）发挥行业自律与教育作用

行业协会、商会等行业组织作为社会经济管理的重要力量，要提升责任意识，发挥桥梁纽带作用，畅通不同利益群体与相关责任主体的沟通渠道，鼓励、引领企业以志愿活动、物资捐赠等各种形式积极主动地参与到农村人居环境与居民健康的治理中。2021 年，江苏省苏州市昆山市张浦商会积极响应镇党委、政府的动员，组织商会志愿者队伍到大市社区油车埭自然村开展清理杂物、打扫卫生、发放宣传品等农村人居环境整治义务劳动，让村子的卫生形象焕然一新②；2022 年，内蒙古自治区兴安盟突泉县流通产业发展协会向太平乡前山村捐赠了爱心善款 5700 元，用于整治农村人居环境，助力乡村振兴③。在居民健康治理方面，医疗行业协会等行业组织提供了更多的专业性服务，如广东省广州市医疗行业协会相继参与协办“全城益诊——送医送政策进乡村、社区”、“关爱老人，远离疼痛”夕阳暖爱心工程、慰问抗战老兵、联合党建工作组织“关爱健康、幸福同行”等公益活动，累计受益群众超 1000 人次④。

建立健全行业农村人居环境保护自律规范、健康服务提供规范，完善行业标准体系，促进相关行业自我管理的内生动力，形成自律自治、规范服务的长效机制，进一步增强行业的自我规范和自我约束，推动建立企业良好发展的约束性机制，为居民提供更完善、安全、可负担、有保障的服务。2021 年，浙江省宁波市医疗器械行业协会规范了收费自律承诺书，重点提出医疗器械行业的合法合规

① 江南时报网．中信环境技术：污水厂开放日，小实验有大能量［EB/OL］.（2022-06-21）［2022-07-14］. https：//www. jntimes. cn/xxzx/202206/t20220621_7590012. shtml.

② 苏州市工商业联合会官网．昆山市张浦商会志愿者积极参与农村人居环境整治义务劳动［EB/OL］.（2021-02-01）［2022-07-14］. https：//www. szcc. org. cn/grassroots-chamber-of-commerce/28229. html.

③ 兴安盟民政局网．“整治农村人居环境”突泉县流通产业发展协会助力前山乡村振兴爱心捐赠仪式［EB/OL］.（2022-05-16）［2022-07-15］. http：//mzj. xam. gov. cn/mzj/1019465/1019511/5121177/index. html.

④ 搜狐网．【社联发布】广州市医疗行业协会：医养结合致力全方位养老服务［EB/OL］.（2019-10-14）［2022-07-15］. https：//www. sohu. com/a/347012676_806491.

收费、不强制收费、不重复收费、不过高收费的承诺[①]；2022年，四川省医疗保障局多次主动对接医药卫生行业组织，并最终达成共识，四川省医师协会、医疗卫生与健康促进会相继修订完善自律公约，首次将“打击欺诈骗保，维护基金安全，树诚信就医环境，有效促进医疗保障事业健康发展”写入自律公约[②]。

鼓励行业协会、商会制定继续教育培训、专项计划，提高从业人员专业技能，形成不断学习、与时俱进的优良作风，促进行业服务质量的提升。广东省环境保护产业协会推出了广东环保教育网，面向自动监控系统运行、环境监理、环境管理、环境检测、危险废物管理和处理处置等不同领域的从业人员提供针对性技能培训，企业还可以根据自身需求，在官网上定制相关培训。山东省环境保护产业协会近十年来已开展各类培训近200期，为山东省生态环境空间的良好发展培育了大量的专业人才梯队，自2022年起，协会将开展职业技能等级认定业务，即经培训、现场认定合格后，协会将为培训者颁发《职业技能等级证书》，且将证书上传人力资源和社会保障部[③]。在医疗服务业，行业协会的教育培训作用就愈显突出，医护人员的职称认定、人员管理、继续教育等工作都在行业协会的平台上完成，协会还会积极推出专项培训班或学术会议等活动，如全国卫生产业企业管理协会推出的精准药疗服务相关技术培训班、神经内镜治疗高血压脑出血培训班等。

五、农村人居环境与居民健康协同治理的全民行动体系

农村人居环境与居民健康的治理和农村居民本身密切相关，一方面，农村人居环境与居民健康治理能提升农村居民的生活水平、改善农村居民居住环境条件、便利农村居民开展健康保健活动；另一方面，农村人居环境与居民健康治理又必须得到农村居民的支持、需要农民的参与。只有提升农村居民的环境与健康意识和素养，才能从根本上改变农村居民的行为，从而加快农村人居环境与居民健康治理的进程，高效维持农村人居环境与居民健康治理的作用效果。

（一）加强公民环境与健康教育

充分利用广播、电视、微信群、自媒体等中介传播相关知识与信息，通过设置宣传标识、在公共场所绘制宣传画、派送宣传单等方式，加大农村人居环境的宣传力度，加强对农村居民环境意识的教育，引导农村居民主动参与农村人居环

---

① 宁波市医疗器械行业协会网．宁波市医疗器械行业协会规范收费自律承诺书［EB/OL］.（2021-08-23）［2022-07-16］. http：//www. nbamdi. com/news/97-4316. html.

② 搜狐网．推进行业自律，共筑医保基金监管安全网——四川将打击欺诈骗保写入医疗卫生行业协会自律公约［EB/OL］.（2022-05-23）［2022-07-16］. https：//www. sohu. com/a/549987917_121106884.

③ 山东省环境保护产业协会网．教育培训［EB/OL］.（2022-07-16）［2022-07-16］. http：//www. sdepi. org. cn/fwdt/jypx/.

境治理。2020 年，农业农村部农村社会事业促进司等部门绘制了 5 种农村人居环境整治宣传画，进一步加大宣传发动力度，提升农民群众的卫生健康意识，促进养成良好的生活方式，营造全民关注农村人居环境的舆论氛围①。2021 年 12 月，辽宁省本溪市桓仁满族自治县积极开展了农村人居环境整治提升宣传月活动，各个乡镇（管委会）政府悬挂农村人居环境整治提升宣传条幅 13 幅，发放“改善农村人居环境、建设美丽宜居乡村”宣传单 520 份，填写农村人居环境整治提升工作访问调查表 520 份。此次活动增进了村民对农村人居环境整治工作的了解，增强了村民环境整治提升意识，引领带动更多群众自发参与到整治提升行动中来，营造了“全民参与环境整治，人人关爱农村环境”的农村人居环境整治的良好氛围②。

建立基本公共卫生服务项目宣传平台，为农村居民推送健康科普知识，充分利用世界卫生日、世界过敏性疾病日、世界肾脏病日、世界禁烟日、全国高血压日等疾病日，开展宣传活动，提高农村居民健康意识与素质，引导农村居民养成卫生、健康的生活习惯。随着互联网技术的推广，健康科普知识的宣传手段得到了扩展与便捷化，目前已有众多医疗机构、企业、疾病预防中心等建立了健康知识宣传平台并积极做好健康知识宣传，如广西疾病预防控制中心建立了微信公众号平台，已发布了 379 篇原创内容，并专门建立了健康科普版块，为居民带来及时的健康资讯与疾病预防注意事项。除了线上知识宣传外，对于农村老人来说，其更需要的是线下的帮扶与指导，2022 年 7 月，由青岛市卫生健康委、半岛都市报社“半岛公益”联合主办的“健康教育进农村”活动走进了胶州市九龙街道大洛戈庄村，健康专家为群众发放了健康宣教材料，医师为村民开展以心肌梗死与冠状动脉造影为主题的健康宣讲，让村民了解了老年多发病的防范与治疗等健康知识③。

加大农村人居环境与居民健康知识宣传的厚度与深度，制作和推广一批具有新时代特征的农村人居环境与居民健康知识读物、科普影视、广告宣传片、文化创意周边等文化产品，鼓励文化馆、展览馆、图书馆等公共文化场所设立人居环境与居民健康专区、专栏。2020 年，农业农村部农村社会事业促进司等部门组织拍摄了《改善农村人居环境　我们一起行动》《村庄清洁行动　从我做起》

---

① 搜狐网．良好习惯改善环境——农村人居环境整治宣传画［EB/OL］.（2020-07-23）［2022-07-16］. https：//www. sohu. com/a/409235859_120207158.

② 本溪市农业农村局网．桓仁县积极开展农村人居环境整治提升宣传月活动取得实效［EB/OL］.（2021-12-15）［2022-07-16］. https：//nyncj. benxi. gov. cn/gzdt/gzdt1/content_551123.

③ 青岛市卫生健康委员会网．青岛市“健康教育进农村”活动走进胶州市九龙街道大洛戈庄村［EB/OL］.（2022-07-10）［2022-07-16］. http：//wsjkw. qingdao. gov. cn/ywdt/gzdt/202207/t20220711_6252565. shtml.

《抓好厕所革命　笑迎孩子回家》等农村人居环境整治公益宣传片，为推动各地顺利开展农村人居环境整治工作打好思想和群众基础[①]。2022年3月，复旦大学附属中山医院肾内科和上海东影传媒有限公司联合出品、摄制的全国首部相关肾脏科普微电影《生》上线，其将晦涩难懂的肾脏健康科普知识融入跌宕起伏、发人深思的剧情中，寓教于乐，也探索出了一种医学科普的新模式[②]。

教育主管部门应当把与农村人居环境与居民健康治理有关的法律、法规和生活垃圾源头减量、分类、回收利用等知识纳入中小学校、幼儿园的教育和社会实践内容中，同时根据不同年龄阶段的需求，加强各类院校的卫生与健康教育，提高全民环境与健康素养。2022年6月，湖南省衡阳市常宁市水口山镇团委联合宝安小学组织青年志愿者开展“美丽家园　青年先行”农村人居环境专项整治志愿服务活动[③]。此次活动清理沿途道路垃圾4公里，入户宣传发放倡议书200余份，有效地整治了学校周边人居环境，并给群众起到了良好的宣传教育效果。在健康治理方面，2021年，教育部等5部门联合印发了《关于全面加强和改进新时代学校卫生与健康教育工作的意见》，对新时代学校卫生与健康教育工作提出了新的要求与实施建议，重点突出了院校健康教育的重要性。

（二）强化基层组织作用

发挥村民委员会的自治作用，深化垃圾分类、村容村貌整改，劝阻、制止破坏人居环境和影响公众健康的行为，定期为居民提供环境与健康相关服务。为常态化开展人居环境整治工作，云南省文山壮族苗族自治州砚山县阿舍彝族乡斗南村委会将“公职村长”、村“两委”干部下沉到各村小组，相关成员需入户查看农户庭院卫生、检查村道沿线卫生、公厕、村活动室卫生，解决裸露粪堆和粪水直排问题等[④]。通过开展常态化的人居环境整治工作，斗南村的环境呈现日趋向好的局面，道路越来越整洁，村子越来越清秀，村民的卫生意识越来越深刻。自2021年起，广东省佛山市勒流街道北部勒北村村党支部委员会和村民委员会通过多方筹集资源、引入星光社工专业团队、活化老旧场地等举措，建立村内社区

① 新疆维吾尔自治区农业农村厅．重磅！农村人居环境整治系列宣传片震撼上线［EB/OL］.（2020-04-24）［2022-07-16］. http：//nynct. xinjiang. gov. cn/nynct/xjncr/202004/4856f0d22ff14b27a3e8b6afd0f96508. shtml？ from=singlemessage.

② 央视网．感受一个全新的肾脏健康科普体验［EB/OL］.（2022-03-11）［2022-07-17］. https：//sh. cctv. com/2022/03/11/ARTIZZmgbUnlaD5uP97YhM9k220311. shtml.

③ 永州市零陵区人民政府网．水口山镇：整治农村人居环境　志愿者在行动［EB/OL］.（2022-06-27）［2022-07-17］. http：//www. cnll. gov. cn/llsksz/gzdt/202206/f1e0a070fbd54b71b246384df9b5348b. shtml.

④ 盐山县人民政府网．阿舍彝族乡斗南村委会常态化开展人居环境整治工作［EB/OL］.（2021-11-02）［2022-07-17］. http：//www. yanshan. gov. cn/zfxxgkqcscxx/zfxxgkzn322/jywh211/content_63705.

养老服务体系[①]。2022年6月，社区养老服务中心揭牌启用，内设休闲区、多功能室、康娱区、康复区、图书阁等9个功能场室，中心配置2名社工与1名康复师为勒北村长者开展身体保健康复服务、文化课程等10项社区公益服务，丰富了当地居民居家养老的形式。

发挥基层党组织的领头作用，充分运用党员力量，发扬党员先锋带头精神，鼓励党员树立榜样作用，践行乐于助人精神。江苏省无锡市宜兴市和桥镇北新村在农村人居环境整治中，创新推行党员联户“1+10+N”制度，即1名党员联户组长，联系10户左右的党员，每月开展联户学习交流，收集村情民意、传递党的声音、加强基层治理，引导广大党员发挥先锋模范作用，直接联系群众、宣传服务群众、团结凝聚群众、引导带领群众，以党员队伍能力素质的全面提升，推动基层治理和人居环境的全面提升[②]。广西壮族自治区贺州市八步区贺街镇将关爱女性健康工作列入年度重点工作当中，采取“党委+党（总）支部+村（社区）妇联+党小组”的四级联动模式，将此项工作与“三会一课”“主题党日活动”“村事村办，党员揭榜”等工作充分结合，通过宣传、政策解读、推动完善保险购买等方式，丰富了农村妇女的健康知识，极大缓解了妇女看病贵问题，提高了妇女及家庭抗风险能力[③]。

完善村规民约，增强村规民约的指导性作用，提升村规民约的自治性，发挥村规民约在农村人居环境与居民健康治理中的积极作用。2021年，广东省民政厅以村（社区）换届为契机，开展了优秀村规民约（居民公约）征集活动，评选出了佛山、东莞、清远三市的经验做法[④]。佛山根据不同村落的不同问题，突出村党组织在修订村规民约中的统筹协调在先、讨论决策在先、推动落实在先和领导把关的作用，修订了具有针对性且具有实际意义的村规民约，如禅城区南庄镇龙津村直击村内宅基地违建出租屋、垃圾乱放等痛点难点，把好村规民约起草方向，提出了“村内无出租房”“垃圾分类”等重要举措，在全体村民的共同努力下，龙津村先后获得“全国家风文明示范村”“广东省民主法治示范村”等荣誉称号。东莞市利用村规民约重塑环境清风，如道滘镇大岭丫村以垃圾、污水治

① 佛山电视台网．勒北长者有“新家”！勒北村社区养老服务中心启用［EB/OL］.（2022-06-26）［2022-07-17］. https：//www. fstv. com. cn/jzxw-leliuxinwen/2022/0626/306261. html.

② 宜兴市人民政府网．宜兴市农村人居环境整治典型案例｜和桥镇北新村［EB/OL］.（2022-01-07）［2022-07-17］. http：//www. yixing. gov. cn/doc/2022/01/07/1010154. shtml.

③ 八步区人民政府网．贺街镇：发挥党建引领作用，为女性健康保驾护航［EB/OL］.（2021-11-08）［2022-07-17］. http：//www. gxbabu. gov. cn/zwgknrgl_ 44979/bmdt_ 1/t10749686. shtml.

④ 中华人民共和国民政部．广东开展优秀村规民约（居民公约）征集宣传共治共享“约”来粤好［EB/OL］.（2022 - 07 - 08）［2022 - 07 - 17］. http：//preview. www. mca. gov. cn/article/xw/mtbd/202207/20220700042891. shtml.

理和村容村貌提升为主攻方向，从村庄规划、“门前三包”、建筑废料管理、垃圾分类、个人卫生等方面全方位设定村规民约中的“环境与卫生管理”条款，引导多方共同改善农村人居环境。该村先后获得生态建设优秀奖、“东莞绣花奖”、“水乡特色精品村”等称号。

（三）发挥各类社会组织作用

高度重视社会团体的合力，充分发挥其在农村人居环境与居民健康治理中的积极作用，工会、共青团、妇联等群团组织要主动肩负起治理责任，响应号召做好宣传与教育工作，积极动员广大职工、青年、妇女参与治理、贡献力量。工会、共青团等群团组织参与农村人居环境与健康治理已有了较多的实践案例，如2020年11月，中华全国供销合作总社在重庆举办供销合作社农村人居环境整治培训班，动员部署全系统积极投身农村人居环境整治①；2022年，河南省林州市总工会承包了任村镇盘阳村深入推进人居环境整治的工作，并通过调研、召开专题座谈会、成立工作领导小组及驻村工作队等方式，推动了该村环境整治工作有序开展②；从2005年到2021年，广东共青团“健康直通车”开进西藏已有16个年头，截至2021年，该项目已累计义诊群众达3.15万余人次，捐赠医疗物资和药品价值近1320余万元，举办50多场专题讲座，捐建希望小学6所、图书馆1所，援建村卫生室29所、中学医务室4所等，将健康和温暖送抵西藏人民群众③。

鼓励、指导各类社会组织参与农村人居环境与居民健康治理，提倡具有资质的社会组织提供农村人居环境与居民健康专业服务，完善农村人居环境与居民健康志愿服务体系，组建壮大志愿者、监督员队伍，强化社会组织与基层组织、政府部门以及社会组织内部的联系联络机制，支持社会组织有序发展与不断壮大。自2012年起，深圳壹基金公益基金会与可口可乐中国联合发起了“净水计划”，该计划以保障农村地区儿童的饮水安全、卫生环境和提升儿童卫生健康习惯为目标，截至2021年，该项目已为28个省（自治区、直辖市）的3954所乡村学校，提供4320台净水设备并配备儿童水杯，帮助超过194万儿童获得安全的饮用水，养成良好的卫生习惯④。在医疗卫生服务提供方面，随着医学模式由传统生物医

---

① 中国供销合作社网．总社举办供销合作社农村人居环境整治培训班［EB/OL］．(2020-12-01)［2022-07-19］．https：//www. hncoop. com/zsyw/2020-12-02/160689270925514. html.

② 林州工会网．环境整治显成效　盘阳旧貌换新颜——林州市总工会切实开展农村人居环境整治工作［EB/OL］．(2022-05-12)［2022-07-19］．http：//www. lzzgh. com/article. php? nav=2&id=1388.

③ 南方网．第16年，广东“健康直通车”开进西藏［EB/OL］．https：//kb. southcn. com/kb/1d18872570. shtml.

④ 人民网．壹基金发起“壹起净水”公益倡导活动［EB/OL］．(2022-03-21)［2022-07-19］．http：//gongyi. people. com. cn/n1/2022/0321/c151132-32380246. html.

学模式转向生物—心理—社会医学模式，医务社工和志愿者协助提供服务的模式应运而生，重庆大学附属肿瘤医院初步建立起“社工+志愿者”联动创新癌症患者服务模式，截至2020年，项目已有注册志愿者2045名，策划志愿服务活动100余场，志愿服务60688小时，服务人次超过60万人次①。该模式为患者提供了心理关怀、社会服务等非医学诊断与非临床治疗服务，在方便患者就诊、建立和谐医患氛围方面发挥重要作用。“社工+”的服务模式还在农村人居环境治理中得到运用，2022年6月，广东省佛山市高明区更合镇的“双百”社工联同驻村团队、村干部、党员和村民志愿者合力清拆违建窝棚，清理乱堆乱放的垃圾，清除墙面“牛皮癣”，清扫杂物垃圾②。“双百”社工还通过驻村扎根践行“三同”（同吃、同住、同劳动）与群众和劳务杂工建立友好、信任关系，大力宣传人居环境整治的意义和垃圾分类等知识，引导群众养成良好的卫生习惯，同时广泛发动群众积极参与，自觉打扫自家房前房后、屋内屋外环境与卫生，清运杂草杂物，有效推动人居环境品质提升工作持续深入，镇域及村容村貌明显提升。

第四节　农村人居环境与居民健康协同治理保障框架

一、农村人居环境与居民健康协同治理的支撑体系

农村人居环境与居民健康治理内容的丰富化以及所需知识与任务分工的日益专业化与分散化，使得农村人居环境与居民健康多元主体协同治理的需求增加，在这一背景下，知识的共享与其他资源的支撑拥有着凝聚与团结多元主体参与协作的聚集力。就协同治理过程而言，其所需的资源包括资金、人力资源、技术和后勤支持等，这些资源也是推动农村人居环境与居民健康协同治理成功开展并持续进行的“力量型”支撑力。

（一）丰富资金支持方式

加大财税支持，明确农村人居环境与居民健康治理领域中央、省、市县的财政事权和支出责任划分改革方案，加强项目储备库建设，建立常态化、稳定的农村人居环境与居民健康治理财政资金投入机制；优化财税政策，加大税收优惠，

---

① 人民网．重庆大学附属肿瘤医院：“社工+志愿者”联动创新癌症患者服务模式［EB/OL］.(2020-12-18)［2022-07-19］. http：//health. people. com. cn/n1/2020/1218/c434956-31971694. html.

② 搜狐网．共创美丽宜居环境，更合“双百”社工助力乡村振兴［EB/OL］.(2022-06-23)［2022-07-19］. https：//www. sohu. com/a/560289423_121106875.

引导企业与居民积极参与农村人居环境与居民健康治理。《农村人居环境整治提升五年行动方案（2021-2025年）》明确指出，农村人居环境治理的资金投入采用地方为主、中央适当奖补的政府投入机制，以农村厕所革命为例，2021年广西财政筹集了中央土地指标跨省域调剂收入安排资金0.44亿元与自治区乡村振兴补助资金1.12亿元，用于全区92个县（市、区）开展农村厕所革命整村推进工作[①]。目前，我国也出台了农村环境整治专项资金，用以支持农村生活垃圾治理、农村生活污水、黑臭水体治理、农村饮用水水源地环境保护和水源涵养等。在税收优惠上，根据不同时期的变化，我国在环境治理产业与健康服务产业上的优惠力度有所变化与调整，如2019年财政部发布社区养老等服务业的税费优惠政策公告，公告称提供社区养老取得的收入免征增值税，在计算应纳税所得额时减按90%计入收入总额，承受房屋、土地提供社区养老服务的免征契税。

完善金融扶持，加快建立农村人居环境与居民健康治理基金，鼓励商业银行开发农村人居环境与居民健康相关的金融产品，加大对农村污水治理、垃圾治理、健康服务产业的信贷支持与补贴力度。2021年，浙江泰顺农村商业银行股份有限公司出台了“美丽乡村贷”贷款的管理办法，该贷款是利率相对较低的专项绿色贷款，可贷对象包括县里评选出的10个“最干净村庄”、58个信用村、2个信用乡镇辖内的农户及相关企业，以及从事农村面源污染治理、农村饮用水安全工程建设、小型农田水利设施建设的企业或个人等，预计可覆盖2600多农户，投放金额约1亿元[②]。除了信贷、基金等金融产品外，财政补贴也是推动农村人居环境与居民健康产业发展的动力，如在健康服务业方面，哈尔滨、长春、沈阳、南京、杭州、合肥、福州、南昌、济南、太原、石家庄、呼和浩特、郑州等市均已出台养老服务业的资金补助标准，不同地区根据养老机构的性质、规模大小给出了不同水平的建设补贴、运营补贴或综合补贴等，在一定程度上缓解了养老机构的筹资问题。

建立健全农村人居环境与居民健康治理多元投入机制，通过以奖代补、民办公助、政府购买服务等多种方式，引导社会资本参与农村人居环境与居民健康治理，鼓励市场与企业成立农村人居环境与居民健康治理相关帮扶基金，或通过捐赠等形式拓宽农村人居环境与居民健康治理的资金来源渠道。自2020年起，农业农村部每年都会出台《社会资本投资农业农村指引》，鼓励社会资本投入农村人居环境整治、农业农村基础设施建设、乡村新型服务业等领域，要求各级农业

---

① 广西壮族自治区财政厅网．广西财政下达资金1.56亿元支持农村厕所革命整村推进工作[EB/OL].(2021-08-05)[2022-07-19].http://czt.gxzf.gov.cn/xwdt/tjgdt/t9716029.shtml.

② 温州市人民政府网．泰顺发放首笔人居环境绿色贷款[EB/OL].(2021-06-28)[2022-07-19].http://www.wenzhou.gov.cn/art/2021/6/28/art_1216931_59053425.html.

农村部门、乡村振兴部门要把引导社会资本投资农业农村作为重要任务。我国农村人居环境与居民健康治理的社会资本参与形式也较为丰富，上文提到的福建省三明市建宁县通过政府购买服务的形式引入社区居家养老专业化服务①、浙江省衢州市开化县采用第三方治理的形式处理农村污水②、深圳壹基金的“净水计划”③ 等都属于社会资本参与农村人居环境与居民健康治理的典型。但在数量上，我国社会资本参与农村人居环境与居民健康治理的程度仍不够深入，农村人居环境与居民健康的治理在很大程度上仍依赖政府拨款，从而为财政带来较大压力，也不利于农村人居环境与居民健康治理的多元化蓬勃发展，农村人居环境与居民健康治理的社会资本投入机制仍需从产业链开发、合作治理模式等方面进一步强化。

（二）加强基础设施建设与利用

结合当地实际情况，加快补齐农村人居环境与居民健康基础设施短板，完善生活垃圾分类收集运转处理体系，建全污水、垃圾等环境污染物处理设备，加强对农村健身设施与运动场所的建设与维护，建成环境优美、健身场域与设备充足的农村居民生活场所。浙江省衢州市开化县在治理污水的过程中，根据当地农村的经济条件、地理环境条件以及农村居民的管理水平等基本情况，选择以村域自建区域处理和村域自建联户型处理这两种治污模式开展农村生活污水治理。在治理工艺上，开化县使用“自充氧生物滤床”“厌氧+复合人工湿地”“厌氧+人工湿地”等组合模式，成功达到了污水处理好、运营投入少、维护管理简便的效果④。江西省上饶市横峰县从“党建引领与要素保障”“顶层设计与基层创造”“系统谋划与精准施策”三个方面入手，于 2021 年率先完成了 25 户以上自然村“七改三网”（改路、改水、改厕、改房、改沟、改塘、改环境）等基础设施改造工作⑤。广西壮族自治区南宁市在“全民健身”中充分利用各地的地理优势，结合已有地理条件进行健身场地建设，如在“百里秀美邕江”工程中，利用邕江的水域优势，建设能满足群众进行游泳、钓鱼等活动的水上运动场，又利用邕江两岸的绿地，设置了 400 多件健身路径器材，建设了 254 个体育场地，以及全

① 韩兆柱，翟文康．西方公共治理前沿理论述评［J］．甘肃行政学院学报，2016（4）：23-39+126-127.

② 齐心．规划科学是最大的效益［J］．前线，2019（3）：10-13.

③ 宜兴市人民政府网．宜兴市农村人居环境整治典型案例丨和桥镇北新村［EB/OL］．(2022-01-07)［2022-07-19］．http：//www.yixing.gov.cn/doc/2022/01/07/1010154.shtml.

④ 高生旺，黄治平，夏训峰，刘平，王洪良，李云．农村生活污水治理调研及对策建议［J］．农业资源与环境学报，2022，39（2）：276-282.

⑤ 中华人民共和国农业农村部．【第三批全国农村公共服务典型案例】江西横峰：农村基础设施全域升级　打造秀美乡村新样本［EB/OL］．(2021-12-30)［2022-07-19］．http：//www.shsys.moa.gov.cn/ncggfw/202112/t20211230_6385975.htm.

长163公里的绿道，灵活运用了不同地势的优点，结合优美的邕江、绿地等生态环境，塑造了一条让居民享受不同运动乐趣的滨水体育休闲道①。

加强对农村人居环境与居民健康相关基础设施的利用，使各项基础设施投入使用，发挥出最大的效能。在实际的治理过程中，常常出现前期调查不深入、乱搬、照搬典型治理技术模式的情景②，使得相关基础设施的建设完全发挥不出其效用，如有些地方已建成了生活污水处理的网管与设施，但农户习惯于将生活污水二次使用于庭院打扫、浇灌菜地等活动，导致生活污水的收集量远远不足，已建成的处理设施也无法发挥作用③，既浪费了资金投入，又浪费了建设的人力物力。为了使资源的利用更加充分，还可以在基础设施的利用上结合共享的思想，如在居民健康治理相关设施上，通过托管、协议合作等方式推动医疗资源与养老资源相结合，盘活闲置医养资源，实现设施互通与充分利用，增大各类设施的使用效能。在安徽省淮南市，随着辖区内几个煤矿的关闭，劳动力人口外流，空巢老人数量增多，许多医院都出现了不同程度的医疗资源闲置现象，但辖区又同时面临着健康养老服务供给不足的问题。2019年，八公山区委、区政府针对辖区内养老问题以及医院资源闲置等现状，与淮南东方医院集团新庄孜医院积极探索推进“医养结合”新型养老服务模式，依托现有医疗资源，通过改造闲置用房，打破了“养老的不治病，治病的不养老”的割裂状态，逐步实现了医疗、养老和康复保健的三合一④。

（三）强化知识、科技和人才支撑

加强技术及模式的应用与推广，总结典型模式以供其他地区学习，加强农村人居环境与居民健康治理知识的沟通与交流，形成知识的共享，在共享与交流中逐步完善治理模式。农业农村部、住房和城乡建设部、国家卫生健康委员会、国家体育总局等部门会定期遴选农村人居环境与居民健康治理相关的典型范例，以供各级部门认真学习借鉴，务实推进农村人居环境与居民健康治理，如2020年

---

① 广西壮族自治区体育局．广西全民健身工作厅际联席会议办公室关于印发自治区级全民健身和全民健康深度融合示范项目名单的通知［EB/OL］.（2020-12-31）［2022-07-20］. http：//tyj. gxzf. gov. cn/gkxxgl/wjzl_83529/t7506411. shtml.

② 王波，车璐璐，戴超，郑利杰．农村生活污水治理：从理论、实践到决策［J］．环境保护，2022，50（5）：13-18.

③ 东莞日报社官方网站．百日冲刺·行动丨东莞268家重点排污单位纳入监控联网［EB/OL］.（2020-10-06）［2022-07-20］. https：//www. timedg. com/p/21152183. shtml.

④ 搜狐网．厉害！淮南这里开启“医养结合”养老新模式！［EB/OL］.（2019-05-31）［2022-07-20］. https：//www. sohu. com/a/317742076_231643.

发布了全国医养结合典型经验[①]，2022年发布了农村厕所革命典型范例[②]。除此之外，各级政府、各行业组织也可以自行开展农村人居环境与居民健康治理的交流会、擂台比拼赛等活动，以促进治理知识与治理模式的传播与交流，完善治理模式，提升服务技术与技能。2020年，甘肃省武威市天祝藏族自治县在松山镇蕨麻村召开农村人居环境整治观摩交流会，宣传了松山镇蕨麻村在农村人居环境治理中镇级推动、党支部联动、村组行动、群众发动的四级联动工作机制[③]；2021年，山东省菏泽市举办了"中国人寿杯"菏泽市首届医养结合技能竞赛，竞赛包括理论考试和技能操作两部分，共有13支参赛队52名选手参赛，此次比赛进一步提升了医养结合机构从业人员的综合素质和职业技能水平[④]。

提高科技化、信息化水平。充分利用物联网、云计算、大数据等先进技术和载体，建立完善省级布设、多级应用的农村人居环境与居民健康监管平台，实现"数据大集中、应用大整合、支撑大服务"，为农村人居环境与居民健康科学决策、精准管理、高效服务提供有效支撑。利用互联网进行监测的技术在环境排污监测方面已得到较为广泛的运用，江苏、辽宁、新疆、福建、山东、山西等省份都已建立了重点监控企业自行监测信息的发布平台；广西南宁市在邕江的水质治理上也实现了数据联网，"河长通微信服务平台"公开了全市河道的基本信息、河道水质等信息，居民可以自行关注每条河道不同时段的污染情况。此外，互联网技术在医疗领域的应用也得到了扩展，2019年河北省邢台市临西县发起"控糖卫士分级诊疗临西县示范项目"，建立县乡村互联网医疗服务网络，依托网络服务平台，基层医疗机构可以为患者提供在线专家咨询、生化数据检测后的智能上传，在线智能风险评估与预警，个性化健康教育等服务[⑤]。截至2019年11月，该项目已累计为患者提供远程会诊与预约转诊200余人次，开展各类规范化科普宣传教育20余场次，为基层医院的全科医生提供远程临床教学培训10余场次，项目受益人群总数达3000余人次。

---

① 老龄健康司网．国家卫生健康委办公厅关于全国医养结合典型经验的通报［EB/OL］．(2020-09-01)［2022-07-20］．http：//www.nhc.gov.cn/lljks/zcwj2/202009/f7c0cc74ec5c49f88b8eee67950c21eb.shtml.

② Wang H，Ran B. Network Governance and Collaborative Governance：Athematic Analysis on Their Similarities，Differences，and Entanglements［J］. Public Management Review，2022：1-25.

③ 天祝藏族自治县人民政府网．【决胜全面小康　决战脱贫攻坚】天祝县召开农村人居环境整治观摩交流会［EB/OL］．(2020-05-04)［2022-07-20］．http：//www.gstianzhu.gov.cn/wap/jrtz/bmdt/202005/t20200506_1181251.html.

④ 菏泽医专附属医院网．菏泽医专附属医院成功举办"中国人寿杯"菏泽市首届医养结合技能（康复）竞赛［EB/OL］．(2021-10-22)［2022-07-20］．http：//www.hzyzfy.cn/a/yiyuanxinwen/yiyuanxinwen/2021/1022/767.html.

⑤ 邢台市人民政府网．临西建起县乡村互联网医疗服务网络［EB/OL］．(2019-11-15)［2022-07-20］．http：//www.xingtai.gov.cn/ywdt/jrxt/qxdt/lxx/201911/t20191117_549732.html.

开展核心技术和创新管理研究，强化与高校院所、环境与健康企业技术合作，大力引进环境治理与健康治理领军人才和高水平创新团队，打造一支高素质农村人居环境与居民健康治理人才队伍。2019 年，农业农村部环境保护科研检测所成立了乡村环境建设创新团队，团队主要研究乡村典型污染物检查与评价、乡村废弃无害化与资源化利用、农村改厕关键技术与模式等课题。近年来，该团队获得国家发明专利 4 项，研发技术装备 2 套，技术模式 4 套，并在内蒙古、辽宁、吉林、黑龙江、湖北、湖南、四川、贵州、甘肃和宁夏 10 个省区建立了农村卫生厕所技术示范村[①]。2020 年 11 月，四川省农村人居环境研究院成立，该研究院由四川省农业农村厅、农业农村部沼气科学研究所共建，是国内首个地方级农村人居环境研究院，主要承担研究推广农村人居环境整治的核心关键技术等五大功能[②]。在健康治理方面，医疗卫生技术与水平更是直接决定了医疗卫生服务的质量，故重庆市十分重视对中青年医学高端人才的培养。自 2013 年起，重庆市就启动了中青年医学高端人才项目，9 年间重庆市卫健委从全市 25 家医疗卫生机构，选拔了 200 名专业领域的人才，派往哈佛大学、剑桥大学、耶鲁大学等 41 个世界知名医疗卫生机构研修访学一年[③]。近几年，该项目也初见成效，200 名中青年医学高端人才掌握前沿创新技术 311 项，如重医附一院妇产科的达芬奇机器人技术处于全国先进水平，重医附二院呼吸科的“电刀辅助下经气管纵隔活检钳取活检”技术填补了国内空白。

二、农村人居环境与居民健康协同治理的监督体系

监督是保证权力正确运行、项目有序推进的重要保障。在农村人居环境与居民健康的协同治理中，对建设目标的定期考核有利于落实一步一个脚印，将项目建设有序向前推进，行业内部的监督与社会的监督有助于提高农村人居环境与居民健康治理质量，提高企业与居民的参与感与获得感。

（一）开展目标评价考核

合理设定约束性和预期性目标，将农村人居环境与居民健康的治理目标纳入国民经济与社会发展规划、农村人居环境整治规划等专项规划中。各级政府需结合地区实际情况，制定符合实际、体现特色的目标，完善农村人居环境与居民健康治理目标评价考核体系。我国在居民健康治理方面提出了较为明确的建设目

① 农业农村部环境保护科研检测所网．乡村环境建设创新团队［EB/OL］.（2019-09-05）［2022-07-20］. https：//aepi. caas. cn/zzjg/kynsjg/xcsthjyjzx/204070. htm.

② 四川省人民政府网．四川省农村人居环境研究院揭牌［EB/OL］.（2020-11-09）［2022-07-20］. https：//www. sc. gov. cn/10462/10464/10797/2020/11/9/fe9f0745fb7448659d31df459e7b6f9f. shtml.

③ 重庆英才网．十四五期间　重庆将培养 500 名中青年医学高端人才［EB/OL］.（2022-03-18）［2022-07-20］. https：//www. cqtalent. com/cqrcwnew/xwdt/20220318/31500000102358. html.

标，制定了相关的指标预期值或约束值，如《健康中国行动（2019—2030 年）》提出了健康知识科普行动、合理膳食行动、全民健身行动、控烟行动、心理健康促进行动等 15 项行动的结果性指标和个人与社会倡导性指标以及政府工作指标；“十四五”国民健康规划将目标更加细化，明确了健康水平、健康生活等 6 个领域 21 项主要发展指标。考虑到各地农村人居环境基础条件与风情民俗差异较大，农村人居环境整治规划的总目标并没有具体到准确的指标数值，《农村人居环境整治三年行动方案》和《农村人居环境整治提升五年行动方案（2021—2025 年）》对该行动目标的确立也较为笼统。但不少地方政府会针对当地的实际情况，根据中央规划，制定较为明确的农村人居环境治理目标，如石家庄市公布了 2022 年农村人居环境整治提升目标任务，其中包括年内新建改建农村户厕达 13 万座以上，建设农村公厕 1600 座、旅游厕所 20 座，建成生活垃圾焚烧处理设施 2 座，完成 10 个生活垃圾填埋场治理等 11 条具体目标任务①。

对照已确立的合理目标，建立健全各级组织的监督考评体系，加强对目标体系的考核，将考核结果作为对各级领导班子及其成员考核评价的重要依据。在农村人居环境整治中，山西省忻州市岢岚县组建了督查组，督查组实施常态化进村入户“暗访”工作，实时掌握着环境整治进度及其存在的问题，并对问题定时“回访”，对疑难问题进行领导“盯访”，有效地督促了农村人居环境整治工作任务的开展②。2021 年安徽省六安市金安区张店镇出台了《张店镇 2021 年农村人居环境整治目标考评办法》，该办法对考评内容及分值、考评方式、奖惩办法等做出了明确且细致的规定，如对在年度考核中得分前三名的村，分别奖励村两委成员（含扶贫专干）3000 元、2000 元、1000 元；得分后三名的，分别扣除村集体 3000 元、2000 元、1000 元，并将相关情况纳入村干部个人的年度综合考评中。类似的考评办法还在安徽省蚌埠市、浙江省建德市乾潭镇、福建省泉州市永春县等地逐渐出台。在居民健康治理方面，2021 年健康中国行动推进委员会印发了《健康中国行动 2019—2020 年试考核实施方案》，方案指出考核结果用于内部通报，暂不作为各地党政领导班子和领导干部综合考核评价、干部奖惩使用的参考，而 2022 年印发的考核实施新方案明确指出考核结果经推进委员会审定后将向各省（区、市）通报，并作为各省（区、市）党政领导班子和领导干部综合考核评价、干部奖惩使用的重要参考，同时将对考核结果为优秀的省份和进步幅度较大的省份，予以通报表扬。在全民健身等健康治理其他领域中，《贵阳市

① 石家庄市农业农村局网．2022 年石家庄市农村人居环境整治提升目标任务［EB/OL］.（2022-03-31）［2022-07-20］. http：//nyncj. sjz. gov. cn/col/1585968394662/2022/03/31/1648710230952. html.

② 山西美丽乡村网．岢岚县：人人参与村庄清洁　人人共享美好环境［EB/OL］.（2022-02-23）［2022-07-23］. http：//www. sxmlxcw. com/mlxc/pzts/265138. shtml.

推进全民健身规定》指出县级以上人民政府应当加强对全民健身工作的组织领导，将全民健身工作纳入本级政府年度综合目标绩效考核中。

（二）强化社会监督作用

健全落实农村人居环境与居民健康公众监督和举报反馈机制，进一步拓宽举报渠道，深化“接诉即办”，完善社会监督员聘用机制和有奖举报机制，引导公众监督。河北、黑龙江、江苏等省份为收集农村人居环境整治中的相关问题，已开通了“农村人居环境问题随手拍”平台，平台接受关于农村污水处理、垃圾处理等农村人居环境相关问题的举报和投诉，且投诉信息将会直接传送给相关部门，有关负责人将督促地方与责任部门对问题线索与意见建议进行及时的核实并迅速整改。除了“随手拍”平台外，江苏省农村人居环境整治联席会议办公室已设立了农村人居环境整治问题线索征集邮箱、举报电话、“农村人居环境整治监督管理平台”等投诉举报方式，形成了面向社会广泛征集问题线索，接受社会监督的模式。2021 年，贵州省遵义市汇川区实行医疗保障基金社会监督员制度，社会监督员分别由市、县（市、区）医疗保障局主要从各级党代表、人大代表、政协委员、群众、新闻媒体和退休干部代表中选聘，其主要职责为对医疗保障基金行为进行日常监督，反映有关违反医疗保障政策、欺诈骗取医疗保障基金等问题线索，主动宣传医疗保障相关知识。2022 年，海南省为进一步加强海南卫生健康系统行风建设，提升卫生健康工作人员能力和水平，从海南省内常住居民中聘任了 30 名社会监督员。社会监督员需对卫生健康系统能力提升建设和医疗服务情况进行持续监督和记录，以反映机关和医疗卫生机构在医德医风、医疗质量、工作效能、服务水平等方面存在的问题①。

加强农村人居环境与居民健康公共关系和公共传播能力建设，完善农村人居环境与居民健康各级信访信息系统，保障与拓宽农村居民表达诉求的路径，支持新闻媒体对各类破坏农村人居环境、危害居民健康安全的行为进行曝光与事件处理追踪报道，搭建政府、企业、公众和媒体间的多方互动交流平台。2021 年，广西壮族自治区崇左市扶绥县印发了《扶绥县医疗保障局信访工作制度》，落实了信访工作首问负责制，明确了信访工作失职追究处罚。为扎实推进纪检信访工作，扶绥县卫生健康局在来信、来访、来电、设立举报箱等传统的信访渠道基础上，充分利用单位 LED 显示器播放专项整治工作宣传标语；同时制定了《2021 年扶绥县卫生健康局领导干部接访下访和包案化解工作方案》，变被动接访为主动接访，变群众上访为领导干部下访，主动收集问题线索，进一步拓宽了

① 江西省卫生健康委员会网．海南聘任卫生健康社会监督员［EB/OL］.（2022-05-30）［2022-07-23］. http：//hc. jiangxi. gov. cn/art/2022/5/30/art_38021_3977043. html.

信访举报渠道，维护群众合法权益及社会和谐稳定①。2022 年 6 月，福建省龙岩市人大常委会办公室发布了《龙岩市农村人居环境治理条例（草案修改稿）》公开征求意见的公告，修改稿第七条明确指出了“广播、电视、报刊、互联网等新闻媒体应当依法对损害、破坏农村人居环境的违法行为进行舆论监督”。促进了农村人居环境媒体监督责任的落实。

（三）完善信用监管建设

推进政务诚信建设，落实国家政务诚信建设要求，将地方各级政府和公职人员在农村人居环境与居民健康治理工作中因违法违规、失信违约被司法判决、行政处罚、纪律处分、问责处理等信息纳入政务失信记录，并归集至相关信用信息共享平台，依法依规逐步公开。2016 年，在国务院出台了《关于加强政务诚信建设的指导意见》后，湖南、江西、吉林等省（区、市）也纷纷出台了相关意见，意见指出政务诚信将成为公务员年度考核的重要参考依据，政务失信记录将纳入公务员诚信档案并在网上公开。截至目前，仍没有省份披露违规公务员的相关信息，现已公开的只有政府采购严重违法失信行为记录名单，该名单对象主要是在政府采购领域的经营活动中做出违反政府采购法等行为，并经政府采购监督管理部门依法认定的政府采购当事人，包括政府采购供应商、代理机构及其直接负责的主管人员和其他责任人员，以及政府采购评审专家②，但名单较少披露相关政府人员在政府采购中的具体违规行为。

健全企业与个人信用建设，建立损害农村人居环境、威胁居民健康的企业“黑名单”制度，并将上述信息记入企业法定代表人、实际控制人、主要负责人和直接责任人的个人诚信记录中，依法依规公开相关情况。实施分级分类监管，将失信对象纳入重点关注对象名单或联合惩戒对象名单，开展失信联合惩戒，在融资授信、资质评定、考核表彰等领域设置信用门槛，让失信企业受限；情节严重的，依法依规实施市场和行业禁入。完善信用评价异议申诉、信用修复机制，激励失信主体主动纠错，保障企业合法权益。2021 年发布的《市场监督管理严重违法失信名单管理办法》规定了在食品安全，药品、医疗器械、化妆品等与公众健康安全有密切关系的领域中实施违法行为的失信处理，并规定了对失信名单当事人的管理措施、移除失信名单、提前移除失信名单等事项的管理细则。2022 年，浙江省宁波市印发了《宁波市生态环境局生态环境严重失信名单管理实施细则（试行）》，规定了应列入生态环境严重失信名单的情形与惩戒措施

① 中共扶绥县纪律检查委员会网 . 卫健局：扎实推进纪检信访工作［EB/OL］.（2021－10－28）［2022－07－23］. http：//fsqf. gov. cn/article/3546. html.

② 中国质量新闻网 . 政采领域严重违法失信主体将受联合惩戒［EB/OL］.（2018－12－18）［2022－07－23］. https：//www. cqn. com. cn/cj/content/2018－12/18/content_6583903. htm.

等，有效推进了宁波市生态环境领域信用体系建设，创新了环保监管方式。

第五节　农村人居环境与居民健康协同治理规范框架

法律法规的确立和政策的颁布与实施，明确了农村人居环境与居民健康治理中各主体的权利与义务及其行为规范，执法过程是贯彻执行国家意志的有效手段和实施国家法律规范的主要途径，司法是维护政策法规贯彻执行、维护社会公平正义的最后一道防线。完善由立法、执法、司法构建的法治过程，支撑农村人居环境与居民健康协同治理的合法性与可执行性。

一、完善法律法规制度体系

完善标准体系建设，统一建设和运行标准，实现有效运营，加快研究修订农村卫生厕所、污水处理装置、医疗器械等技术标准和相关规范，紧跟技术发展速度，及时更新与补充相关标准，编写各项技术使用规范，以科学指导相关设施的建设与使用。2020 年，市场监管总局等七个部门联合印发了《关于推动农村人居环境标准体系建设的指导意见》，将农村人居环境标准体系框架划分为农村厕所、农村生活垃圾、农村生活污水、农村村容村貌、综合通用五个部分，要求加快对农村厕所卫生标准、农村厕所设施设备标准等 17 项标准的编制。目前已出台《农村三格式户厕建设技术规范》《农村三格式户厕运行维护规范》《农村集中下水道收集户厕建设技术规范》《农村生活污水处理工程技术标准》《养老设施建筑设计规范》等国家标准。不同省份根据当地实际情况也出台了相关标准规范，如浙江省发布了《浙江省农村生活污水处理设施建设和改造技术规程》，广东省发布了《广东省农村生活污水处理设施建设技术规程》。在医疗行业，近年来国家药监局每年组织制修订 100 项左右医疗器械标准，对重大基础性标准、通用性标准、高风险产品标准、战略新兴产业相关领域标准优先立项。截至 2021 年 5 月，现行有效的医疗器械标准共 1791 项，其中国家标准 227 项（强制性标准 93 项，推荐性标准 134 项），行业标准 1564 项（强制性标准 303 项，推荐性标准 1261 项）[①]。

完善相关政策规范，约束多元主体参与农村人居环境与居民健康治理的过程，如对市场参与主体严把审批关，优化审批程序，完善市场准入与退出规则，

---

① 国家药品监督管理局网．医疗器械标准目录［EB/OL］.（2021-06-01）［2022-07-23］. https：//www. nmpa. gov. cn/ylqx/ylqxjgdt/20210531143615123. html.

按国家要求完成排污许可证、执业许可证、营业许可证的核发与登记工作。2020年，广东省发布《广东省农村人居环境整治工程项目审批制度改革工作指导意见》，对农村人居环境整治项目的审批制度做了新的规范，提出编制规划、项目申报、项目审批、项目预算审核、项目验收、项目管理等方面的改革意见。各市、县高度重视此次改革，结合实际情况，及时制定了相应的实施办法，如东莞市从根本上优化了工程建设程序，实行联合审核制度，即由镇政府（街道办）召集农办、发改、财政、资源、住建、生态环境、交通、水务等相关职能部门联合会审并出具审批意见，大大节省了工程审批以及后续建设的时间①。2019年，国家卫生健康委员会等四个部门印发了《关于做好医养结合机构审批登记工作的通知》，对养老机构设立医疗机构、医疗机构设立养老机构、新建医养结合机构等不同形式的申请审批工作做出了明确的规定。

完善政策法规的配套支持，加强财税、金融、科技等支撑性资源的政策支持的力度，根据实际需求，及时协调农业农村部、财政部、国家卫生健康委员会等部门间的政策，促进相关领域的政策融通，为农村人居环境与居民健康治理的开展提供更为全面与联通的政策支撑。如2019年，江苏省农业农村厅同省相关部门联合制定出台了《江苏省农村人居环境整治配套激励措施实施办法》，对全省13个设区市的农村人居环境整治工作进行评价，主要考察各设区市在农村人居环境治理中的组织管理、资金保障与工作成效等内容，对开展农村人居环境整治成效明显的县（市、区）进行激励，并在省级财政分配年度农村人居环境整治类资金时，对整治成效明显、整治变化较大的经济薄弱地区予以适当倾斜支持②。2018年，在国务院办公厅印发了《关于促进“互联网+医疗健康”发展的意见》后，国家卫生健康委员会和国家中医药管理局组织制定了《互联网诊疗管理办法（试行）》《互联网医院管理办法（试行）》《远程医疗服务管理规范（试行）》，国家医疗保障局印发了《医保局关于积极推进“互联网+”医疗服务医保支付工作的指导意见》，宁夏、安徽、天津等地也陆续出台了《“互联网+”医疗服务医保支付管理办法（试行）》等相关政策。“互联网+”医疗政策的逐步完善，进一步规范了互联网诊疗行为，为发挥远程医疗服务积极作用、提高医疗服务效率、保证医疗质量和医疗安全提供了较为全面的政策实施网络。

推进法律法规建设，及时对现存的法律法规进行调整或者修改，做好立法工作，推动有条件的地方结合当地基层工作实际情况进行政策创新与政策试点，在

① 搜狐网．畅通人居环境整治项目建设“最先一公里”[EB/OL].（2020-10-28）[2022-07-23]. https://www.sohu.com/a/427795323_120769722.

② 中华人民共和国中央人民政府．江苏省出台配套措施激励农村人居环境整治 [EB/OL].（2019-06-24）[2022-07-23]. http://www.gov.cn/xinwen/2019-06/24/content_5402688.htm.

获取试点经验的基础上尝试先于国家进行立法。2018 年，我国排污收费制度完成了从《排污费征收使用管理条例》向《环境保护税法》的升级转变，这一转变解决了排污费制度存在的执法刚性不足、地方政府干预等问题，提高了纳税人环保意识和遵从度，强化了企业治污减排的责任，进而推进了生态文明建设和绿色发展。在地方立法先行方面，2019 年，国家卫生健康委和国家中医药管理局印发了《关于推进紧密型县域医疗卫生共同体建设的通知》，同年山西被选为紧密型县域医共体建设试点地。2021 年，山西省正式出台并实施了全国首部关于紧密型县域医疗卫生共同体建设的地方性法规，《山西省保障和促进县域医疗卫生一体化办法》是山西省紧密型县域医疗卫生共同体建设试点工作的成果总结，是在转型跨越式发展上蹚新路的重大举措，其为深化一体化改革提供了立法引领与保障，并为全国医共体建设提供了经验①。

二、强化执法能力

规范执法部门职责和权限，加强执法人员的法治教育培训，切实提升执法人员能力素质，结合典型案例进行培训学习，着力提升执法人员执法水平和能力。如 2021 年，上海市生态环境局生态处、执法处和执法总队联合组织召开了自然生态和农村环境保护领域专题执法培训，就环保用微生物菌剂应用环境安全检查、“绿盾”行动专项检查、规模化畜禽养殖场执法检查等内容进行了详细的业务培训，提升了相关执法人员的专业技能与工作能力②。健康服务行业的执法培训开展得更加广泛，大部分省、市、区县（如江苏省苏州市③、湖南省永州市④、贵州省黔东南苗族侗族自治州雷山县⑤等）的医疗保障局都会定期开展医疗保障行政执法培训。2022 年，江苏省南通市卫生监督所更是举办了 2021 年度全市卫生行政执法优秀案例评讲交流会，该市全体卫生行政执法人员参与此次交流。本

---

① 大同市人民政府．山西：县域医卫一体化改革走上法制化轨道［EB/OL］.（2020-12-14）［2022-07-25］. http：//www. dt. gov. cn/dtzww/sxyw/202012/e4bab5b98fd7411da9c4005cc800d7c3. shtml.

② 上海市生态环境局网．上海市生态环境局组织召开自然生态和农村环境保护领域执法专题培训［EB/OL］.（2021-04-23）［2022-07-25］. https：//sthj. sh. gov. cn/hbzhywpt1123/hbzhywpt1124/20210423/57a034d937614a769cf997447e644264. html.

③ 苏州市医疗保障局网．市医保局举办医疗保障行政执法能力提升专题培训班［EB/OL］.（2020-05-30）［2022-07-25］. http：//ybj. suzhou. gov. cn/szybj/zxdt/202205/fd395def1c8e435294e8bd9a59d0cd00. shtml.

④ 永州市医疗保障局网．永州市组织开展 2022 年度医疗保障基金监管及行政执法工作培训［EB/OL］.（2022-07-01）［2022-07-25］. http：//ybj. yzcity. gov. cn/ybj/0202/202207/a517660513ab4835a44675fc0c3cae0b. shtml.

⑤ 雷山县人民政府网．县医保局组织开展行政执法能力提升培训［EB/OL］.（2022-04-27）［2022-07-25］. http：//www. leishan. gov. cn/zfbm/ylbzj/gzdt_5704659/202204/t20220427_73657968. html.

次交流会由主讲人分别从案情介绍、案例亮点、调查取证的技巧等方面对医疗卫生、职业卫生等案例进行不同角度的分析，再由南通市律师协会教育培训委员会主任对案例进行点评、提出不足并分析问题，使卫生行政执法人员受益匪浅①。

着力提升执法监督能力，加强省市县乡四级全覆盖的行政执法协调监督工作体系建设，大力推进行政执法和执法监督平台建设应用，创新执法模式，补齐行政执法工作短板，健全完善交叉执法、异地执法等执法机制，提升农村人居环境与居民健康监管效能。2022 年 6 月，江西省赣州市生态环境系统在全省率先开展农村生活污水治理设施运维管理提升专项行动，此次专项行动分交叉检查、整改销号、巩固提升三个阶段进行②。在交叉检查行动中，赣州市生态环境局抽调各县（市、区）生态环境局、开发区分局、蓉江分局 44 名工作人员，组成 20 个交叉检查组，对全市辖区内所有已建成的集中式和分散式农村生活污水治理设施开展交叉检查，促使了当地农村环境整治向精细化、规范化、标准化发展。2021 年，贵州省卫生健康委创新妇幼健康服务监管模式，在全省推行“专家参与妇幼健康服务监督执法工作机制”，组建了省级妇幼健康服务监督执法专家库，并让专家在全省范围内参与妇幼健康服务监督执法工作，对妇幼健康服务机构开展的产前筛查、助产等服务情况和人员资质、制度建立及落实情况等进行监督检查，有效促进了全省妇女生殖健康服务、儿童保健服务、优生优育服务等的水平提升③。

加大执法力度，严格依法查处农村人居环境与居民健康治理中违法违规案件，对于未达到治理要求的案件，令其限期完善与整改；对于违法案件，依法依规追究赔偿责任；对构成犯罪的，依法追究刑事责任。2021 年，宁夏回族自治区吴忠市红寺堡区综合执法局太阳山综合执法队接到举报，经调查确认，“当事人乱倒垃圾，且现场倾倒垃圾范围约 1000 平方米”的违法事实成立，根据《宁夏回族自治区市容环境卫生管理条例》，执法队员责令当事人立即整改，并对其作出了行政处罚。该罚单是太阳山综合执法队在农村人居环境整治工作开展以来开出的首张“三堆”罚单，彰显了法治思想与方法，进一步强化了法律法规的

① 江苏省卫生监督所网．南通市举办 2021 年度全市卫生行政执法优秀案例评讲交流会［EB/OL］．(2022-01-06)［2022-07-25］. http://wsjd.jiangsu.gov.cn/art/2022/1/6/art_58884_10305895.html.

② 赣州市生态环境局网．赣州生态环境系统开展农村生活污水治理设施运维管理提升专项行动［EB/OL］.（2022-06-16）［2022-07-25］. http://sthjj.ganzhou.gov.cn/gzssthjj/tpxw/202206/307620195f6e4a16bd5c8175f6746253.shtml.

③ 贵州省卫生健康委员会网．创新服务监管模式　我省推行专家参与妇幼健康服务监督执法工作机制［EB/OL］.（2021-09-05）［2022-07-25］. http://wjw.guizhou.gov.cn/xwzx_500663/zwyw/202109/t20210905_69879909.html.

惩处和宣传力度①。2021年起广东省佛山市高明区卫健局开展打击非法行医专项行动，2022年4月区卫生健康局联合区卫生监督所查处了陈某非法行医的行为，调查发现陈某此前因非法行医被卫生行政部门行政处罚过两次，2022年4月7日再次施行非法行医行为，已触犯了《中华人民共和国刑法》和最高人民法院相关司法解释的规定。区卫生健康局已将案件移送至佛山市公安局高明分局，并报佛山市高明区人民检察院备案，佛山市公安局高明分局已对该案立案并进行刑事侦查②。

三、提供司法保障

建立农村人居环境与居民健康行政执法机关、公安机关、检察机关等部门的信息共享、案情互通与案件移送制度，加强公检法联动，完善环保、卫健、公安等部门联动协作机制，加强信息沟通和执法协作，形成防范打击污染农村人居环境、危害居民健康安全的违法犯罪活动的合力。2021年以来，贵州省黔南布依族苗族自治州检察机关探索建立“专班推进+制度保障+外部联动”工作新模式，推进农村人居环境整治提升工作发展③。其建立了《公益诉讼工作内部协作办法》，要求刑事检察、控告申诉检察、民事、行政检察等部门在发现有关案件线索后，及时移送公益诉讼检察部门，避免案件线索流失；同时还制定出台了《关于农村人居环境整治公益诉讼专项工作实施方案》《关于开展“守护耕地红线”公益诉讼专项监督活动工作方案》《关于开展农业面源污染公益诉讼专项监督工作的实施方案》等行动方案，明确了工作任务、工作目标、工作措施等。黔南州检察机关还主动与自然资源、农业农村、水务、生态环保等单位互通联动，就信息共享、线索移送、办案支持等相关工作达成了共识。

加强农村人居环境与居民健康领域检察公益诉讼工作，强化检察公益诉讼专业化监督力量，利用信息化等技术优化公益诉讼模式，完善公益诉讼案件中有关农村人居环境损害、人身损害等损害赔偿款的支付与使用机制。2020年，最高人民检察院召开新闻发布会，相关发言人表示在当前的农村检察工作中，农村人居环境整治相关的公益诉讼案件数量有上升趋势，但某些地方政府及其职能部门

---

① 红寺堡区人民政府网．红寺堡区综合执法局：开出农村“三堆”首张罚单　按下人居环境整治快进键［EB/OL］.（2021-03-01）［2022-07-25］. http：//www. hongsibu. gov. cn/xwzx/bmdt/202103/t20210311_2624705. html.

② 佛山市高明区政府网．非法行医案件移送公安机关立案侦查［EB/OL］.（2022-04-20）［2022-07-25］. http：//www. gaoming. gov. cn/gzjg/zfgzbm/qwsjsj/pacj_1106229/content/post_5237852. html.

③ 中央广播电视总台国际在线网．黔南州检察机关“三举措”有力推进农村人居环境整治提升［EB/OL］.（2022-06-02）［2022-07-25］. http：//cj. cri. cn/n/20220602/c1c04aa6-7746-5b8f-f831-20e1748e87c0. html.

或违法使用职权或怠于履行职责，导致了农村环境污染事件时有发生并损害了社会公共利益①。2021年，河南省濮阳市台前县人民检察院在公益诉讼线索举报平台“公益守护365”小程序中，发现台前县某乡镇下辖行政村生活垃圾堆积恶臭的举报线索后，立即开展调查，通过实地走访、无人机航拍、询问周围群众等方式对证据进行了固定，依法查明：该乡农村生活垃圾收集处置工作由一家保洁公司负责，由于该公司收储时间、频次不能满足当地群众生活需求，村民多次找到村干部和乡镇负责人反映该问题，而问题均没有得到有效解决，农村人居环境脏乱差的现象长期存在②。随后，台前县人民检察院向属地乡镇政府送达了诉前检察建议，并在属地乡镇某村主持召开了由乡镇负责人、保洁公司经理和人大代表参加的听证会，明确了生活垃圾清理方案，厘清了乡政府对农村人居环境质量监管的责任，同时邀请人大代表进行同步监督。最终，该地农村生活垃圾清理问题得到有效解决，农村人居环境得到了较大的提升。2020年，全国首例网上开庭审理的公共卫生安全民事公益诉讼案件完成了宣判③。2020年1月24日，姚某介绍蔡某进行“三无”口罩交易，并从中收取“好处费”。经统计，1月24~31日，蔡某出售“三无”伪劣口罩2.84万个，销售金额为19.81万元。3月12日，针对蔡某和姚某销售“三无”口罩严重损害社会公共利益的行为，浙江省杭州市余杭区检察院提起了民事公益诉讼。3月31日，杭州互联网法院开庭宣判蔡某、姚某应共同支付22.92万元损害赔偿款；参与“三无”口罩销售的蔡某还需额外支付59.43万元赔偿款；同时，蔡某和姚某需向社会公众刊发警示公告、向公众发布道歉声明，并召回所销售的已流入市场且尚存的伪劣口罩。此次案件的审理将公益诉讼与损害赔偿进行了有效衔接，规定所得公益诉讼赔偿款将用于公共卫生安全支出。

综上所述，自中华人民共和国成立以来，我国农村人居环境与居民健康的治理方式经历了群众“运动式”治理、政府全权负责式治理、市场参与式治理等不同的阶段，治理目标与治理内容不断丰富扩展。进入中国特色社会主义新时代后，我国农村人居环境与居民健康的治理需要满足人民日益增长的美好生活需要，治理内容扩展到农村生活污水处理、生活垃圾处理、村容村貌整治、健康教

① 中华人民共和国国务院新闻办公室网．最高检举行“落实乡村振兴战略　彰显涉农检察力量”新闻发布会［EB/OL］．(2020-03-05)［2022-07-25］．http：//www.scio.gov.cn/xwfbh/qyxwfbh/Document/1675084/1675084.htm.

② 台前县人民检察院网．台前县检察院办理的督促整治乡村人居环境行政公益诉讼案入选省院典型案例［EB/OL］．(2022-01-07)［2022-07-25］．http：//www.tqxjcy.gov.cn/pc/fwzx.asp？a=newsview&id=845.

③ 中华人民共和国最高人民检察院网．公益诉讼进行时丨全国首例网上开庭审理的公共卫生安全民事公益诉讼案宣判［EB/OL］．(2020-04-01)［2022-07-25］．https：//www.spp.gov.cn/spp/zdgz/202004/t20200401_457719.shtml.

育、体医结合、保健养生等多维度治理方向，治理内容与治理过程日趋复杂。现阶段，参与农村人居环境与居民健康治理的政府部门体系庞大，市场主体与社会组织的参与秩序尚未形成，农户参与治理的路径仍不通畅，治理主体呈现出碎片化特征，各主体的力量尚未凝结成一股强有劲的合力。而为适应农村人居环境与居民健康治理的多元性与复杂性，满足农村人居环境与居民健康治理对专业知识、技术支撑、资金支持的需求，维持农村人居环境与居民健康治理的长期有效，农村人居环境与居民健康协同治理体系框架的建立就必须提上日程。

本研究将协同治理理论融合进我国农村人居环境与居民健康治理的演进过程和治理现状中，从治理主体框架、治理保障框架和治理规范框架这三个分支搭构起了我国农村人居环境与居民健康协同治理的体系框架。其中，治理主体框架内含领导责任体系、政府服务体系、市场参与体系、企业责任体系和全民行动体系；治理保障框架包括监管体系与支撑体系；治理规范框架主要指法律法规制度体系。治理主体是我国农村人居环境与居民健康协同治理体系的核心，治理保障是构建并稳固我国农村人居环境与居民健康协同治理体系的重要支持性力量，治理规范是我国农村人居环境与居民健康协同治理体系构建的依据与政治性支撑，三组框架之间以及框架内部的体系要素相互联系、相互制约、互为依存，共同构建了我国农村人居环境与居民健康协同治理体系的框架。该体系框架的建立有利于我国国家治理体系与治理能力现代化建设的推进，同时该体系框架作为我国农村人居环境与居民健康治理过程中的基础参照，有助于对照发现治理过程中出现的问题，寻求解决路径，以提高治理绩效，满足农村居民日益增长的美好生活需要。

第八章　农村人居环境与居民健康协同治理模式构建

第一节　农村人居环境与居民健康治理中政府之间协同模式

随着社会公共事务治理的内容与过程复杂化，传统科层制设计下的单个政府部门已难以独立完成组织目标，任何重要的政府决策和行动都几乎不可能在一个组织机构的职责范围内完成，无论是决策的过程抑或是行动的贯彻都需要多部门的信息传递与知识共享[①]。除此之外，另一个需要考虑的严峻事实是官僚体制下强调的部门分工与层级分化，导致了公共服务与管理过程中的问题转嫁、目标冲突、各自为政等治理碎片化问题[②]。面对政府管理实践的需求与问题，政府间的协同成为实现整体性治理的需要，其主张以公民的需求为导向，跨越官僚制与科层制下的组织边界，对治理中的碎片化行为进行有机协调与整合[③]。落脚于我国农村人居环境与居民健康治理，其治理内容与范围囊括了污水处理、垃圾治理、厕所整治、环境绿化、健身设施建设、医疗服务提供等多方面工作。综合性的工作任务已被拆解划分到了不同政府部门的工作职责中，主要涉及部门有农业农村部、生态环境部、国家卫生健康委员会、科学技术部、住房和城乡建设部等21个国务院组织机构。面对如此庞杂的工作体系，政府间的协同治理成为我国

① 黄萃，任弢，李江，赵培强，苏竣．责任与利益：基于政策文献量化分析的中国科技创新政策府际合作关系演进研究［J］．管理世界，2015（12）：68-81.

② 唐皇凤，吴瑞．新冠肺炎疫情的整体性治理：现实考验与优化路径［J］．湖北大学学报（哲学社会科学版），2020，47（3）：1-13+172.

③ 唐贤兴，马婷．中国健康促进中的协同治理：结构、政策与过程［J］．社会科学，2019（8）：3-15.

农村人居环境与居民健康治理中重要且必要的治理方式。一方面，农村人居环境与居民健康的治理工作需要从中央政府的总体规划与方案安排走向地方政府的部署实施与行动落实。另一方面，农村人居环境与居民健康治理的工作分解落实走向构建美丽乡村和健康乡村的整体性工作目标的完成，需要各部门间的沟通交流与配合协作，以避免治理工作的重复开展并达成信息、技术等资源的互补。回顾农村人居环境与居民健康治理中的有关政策文件，绝大多数文件都并非由单独部门发布出台，而是至少由两个甚至十余个政府部门联合发布。且众多政策文本都强调了政府间的协同合作，如《农村人居环境整治提升五年行动方案（2021—2025年）》指出，各部门要密切协作配合，形成工作合力；《国务院关于实施健康中国行动的意见》指出，加强跨部门协作，统筹指导各地区各相关部门加强协作。由此可见，政府间协同已成为我国农村人居环境与居民健康治理中普遍化的治理方式。那么这种治理方式又可以分为哪几种具体的协同模式呢？已有学者梳理总结了国内外政府间协同的模式种类、区域环境治理的模式选择、跨域环境污染中政府间协同治理的作用路径等[①][②][③]，但目前有关我国农村人居环境与居民健康治理中政府间协同模式的总结与分析并不常见。本研究从政府间的纵向与横向关系出发，归纳总结我国农村人居环境与居民健康治理中政府间协同的模式，并结合具体案例分析不同协同模式之间的异同点与优缺点，从而为我国农村人居环境与居民健康治理中政府间协同模式的选择提供一个解答。

一、政府之间协同治理模式的理论依据

政府间协同关系的概念首先源于政府间关系的概念。政府间关系也称之为府际关系，其研究最早出现在20世纪30年代处于经济危机中的美国，而后又随着政府管理实践的发展，经历了由中央—地方政府关系向地方政府间关系、政府内部关系等不同研究侧重点的转变[④][⑤][⑥]。20世纪90年代后，随着我国行政体制改革的不断深入，有关政府间关系的研究也开始受到国内学者的关注。但一直以

① 朱春奎，毛万磊．议事协调机构、部际联席会议和部门协议：中国政府部门横向协调机制研究［J］．行政论坛，2015，22（6）：39-44.

② 王家庭，马洪福，曹清峰，陈天烨．我国区域环境治理的成本-收益测度及模式选择——基于30个省区数据的实证研究［J］．经济学家，2017（6）：67-77.

③ 饶常林，赵思姁．跨域环境污染政府间协同治理效果的影响因素和作用路径——基于12个案例的定性比较分析［J］．华中师范大学学报（人文社会科学版），2022，61（4）：51-61.

④ 黄萃，任弢，李江，赵培强，苏竣．责任与利益：基于政策文献量化分析的中国科技创新政策府际合作关系演进研究［J］．管理世界，2015（12）：68-81.

⑤ 彭忠益，柯雪涛．中国地方政府间竞争与合作关系演进及其影响机制［J］．行政论坛，2018，25（5）：92-98.

⑥ 刘祖云．政府间关系：合作博弈与府际治理［J］．学海，2007（1）：79-87.

来，学界对政府间关系的划分与定义存在着不同的声音，特别是对同级政府内部的部门间关系是否能被称为一种府际关系这一问题存在着争议。黄萃等学者在分析了不同学者基于不同学科角度提出的政府间关系概念后，认为政府间关系是不同行政层级的政府机构或同一行政层级的不同政府部门之间基于制度和非制度安排而形成的责任分担与利益分配①，这种关系的形成可以是中央—省—市—县的纵向关系，也可以是不同区域但处于同一级政府间的横向关系或是同级政府内部的横向关系。同理，由政府间关系延伸出来的政府间协同也可以按上述定义，划分为政府的纵向协同与横向协同。

（一）农村人居环境与居民健康治理中的政府纵向协同

我国是一个单一制的国家，全国由若干个不享有独立主权的行政区域单位组成，形成了自上而下的中央政府统辖、地方政府分级管理的“金字塔型”行政管理结构。省政府是地方国家行政机关最高级别的政府，负责统一领导各级人民政府的活动，包括其管辖范围内的市、县、镇等。政府间的纵向协同是等级协同，该协同关系的核心是官僚制与科层制带来的上下级关系，其主要形成了以上级权威性为基础的“地方服从中央”“下级服从上级”的模式②，其中包括了自上而下的政策传递与任务传导等。已有学者对我国农村人居环境与居民治理中纵向的政策转移与任务传导机制进行了深入研究。如陈海江等从政策目标清晰度和政策冲突性两个维度对长三角区域环境政策的转移机制进行了分析，研究发现不同的政策传导机制会带来不同的政策效果或不同的政策绩效③。马德浩梳理了我国农村公共体育服务中的现存问题，发现压力型的任务传导机制会导致农村基层政府在公共体育服务中采用敷衍了事的工作方式来应付上级政府的检查，从而使治理效率低下④。

此外，考虑到各地区的差异性和地方政府与中央政府的信息不对称性，在政策传递与任务传导的过程中，中央政府会给予地方政府一定的自主权，且这种自主权的范围与大小会随着地方政府行政层级的不同而不同⑤。在地方政府的自主权加持下，上下级政府间的纵向协同就又衍生出了自下而上的执行反馈与决策支持。面对政策执行中的困难点，下级政府可以及时向上级政府反馈，进行双向沟

① 黄萃，任弢，李江，赵培强，苏竣．责任与利益：基于政策文献量化分析的中国科技创新政策府际合作关系演进研究［J］．管理世界，2015（12）：68-81.

② 钟开斌．中国应急管理机构的演进与发展：基于协调视角的观察［J］．公共管理与政策评论，2018，7（6）：21-36.

③⑤ 陈海江，司伟，周鸿勇．长三角区域环境政策的转移机制研究［J］．环境保护，2021，49（22）：27-32.

④ 马德浩．新时代我国农村公共体育服务的治理困境及其应对策略［J］．体育与科学，2020，41（1）：104-111.

通，以便上级政府做出更合适的政策调整与政策支持[①]。冯猛通过对黑龙江省四东县[②]休禁牧政策的颁布、落地、执行、后果、反馈、调整等多个阶段展开调研，提炼了该政策实施过程中上下级政府“讨价还价”的发生机制[③]。下级政府对上级政府的服从并不是完全被动的，在地方行政配合与地方自由资源等方面，上级政府对下级政府具有反向依赖性，这也使得自下而上的纵向政府间沟通协同具有了可行性[④]。

（二）农村人居环境与居民健康治理中的政府横向协同

政府间的横向协同分为本级政府间的部门协同与跨区域的政府间协同。本级政府间的部门协同主要源于不同政府部门具有不同的职能分工，而我国农村人居环境与居民健康治理所涉及的治理内容众多，涉及到不同部门“特有”的专业能力。只有将不同部门间的职责整合，才能使农村人居环境与居民健康治理全面持续地推进。共同的治理目标是本级政府部门间协同的出发点，如为达成建设美丽乡村的目标，需要农业农村、交通、卫生、生态环境、住房建设等多个职能部门协同联动，共同完成农村生活污水治理、垃圾治理、环境绿化等工作任务，从而降低或避免各部门单独治理带来的治理碎片化、重复化与低效率[⑤]。如今，面对复杂的社会治理问题，本级政府部门间的横向协同已成为政府治理中十分必要的手段。

跨区域政府间协同的背景为经济社会发展中呈现出来的区域一体化发展趋势[⑥]。一方面，区域一体化发展能降低交易成本、实现规模经济效应，从而实现区域的高质量发展，而区域一体化要求区域内地区的融合发展[⑦]，这也就相当于要求区域内不同行政区政府间的相互协同。另一方面，在现代治理中，类似水污染、空气污染、传染病传播等跨区域性的“棘手”问题频发，也促使了跨行政区域下的政府协同治理。跨区域政府间协同的关键是妥当处理协同过程中各地政府的利益关系。孟庆国和魏娜运用“结构—利益”框架，分析了京津冀跨界大气污染治理中的府际横向协同的行为与模式，研究发现该项协同治理是三地政府

① 鲁全. 公共卫生应急管理中的多主体合作机制研究——以新冠肺炎疫情防控为例［J］. 学术研究，2020（4）：14-20.

② 地名等信息已进行技术化处理。

③ 冯猛. 政策实施成本与上下级政府讨价还价的发生机制　基于四东县休禁牧案例的分析［J］. 社会，2017，37（3）：215-241.

④ 张静. 行政包干的组织基础［J］. 社会，2014，34（6）：85-97.

⑤ 张诚，刘旭. 农村人居环境整治的碎片化困境与整体性治理［J］. 农村经济，2022（2）：72-80.

⑥ 孟庆国，魏娜. 结构限制、利益约束与政府间横向协同——京津冀跨界大气污染府际横向协同的个案追踪［J］. 河北学刊，2018，38（6）：164-171.

⑦ 张跃，刘莉，黄帅金. 区域一体化促进了城市群经济高质量发展吗？——基于长三角城市经济协调会的准自然实验［J］. 科学学研究，2021，39（1）：63-72.

在中央压力下就大气污染治理利益与经济发展利益的不断博弈和调和的过程[①]。朱仁显和李佩姿基于新安江、九洲江等13个流域生态补偿案例，运用定性比较分析方法构建了流域生态补偿中跨域政府间横向协同的动力模式，研究发现该横向协同有“强政治势能+政策环境支持”和“弱组织支持+地区经济差异”两条实现路径[②]。邢华和邢普耀运用新安江流域生态补偿的案例分析印证了纵向的政府干预可以促进横向政府间协同合作的达成与执行，也可以增强横向政府间的信任与共同价值，从而促进其自发形成横向的政府间协同[③]。

二、农村人居环境与居民健康治理中政府之间协同模式的四种类型

根据政府间协同的方向和程度，本研究对我国农村人居环境与居民健康治理中政府间协同模式进行了二维划分（见图8-1）。在所有的政府间协同模式中，纵向和横向的协同都是必要的，但不同模式下的协同侧重点或协同程度有一定的区别，如部门联合模式没有形成横向或纵向的协同机构，相比于形成了横向部门间议事协调机构的协同模式，其横向协同程度相对较低；同理，其纵向协调程度也没有省部际联席会议模式下的纵向协同程度高。而全国一盘棋模式就追求纵横双向的高度协同。

（一）部门联合模式

部门联合模式是农村人居环境与居民健康治理中政府间协同的最普遍模式，主要的联合方式有联合发文、联合立法、联合执法、联合惩戒等。联合发文与联合行文是我国政府部门在公共管理中常用的方式，指的是当某项公文事项涉及多个工作部门时，由数个部门就同一事项联合发布公文。联合发文与联合行文的性质相近，但联合发文机构一般是同一层级中的政府部门，而联合行文的适用范围则更广一些，可以用于不同级别间的政府部门联合。同时，在联合发文中一般会有一个牵头部门，联合发文的公文文号使用牵头部门的文号，且在落款时牵头部门排在第一位[④]。联合立法是指两个以上的政府部门为解决部门职权交叉事项而联合制定部门规章、部门规范性文件等法律法规。改革开放后，部门间的联合立法行动开始兴起；在1992年我国提出建设社会主义市场经济目标后，部门联合

---

① 孟庆国，魏娜．结构限制、利益约束与政府间横向协同——京津冀跨界大气污染府际横向协同的个案追踪［J］．河北学刊，2018，38（6）：164-171.

② 朱仁显，李佩姿．跨区流域生态补偿如何实现横向协同？——基于13个流域生态补偿案例的定性比较分析［J］．公共行政评论，2021，14（1）：170-190+224-225.

③ 邢华，邢普耀．强扭的瓜不一定不甜：纵向干预在横向政府间合作过程中的作用［J］．经济社会体制比较，2021（4）：84-94.

④ 杨杰，杨龙．中国政府及部门间联合发文的初步分析——基于200篇联合发文［J］．天津行政学院学报，2015，17（5）：66-73.

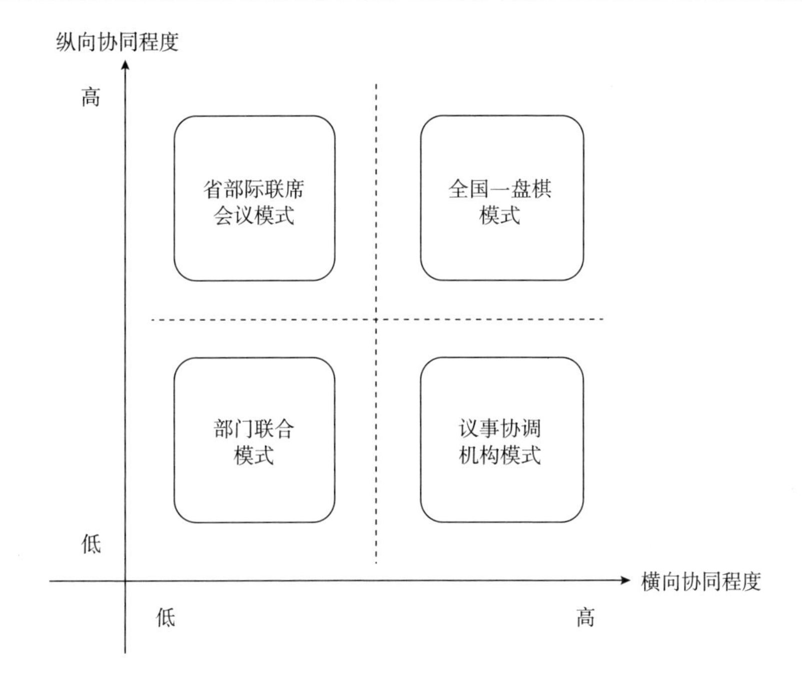

图 8-1　农村人居环境与居民健康治理中政府间协同模式

资料来源：笔者自制。

立法的数量和规模开始大幅增长；近年来，部门间联合立法成为我国立法活动中十分普遍的现象[①]。与单个部门立法相比，联合立法可以实现部门之间立法权责的整合，防止多部门职责交叉带来的立法碎片化与立法冲突，有助于避免部门本位主义，降低立法成本[②]。联合执法指的是相关部门通过组建联合执法队伍、召开联席会议、派出专人进驻协作单位等方式集中行使政府监管权。目前，由于政府监管权的分散，联合执法已成为我国执法的常态，该模式可以在一定程度上弥补某些法律规范操作性差等缺陷，将独立的执法力量综合起来，形成强有力的执法权力，防止部门间的责任推诿，保证执法效果[③]。整体而言，部门联合模式是政府部门在治理活动的各项环节中进行联合行动，从而达成的政府间协同的一种模式。由于该模式并不需要组建成立新的组织实体，也无须构建长期稳定的协同机制，具有一定的灵活性与便捷性，因此该模式在农村人居环境与居民健康治理

① 封丽霞．部门联合立法的规范化问题研究［J］．政治与法律，2021（3）：2-15.

② 姜瀛．刑法修正中的规范衔接意愿与“机械对接”困局——“前附属刑法时代”协同立法方案之提倡［J］．政治与法律，2022（2）：113-127.

③ 徐国冲，张晨舟，郭轩宇．中国式政府监管：特征、困局与走向［J］．行政管理改革，2019（1）：73-79.

中的应用也最多。

（二）议事协调机构模式

议事协调机构是指政府为完成某项专项行动或临时任务而设立的跨部门组织协调实体，主要的组建形式有委员会、领导小组、工作小组、指挥部等。根据不同的设立级别，议事协调机构可以分为中央、国务院议事协调机构和地方政府议事协调机构。国务院议事协调机构的第一领导一般由国务院总理、副总理或国务委员等高层领导兼任，其他成员基本上是国务院各部委的正职领导①。地方议事协调机构是指县级以上的各级地方人民政府组建的政府间横向协同机构，其负责人一般为政府部门的副职领导，其他相关部门作为成员单位参与其中。从政府间纵向协同的角度出发，议事协调机构的领导人或负责人一般由上级领导担任，使其具有了一定的纵向等级特征，可以借助以权威为基础的纵向等级关系来传达与分配工作任务，提高部门间协同的有效性。从政府间横向协同的角度出发，参与议事协调的部门与需协调的事务都是横向性的，议事协调机构作为重要的部门间横向协同机构，在最大限度上将各部门凝聚在一起，促进部门间沟通协调的同时又保持了各事项与各部门之间的独立性。总体而言，各级议事协调机构主要负责信息沟通、事务协商、调研考察、拟定政策方针和实施方案等宏观任务，具有资源密集度高、模糊性小、正式性程度高和成员行为约束性强等特点②。在农村人居环境与居民健康治理过程中，我国在新中国成立早期就开始运用议事协调机构模式来统筹协调各部门间的分工与合作。如全国爱国卫生运动委员会自1952年成立以来，就一直肩负着组织、协调全国爱国卫生运动开展的责任，是续存时间最长的议事协调结构③。近年来，各地政府也纷纷组建了农村人居环境整治工作领导小组、健康中国行动委员会等农村人居环境与居民健康治理议事协调机构。

（三）省部际联席会议模式

省部际联席会议是解决复杂的区域间政府合作问题的重要方式，其通过组织联席会议的形式，建立中央统筹、省负总责、分级管理、分段负责的工作机制，以实现跨区域、跨部门的政府间协同。省部际联席会议一般由中央政府召集，相关部委与地方政府作为会议的成员单位出席。从政府间纵向协同的角度出发，该模式加强了中央部门与地方政府的联系，为中央部委直接对省级地方政府进行业

---

① 钟开斌．中国应急管理机构的演进与发展：基于协调视角的观察［J］．公共管理与政策评论，2018，7（6）：21-36.

② 朱春奎，毛万磊．议事协调机构、部际联席会议和部门协议：中国政府部门横向协调机制研究［J］．行政论坛，2015，22（6）：39-44.

③ 周望．借力与自立：议事协调机构运行的双重逻辑［J］．河南师范大学学报（哲学社会科学版），2017，44（5）：7-12.

务指导提供了便利。同时也使得中央部委掌握了地方政府所需的一些重要资源，从而可以通过运用资源调控等手段或工具对政府间的协同过程与效果进行调控①。从政府间横向协同的角度出发，省部际联席会议模式并不会建立组织实体，而是通过建立健全协同工作机制和协调程序来实现省部际的协调。相应地，与议事协调机构模式相比，省部际联席会议模式对各横向部门之间权限的约束较少，会带来较高的工作灵活性②。但省部际联席会议模式的建立流程较为复杂与审慎，无论是建立或是撤销会议均需履行报批手续，经国务院审批过后方可实施。在工作职责方面，省部际联席会议不仅有着政策制定的职能，也肩负着政策实施的职责③。在农村人居环境与居民健康治理中，省部际联席会议模式主要用于跨区域政府间的协同治理中，如大气污染治理、河流污染治理、石漠化综合治理等在既定区域内治理过程会相互影响的综合治理项目中。

（四）全国一盘棋模式

虽然在改革开放过程中，随着中央权力的不断下放，全国一盘棋模式逐渐被打破④。但面对新发展格局下的国际争端或突如其来的风险，全国一盘棋模式仍充分体现了社会主义中国的制度优势。全国一盘棋模式高度强调政府间纵横双向的协同，尤其是要着重形成中央政府自上而下的统筹布局与各部门之间协同行动的凝聚力。在该模式下，各级政府要将国家视为一个有机的整体，从大局出发尊重与维护全国的整体利益，正确处理整体发展与局部调整的关系，形成治理活动中的“统一认识、统一政策、统一计划、统一指挥、统一行动”⑤。从政府间纵向协同的角度出发，全国一盘棋模式并不是中央政府的“全包干”，而是坚持中央统揽全局与充分发挥地方政府积极性的良性互动，在信息沟通、常规决策与协同执行等方面形成统一、集中与具有刚性约束的治理局面，从而达成集中力量办大事的主要目标⑥。从政府间横向协同的角度出发，以国家整体利益为目标导向的全国一盘棋模式要求各级政府及其相关部门积极打破地方与地方之间存在的中梗阻，发挥组织结构的内部优势，将各地政府部门间的横向关系编织成网，充分

①③　周志忍，蒋敏娟．中国政府跨部门协同机制探析——一个叙事与诊断框架［J］．公共行政评论，2013，6（1）：91-117+170.

②　朱春奎，毛万磊．议事协调机构、部际联席会议和部门协议：中国政府部门横向协调机制研究［J］．行政论坛，2015，22（6）：39-44.

④　孙立平，王汉生，王思斌，林彬，杨善华．改革以来中国社会结构的变迁［J］．中国社会科学，1994（2）：47-62.

⑤　杨洪源．从抗击疫情看“全国一盘棋”的重要地位［J］．理论探索，2020（3）：13-21.

⑥　董伟玮．存在一种“东亚行政模式”吗？——基于行政生态视角的行政国家形态比较分析［J］．理论探讨，2022（3）：63-71.

释放全国一盘棋模式的系统效能①。全国一盘棋模式实现了政府治理的纵向全链接与横向全覆盖，自上而下、由左到右地涵括了治理过程的各个方面。在农村人居环境与居民健康治理中，该模式一般用于治理动态多变、风险较大且会对社会发展或居民健康产生严重危害的事件，如新冠疫情防控。

三、政府之间协同治理模式的实证分析

本研究选取杭州控烟行动、金湖农村人居环境整治、太湖流域水环境综合治理三个案例进行比较分析，比较的维度是政府间纵向与横向协同的程度与方式。之所以选择这三个案例，一是这三个案例可以从不同的视角反映农村人居环境与居民健康治理中政府间协同在不同性质事件中的应用差异；二是以上三个案例可以从公开渠道获取详细的资料，具体来源包括相关政府网站、新闻报道、学术论文等。

（一）案例介绍

1. 杭州控烟行动

杭州市的控烟行动最早可以追溯到1995年，但直到2010年3月1日，《杭州市公共场所控制吸烟条例》实施后，杭州市的控烟行动才真正做到了“有法可依”②。近年来，人们对健康环境建设的要求越来越高，健康意识也越发强烈，与此同时，烟草引发的致畸风险、患病风险以及致死风险引起了学界与社会的广泛关注。2016年由中共中央、国务院印发的《“健康中国2030”规划纲要》中提出全面推进控烟行动，加大控烟力度，逐步实现室内公共场所全面禁烟，并将行动目标确定为到2030年时15岁以上人群吸烟率降低到20%。面对日益增长的美好生活需要以及烟草产品种类的复杂化，2018年杭州市人大常委会法制工作委员会就《关于修改〈杭州市公共场所控制吸烟条例〉的决定（草案）》公开征求意见，并在充分考虑中国控烟协会、新探健康发展研究中心、北京大医公益基金以及其他相关专家、学者的意见后③，通过浙江省人大常委会的批准确定了新的《杭州市公共场所控制吸烟条例》。2019年由健康中国行动推进委员会出台的《健康中国行动（2019—2030年）》指出我国现有吸烟者超3亿人，而每年因吸烟相关疾病或二手烟暴露所致的死亡人数超过110万人，迫切需要从个人和家庭、社会、政府三个维度对烟草危害加以防御，并提出了相关重要举措。在相

---

① 申灿，刘建军．论全国一盘棋的历史演进、基本特征和完善路径［J］．治理现代化研究，2021，37（4）：19-26.

② 沈听雨，陈宁，严敏．杭州控烟艰难前行［N］．浙江日报，2019-04-24（5）.

③ 中国青年网．控烟专家呼吁：杭州市公共场所控制吸烟条例不能开倒车［EB/OL］.（2018-06-08）［2022-08-15］. http：//news. cyol. com/yuanchuang/2018-06/08/content_17270801. htm.

关政策法规的完善下，杭州市控烟行动中的部门联合模式运用得到了大力支持与法规支撑，如新颁布的《杭州市公共场所控制吸烟条例》改变了原来由卫生行政部门单独负责控烟监管的模式，转而形成多部门联合执法模式；《健康中国行动（2019—2030年）》鼓励对有关违法违规的商家、企业等实施联合惩戒。

2. 金湖农村人居环境整治

金湖县位于江苏省淮安市淮河下游，县域共有3个街道、5个镇、131个行政村居与1321个自然村庄，总面积为1393.86平方公里[①]。自2018年我国开始部署农村人居环境整治行动后，金湖县就迅速行动起来，成立了农村人居环境整治领导小组，负责统筹、监督、考核县域内的农村人居环境整治。在领导小组的统一领导下，金湖县实现了农村人居环境整治提升机制的成功试点，形成了“三整合、三统一、三提高”的治理模式，即通过整合各部门职能、整合专项资金以及整合人居环境整治机制来实现行动、标准和监管的统一，进而提高工作效率、资金效益[②]。该模式成功推动了金湖县农村人居环境整治行动高效持续地展开，2019年，金湖县农村人居环境整治的效果受到了省政府的肯定，并在2019年至2021年的年终综合考评中都取得了淮安市第一名、全省一等次的成绩。截至目前，金湖县共创成省级农村人居环境示范村18个、50个美丽宜居村庄、2个省级田园示范村、1个省级健康镇、4个省级健康村居、13个省级卫生村、2个国家卫生镇等[③]。

3. 太湖流域水环境综合治理

太湖流域位于长三角地区的中心，流经江苏、浙江、上海三省市，连接长江、东海、钱塘江、杭州湾四大水系，总面积为3.69万平方公里。2020年，太湖流域人口占全国总人口的4.8%，流域内的地区生产总值占全国生产总值的9.8%，拥有水资源总量为313.1亿立方米。无论从经济发展或是水资源供给的角度来看，太湖流域都在我国发展中占据十分重要的战略地位。自古以来，太湖流域面临较多的治理问题，改革开放后，经济社会的高度发展导致了流域内人与自然矛盾愈来愈突出，太湖流域的主要治理问题也从洪涝灾害转向了水灾害、水资源、水环境、水生态等一系列复杂交织的综合性水问题。1991年太湖大水后，太湖流域的治理逐渐转向以灾害治理为主，统筹考虑水资源、水环境治理；而

---

① 邹勇，王启和．完善创新体制机制　推进农村人居环境可持续发展［J］．江苏农村经济，2020（11）：34-35.

② 全国农村人居环境．实施“三项整合”推进“三个提高”——江苏金湖县创新开展农村人居环境整治提升体制机制试点［EB/OL］．（2021-07-08）［2022-08-16］．https：//mp.weixin.qq.com/s/k4OCFKybgP6IIdDUSxH2SQ.

③ 江苏省农业农村厅．金湖县农村人居环境整治工作再获省考评第一等次［EB/OL］．（2021-03-08）［2022-08-16］．http：//nynct.jiangsu.gov.cn/art/2021/3/8/art_12435_9695915.html.

2007年太湖蓝藻暴发引发无锡供水危机后，太湖流域的治理方向开始转为多维治理并重的综合性治理①。2008年，国务院批复《太湖流域水环境综合治理总体方案》，规划期至2020年，太湖流域水环境综合治理省部际联席会议制度正式确立。2013年，经国务院同意，国家发展改革委会同有关部门以及三省市对《太湖流域水环境综合治理总体方案》进行了修编。进入新发展阶段，面对太湖流域水环境综合治理的新形势新任务新要求，2022年6月，国家发展改革委等六部门印发了《太湖流域水环境综合治理总体方案（2021—2035年）》，其将太湖流域水环境综合治理省部际联席会议制度纳入推动长三角一体化发展工作机制中。

（二）比较案例分析

1. 部门联合模式：杭州控烟行动

在新的控烟条例下，杭州控烟行动的执法由单部门（市卫健委）行动转变为了由教育局、文旅局、体育局、交通运输局、公安机关等多部门的联合执法。部门联合执法模式可以分为纵向联合与横向联合，但无论哪一种联合，政府部门纵横向之间都没有形成稳定的协同机构，而是在定期或不定期的联合执法行动前组建联合执法组。部门联合执法组的组态结构相对松散，但其也能为联合执法行动带来一定的灵活性与可变性。横向的部门联合模式即为市一级或区一级的相关部门形成联合督查组，纵向的部门联合模式可以是市级与区级的相关控烟监管部门共同成立一支督查组，或是由市级督查组与区级督查组共同完成一项控烟督察工作。

在杭州控烟过程中，横向的部门联合模式使用较多，如2020年9月28日杭州市下城区控烟办联合区教育局、区民政局、区住建局、区文广旅体局、区卫健局、区城管局、区市场监督管理局、区公安分局、机关事务中心等部门在全区范围内开展2020年公共场所控烟联合检查②。2022年3月3日，市文化市场综合行政执法队带领市教育局、市体育局、市民政局等工作人员组成第一督查组，对西湖区的娱乐场所控烟落实情况进行了现场督导③。除了联合执法外，杭州控烟部门还积极运用部门联合的方式做好控烟行动的宣传工作，如在新控烟条例实施后的第一个世界无烟日2019年5月31日，市卫生健康委联合市教育局、市文化和旅游局、市市场监督管理局、市公安局、市文广集团以及机场、铁路等14个控烟监管部门，共同启动了杭州市2019年世界无烟日纪念活动，全市14家控烟责

---

① 吴浩云，陆志华．太湖流域治水实践回顾与思考［J］．水利学报，2021，52（3）：277-290.

② 健康下城．控烟在行动！下城区开展多部门控烟联合检查［EB/OL］.（2020-09-29）［2022-08-16］．https：//mp. weixin. qq. com/s/lelCxE0zmpfsMm_ pQYO0-w.

③ 杭州文化市场行政执法．杭州市文化市场综合行政执法队带队督导娱乐场所控烟落实情况［EB/OL］.（2022-03-10）［2022-08-16］. https：//mp. weixin. qq. com/s/Bt3H_SoWCsovqdmmHG-95Q.

任部门的负责人共同宣读了控烟倡议书，呼吁全民控烟[①]。而纵向的部门联合模式在杭州控烟行动中使用相对较少，2020年9月21日至30日，杭州市、区两级控烟监管部门以联动检查的方式对学校、医院、党政机关、火车站、网吧等监管场所进行了控烟专项检查[②]。通过联动检查的方式切实扩大了检查的覆盖面，推动了控烟工作在全市范围内的落实。

2. 议事协调机构模式：金湖农村人居环境整治

在金湖县农村人居环境整治过程中，农村人居环境整治领导小组的成立是第一步也是关键的一步。早在我国实施农村人居环境整治行动之前，金湖县就应江苏省人民政府的要求开始了村庄环境整治行动。为整合人力资源以强化村庄环境的管护领导，金湖县成立了由县委、县政府主要领导和分管领导任正副组长组成的农村环境长效管护工作领导小组，由该领导小组负责全县农村环境长效管护工作的统筹协调、检查指导、督查考核[③]。2018年，农村人居环境整治工作开启后，金湖县以人随事转的形式，将原有的农村环境长效管护领导小组办公室撤并到了新成立的农村人居环境整治工作领导小组办公室。新成立的领导小组由县委书记和县长担任组长，县委副书记、常务副县长与分管副县长担任副组长，各镇街党委书记以及27个部门（单位）主要负责人作为成员构建而成[④]。

作为议事协调机构，农村人居环境整治工作领导小组整合了财政局、住建局、环保局、农委等相关部门的资源，促进了多部门间的沟通协作，形成了政府部门间的横向协同。这种政府间横向的协同主要体现在，一是政府部门之间职责分工的优化。按照“专业的部门做专业的事”的原则，将农村人居环境整治的总体工作任务按条条分工与牵头责任的方式划分给不同部门，如污水治理工作由生态环境局牵头负责，主要负责专项规划、方案设计与监测工作，而建设工作交由住建局负责。既避免了一项工作由几个部门同时牵头，降低工作效率的问题，又减少了一个部门同时负责几项重点任务，从而导致力不从心的问题。二是组织管理的整体体制完善。工作领导小组成立后，农村人居环境治理的监管与考核体系也开始走向整体化与统一化，统一农村人居环境主要指标及考评体系，形成由村居主体负责的“月评估、月通报、季应用”监管考核制度，以及由领导工作

---

① 杭州市卫生健康委员会．14家控烟监管部门共推全民控烟　助力绿色亚运［EB/OL］.（2019-06-21）［2022-08-16］. http：//wsjkw. hangzhou. gov. cn/art/2019/6/21/art_1229005648_47507108. html.

② 杭州市卫生健康委员会．我市多部门开展公共场所控烟联动检查［EB/OL］.（2020-10-01）［2022-08-16］. http：//wsjkw. hangzhou. gov. cn/art/2020/10/1/art_1229113673_58924961. html.

③ 淮安生态环境．金湖村庄环境整治考核名列全市前茅［EB/OL］.（2016-05-06）［2022-08-16］. https：//mp. weixin. qq. com/s/A36LMoBhl323NqBM9x5iYw.

④ 邹勇，王启和．完善创新体制机制　推进农村人居环境可持续发展［J］. 江苏农村经济，2020（11）：34-35.

小组落实的不定期督察、暗访制度。同时将两种形式的考核评分都纳入政府部门与相关领导干部的绩效考核中，做到考评结果的有效利用。三是治理资源的集中化。除了实现各部门间治理工作落实的协调外，领导小组还成功将治理资源统一了起来，整合后的治理资金由财政部门统筹监管并集中统一使用，形成了“多个渠道进水、一个池子蓄水、一个龙头把关放水”的资金筹集管理模式，解决了资金分散、使用效益低下等问题，提高了资金使用效益，同时减少了全县治理资金的投入。从纵向政府间协同来看，农村人居环境整治领导小组的领导成员由同级政府部门中的高层领导来担任，其能运用自身的权威性，在多个横向同级部门间起到较好的纵向指挥协调与任务分工作用；也能推动下级政府间横向协同模式的形成，如2022年金湖县金南镇为切实加强对垃圾分类工作的组织领导，由镇副书记牵头，镇环境整治办、镇社会事务办、镇环卫所等成立了垃圾分类工作领导小组，专门负责垃圾分类工作的宣传发动和组织运行①。

3. 省部际联席会议模式：太湖流域水环境综合治理

2008年，太湖流域水环境综合治理的省部际联席会议制度建立，该会议由国家发展改革委牵头，成员单位有自然资源部、生态环境部、科技部、工业和信息化部等12个部门以及江苏、浙江和上海三省市政府。省部际联席会议主要负责统筹协调太湖流域治理的各项工作和重大问题，并指导相关治理规划与实施方案的制定，对太湖流域的治理过程进行监督与定期评估。与议事协调机构模式相比，省部际联席会议模式更为突出的一点是强调中央部委与省级政府之间的纵向协同。地方政府是治理行动落实的主体，在太湖流域治理中，江苏、浙江和上海需分别对辖区内的太湖流域水环境负责，各省级政府需要构建当地的太湖流域水环境治理的组织体系，完善相关政策规定，并出台地区的发展规划，各市、县级政府负责落实太湖流域水环境治理的具体措施②。为确保太湖流域全片范围内的治理措施与治理现状能够相互匹配，避免不同行政区域的水环境相互产生负面影响，在跨地区的太湖流域治理中就需要形成由中央统筹的协调机构。作为太湖流域最高行政层级的组织化协调机制，省部级联席会议具有平衡地区利益、处理跨省市的水环境纠纷、协调解决水环境综合治理的重大问题、监督各省政府履约情况等职责。除了依托原有政府部门实现的纵横向政府间协同外，在太湖流域水环境综合治理的省部际联席会议下还设有专家咨询委员会，其主要的职责为对治理方案或计划实施跟踪评估、开展调研和咨询活动、向联席会议提交年度评估报告

① 金湖县人民政府．金南镇：多举措推进垃圾分类工作［EB/OL］.（2022-08-15）［2022-08-16］. http：//www. jinhu. gov. cn/col/1400_358822/art/m/16566048/1658106169982zzyka165. html.

② 朱喜群．生态治理的多元协同：太湖流域个案［J］. 改革，2017（2）：96-107.

与专题咨询报告、向联席会议反映公众意见与建议等[①]。

在政府间的横向协同方面，省部际联席会议主要是将太湖流域水环境治理的相关国务院部委联合起来，贯通了各部委间在太湖流域水环境治理中的工作合力，并利用不同部委的专业性来实现中央和各省（市）政府在具体治理工作中的纵向性对接。从2008年以来，虽然太湖流域水环境治理的组织体系有了进一步的完善，但横向的跨区域协同仍不够深入。为此，2021年4月，水利部会同国家发展改革委、生态环境部对太湖流域进行实地调研，研究形成《完善太湖治理协调机制工作方案》，并在太湖流域水环境综合治理省部际联席会议下设立了太湖流域调度协调组。调度协调组由水利部牵头，成员单位有生态环境部、国家发展改革委等七个部门和江苏、浙江、上海两省一市人民政府。其主要职责是协调省市间、部门间不同的调度需求，督促落实省部际联席会议决定的有关事项[②]。由此一来，太湖流域水环境综合治理省部际联席会议制度得到了进一步深化，在原有的高强度纵向协同中拓展了横向的协同方式。

第二节　农村人居环境与居民健康治理中政府与市场主体协同模式

改革开放以来，随着市场化改革的不断深入，市场主体在社会治理与服务供给方面发挥着越来越重要的作用。另外，面对人民日益增长的需求，仅依靠行政手段来配置资源的传统模式也已不能支撑现代治理中复杂问题的解决。“十四五”规划指出市场化改革目标的核心是正确处理政府与市场的关系，实现“有为政府”和“有效市场”的相结合。目前，“政府+市场”是世界普遍使用的治理模式，其既能充分发挥市场主体在资源配置中的优化作用，又能及时发挥政府对市场失灵的干预功能，在约束市场规范发展、引导市场有序发展的同时又能激发市场活力。在农村人居环境与居民健康治理领域，政府也大力提倡“政府+市场”的治理模式，如《关于推进农村“厕所革命”专项行动的指导意见》提出要推动农村厕所运维市场化，建立政府引导与市场运作相结合的长效管护机制；《农村人居环境整治提升五年行动方案（2020—2025年）》鼓励通过政府购买、

① 朱德米．构建流域水污染防治的跨部门合作机制——以太湖流域为例［J］．中国行政管理，2009（4）：86-91.

② 人民网．水利部：充分发挥太湖流域调度协调组作用　保障流域“四水”安全[EB/OL].(2021-09-28)[2022-08-17].http：//finance.people.com.cn/n1/2021/0928/c1004-32240848.html.

创办成立、结对帮扶等形式支持农民合作社、企业等市场主体的参与；《全民健身计划（2021—2025年）》指出要推动体育产业高质量发展等。在农村人居环境与居民健康治理中，市场主体作为优化资源配置之手，在服务提供与产品供给上有着重要作用，政府与市场的协同是对市场提供服务与供给产品的方向指引，同时也是提高政府公共服务供给水平的重要举措。虽然市场主体可以通过物资捐赠、宣传教育等方式参与农村人居环境与居民健康的治理，但其最主要与最重要的治理参与方式仍是服务的供给。在政府和市场主体协同方式的划分上，以参与各方所处地位为依据，可将"政府+市场"的协同方式划分为政府支持下的市场主体自行发展、市场主体联合政府部门开展、政府与市场主体的平等合作共治三大类。其中政府与市场主体的合作最能体现二者在治理过程中的协同与配合，是政府对市场主体的监管，也是市场主体在经济活动中的自我行动。

近年来，我国政府与市场主体的协同治理模式不断丰富，并得到了政府的大力支持与严格规范。改革开放后，随着市场经济体制进入中国，政府和市场主体的协同治理模式逐渐得到发展，如1996年上海浦东新区最早开启了政府购买服务模式①，2013年后PPP模式迅速发展成为政府与市场主体协同提供公共服务的重要路径。政府与市场协同治理模式的发展也得到了较好的引导与规范，如1999年财政部印发了《政府采购管理暂行办法》，经过了几轮的试行与修改，2002年《中华人民共和国政府采购法》正式出台，并于2014年又再次修订，同年财政部等部门印发了《政府购买服务管理办法（暂行）》，进一步完善了政府购买公共服务的规范性。2015年，我国开始建立并运行政府和社会资本合作综合信息平台，并陆续出台了相关的管理办法。目前，政府和市场主体协同的各种模式已在公共交通运输建设、环境整治、水利工程建设、乡村振兴等领域得到了广泛的应用。为探讨政府与市场主体协同治理模式在农村人居环境与居民健康治理领域的运用，以及不同治理模式之间的异同，本研究从公共选择理论、公共物品多元供给理论和公私合作理论出发，分析政府与市场主体协同模式在农村人居环境与居民健康治理中的必要性，并通过模式间的案例对比，剖析不同模式应用的异同点，为农村人居环境与居民健康治理中政府与市场主体协同模式的选择提供一定的参考。此外，市场主体作为经济的力量载体，在定义上有广义和狭义之分，广义的市场主体范围较大，其涵盖了参与市场交易活动的所有主体，包括政府、企业、社会组织和个人等；狭义的市场主体强调通过生产经营行为来调节经济活动的主体，具有较强的指向性②，国家市场监督管理总局将市场主体分为了企业、

---

① 冯欣欣．政府购买公共体育服务的模式研究［J］．体育与科学，2014，35（5）：44-48+71.

② 姜扬．新时代东北地区优化营商环境的现实困境与路径选择——基于市场主体的视角［J］．吉林大学社会科学学报，2022，62（2）：117-126+237-238.

个体工商户、农民专业合作社三类[①]。考虑到在农村人居环境与居民健康治理中，政府可以通过政府购买、政企合资等方式参与到市场交易中，属于广义上的市场主体，为避免概念的混淆，同时为满足我国对“市场主体参与治理”的指向，本研究从狭义市场主体的定义出发展开研究。

一、政府与市场主体协同治理的理论依据

（一）政府与市场主体协同治理的可能性：公共产品多元供给理论

早在19世纪，亚当·斯密就通过考察国防供给模式的演进过程，探讨了公共产品的私人供给问题，其发现人类最初的战争供给并不由政府提供，而是全权由私人供给，只是随着战争的专业化和战争费用的高额化发展，私人供给难以维持，国防才成为政府的一项基本职能[②]。科斯通过资源在市场中有效配置的理论分析，同时加以对英国港口灯塔供给方式的考察验证，也指出了公共产品供给的私人参与的可能性[③]。20世纪60年代，奥斯特罗提出公共服务“提供”与“生产”的分离问题，指出规划公共服务类型与水平的单位并不一定要“亲自”生产该项服务，提供者与生产者是否分离取决于分离与否的成本计算[④]。公共服务的规划者可以通过指派、购买等方式利用市场中生产者的资源进行公共服务的提供，当公共服务的生产过程走向私人部门就意味着公共产品提供的多元化。公共产品多元供给理论不仅论证了政府与市场主体协同治理的可能性，还突出了公共服务的“提供”与“生产”分离并不是政府的责任推卸而是其积极履行公共服务基本职能的重要方式[⑤]，强调了政府与市场主体协同治理的合理性。20世纪70年代，新公共管理运动兴起，公共服务由市场供给成为现实[⑥]。在我国，改革开放以来的医药卫生体制改革将市场机制引入到我国健康治理的过程中，并通过持续改革实现了医药行业市场化与公益性的并行，政府“生产”责任的退出与“提供”责任的强化以及医药行业“生产”责任的建立，有效缓解了政府在提供

---

① 国家市场监督管理总局综合规划司网．2020年全国市场主体发展基本情况[EB/OL].(2021-06-11)[2022-07-25]. https://www.samr.gov.cn/zhghs/tjsj/202106/t20210611_330716.html.

② 杜万松．我国服务型政府是公共品的主要提供者［J].学界，2009（6）：46-53.

③ 胡乐明，王杰．非自愿性、非中立性与公共选择——兼论西方公共选择理论的逻辑缺陷［J].经济研究，2020，55（12）：182-199.

④ 颜昌武．新中国成立70年来医疗卫生政策的变迁及其内在逻辑［J].行政论坛，2019，26（5）：31-37.

⑤ 任丽娜．美国医改举步维艰的公共选择理论分析［J].辽宁大学学报（哲学社会科学版），2019，47（3）：168-176.

⑥ 高峰．我国农村公共产品市场供给研究［J].农村经济，2010（1）：26-29.

医疗卫生服务方面的压力，同时提高了医疗卫生服务的供给效率①。如今，我国农村污水处理厂、农村人居环境建设公司、医药企业、体育保健企业等潜在的农村人居环境与居民健康公共服务市场“生产者”正蓬勃发展，为我国农村人居环境与居民健康治理中政府与市场主体协同提供公共服务与产品奠定了一定的产业基础。

（二）政府与市场主体协同治理的必要性：公共选择理论

公共选择是关于公共产品生产与供给的决策过程，其理论于20世纪40年代末产生，并自60年代末以来迅速扩散，形成了广泛的学术影响。公共选择理论是对非市场决策的经济学研究，也可称之为政治科学中的经济学应用②，其认为通过政治制度而非市场制度实现的公共物品供给会因缺乏竞争性产品而出现公共选择失灵问题，进而不能实现社会福利最大化③。具体而言即是由于缺乏产品供给的竞争性、成本控制的积极性以及有效的监督机制，在政府部门提供公共服务的过程中出现以效率低、质量差、寻租等为表现形式的“政府失灵”④。如在计划经济时期，我国的基本医疗服务体系是以行政机制为绝对主宰建立起来的，虽然该体系在大体上满足了当时社会的基本医疗服务需求，但无法避免地出现了医疗资源浪费、医疗效率低下和医疗机构供给能力不强等问题⑤。公共选择学派对公共服务提供中的“政府失灵”现象提出了“外部转移”和“内部革命”这两种解决办法，前者是指将一部分公共服务交由私人部门承担，后者即为将竞争机制引入政府部门，打破政府对公共服务的垄断⑥。基于公共选择理论，在我国农村人居环境与居民健康治理中引入政府与市场主体的协同治理有利于破解政府作为单一主体在提供农村生活污水处理、生活垃圾处理、医疗保健服务等公共基础设施与服务过程中的效率与质量问题，从而提升农村人居环境与居民健康治理效果。

（三）政府与市场主体协同治理的合作范式：公私合作理论

公私合作理论是公共部门与私营部门协同提供公共产品或服务的一种合作范

① 颜昌武．新中国成立70年来医疗卫生政策的变迁及其内在逻辑［J］．行政论坛，2019，26（5）：31-37.

② 任丽娜．美国医改举步维艰的公共选择理论分析［J］．辽宁大学学报（哲学社会科学版），2019，47（3）：168-176.

③ 胡乐明，王杰．非自愿性、非中立性与公共选择——兼论西方公共选择理论的逻辑缺陷［J］．经济研究，2020，55（12）：182-199.

④ 许芸．从政府包办到政府购买——中国社会福利服务供给的新路径［J］．南京社会科学，2009（7）：101-105.

⑤ 秦才欣，陈海红，钱东福．基于公共产品理论的基本医疗服务政策演变分析［J］．中国卫生政策研究，2021，14（10）：1-7.

⑥ 高峰．我国农村公共产品市场供给研究［J］．农村经济，2010（1）：26-29.

式，其通过建立公共部门与私营部门之间的长期合作伙伴关系，旨在更好地满足公共需求①。20 世纪 70 年代末，随着西方经济社会的发展，民众生活水平不断提高，其对公共基础设施与服务供给的质量有了更高要求，甚至某些公共服务需求已超出了政府的提供能力。一方面，承受着巨大财政压力的政府不得不开始谋求新的公共服务提供路径。另一方面，当时的社会深受新公共管理运动的影响，强调市场机制在资源配置中的重要作用。在现实需求与思想解放的双重推动下，基础设施的建设与公共服务的供给逐渐以政府与社会资本合作为主要模式，形成了私营部门参与公共服务供给的发展趋势②。目前，公私合作模式已得到了广泛运用，并有了较深的学术研究基础，刘薇从联合国发展计划署、世界银行、皮乐逊和麦克彼德等众多机构、专家的不同视角，阐释了公私合作模式的内涵，指出该模式运行的三个特征分别为伙伴关系、利益共享与风险分担③。陈志敏等将公私合作模式在中国的产生与发展过程提炼为探索阶段（1984~1992 年）、试点阶段（1993~2002 年）、推广阶段（2003~2007 年）、调整阶段（2008~2012 年）和规制阶段（2013 年至今）五个过程，并总结了中国公私合作的三大主要模式，即购买服务、特许经营和股权合作④。近年来也有越来越多的学者对卫生医疗、环境污染治理等特定公共服务领域的公私合作模式进行深入研究，分析问题并提出了相关制度完善的建议⑤⑥，进一步探讨与完善了公私合作模式的应用。

二、农村人居环境与居民健康治理中政府支持市场主体参与治理模式

政府通过出台政策法规等形式来支持、鼓励、引导市场主体参与治理是政府与市场主体协同参与农村人居环境与居民健康治理中最常见的方式。一般而言，政府对市场主体的影响可以从价值引导和物质支持这两个角度出发，多维推动市场主体积极参与农村人居环境与居民健康治理。

（一）价值引导（Value Guidance，VG）

价值引导是从社会思想与观念的层次出发对行为主体的引导与约束。从价值理性的角度看，政府的价值引导作用逻辑为通过有形或无形的价值趋同教化达到

---

①② 张西勇，段玉恩．推进政府与社会资本合作（PPP）模式的必要性及路径探析［J］．山东社会科学，2017（9）：95-100.

③ 刘薇．PPP 模式理论阐释及其现实例证［J］．改革，2015（1）：78-89.

④ 陈志敏，张明，司丹．中国的 PPP 实践：发展、模式、困境与出路［J］．国际经济评论，2015（4）：68-84+5.

⑤ 王荣荣，郭锋，万泉，张毓辉．我国卫生健康领域 PPP 模式应用现状、问题与建议［J］．中国卫生经济，2022，41（6）：12-14.

⑥ 胡炜．环境污染第三方治理：公私关系再审视及制度完善［J］．江海学刊，2021（5）：174-180+255.

价值认同与价值共识的目的①。20 世纪初，企业的社会责任概念被提出；直到今日，虽然学界关于企业社会责任的定义仍未达成完全共识，但增进社会福利是企业社会责任的重要内容这一点是毫无争议的②，即企业可以通过自身行为对社会中的公共物品与服务进行价值贡献。在农村人居环境与居民健康治理中，我国政府主要通过企业社会责任宣传教育、政治动员、鼓励企业签署企业社会责任倡议书等形式释放企业应肩负起有关社会责任的信号，推动企业社会责任价值认同的形成。

河南省许昌市长葛市大周镇政府在农村环境污染治理方面就形成了较好的企业社会责任价值共识。2019 年 5 月 25 日，长葛市环保局联合大周产业集聚区和大周镇政府召开了涉水企业排污口规范化整治工作动员会，指出“企业是社会财富的缔造者，也是社会责任的承担者”，动员企业主动开展污水排放工作的自查自纠，及时对存在的排污暗管实施封堵或拆除③。2020 年 3 月 5 日，大周镇组织长葛市环保局主要科室领导与镇区各企业负责人参加了环境污染防治工作会，就排污许可证的办理、固废处置等问题与工作重点作出了讲解，呼吁企业共同努力，为大周镇所有群众营造一个碧水蓝天的好环境④。2021 年 12 月 14 日，大周镇党委、政府向各企业发出了“聚焦环境整治，助力乡村振兴”的倡议，鼓励企业积极响应党委、政府关于开展人居环境集中整治的号召，加强宣传教育和培训，提高员工的环境整治意识，发动员工主动参与到环境整治的实际行动当中；自觉提高政治站位，勇于担当作为，发挥农村人居环境整治的带头作用；自觉遵守环境保护法律法规，主动接受社会监督⑤。大周镇政府运用多种手段成功培养与建立起当地企业对农村人居环境治理的责任意识，以社会价值体系对企业的“软约束”推动了当地对企业污染物排放问题的治理。

（二）物质支持（Material Support，MS）

政府提供的优良营商环境与适当的财税支持是激励市场主体积极参与农村人居环境与居民健康治理的重要措施，是市场主体提供农村人居环境与居民健康相关公共产品与服务的支撑与保障。优化营商环境是市场主体不断发展壮大的先决

---

① 颜德如，张玉强．乡村振兴中的政府责任重塑：基于“价值—制度—角色”三维框架的分析［J］. 社会科学研究，2021（1）：133-141.

② 周祖城．企业社会责任的关键问题辨析与研究建议［J］. 管理学报，2017，14（5）：713-719.

③ 大周镇党政办．针对涉水企业，今天大周镇紧急召开了这个会［EB/OL］.（2019-05-25）［2022-07-25］. https：//mp. weixin. qq. com/s/xAbSJwRrbYnMQv7a6iSayg.

④ 大周镇党政办．大周镇召开环境污染防治工作会［EB/OL］.（2020-03-05）［2022-07-25］. https：//mp. weixin. qq. com/s/0IjyjSiZxijiuhuKdGYF5Q.

⑤ 大周镇党政办．聚焦环境整治，助力乡村振兴——致全镇企业的倡议书［EB/OL］.（2021-12-14）［2022-7-25］. https：//mp. weixin. qq. com/s/tMs1XCQM71zq4NCuS_yv9A.

条件。优良的营商环境能推动技术产品的研发与革新，提高资源配置效率与生产力水平，形成向善的行业发展环境与趋势①。自2015年中共十八届五中全会提出“完善营商环境”的要求以来，各级党委与政府就把该项工作作为推动经济发展的重点任务，并采取了诸多有效的行动。同时，我国政府也习惯于使用政策工具，为符合条件的市场主体提供税收优惠、财政补贴等物质性支持，引导市场主体生产与提供适应社会发展不同阶段的产品与服务，及时推动市场主体的经营转型，优化社会资源的配置，形成市场主体对社会治理的反哺。

辽宁省政府在支持市场主体发展方面表现较为突出，为市场主体的发展营造了良好的营商环境。2016年，辽宁省出台的《辽宁省优化营商环境条例》成为全国首个省级营商环境保护法规。2017年，辽宁省政府经中央机构编制委员会办公室批准，成立了营商环境建设监督局；2018年，随着我国政府机构的改革，辽宁省营商环境建设监督局调整为辽宁省营商环境建设局，并升格为省政府直属机构。辽宁省纪委监委、公安厅、司法系统等不同党机关与政府部门为优化营商环境打出了多套组合拳，实现了营商环境的逐步优化。2020年，辽宁省卫生健康委员会推出了“优化营商环境服务百姓健康10项新举措”，为当地健康治理领域中市场主体的医疗卫生产品与服务供给提供了优良的行业环境。2021年，辽宁省出台了生物医药和医疗器械产业专项资金政策，为相关产业的创新成果转化、新产品产业化建设和药品合同研发生产服务平台建设提供资金支持。在税收方面，国家税务局也为医疗卫生等行业开出了许多税收优惠措施，如对营利性医疗机构，自其取得执业登记之日起，3年内给予自用的房产、土地免征房产税和城镇土地使用税。2022年7月，党中央、国务院部署实施了新的组合式税费政策后，辽宁省本溪市桓仁县税务局通过“税企畅联平台”、电话和微信等“云”辅导方式，向相关企业辅导了税收优惠政策和支持企业发展的相关措施，及时了解企业涉税服务需求，为企业及时解决各项涉税疑难。不少企业顺利获得了更加充裕的发展资金，如天士力参茸保健品有限公司和东北现代中药资源有限公司共计有666万元留抵税额到账，有效地提高了它们的生产效率②。

三、农村人居环境与居民健康治理中市场主体与政府联合开展模式

在农村人居环境与居民健康治理中，由市场主体组织开展、联合政府部门共

---

① 刘军，付建栋．营商环境优化、双重关系与企业产能利用率［J］．上海财经大学学报，2019，21（4）：70-89.

② 国家税务总局辽宁省税务局网．辽宁税务：深入走访问需求　切实解难助发展［EB/OL］．（2022-07-21）［2022-07-25］．http：//liaoning. chinatax. gov. cn/art/2022/7/21/art_5799_85619. html.

同参与（Joint Activity，JA）的活动相对较少，组织形式也较为分散。一方面，市场主体联合政府部门开展农村人居环境与居民健康宣传教育活动、志愿活动等有利于增强市场主体的品牌力量、提高市场主体的自身形象、提升相关活动的影响力度。另一方面，此类活动也能促进市场主体与政府部门的沟通交流，丰富相关领导干部深入基层的经历，有利于政府部门根据实际情况出台与实施相关政策。

近年来，市场主体与政府部门的联合活动在全国各地都有零星开展，如2022年4月27日，山西晋西南天然气有限责任公司与僧楼镇政府联合开展“党建引领促实干，疫情防控强担当”志愿服务活动，宣讲了党中央、国务院和省委、省政府关于疫情防控的工作部署，帮助了广大居民提高防范意识，引导居民科学的做好防护[①]。2022年5月12日，云南云铝涌鑫铝业有限公司联合建水县卫生健康局、县疾控中心、县卫健综合监督执法局开展了以“一切为了劳动者健康”为主题的宣传活动，并请建水县疾控中心对公司200余名员工进行了传染病血样采集筛查，保障了职工的健康安全，同时提高了广大员工对职业病防治知识的了解和生产过程中的自我防护意识[②]。2022年6月1日，云南文山铝业有限公司与西畴县董马乡政府联合开展了“绿美文山先锋行”实践活动，公司党委书记、副书记、相关部门负责人与西畴县政协副主席，西畴县林业局、西畴县自然资源局、董马乡政府相关领导一同开展了矿山复垦区植树活动，共种植行道树100余棵，并就矿山复垦示范区的相关环境问题展开了讨论[③]。在农村人居环境与居民健康治理中，市场主体与政府部门联合开展活动的形式可以被运用到多场景、多学科的知识教育、宣传推广中，以市场主体与政府联手的形式提高居民的环境与健康知识素养，促进市场主体相关责任的落实，还可以通过市场主体与政府部门在农村人居环境与居民健康治理中身体力行地提供服务、参与治理，推动农村人居环境的优化，丰富农村居民的健康服务体验。

四、农村人居环境与居民健康治理中政府购买模式

政府购买服务以履行提供公共服务责任与职能为目的，通过直接拨款、公开

① 山西晋西南天然气有限责任公司．公司党支部与僧楼镇政府联合开展防疫知识宣传志愿服务活动[EB/OL].(2022-04-27)[2022-07-25]. https：//mp. weixin. qq. com/s/3Cm7ZCkpJpP2YQs26aKcPg.

② 云南云铝涌鑫铝业有限公司．公司联合地方政府开展职业健康及传染病预防宣传活动/公司组织开展安全生产工作交流学习活动[EB/OL].(2022-05-13)[2022-07-25]https：//mp. weixin. qq. com/s/2BWCBtbjuifWcN888PEhXA.

③ 云铝文山铝业．公司与董马乡政府联合开展“绿美文山先锋行”实践活动[EB/OL].(2022-06-02)[2022-07-25]. https：//mp. weixin. qq. com/s/eS9RRJQ4oB-kjfIWOyVDiw.

招标等形式，委托私人部门提供公众所需的专业服务。在此过程中，政府的职责在于承担财政资金筹措，确定购买公共服务的范围、数量、标准，评价与监督市场主体提供公共服务的质量与效果等责任①；而市场主体充当公共服务的生产者，充分调动社会资源，提供专业化服务，满足公共需求。自20世纪末，政府开始向市场主体购买物资、服务以来，我国政府采购的实现形式与规范制度不断完善。2002年，《中华人民共和国政府采购法》出台，同年国务院开始积极推进政府采购制度改革；2014年，我国对政府采购法进行了修订，并又陆续出台了《政府采购质疑和投诉办法》《政府采购信息发布管理办法》等部门规章；2020年至2022年，财政部两次就《中华人民共和国政府采购法（修订草案征求意见稿）》向社会公开征求意见。政府购买模式已成为实现政府治理与公共服务提供的重要手段，在农村人居环境与居民健康领域，政府购买模式也得到了广泛的运用，根据市场主体提供服务内容与形式的差异，可以将其划分为物资/服务购买和委托运营两种。

（一）物资/服务购买（Supplies/Service Purchase，SP）

政府向市场主体购买服务或物资是政府购买模式中最基础的模式。政府无法自行生产或提供其治理所需的全部物资或服务，参与市场交易是满足政府正常运营与服务优化需求的必要手段。在该模式下，政府向市场主体购买的仅是为满足政府公共服务供给需求的部分物资或服务，而不涉及政府公共事业项目的整体委托。市场主体通过投标竞标、询价、竞争性谈判、竞争性磋商等方式获取政府物资或服务购买的订单，并运用自身原有的资产、生产能力与技术来提供服务，在按合同履约后获得相应的报酬，如同一般的市场交易一样，政府与市场主体双方是消费者与生产者的关系，并不涉及复杂的公共事业运营问题。

在农村人居环境与居民健康治理中，政府向市场主体购买物资或服务的种类有很多，如农村人居环境治理的建筑材料购买②③，农村污水治理、垃圾治理的

① 王春婷．政府购买公共服务研究综述［J］．社会主义研究，2012（2）：141-146.

② 中国政府采购网．上蔡县农村人居环境绿化工程采购苗木项目中标结果公告［EB/OL］．（2022-08-03）［2022-08-04］．http：//www.ccgp.gov.cn/cggg/zygg/zbgg/202208/t20220803_18387422.htm.

③ 中国政府采购网．仙游县木兰溪流域农村生活污水提升治理项目（大济镇）管材甲供采购项目中标公告［EB/OL］．（2022-08-03）［2022-08-04］．http：//www.ccgp.gov.cn/cggg/dfgg/zbgg/202208/t20220803_18390894.htm.

仪器设备购买[①]，第三方监测服务[②]、项目评估服务[③]、工程施工服务[④]等服务的购买。以政府向市场主体购买监测服务为例，2022 年 7 月 15 日，四川省凉山彝族自治州木里县生态环境局发布了 2022 年度木里县乡镇集中式饮用水水源地水质和农村环境质量试点监测委托检测服务项目的竞争性磋商公告[⑤]。本项目是专门面向中小企业的政府采购，预算金额为 700000 元。在企业提交了响应文件后，由磋商小组采用综合评分法从技术、商务、价格三个方面，对提交最后报价的供应商的响应文件和最后报价进行综合评分，从而确定项目中标人[⑥]。2022 年 8 月 1 日，成都市华测检测技术有限公司以 97 分的最高综合评审得分中标，中标报价金额为 682500 元。项目的主要服务内容是对 30 个乡镇农村集中式饮用水点位、1 个农村饮用水源地、2 个农村河流断面、1 个农村环境空气质量监测点位、3 个土壤监测点进行监测，主要监测内容有重金属含量、化学剂含量、粪大肠杆菌含量、污染性气体浓度等项目，并向县生态环境局出具相关的检测报告[⑦]。

（二）委托运营（Operation Maintenance，OM）

委托运营是指政府将现存的项目设施委托给具有相应资质或能力的市场主体进行运营、维护与管理，并向市场主体支付相关的服务费用。在委托运营模式下，项目资产的所有权仍归政府所有，相应地项目运营过程中的风险也由政府承担，市场主体提供的运营、管理等活动相当于是政府出资购买的一项专业服务。该模式的应用可以为公共资产的运营与管理引入市场主体提供的专业性服务与技术力量，减轻政府在公共事业领域的运营压力；同时借鉴外部先进的运营、管理经验，提高公共服务的供给的效率与质量。委托运营模式在农村人居环境与居民健康治理中有着广泛的应用，特别是在污水处理设备维

---

① 中国政府采购网．成都中心农村人居环境治理关键技术创新平台仪器设备购置项目（第四批）中标公告［EB/OL］.（2022－08－03）［2022－08－04］http：//www.ccgp.gov.cn/cggg/dfgg/zbgg/202208/t20220803_18388139.htm.

②⑦ 中国政府采购网．凉山彝族自治州木里生态环境局 2022 年度木里县乡镇集中式饮用水水源地水质和农村环境质量试点监测委托检测服务项目中标（成交）结果公告［EB/OL］.（2022-08-01）［2022-08-04］http：//www.ccgp.gov.cn/cggg/dfgg/zbgg/202208/t20220801_18374427.htm.

③ 中国政府采购网．南平市松溪生态环境局松溪县农村生活污水治理提升项目可行性研究报告项目中标公告［EB/OL］.（2022－08－03）［2022－08－04］.http：//www.ccgp.gov.cn/cggg/dfgg/zbgg/202208/t20220803_18386795.htm.

④ 中国政府采购网．化州市农村集中供水项目（长岐镇中塘、东安村委会主管网工程）结果公告［EB/OL］.（2022－08－03）［2022－08－04］.http：//www.ccgp.gov.cn/cggg/dfgg/zbgg/202208/t20220803_18388689.htm.

⑤⑥ 中国政府采购网．凉山彝族自治州木里生态环境局 2022 年度木里县乡镇集中式饮用水水源地水质和农村环境质量试点监测委托检测服务项目竞争性磋商公告［EB/OL］.（2022-07-15）［2022-08-04］.http：//www.ccgp.gov.cn/cggg/dfgg/jzxcs/202207/t20220715_18272537.htm.

护、饮用水供给设施管理等较为复杂的公共基础设施运营与维护方面的应用较多。

2021 年 3 月 19 日，福建省三明市三元区中村乡人民政府委托福建省中福工程造价咨询有限公司对中村乡 19 个村（居）污水处理设施及配套管网第三方运营管理服务采购项目组织公开招标①。2021 年 6 月 23 日，福建闽桂华鸿水务有限公司以 112.95 万元的价格中标，主要负责中村乡 19 个集中式污水处理站的日常运营、维护保养、技术检查、设备维护、水质检测等工作，服务时间为 1 年②。中村乡人民政府向闽桂华鸿水务有限公司支付购买服务费用，其中包括含污水处理服务费、污泥处置费、官网及设备运营费用、第三方水质检测费等在内的第三方运营管护服务费 77.95 万元与其他费用 35 万元。为达到合同目的，受托方闽桂华鸿水务有限公司内部成立了一支专业管护团队，其中负责人 1 名、技术员 1 名、机电工 1 名、巡检工 3 名，管护团队每天都要对设备运行情况进行巡查，对出现的问题及时反馈至乡环保站、村建站报备并及时维护，确保农村污水处理站稳定运行，有成效。在中村乡人民政府购买该项服务的三个月内，福建闽桂华鸿水务有限公司对 19 个污水处理站巡查次数共计 493 点次，共发现污水运行问题 45 处，及时当场解决 18 处，修缮、更换等方式解决 23 处，问题处理率 91%，并对未解决的问题制定好整治方案列入项目整改计划清单，有序高效地维护了中村乡 19 个污水处理设施的持续、有效运作③。

五、农村人居环境与居民健康治理中特许经营模式

政府特许经营是指政府部门通过授权的方式，将部分公共事业领域的经营权排他性地授予经营人，经营人以此权力为依据，从事相关公共产品或服务供给活动。在特许经营下，市场主体要运用自己的资金展开运营，并对生产费用、服务成本等负责，自行承担运营风险。通过特许经营模式，公共服务领域中的政府公权力与市场主体主动权得到了适当的调整，引入企业的管理机制对政府而言即是简政放权④。虽然根据不同特许经营协议，政府部门可能会承担

① 中国政府采购网．中村乡 19 个村（居）污水处理设施及配套管网第三方运营管理服务采购项目招标公告[EB/OL].（2021-03-19）[2022-07-26]. http：//www. ccgp. gov. cn/cggg/dfgg/gkzb/202103/t20210319_16047045. htm.

② 中国政府采购网．中村乡 19 个村（居）污水处理设施及配套管网第三方运营管理服务采购项目结果公告[EB/OL].（2021-06-23）[2022-07-26]. http：//www. ccgp. gov. cn/cggg/dfgg/cjgg/202106/t20210623_16457229. htm.

③ 三元区中村乡．三元区中村乡：农村污水处理设施正式委托第三方运营管理[EB/OL].（2021-08-29）[2022-07-26]. https：//mp. weixin. qq. com/s/fBG8Cz2v5YGHEkdTtrRS5g.

④ 于靓．论 PPP 模式中政府权力的法律规制［J］. 西南民族大学学报（人文社科版），2017，38（9）：107-112.

一部分的投资或风险分担责任，但在特许经营中政府的主要责任已经从公共服务生产与供给转移为对特许经营项目的监督。特许经营是政府和社会资本合作的基础，该模式已成为我国水利、环境保护、医疗卫生等基础设施与公共事业领域中应用最广的政府与市场主体协同模式，截至 2022 年 7 月 26 日，财政部政府和社会资本合作中心以特许经营模式为主要开展形式的项目已有 10312 个，项目金额达到 164349 亿元。2015 年，我国颁布了《市政公用事业特许经营管理办法》和《基础设施和公用事业特许经营管理办法》，对政府特许经营模式的开展进行了有效的规范。在农村人居环境与居民健康治理中，“移交—运营—移交”“改建—运营—移交”“建设—运营—移交”三种特许经营模式的应用最为广泛，在实际的运用中，这三种基础模式还有着丰富的形式拓展与多模式的综合运用，如新疆维吾尔自治区 巴音郭楞蒙古自治州若羌县的若羌河西支河道生态综合治理以及山西省临汾市蒲县的农村生活垃圾治理都采用了“TOT+BOT”的治理模式①②，江苏省南京市六合区采用“BOT+OM”模式进行农村污水处理的设施建设与运营③，福建省福州市永泰县采用“BOT+ROT”模式对农村面源污染进行综合整治④。本研究将重点介绍 TOT、ROT 以及 BOT 这三种最基础的特许经营模式。

（一）移交—运营—移交（Transfer-Operate-Transfer，TOT）

“移交—运营—移交”模式是指政府将用以实现公共服务的存量资产的所有权有偿转让给市场主体，由市场主体负责运营与维护，实现公共产品与服务的供给，并在合同期满后将资产及其所有权移交还给政府。在 TOT 模式下，市场主体可以利用现成的基础设施马上投入到公共服务的供给中，而不必重新筹划设施设备的建设与安装等计划，有效避免了公共基础设施建设过程中的风险；对于政府部门而言，其迅速地收回了用于基础设施建设上的投资金额，缓解了财政资金的压力，化解了地方政府存量债务风险，同时也成功将市场机制引

---

① 财政部政府和社会资本合作中心．安徽省铜陵市枞阳县农村环卫一体化 PPP 项目[EB/OL].(2020-07-01)[2022-08-01]. https://www.cpppc.org:8082/inforpublic/homepage.html#/projectDetail/758d18a25c3f4be782a579da513f2cfd.

② 财政部政府和社会资本合作中心．山西省临汾市蒲县农村生活垃圾治理工程 PPP 项目[EB/OL].(2021-03-01)[2022-08-01]. https://www.cpppc.org:8082/inforpublic/homepage.html#/projectDetail/e857262dd9e64e3b8aad42557041b2c3.

③ 财政部政府和社会资本合作中心．南京市六合区农村污水处理设施全覆盖 PPP 项目[EB/OL].(2020-08-21)[2022-08-01]. https://www.cpppc.org:8082/inforpublic/homepage.html#/projectDetail/a2691b5eb78148ffb01655468edc05ee.

④ 财政部政府和社会资本合作中心．永泰县山水林田湖草水环境综合整治与生态修复（农村面源污染综合整治）PPP 项目[EB/OL].(2019-03-27)[2022-08-01]. https://www.cpppc.org:8082/inforpublic/homepage.html#/projectDetail/cd5dd3e6dc3c4e7fa841cba2459541f9.

入到了后续的公共基础设施运营中。在农村人居环境与居民健康治理中，TOT 模式常用于农村污水处理厂、水利设施、体育公园、医院等大型资产与设备的运营中。

随着我国经济高速增长，居民对优质医疗服务的需求日益上升，而医疗服务供给却呈现愈发紧张状态，特别是基层医疗卫生机构存在着基本医疗功能弱化、优质资源配置不足、医务人员积极性不高、人才引进乏力等突出问题。新疆维吾尔自治区巴音郭楞蒙古自治州轮台县中医院就面临着类似的问题，其医疗建筑面积较小，设施设备较为落后，已不能完全满足轮台县中医医疗发展。为此，轮台县以高度的责任感和为民服务的精神，抓住了农村卫生服务体系建设的机遇，于 2021 年 1 月 7 日发起了“轮台县中医院能力提升改造 PPP 项目”①，并在 2021 年 1 月 15 日将该项目的规划、招标等工作正式授权给县卫生健康委员会来完成。同月，县卫生健康委员会出具了《轮台县中医院能力提升改造 PPP 项目物有所值报告》，指出项目资产经评估后总价值为 23000 万元，且项目以 89.21 分的结果通过了物有所值定性评价；物有所值量值和指数的测算更是表明该项目用 PPP 模式替代传统投资运营方式能实现更大的价值。同时，县财政局出具了《轮台县中医院能力提升改造 PPP 项目财政承受能力论证报告》，其利用科学的计算方法对 TOT 模式下运营风险分担、公共预算支出、运营收入、可行性缺口补助等项目进行了预算，对政府的支出责任与财政能力进行了测算与评估，并根据计算结果与实际情况给出了可行性方案。2021 年 2 月 20 日，轮台县财政局组织了相关部门及专家对上述报告进行了评审与论证工作，出具了审核意见。2021 年 2 月 25 日，县人民政府通过了该项目的实施方案。

该项目采用 TOT 模式进行政府与市场主体的合作（见图 8-2），合同期限为 21 年。项目公司由社会资本出资 4600 万元成立，其向轮台县人民政府支付 TOT 转让款 20944.31 万元后，可获得轮台县中医院房门诊楼、外科楼、感染病区等医疗业务用房和其他医疗建筑及配套设施，并获得使用以上资产进行经营的特许权，但同时也承担着原项目中的 18400 万元银行贷款与智能化分药机、智能排队叫号系统等医疗系统的提升改造。运营期内，项目公司通过向使用者收取资产租赁收入和非核心医疗收入来获得经营性收入，并自行承担相应的风险和责任，运营和维护项目设施，通过提供服务以获得合理的回报。在该项目中，公共事业运营的风险由政府和社会资本一同承担，其中经营权收回、产业政策等政治风险由政府承担，融资风险、运营成本过高、服务质量、市场竞争等投资、运营、收益

① 财政部政府和社会资本合作中心．若羌县若羌河西支河道生态综合治理 PPP 建设项目[EB/OL]．(2021-03-03)[2022-08-01]．https：//www.cpppc.org：8082/inforpublic/homepage.html#/projectDetail/57b9eabcb9d64a6497ef79cc87ef1cb6.

风险由社会资本承担，对于不可抗力等风险由政府和社会资本共同承担。同时，基于对轮台县基本情况的分析与科学的测算，发现本项目运营收入并不足以覆盖投资、运营成本及合理利润，故本项目的回报方式采用可行性缺口补助模式，即通过政府的一部分合理补贴，降低企业的运营风险。此外，为约束企业的过度盈利行为，政府对超额收益部分规范了按比例分配与全额上缴财政等不同情况下的约束措施。除了风险控制，轮台县财政局和卫健委等政府部门的责任是对项目公司实行行政监管权，主要内容包括对产品、安全、服务、质量进行监督检查，定期获得有关项目运营情况的计划与报告，委托第三方机构对项目的运营、维护和维修进行监督管理等。合同期限结束后，项目公司应按照合同约定将项目经营权、设施与无形资产（含项目设施正常运营所必需的各类项目设施、设备、用地、运营和维护本项目所需要的所有技术和技术诀窍等）无偿移交给轮台县卫健委指定的机构。

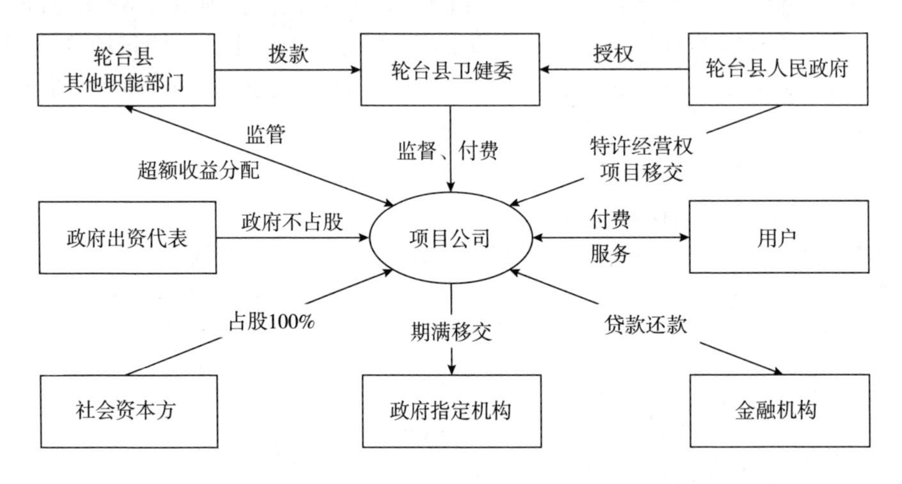

图 8-2　轮台县中医院能力提升改造项目政府和市场主体协同结构

资料来源：笔者自制。

2021 年 5 月 7 日，轮台县卫健委委托中通建设工程管理有限公司正式展开了招标工作，资格预审公告中规定项目投资回报率和合理利润率最高限价为 6%，项目运营成本最高限价为 780.16 万元/年。2021 年 6 月 21 日，招标工作顺利完成，通过竞争性磋商选定中标人为轮台县康恒医疗管理投资有限责任公司，中标报价的项目投资回报率为 5.8%，年均运营成本为 505.46 万元。2021 年 6 月 25 日，轮台县卫健委与康恒医疗管理投资有限责任公司签订了合同书，正式展开了 TOT 模式的实施。2021 年 10 月 9 日，巴音郭楞蒙古自治州卫健委受新疆维吾尔自治区卫健委委托，带领复评专家组一行 12 人对轮台县中医医院开展二级

甲等中医民族医院复评审，各检查组一致肯定了轮台县中医医院在医院管理、重点学科建设、中医特色服务项目、中医护理服务、优势病种、党建等方面工作的突出成效①。

（二）改建—运营—移交（Rehabilitate-Operate-Transfer，ROT）

“改建—运营—移交”模式是在TOT模式上衍生出来的一种政府和市场主体协同治理模式，主要是指政府将存量资产移交给市场主体，由市场主体负责设施的扩建、改建，并赋予市场主体在改造后一段时间内运用该设施进行经营的特许权。ROT模式与TOT模式的区别在于，市场主体承担着对存量资产的重新建造责任，其在进入生产经营期之前还要经历一段建设期过程，而不能将存量设备直接投入使用、产生收益，与此同时市场主体还承担着设备改造过程中的设计、投融资、建设问题。政府部门则是充分利用社会资本的投融资能力提升了其存量资产的软硬件条件，同时将市场机制引入到公共服务与产品的生产过程中。在成立项目公司方面，与大多数的TOT模式不同，ROT模式下，政府通常会少量出资成为项目公司的股东，以形成对项目公司在重建、运营等方面的监督。在农村人居环境与居民健康治理中，ROT模式常用于垃圾填埋场、供排水系统、城乡环卫一体化、医疗卫生机构等大型或运营设施设备较多的工程改建中。

2017年8月8日，安徽省铜陵市枞阳县开始筹划“枞阳县农村环卫一体化PPP项目”②，随后县人民政府将该项目的工作授权给县城市管理行政执法局。项目开展的主要原因是，随着枞阳县垃圾的产量与日俱增，当时的环卫设施设备及环卫相关作业人员已不能满足垃圾处理的需要，主要问题包括县内环境治理设施、设备不足，工人整体文化水平偏低，环卫科研机构与科技人员短缺，垃圾收运成本高，县财政补贴无法满足垃圾收运的需求等。2017年9月到11月，枞阳县政府逐步完成了对该项目的测评与方案设计，首先是枞阳县城市管理行政执法局出具了《枞阳县农村环卫一体化项目可行性研究报告》，而后枞阳县人民政府委托上海同济工程咨询有限公司对该项目进行了物有所值评价与财政承受能力论证并出具了相关报告，同时拟定了该项目的实施方案。2017年11月，各项报告与实施方案分别通过了县发展和改革委员会、县财政局、县人民政府的审核。2017年12月12日，枞阳县城市管理行政执法局委托上海同济工程咨询有限公司正式展开了项目招标工作。2018年3月31日，经竞争性磋商招标，北京环境有

---

① 新华网．二级甲等民族医医院复评专家组对轮台县中医医院开展复评工作[EB/OL].(2021-10-12)[2022-07-29]. http://xj. news. cn/2021-10/12/c_1127950081. htm.

② 财政部政府和社会资本合作中心．安徽省铜陵市枞阳县农村环卫一体化PPP项目[EB/OL].(2021-03-01)[2022-07-29]. https://www. cpppc. org:8082/inforpublic/homepage. html#/projectDetail/758d18a25c3f4be782a579da513f2cfd.

限公司以3345.8万元/每年的垃圾治理基本服务费和116元/吨的垃圾治理计量服务费中标。2018年5~6月，由县城管局、县财政局、县环保局、县法制办和县投发集团等单位负责人组成的谈判小组与北京环境有限公司进行了三次谈判活动，就该项目的实施方案进行了充分的沟通与协调[①②③]，双方最终于2018年9月20日就该项目签订了服务合同。

该项目采用ROT模式展开（见图8-3），合作期限为10年2个月，其中2个月为建设期、10年为运营期。项目公司由政府出资人代表和社会资本共同出资组建，政府出资人代表出资100万元，占股10%，社会资本出资900万元，占股90%。由项目公司在现有的垃圾中转站与垃圾处理设备的基础上，增配垃圾桶、电动环保车、后装式垃圾压缩车、扫路车等环保设备与环卫设施，升级与完善现有的垃圾收集系统，提升枞阳县环卫作业机械化程度。项目合作期内，项目公司拥有本项目原有或新增新建的有关项目设施设备、建筑物、构筑物等的使用权与所有权，需承担项目设施的全部或部分损失或损坏风险，但对于不可抗力等因素导致的风险则由双方共同承担。项目改造完成后，项目公司负责所有设施的运营与维护工作，并提供地面清扫清洁、机械化清扫、洒水降尘、立面刮擦清洁、公厕保洁、交通护栏清洁等环卫服务。在回报机制方面，该项目采用可行性缺口补贴方式，首先通过科学测算计算得出在项目公司获取合理利润的情况下，政府支付的垃圾治理基本服务费的基准价为3413万元/年、垃圾治理计量服务费的基准价为118元/吨，后通过投标的方式，市场主体与政府部门共同确定了政府应支付的补贴金额的上限分别为3345.8万元/每年和116元/吨。在实际的运行过程中，项目公司需要对农村环卫一体化系统的运行费用、成本、收益负责，而对于项目公司合理利润的缺口，则运用中标的政府补助金额上限结合项目运营的实际情况进行计算与补贴。在政府部门对项目的监管方面，主要分为包括建设招标采购监管、工程质量监管、融资监管、土地使用权监管、财务监管等在内的建设期和运营期监管。在运营监管中，绩效考核是一项极为重要的工作，政府部门拟定了项目考核的细则与标准，由县执法局牵头进行具体的考核工作，并将考核结果与政府补贴费用挂钩。合作期限满后，项目公司需把所属项目的实物资产（建筑物、构筑物、设备、机械、管理章程、运营手册等）、土地、无形资产（专利和知识产权等）以及相关权利义务（供应商、承包商等提供的担保及保证、运行

---

① 铜陵市城市管理行政执法局．枞阳县农村环卫一体化PPP项目开展首次谈判活动[EB/OL].(2018-05-10)[2022-07-29]. http://csglxzzfj.tl.gov.cn/3959/3960/201805/t20180510_441656.html.

② 铜陵城管．枞阳县农村环卫一体化PPP项目进行第二轮谈判[EB/OL].(2018-05-24)[2022-07-29]. https://mp.weixin.qq.com/s/5giIqM8_10YUHmJEwEf0Kg.

③ 铜陵城管．枞阳县农村环卫一体化PPP项目完成第三轮谈判[EB/OL].(2018-06-19)[2022-07-29]. https://mp.weixin.qq.com/s/ii4aCAvzP72XKj-5T1cLJw.

维护合同、设备采购、供货合同等）无偿移交给政府指定机构。

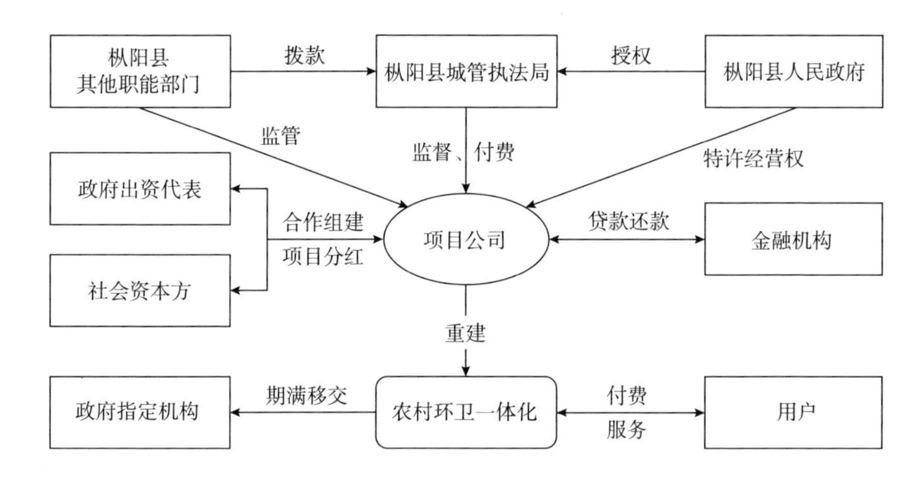

图 8-3　枞阳县农村环卫一体化项目政府和市场主体协同结构

资料来源：笔者自制。

2018 年 11 月 9 日，北京环境有限公司作为社会资本出资 900 万元、枞阳县土地复垦整治投资发展有限公司代表政府出资 100 万元，成立了枞阳京环环境服务有限公司。经过两个月的建设期，2019 年 1 月 1 日，枞阳县农村环卫一体化 PPP 项目市场化正式运营，项目服务范围包括枞阳县辖 19 个乡镇 193 个村（居）、1 个经济开发区，82 座公厕，服务人口为 69.65 万人。截至 2021 年 8 月，枞阳京环公司共有员工 1300 余人，公司设有运营安保部、资产工程部、财务管理部、人力资源部和综合办公室[①]。运营安保部设 4 个人工保洁中心、1 个机扫作业车队、1 个固废收运车队，实行“中心主任—乡镇管理员（班长）—村小组长”三级管理责任制和人工保洁、机械轮流清扫、分区收集转运工作运行机制。同时，为强化科学管理，公司将全县划定 70 余个卫生责任区域和 17 座垃圾中转站，为每 4 个乡镇设 1 个综合保洁中心和 1 名主任、每个乡镇建中转站并设 1 名管理员，自然村则设保洁员并配套道路机扫车辆 20 台、垃圾清运转运车辆 29 台、人工保洁机具 260 台、投放分类垃圾桶 38820 个等机械设备。政府部门制定了《农村生活垃圾治理月度考评办法》，实现镇村负责日常检查考核、县项目绩效考核领导小组成员单位每月随机抽查、市城管执法局组织的月度考核和季度互

① 枞阳县人民政府．【典型案例-精细管理篇】之枞阳县打造“枞阳京环模式”扮靓乡村“颜值”[EB/OL].(2021-08-31)[2022-07-29]. http://www.zongyang.gov.cn/zymsgc/sscz/202109/t20210903_1540380.html.

评、县环卫所的经常性监督检查等全方位、多层次考核制度，并将月度考评结果纳入年度民生工程考核指标，由县民生办按月通报考评结果。2020 年，固废收运车队累计出动垃圾清运作业车辆 4695 车次，作业里程 44.95 万公里；累计出动转运作业车辆 6816 车次，作业里程 50.41 万公里；累计收集转运服务范围生活垃圾 63973.08 吨，日均垃圾量 175.26 吨，生活垃圾收集转运量同比上涨 30%。通过政府与市场主体协同治理的方式，枞阳县打造了农村垃圾治理的“枞阳京环模式”，为当地带来了实现 1200 多人就近就业的社会效益、垃圾整治的环境效益与缓解财政压力的经济效益①。

（三）建设—运营—移交（Build-Operate-Transfer，BOT）

“建设—运营—移交”模式是指由市场主体承担项目的投融资、建造、运营、维护和生产公共产品或提供公共服务等职责，并在合同期满后将项目资产和经营权无偿移交给政府的一种政府与市场主体合作模式。与前两种特许经营模式相比，BOT 模式没有政府存量资产的支撑，需要从零开始设计与建造相关资产，项目的建造期相对较长，相应的风险也会增加。对于政府而言，BOT 模式是在不过度增加财政压力的条件下，新增公共基础设施与设备以丰富公共服务供给内容、提高服务质量的重要模式。该模式也是在农村人居环境与居民健康治理中应用最广泛的政府与市场主体合作模式，基本覆盖了农村人居环境与居民健康治理中的各项公共事业。

以农村生活垃圾治理为例，河南省信阳市光山县于 2015 年发起了垃圾焚烧发电厂项目②，同年该项目入选了第二批次国家级政府和社会资本合作示范名单。2015 年，光山县的垃圾处理采用的是卫生填埋的方式，垃圾填埋场处理能力为 18 万吨/年，根据当年的填埋速度，该卫生填埋场将很快填满，故光山县面临着很大的生活垃圾处理压力。2015 年 11 月 16 日，光山县公共事业局被授权为垃圾焚烧发电厂项目的实施机构，并于 2016 年 1 月 28 日发布了公开招标公告。2016 年 2 月，光山县公共事业局发布了《光山县垃圾焚烧发电厂 PPP 项目物有所值评价报告》与《光山县垃圾焚烧发电厂 PPP 项目财政承受能力评估》，证实了该项目通过物有所值定性评价，且该项目的公共预算投入完全在光山县财政承受能力范围内。同月，县公共事业局委托北京大邱咨询有限责任公司针对光山县的现状制定了《光山县垃圾焚烧发电厂 PPP 项目实施方案》。2016 年 3 月、4

① 财政部政府和社会资本合作中心．山西省临汾市蒲县农村生活垃圾治理工程 PPP 项目[EB/OL]．(2021-03-01)[2022-08-01]．https：//www.cpppc.org：8082/inforpublic/homepage.html#/projectDetail/e857262dd9e64e3b8aad42557041b2c3.

② 财政部政府和社会资本合作中心．光山县垃圾焚烧发电厂项目[EB/OL]．(2016-08-10)[2022-07-31]．https：//www.cpppc.org：8082/inforpublic/homepage.html#/projectDetail/4aad21eb15114e2e945123039f562b99.

月，县财政局和县人民政府分别通过了以上的评估报告与实施方案，并成立了“光山县垃圾焚烧发电厂 PPP 项目”建设协调指挥部。指挥部由县委副书记、县长、县委常委与县政府各部门局长或主任等领导班子，以及县供电公司经理、县联通公司经理组成，主要负责该项目的谈判、征地、拆迁、安置、环境协调、监督等工作。随后县公共事业局委托河南创达建设工程管理有限公司展开了招标工作，并于 2016 年 5 月 12 日确定了上海康恒环境股份有限公司为中标企业，垃圾处理中标价为 54.6 元/吨，特许经营期为 30 年，其中含建设期 12 个月。2016 年 8 月 10 日，光山县公共事业局和上海康恒环境股份有限公司签订了 PPP 项目合同与特许经营协议。

该项目采用 BOT 模式开展（见图 8-4），投资总额为 32549 万元，由政府出资 976.47 万元、社会主体出资 8788.23 万元、项目公司自行融资 22784.3 万元构成。光山县垃圾焚烧发电厂项目范围是新建一座 1200 吨/日垃圾焚烧发电厂一座，分两期建设，本次合作为第一期内容，即配置一台 600 吨/日机械炉排炉和一台 12 兆瓦凝汽式汽轮发电机组，预计年处理垃圾量为 21.9 万吨。项目公司承担本次合作的投资、建设、运营和维护工作，拥有所建资产的所有权，但特许经营期终止时，需将本项目所属设施、设备、附属物、知识产权、土地使用权等资产无偿地移交给光山县政府指定机构。项目公司需自主经营、自负盈亏、自担风险，主要收入来源为垃圾处理补贴费和售电收入，其中垃圾处理补贴费以项目公司向社会公众提供稳定优质的生活垃圾处理服务为基础，由县公共事业局按照中标价向项目公司支付；售电收入以项目公司向电力企业出售生活垃圾焚烧发电产生的上网电量为基础，由电力企业作为使用者向项目公司支付购电费用。政府部门对该项目负有控制和监管的责任，政府部门的控制监管责任主要分为投资、建设、运营三个阶段。在投融资阶段，政府部门要确保项目工程总投资不严重超出项目投资估算，县财政部门和公共事业局有权查看项目公司投融资文件与账户资金金额及使用情况，做好监督管理工作，防止企业债务向政府转移。项目建设期中的施工文件要向政府部门报备，并严格执行国家和地方政府的相关规定，工程质量、工程进度、工程安全、工程款项等内容也受到政府的监管。在项目运营期间，由项目公司对垃圾处理质量进行自检并将结果报送给县公共事业局，县公共事业局要对项目公司的垃圾处理质量进行抽检，对于由项目公司造成的不达标垃圾处理情况，要求项目公司向公共事业局支付违约金。此外，县公共事业局还有权派出监督员或指定任何代表在任何时候进入项目实施，以检查项目设施的运用和维护，并有权组织专家对项目进行中期检查。

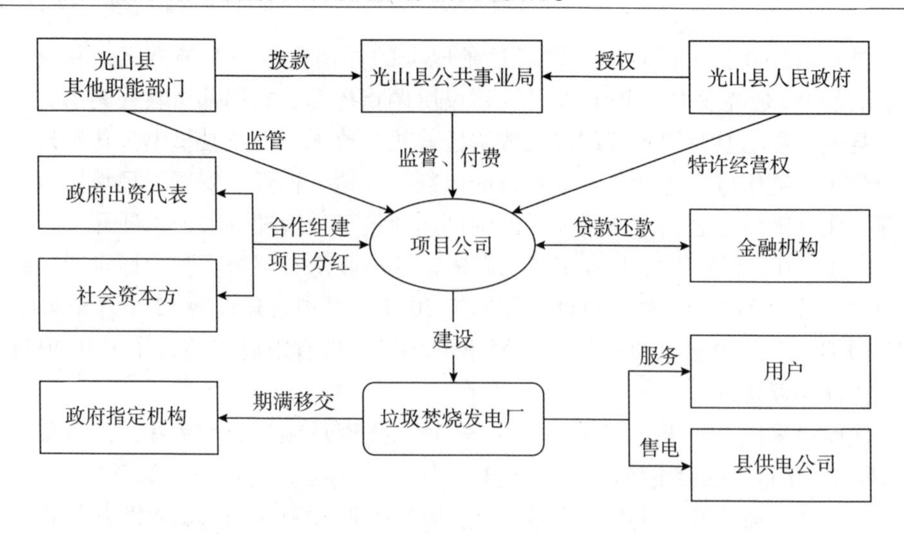

图 8-4　光山县垃圾焚烧发电厂项目政府和市场主体协同结构

资料来源：笔者自制。

2018 年 2 月 6 日，上海康恒环境股份有限公司的全资子公司上海康莘企业管理有限公司作为社会资本方与作为政府出资代表的光山县发展投资有限责任公司共同成立了信阳康恒新能源有限公司。2019 年 10 月 25 日，位于光山县寨河镇罗湖村的垃圾焚烧发电厂正式点火运行，该发电厂占地 101.5 亩，总投资 6.036 亿元。运营过程中，垃圾焚烧发电厂只负责提供垃圾焚烧供电服务，而不对垃圾回收、运输等工作负责，县公共事业局需通过自行运送或委托运送来确保垃圾供应量。由于垃圾焚烧厂不接受医疗废弃垃圾、有害或危险废弃物以及不可焚烧处理的废弃物，所以光山县实行了垃圾分类，垃圾会先被转运到乡垃圾中转站，再经过细化分类后，剩饭菜、果壳皮等垃圾会被送到阳光堆肥房里沤肥；塑料、纸板等可回收的垃圾会转售给县里再生资源公司，不能转售的将进入县垃圾焚烧发电厂[①]。截至 2022 年 2 月，光山县垃圾分类已覆盖全县 23 个乡镇（街区）、193 个行政村、35000 余户，正确分类率超 85%[②]。通过垃圾焚烧处理厂的处理，每吨垃圾可发电 400 多度，大约每 5 个人产生的生活垃圾，通过焚烧发电可满足 1 个人的日常用电需求，2021 年光山垃圾焚烧发电厂全年处理 41.4 万吨生活垃圾，

---

① 中国农业信息网．新年新气象　城乡大变样[EB/OL].（2022-02-23）[2022-07-31]. http：//www.agri.cn/V20/ZX/qgxxlb_1/hn/202202/t20220223_7817605.htm.

② 财政部政府和社会资本合作中心．南京市六合区农村污水处理设施全覆盖 PPP 项目[EB/OL].（2020-08-21）[2022-08-01]. https：//www.cpppc.org：8082/inforpublic/homepage.html#/projectDetail/a2691b5eb78148ffb01655468edc05ee.

发电量1.3亿千瓦时，年产值6800万元[①]。该项目用地省、污染控制好、能源利用高，不仅改善了环境质量，提高了资源循环再生利用率，也有效解决了光山县及周边潢川县、息县等县区面临的“垃圾围城”问题，已成为河南省推广垃圾焚烧处理的“标杆”项目[②]。

六、农村人居环境与居民健康治理中私有化模式

私有化模式指的是在政府与市场主体协同提供公共服务的过程中，政府对公共事业项目不投资或部分投资，项目资产的所有权归市场主体所有，一般不涉及项目移交[③]。政府的参与是为了帮助市场主体顺利建设公共服务设施，支持市场主体参与社会治理；同时，为了保障公共利益的实现，政府部门会规定公益性的约束条款[④]。该模式是政府与市场主体协同治理模式中市场化程度最高的模式[⑤]，根据项目私有化程度的不同，该模式可以分为完全私有化模式与部分私有化模式。其中，完全私有化模式有“转让—拥有—运营”模式（Transfer-Own-Operate，TOO）和“建设—拥有—运营”模式（Build-Own-Operate，BOO），部分私有化模式有股权或产权转让模式以及合资建设模式[⑥]。值得注意的是，政企合资建设模式与BOT模式较为相像的一点是由公共部门与市场主体共同出资建设公共基础设施（BOT模式下也存在政府不出资建设的情况），但与BOT模式最为不同的是，合资建设下项目资产的所有权归市场主体所有，公共部门仅处于控股地位，双方通过董事会进行项目管理。受限于项目归市场主体所有这一特征的影响，私有化模式在我国并未得到全面的运用与实施[⑦]。

在农村人居环境与居民健康治理中，TOO模式与部分私有化模式的运用较少，但BOO模式相对常见，特别是在养老养生、环保能源利用等领域应用较多。

---

① 光山广播电视台．光山县生活垃圾焚烧发电项目　生活垃圾从无处安放到变废为宝[EB/OL].(2022-02-09)[2022-07-31]. https://mp.weixin.qq.com/s/O67z3zzlGYBvbsgDFl5k5Q.

② 河南日报网．浴火重生，变废为宝，光山垃圾发电厂惠及万千百姓[EB/OL].(2021-01-11)[2022-07-31]. https://www.henandaily.cn/content/2021/0111/276117.html.

③ 朱健齐，李天成，曾靖，孟繁邨．地方政府法治、金融发展和政府与社会资本合作模式［J］. 管理科学，2020，33（1）：154-168.

④ 王春业．论政府与社会资本合作（PPP）的行政法介入［J］. 社会科学战线，2020（11）：211-220.

⑤ 枞阳县人民政府．【典型案例-精细管理篇】之枞阳县打造“枞阳京环模式”扮靓乡村“颜值”[EB/OL].(2021-08-31)[2022-07-29]. http://www.zongyang.gov.cn/zymsgc/sscz/202109/t20210903_1540380.html.

⑥ 喻颖．PPP融资模式在水污染治理行业的应用——以湖南省益阳水污染治理项目为例［J］. 财会通讯，2018（2）：19-22.

⑦ 财政部政府和社会资本合作中心．光山县垃圾焚烧发电厂项目[EB/OL].(2016-08-10)[2022-07-31]. https://www.cpppc.org:8082/inforpublic/homepage.html#/projectDetail/4aad21eb15114e2e945123039f562b99.

“建设—拥有—运营”模式（BOO）指的是政府部门赋予市场主体某项公共事业的建设与运营特许权，允许其在特许经营合同条款的约束下提供公共服务，且不必将项目资产移交给政府部门。BOO 模式下，市场主体的经营自主性较强，有利于充分调动市场资源、提高资源配置效率，优化公共服务供给质量，使相关业务的发展始终保持在行业领先地位。而市场主体与政府签订的合同条款也在一定程度上有效规范了项目运营的公共性与公益性，强化了政府监管的职能与效用。

以农村医养结合为例，2017 年 8 月 7 日，河南省平顶山市叶县发起了叶县盐都养老院 PPP 项目①。随着“健康中国 2030”计划的提出，养老方式已不仅局限于吃住问题，而是更加突出“医养结合”体系的构建，而叶县的大多数社会养老机构根本不具备医养条件，其养老产业本身发展水平就已滞后，养老设施在数量和质量上都与现实需要有很大的差距，远不能满足广大老人的颐养要求，这也成为叶县政府发起盐都养老院 PPP 项目的原因之一。2017 年 7 月，叶县政府授权叶县民政局作为本项目的实施机构，负责项目具体实施工作。8 月，叶县民政局委托北京思泰工程咨询有限公司展开了对该项目的可行性评价，并完成了叶县盐都养老院 PPP 项目的《可行性研究报告》、《物有所值评价报告》和《财政承受能力论证报告》。思泰公司通过物有所值定量分析法计算得出本项目的 PSC 值为 12407. 25 万元、PPP 值为 855. 84 万元、物有所值量值为 11551. 41 万元、物有所值指数为 93. 10%，说明了本项目适宜采用 PPP 模式。通过财政支出测算以及财政支出能力评估、行业领域平衡性评估，证实叶县财政具有承受该项目发展的能力，最后给出了该项目的市场分析、建设条件分析、工程技术分析、风险分析等，并提出了相应的防范措施。同月，以上报告与方案分别通过了叶县财政局和叶县人民政府的审核通过，并由北京思泰工程咨询有限公司作为采购代理机构发起了项目招标。2018 年 5 月 22 日，经采购结果确认与双方谈判达成一致后，平顶山盐都医养服务有限公司被确认为中标公司，县民政局与中标公司于 6 月 1 日签订项目合同。

该项目采用 BOO 模式开展（见图 8-5），项目合作期为 30 年，其中建设期为 2 年。项目公司由平顶山盐都医养服务有限公司出资 9600 万元成立，总投资初步估算为 30000. 18 万元，其中项目公司自筹 9000. 18 万元、占总投资的 30%，债务融资 21000. 00 万元、占总投资 70%。项目公司成立后，需负责项目资产的建设、运营和维护等工作，项目资产全部归项目公司所有，合同期满无须移交给政府。具体而言，项目公司需提供 1000 张养老床位和 300 张医疗床位，以有效

① 财政部政府和社会资本合作中心 . 河南省平顶山市叶县盐都养老院 PPP 项目[EB/OL].（2019-03-09）[2022-08-03]. https：//www. cpppc. org：8082/inforpublic/homepage. html#/projectDetail/dfb78cf7a67241ae9abd2a0b91409d49.

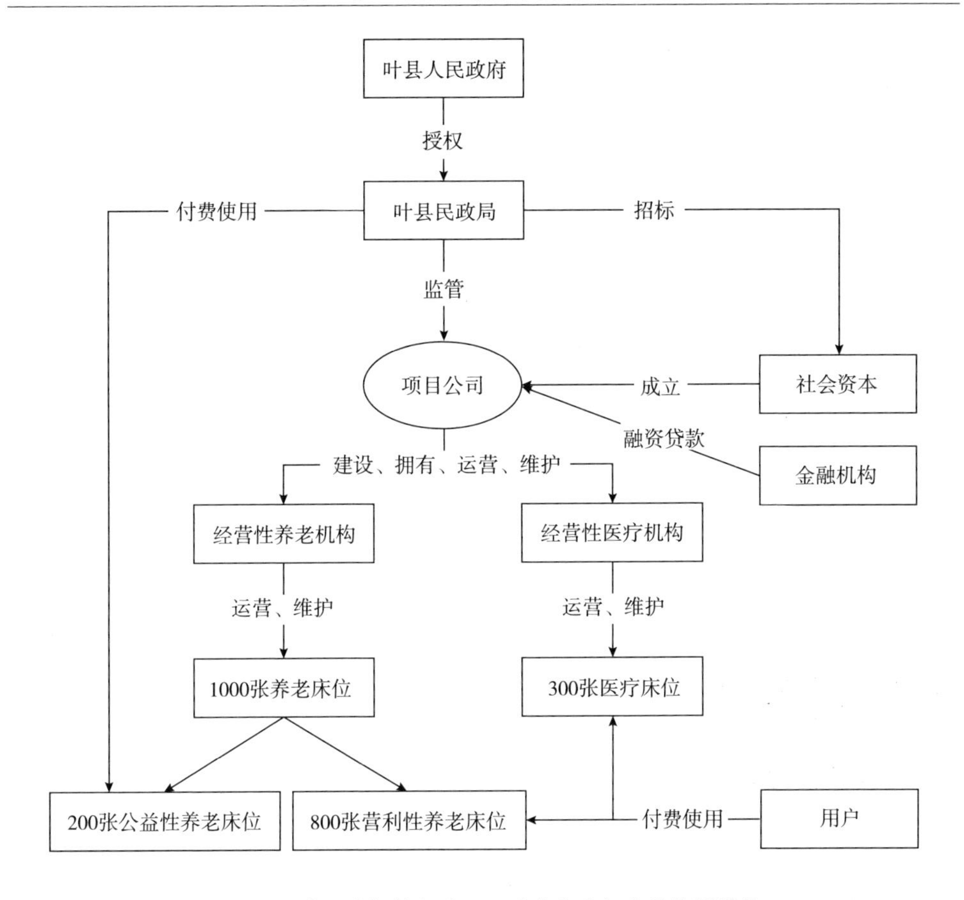

图 8-5　叶县盐都养老院项目政府和市场主体协同结构

资料来源：《叶县盐都养老院 PPP 项目实施方案》。

补充当地医疗及养老资源的不足，同时将不低于 200 张非营利床位用于政府民政部门安置“三无”老人（无劳动能力，无生活来源，无赡养人和扶养人或者其赡养人和扶养人确无赡养和扶养能力）、低收入老人和经济困难的失能半失能老人。本项目采用使用者付费的付费模式，项目公司通过向入住的老年人提供养老和医疗两大主体功能服务，收取入住老年人的床位费、医疗费等费用，上述服务费价格由项目公司根据市场情况制定，但须接受叶县民政局以及政府价格主管部门的监督。另外，对于公益性养老床位的费用，由县民政局按照公益性养老床位费、实际入住床位数和考核结果逐月支付公益性养老服务费。在项目风险分担方面，项目准备、建设、运营期间的各种风险都主要由项目负责分担，而对于第三方违约、合同文件冲突、不可抗力、公众反对等风险，就由政府与项目公司共同承担。政府部门同时承担着项目建设、运营中的监管责任，有权派出监督员或指定代表在任何时间进入项目场地，以监察项目的运营与服务。同时政府部门制定了《绩效考核标准》，并将其附在了项目合同内，该绩效考核数据将作为政府支付公益性养老服务费以及判断项目期满合同能否展期的依据。

七、农村人居环境与居民健康治理中政府与市场主体协同治理模式选择

本研究首先按照参与主体的作用程度大小将农村人居环境与居民健康治理中政府与市场主体协同治理模式划分为了政府或市场主体单方发起、政府与市场主体深度合作这两大类。在两大类别中再细分，本研究共梳理总结了农村人居环境与居民健康治理中政府与市场主体协同治理的九种基础且运用最广泛的模式。各种模式都有着自身显著的特点，在不同的治理情况下发挥着各异的作用。

（一）政府与市场主体协同治理各模式间的主要差异

从农村人居环境与居民健康治理过程来看，政府与市场主体协同治理各模式的差别较大（见表8-1），主要体现在以下五个方面：

表8-1 政府与市场主体协同治理各模式的差异

模式		目标导向	组织程序	运作周期	资产所有权	风险分担
单方发起	VG	“软”规范	相对简单	长期	—	—
	MS	“硬”推动				
	JA	社会责任可视化		短期		
政府购买	SP	物资供给/服务补充	较为复杂	≤1年	转移一次	政府承担风险较高、市场主体承担风险较低
	OM			≤8年	不转移	
特许经营	TOT	提效利用	复杂	20~30年	转移两次	政府承担风险较低、市场主体承担风险较高
	ROT	提档升级				
	BOT	提量增效			转移一次	
私有化	BOO				不转移	

资料来源：笔者自制。

1. 治理的目标导向不同

农村人居环境与居民健康治理中政府与市场主体协同治理的目标导向不同，指的是模式运用的出发点与作用功能不同。政府支持市场主体参与模式是最普遍也最具有广泛意义的政府与市场主体协同治理模式，是市场主体得以参与农村人居环境与居民健康治理的思想与制度基础。其中，政府的价值引导旨在从社会价值观的角度，“软”约束市场主体的生产行为，以减少其生产行为对农村人居环境与居民健康的危害；同时以道德的力量推动市场主体积极参与农村人居环境与

居民健康治理。政府对市场主体参与农村人居环境与居民健康治理提供包括环境营造、资源支撑等在内的物质支持，是对市场主体参与治理的“硬”推动，主要目标是用政策导向影响市场主体的生产经营行为，用物质支持推动农村人居环境与居民健康相关领域产业的发展与壮大。而市场主体组织、联合政府协同开展模式则是市场主体对政府政策方针的回应形式之一，市场主体利用自身资源，联合政府举办相关活动，用生产经营形式外的其他方式参与到当地的农村人居环境与居民健康治理中，将市场主体的社会责任落实“开拓化”“可视化”。

在政府与市场主体的深度合作中，政府购买模式的本质是政府以消费者的角色参与到市场交易中，通过购买市场主体生产的机器设备及提供的专业服务，运用市场主体的生产力来填充政府实现公共服务供给的必要需求。特许经营模式和私有化模式都是市场主体参与治理程度较深的模式，它们的共通点都是将市场主体引入到特定的公共事业运营管理与用户服务提供中。与其他模式不同的是，特许经营模式和私有化模式不仅是给政府运营公共事业、提供公共产品与服务带来了软硬件设施、运营管理方法等“补充性”“辅助性”资源，其特别之处在于让市场主体参与到了公共事业的用户服务供给过程中。然而，虽然这两类模式有相似的作用功能，但不同类别的特许经营或私有化模式都有着各自的目标导向。TOT 模式是在存量资产的基础上进行的，是对现有公共资产的进一步有效利用；ROT 模式是在存量资产的基础上进行改扩建，是对现有公共产品与服务供给能力的提档升级；BOT 模式和 BOO 模式运用市场主体的融资能力，进行了公共资产的全新建造，是公共服务供给的增量增效。

2. 实施的组织程序不同

模式实施的组织程序指的是政府和社会主体协同治理农村人居环境与居民健康过程中的全部程序。在政府或市场主体单方发起的协同治理模式中，实施的组织程序相对简单。由政府部门发起的价值引导与物质支持主要是依靠政策法规的修订与出台，以及政策在各级政府和政府部门之间的传递与执行。由市场主体组织、联合政府部门开展活动的组织程序，主要在组织该活动的市场主体内部进行，体现为活动的策划安排、与政府部门的沟通以及组织落实等方面的工作。而政府与市场主体深度合作的组织程序就相对复杂，特别是特许经营模式和私有化模式的组织程序较为繁琐。政府购买模式主要涉及政府部门、政府采购代理机构和市场主体中物资或服务的供应商，在物资/服务购买模式下，除了有特殊要求的项目外，政府采购由政府采购代理机构作为中介机构，政府部门在代理机构运用公开招标、竞争性谈判等方法确定了政府物资/服务的供应商后，与供应商签订合同、进行“买卖交易”即可；而委托运营模式的组织程序则多了将项目的存量资产委托给市场主体进行运营管理的这一步。特许经营模式和私有化模式涉及的主体和组织程序较多，参与主体主要包括地方人民政府以及被授权管理该项目的政府职能部门、招标代理机构、金融机构、参与招标的市场主体、政府出资代表以及新成立的项目公司等。组织程序主要包括项目审批、可行性研究、物有所值评估、财政承受能力论证、招标、协商、签订协议、成立公司、移交、建设等。在政府与市场主体深度合作模式中，从 SP 和 OM 模式到 TOT、ROT、BOT、BOO 模式，政府与市场主体的参与者越来越多，模式实施的组织程序也越来越复杂。

3. 模式的运作周期不同

由于由政府或市场主体单方组织的政府与市场主体协同治理模式并没有明确的合同约束，故不存在清晰明确的模式运转周期。但政府对市场主体参与农村人居环境与居民健康治理的支持性行为是长期的，相关价值引导与支持性政策随着市场主体参与治理的实际情况变动而变化，但整体上的发展方向和政策方针是稳定的。而由市场主体组织、联合政府展开的活动一般是短期的，每次活动开展的时间不会太长，且活动举办得较为分散，具体的活动周期主要取决于市场主体本身的活动规划。政府向市场主体购买物资或服务一般要求在 1 年内履行合同，完成交易，而委托运营模式的周期相对较长，但委托运营期一般不超过 8 年。各类特许经营模式和 BOO 模式的运营周期一般较长，通常为 20 年至 30 年。

4. 资产的所有权变动不同

资产的所有权是指在农村人居环境与居民健康治理中，资产所有人对提供公共服务或生产公共产品的相关资产所拥有的占有、使用、收益和处分的权利。在政府或市场主体单方发起的协同治理模式中不涉及项目资产的所有权变动问题。在政府购买模式中，政府向市场主体购买物资并不涉及存量的公共资产，但在交易完成后，交易商品的所有权从市场主体转移向了政府部门，而服务的购买并不涉及资产的移交。委托运营模式下，政府部门的存量资产委托给市场主体运营，但资产的所有权仍归政府部门所有，市场主体只负责为存量资产提供运营管理服务。在特许经营模式与私有化模式中，TOT 模式和 ROT 模式下的公共资产经过两次所有权转移，BOT 模式下的公共资产经历了一次所有权转移，而 BOO 模式下的公共资产一般无需进行所有权转移。其中，在政府与市场主体签订了 TOT 模式或 ROT 模式协议后，政府的存量资产需移交给市场主体，在特许经营期内市场主体拥有存量资产或新增资产的所有权，在特许经营期结束后市场主体需要将所有项目资产的所有权移交给政府部门。BOT 模式和 BOO 模式下，新建项目资产的所有权自工程完工之日起就归属项目公司所有，在特许经营期结束后，以 BOT 模式运营的项目资产要移交给政府部门，而 BOO 模式下的项目资产不必移交，所有权仍归属项目公司所有。

5. 风险的分担形式不同

根据项目实施的组织程序与运作周期的差异以及资产所有权归属的变化，公共资产运营过程中的风险分担也会出现相应的变化。在政府或市场主体单方发起的政府与市场主体协同治理模式中不涉及风险分担问题。在政府购买模式下，政府向市场主体采购物资时，随着交易商品所有权的转移，商品所包含的各类风险也从市场主体转移至政府部门。而委托运营模式下不涉及资产所有权的转移，公共资产的全部风险仍由政府部门承担，但市场主体对资产运营管理过程中由其自身服务提供引起的风险负有一定责任。在特许经营与私有化模式中，项目资产的运作过程面临着更多的风险。如项目资产的建造风险，在 TOT 模式下，该风险主要由政府部门承担；在 ROT 模式下，由政府部门和市场主体分别承担存量资产和改扩建资产的建造风险；在 BOT 模式和 BOO 模式下，该风险主要由市场主体承担。除此之外，在运营期中，项目的投融资风险、运营风险等项目内部风险由市场主体承担，国家政策变动等外部风险由政府承担，至于不可抗力的风险则由政府和市场主体共同承担。整体而言，在特许经营与私有化模式下，政府承担风险较低而市场主体承担的风险较高。

（二）政府与市场主体协同治理各模式的优缺点

在农村人居环境与居民健康治理中，政府与市场主体协同治理的各种模式的特征差异较大，各种模式也有着自身的优缺点，如表 8-2 所示。

表 8-2　政府与市场主体协同治理各模式的优缺点

<table>
<tr><th colspan="2">模式</th><th>优点</th><th>缺点</th></tr>
<tr><td rowspan="3">单方发起</td><td>VG</td><td>无财政负担、增强市场主体社会责任感</td><td>作用效果不佳、见效慢</td></tr>
<tr><td>MS</td><td>重要支撑、引导与规范市场主体发展方向</td><td>监管难、道德风险、挤出效应</td></tr>
<tr><td>JA</td><td>促进沟通、营造全社会参与氛围</td><td>见效较少、较慢</td></tr>
<tr><td rowspan="2">政府购买</td><td>SP</td><td>打破垄断、提高产品与服务质量</td><td>预算工作难、监管难、寻租腐败</td></tr>
<tr><td>OM</td><td>引入专业技术、减轻政府运营压力</td><td>风险与成本未得到分担</td></tr>
<tr><td rowspan="3">特许经营</td><td>TOT</td><td rowspan="2">提高服务质量与效率、扩大融资能力、缓解财政压力、盘活存量资产</td><td rowspan="3">过程繁琐、主体关系复杂、准备期长且需成本投入</td></tr>
<tr><td>ROT</td></tr>
<tr><td>BOT</td><td rowspan="2">提高服务质量与效率、扩大融资能力、增强公共资产建设</td></tr>
<tr><td>私有化</td><td>BOO</td><td>过程繁琐、主体关系复杂、准备期长且需成本投入、监管力度较弱</td></tr>
</table>

资料来源：笔者自制。

1. 政府支持市场主体参与治理模式

政府以价值引导的方式促进市场主体参与农村人居环境与居民健康治理，不但不会给政府带来较大的财政负担，而且可以塑造市场主体的整体社会责任观念，营造全社会共同参与治理的氛围。但该模式的作用效果可能并不太显著，且需要长期、持续的作用过程才能体现出来。

政府对市场主体参与农村人居环境与居民健康治理的物质支持是推动其参与治理的重要支撑，为想参与治理而自身还不够强大的市场主体提供合适的机会，推动市场主体的蓬勃发展，同时引导与规范市场主体的发展符合国家整体的发展方向。但政府对物质支持的监管难度较大，可能面临着市场主体为获得物质支持而产生的道德风险与逆向选择，同时也可能产生挤出效应。

2. 市场主体与政府联合开展模式

市场主体自发组织农村人居环境与居民健康治理的相关活动，并联合政府部门一起开展，能促进政府与市场主体之间的沟通，并通过不同的活动形式形成不同的作用效果，如开展环境与健康知识宣讲活动能提高当地居民的环境与居民健康素养，开展农村清洁志愿活动能让政府部门与市场主体深入了解农村人居环境现状，并通过身体力行改善农村人居环境。与政府的价值引导一样，市场主体与政府部门的联合活动可能见效较少、较慢，需要长期的活动开展以提高模式的实施效果。

3. 政府购买模式

政府向市场主体购买农村人居环境与居民健康治理所需的物资/服务是在将市场的竞争机制引入政府的物资采购与服务购买中，打破政府物资与服务提供的垄断性，从而提高物资与服务的质量。但政府采购的预算工作量大，预算资金的使用效益较低，且在采购过程中对内的监管难度较大，可能会出现寻租、腐败等现象。

委托运营模式可以将市场主体的专业运营技术引入到农村人居环境与居民健康治理中，同时减轻政府的运营压力。公共资产的所有权并没有随着资产委托而改变，政府对公共资产仍享有绝对的控制权，有利于政府加强对公共资产运营与提供相关公共服务的监管力度。公共资产所有权的保留同时也为政府部门留下了资产运营管理的风险，且项目的运营成本和管理费用也仍由政府部门承担。

4. 特许经营模式与私有化模式

特许经营模式与私有化模式都能将市场主体运营管理与提供服务的市场机制与专业能力引入到农村人居环境与居民健康治理中，提高了设施管理与服务供给的灵活性与专业性，同时也减轻了政府部门运营资产的压力。市场机制的引入也让农村人居环境与居民健康治理中公共产品与服务供给的投资回报方式发生了变化，从而推动市场主体降低公共产品与服务供给的成本，并提高供给效率。另外，政府与市场主体共同出资成立项目公司来建设、运营项目资产，可以充分发挥市场主体的融资能力，充裕项目建设与运营的资金支持。TOT 模式和 ROT 模式能通过收回存量资产的建设成本来迅速缓解政府的财政压力，实现了风险分担，同时也盘活了存量资产，提高了公共资产的使用效能。BOT 模式和 BOO 模式能运用市场主体的力量，增强农村人居环境与居民健康治理中公共资产的建设力度。但特许经营与私有化模式实施的过程较为繁琐，参与主体关系复杂，项目准备阶段时间较长且成本投入较多，项目建设与运营的风险也相对较大。与特许经营模式对比，BOO 模式下政府对项目运营的监管权力相对较弱。

（三）政府与市场主体协同治理的模式选择

如上分析，政府与市场主体协同治理的各种模式都有自身的特点与优缺点，在农村人居环境与居民健康治理中，如何选择治理模式常常会成为政府抉择的重要考量内容。通常而言，政府的价值引导、物质支持和市场主体组织联合政府共同开展，这三类模式并不存在互斥性，在农村人居环境与居民健康治理的任意阶段都可以同时发挥这三种模式的作用力量。与这三种模式不同的是，政府与市场主体深度合作的三大类模式都涉及到项目资产、项目合同、合作期限等内容。对于同一个项目资产而言，政府部门只能选择某一种确定的模式来展开政府与市场主体的合作。在确定政府与市场主体合作开展模式时，首先要明确项目开展的目的，结合地方政府与地方市场主体的实际情况，确定项目性质。再根据项目资产类型选择合适的模式，具体流程如图 8-6 所示，主要考虑的问题包括是否需要市场主体融资、是否需要市场主体提供用户服务、是否涉及公共资产的改扩建、是否涉及期满移交等问题。除了要考虑政府与市场主体发展的实际情况外，选择合作模式还要结合农村人居环境与居民健康相关公共服务的性质特点来考虑。如物资/服务购买、委托经营模式适用于非经营性项目，在该类项目下，交易相关的成本费用由政府来承担，如污水处理设施设备的管护与维修。特许经营模式和私有化模式适用于非经营性项目与准经营性项目，根据合同约定的不同，该项目下公共服务的费用可能完全由政府承担，也可能需要使用者自行支付一定费用后由政府给予一定的补贴，如供水、污水处理等公共服务。其中，BOO 模式也较多适用于经营性项目，该项目下相关服务的提供需要使用者自行付费，如医养结合养老等。因此，政府与市场主体合作治理的模式选择需要权衡政府的财政压力、市场主体的发展状况以及公共服务项目的性质等因素。

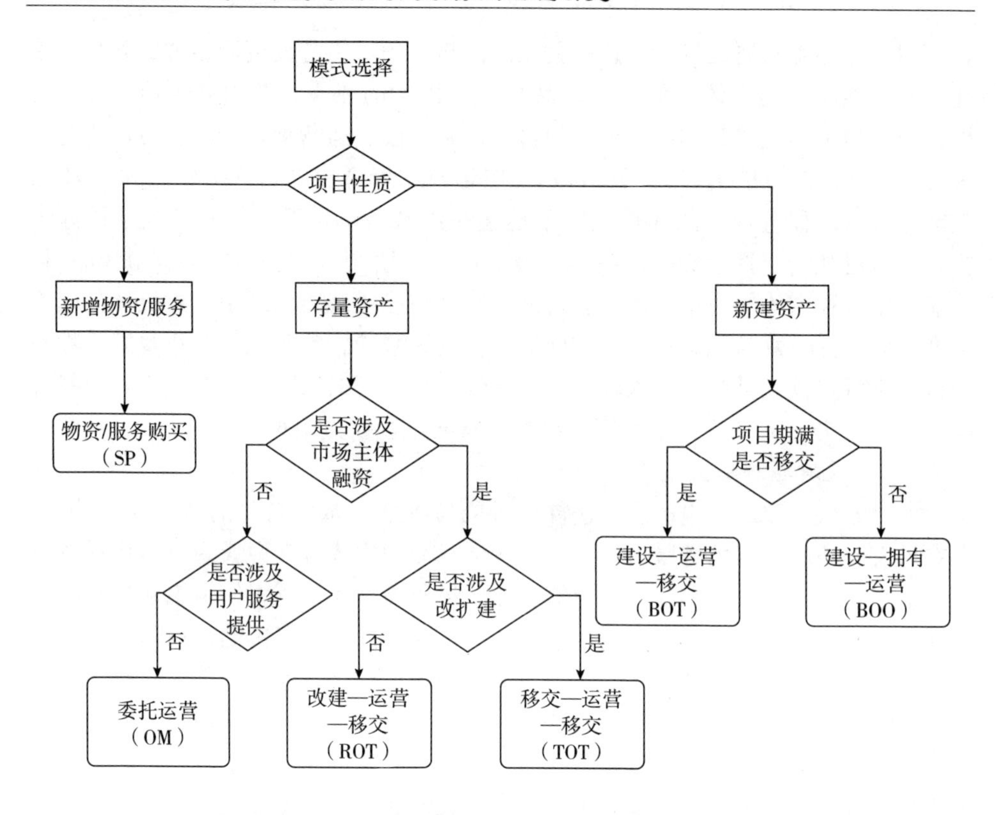

图 8-6　政府与市场主体深度合作模式选择

资料来源：笔者自制。

总之，政府与市场主体协同治理已成为农村人居环境与居民健康治理中必不可少的协同治理路径之一。市场主体的参与打破了公共产品与服务供给的垄断性，促进了农村人居环境与居民健康相关产业的发展，提升了相关公共服务的质量与效率，同时也减轻了政府独自提供公共服务的风险与压力。现阶段，政府与市场主体的协同治理模式在农村人居环境与居民健康治理中已有了较多应用实例。本研究从协同治理主体的参与程度出发，将农村人居环境与居民健康治理中政府与市场主体的协同模式划分为单方发起和深度合作两大类，并结合实际案例将这两大类继续细分，共归纳总结了 9 种政府与市场主体协同治理模式。在对各模式的流程进行梳理，对比分析各模式的特点与优缺点后，得出了在农村人居环境与居民健康治理中政府与市场主体协同治理模式选择的路径。

虽然我国政府大力支持政府与市场主体在社会治理领域的协同合作，通过法律法规的确立和政策方针的出台来巩固与规范政府与市场主体协同治理模式的应用，并成立了中国政府采购网和财政部政府和社会资本合作中心等网站，以专门

公开政府与市场主体的协同治理过程，力求做到协同过程公开透明、接受社会监督。但在农村人居环境与居民健康治理中，政府与市场主体的合作仍然存在着非公开透明、难以实现社会全面监督、项目运营风险突出等问题。如 2017 年发起的甘肃省平凉市华亭县养老服务中心建设项目，该项目于 2018 年 2 月被财政部列入国家级第四批政府与社会资本合作示范项目名单，并正式开工建设，但同年，中标的市场主体就提出项目资金链断裂，无力继续实施项目。经多方确认，中标市场主体存在债务负担较大的情况，政府部门对该项目的市场主体方进行了清退处理。直至 2021 年 12 月，该项目才再次通过公开招标的形式重新选定了市场主体参与方，并于 2022 年继续推进实施。特别是在涉及新建公共资产的项目中，由于政府对项目实施的监管与督促并不到位，出现了许多工程严重延期以至影响到公共服务不能如期供应的情况。此外，在农村人居环境与居民健康的政府与市场主体协同治理中也仍存在着招标日期与施工日期无法匹配、项目公司成立时间与政府和市场主体签订合同时间无法匹配、市场主体参与方陷入经营风险或信用风险、寻租、逆向选择等情况。种种问题都说明了我国农村人居环境与居民健康的政府与市场主体协同治理仍需要得到进一步的约束与规范。

为进一步发挥农村人居环境与居民健康治理中政府与市场主体协同治理的效用，降低政府与市场主体合作的风险，要处理好以下三个环节：一是完善政策法规体系，从制度设计上堵塞漏洞。要充分了解市场主体的发展需求及其参与农村人居环境与居民健康治理的动机与推动力，把握市场主体运用现有机制进行非道德性牟利的行为过程，建立市场主体公平参与治理的机制。优化市场主体参与机制，保障中小企业的合法权益，使政府补贴或参与治理的机会落在有真正需求或具有实际供给能力的市场主体中。二是加强对市场主体参与方的评估、监督与考核，严防不合格参与方的进入。要求有意参与农村人居环境与居民健康治理的市场主体提交企业财务报告、审计报告等资质审核资料，严查严判相关材料的真实性与可靠性，对选定的市场参与方的财务状况、技术水平、抗风险能力等方面进行全面细致的分析与评估，彻查企业信用状况及其潜在风险。加强对项目公司投融资、建设、运营等全过程的监督与考核，建立健全对市场主体高风险行为的监测与预警机制，及时纠正市场主体行为偏差，充分发挥政府对市场参与主体考核工作的效用，增强政府监督的作用力度，以考核绩效约束市场参与主体的建设进度与质量，保障项目公司公共产品与服务提供的质量与效率。三是强化政府的内部监督，规范政府与市场主体协同秩序，形成社会多元监督力量。完善党内法规制度、部门规章，形成严格的政府内部管理秩序，严肃工作纪律，加强作风建设，进一步强化干部职工的教育管理，提升政府人员工作素养与操守。加强对违规违纪人员的处罚力度，严惩政府与市场主体联合寻租腐败行为，塑造廉洁高效的政府与市场主体协同治理环境。督促政府与市场协同治理项目的信息公开，完善信息公开链条，做到每一步都可追踪、可溯源，每一项行动的落实都有据可依、有据可证，实现社会公众对项目建设与运营全过程安排的知情权，充分利用社会多元监督力量，鼓励社会公众、媒体对相关项目实施的全过程进行追踪与监督。

第三节　农村人居环境与居民健康治理中政府与社会主体协同模式

2013 年，党的十八届三中全会首次提出推进国家治理体系和治理能力现代化的改革目标，其中“协同性”成为了该治理目标的重要发展指向①，而包括社会主体等在内的多元主体参与正是协同治理的关键所在。进入新时代后，我国针对农村基层社会的主要矛盾变化，提出了共建共治共享理念；党的十九届四中全会在共建共治共享社会治理制度基础上，进一步提出了构建社会治理共同体的目标，即“完善党委领导、政府负责、民主协商、社会协同、公众参与、法治保障、科技支撑……人人有责、人人尽责、人人享有的社会治理共同体”。随后，2020 年党的十九届五中全会与 2021 年出台的《中共中央　国务院关于加强基层治理体系和治理能力现代化建设的意见》也都强调了群团组织、社会组织、农民个体等多元主体形成乡村社会治理共同体的重要性②。农村人居环境与居民健康治理中政府与社会主体的协同共治不仅是国家治理体系发展的需求，也是乡村基层治理为满足人民日益增长的美好生活需要所提出的要求。现阶段，在农村人居环境与居民健康治理实践中自发地或有意识地形成了众多政府与社会主体协同的模式，出现了各种模式“大乱炖”发展的情形。为理清该领域中政府与社会主体协同的模式种类及其发展状况，本研究从社会主体的种类和性质特征出发，梳理政府与各类社会主体间的关系与协作模式，并对比分析不同社会主体的模式运用及其原因，以期为农村人居环境与居民健康治理中政府与社会主体协同模式的应用与发展提供清晰的思路。

① 单学鹏．中国语境下的“协同治理”概念有什么不同？——基于概念史的考察［J］．公共管理评论，2021，3（1）：5-24.

② 蒋天贵，王浩斌．党的领导与农民主体地位相统一——建党百年来我国农村社会治理主体演进的历史考察［J］．南京农业大学学报（社会科学版），2022，22（1）：56-66.

一、农村人居环境与居民健康治理中社会主体的种类及其作用

在农村人居环境与居民健康的社会治理中，根据法律属性与参与角色的不同，社会主体可以划分为公民、基层自治组织和社会组织三大类，各类主体相应承载着不同的治理功能。

（一）公民

在现代的国家治理中，公民既是治理对象，也是治理的基本主体，尤其是在农村人居环境与居民健康治理中，农户的参与和响应是实现治理长期性、有效性与广泛性的必备条件。从理论的视角出发，公民参与协同治理是指形成公民与政府主体之间以及公民与公民之间的相互信任、合作和督促，以实现治理成效的提高与治理成本的降低，并最终实现国家治理现代化的过程①。农村人居环境整治关系到每个村民的切身利益，居民既是农村人居环境整治的直接受益者，又是农村人居环境整治的建设者和维护者。农村居民的环境与健康意识、亲环境行为和健康行为等自身素养与行动对农村人居环境与居民健康治理效果起着至关重要的影响。农村厕所革命的推进、环境卫生的维持等农村人居环境整治项目都需要农村居民从小事做起，做到不乱扔垃圾、不随意排放污水、爱护美好环境。现有研究也表明，农户的环保意识越强，其越会采取亲环境行为，而环境意识淡薄制约其参与环境治理的积极性②。在健康治理中，公民个人是健康的第一责任人，个人不仅承担着自主选择健康行为、对自身健康结果负责的责任，还肩负着约束自身行为以不影响公众健康的责任③。特别是在全民健身计划、控烟行动等健康治理活动中，公众的参与与对相关规定的遵守直接关系着治理的成效。

（二）基层自治组织

基层群众性自治组织是指在特定范围内，人民按照法律规定成立并实现自我管理、自我教育、自我服务和自我监督等功能的组织，其中包括居民委员会与村民委员会。村委会作为农村治理的最基层组织与农村基层社会治理的主要力量，其一头直接联系着群众，另一头联系着乡镇政府，构建了政府与群众间沟通与交流的平台。农村人居环境与居民健康治理的任务繁重且与广大农村居民的生产生活行为密切相关，有关治理任务与政策落实需要通过村委会深入到农村社会最基

---

① 谢晓光，公为明．公民参与治理的“协同效应”析论［J］．人民论坛，2014（23）：28-31.

② 朱文韬，栾敬东．农户心理契约对农村人居环境整治的影响研究——基于安徽省16市40个自然村的模糊集定性比较分析［J］．兰州学刊，2022（3）：149-160.

③ 崔兆涵，郭冰清，王虎峰．健康协同治理：服务提供、健康政策和社会参与［J］．中国医院管理，2021，41（11）：1-6.

层的“神经末梢”[1]。作为农村基层政权的代理人，农村基层自治组织在治理过程中代表着国家与国家政策[2]；同时，农村基层自治组织也是农村居民的利益代表，其在治理过程中又承担了统筹居民意见、与政府部门沟通协调的责任。在农村人居环境治理中，农村基层自治组织的作用主要包括联系、协助乡镇人民政府开展农村人居环境整治工作，组织居民积极参与人居环境整治、落实改造计划，集中村集体资源、拓展农村人居环境治理资源筹集渠道等[3]。在健康治理中，特别是在面对公共卫生风险时，基层自治组织发挥着极其重要的作用，主要包括宣传教育、有序管理、甄别信息、心理疏导、物资购买与发放、协助排查等[4]。

（三）社会组织

社会组织是指由一定数量的社会成员为实现特定目标而按相关程序组建的共同活动群体。按照成立手续的不同，社会组织可以分为在民政部门注册登记、在公安部门注册登记、编办注册登记、免登记和不登记五大类[5]。按涉及行业的不同，社会组织可以分为教育、卫生、文化、科技、体育、民政、社会中介服务等不同事业类的组织。本研究按照社会组织在公共治理中承担的功能差异，将其划分为社会团体、民办非企业单位、基金会以及社区社会组织四大类。

1. 社会团体

社会团体是各种群众性社会组织的总称。在我国，社会团体是带有官方背景的非营利性组织，按照社会性与政治性的差异，其可以细分为群众团体和人民团体等不同类型。社会团体以社会服务管理为职能，其在政府的协助下依靠组织自身的力量，把特定方面的各类人才聚集在一起，共同将政府理论推向实践[6]。此外，社会团体还充当着政府“智囊团”的角色，团体内的跨部门、跨行业的专业人士能为政府出台政策提供建议与意见。群众团体具有的政治与社会双重属性使其成为实现政府和社会合作的平台，其政治地位有助于其与政府之间的制度联系和对政府社会管理任务的承接，其社会性又意味着扎根基层，联系群众，拥有

---

① 蔡宝刚．聚焦社会：社会主体参与社会治理的法治观照［J］．求是学刊，2021，48（6）：101-111.

② 田北海，王彩云．民心从何而来？——农民对基层自治组织信任的结构特征与影响因素［J］．中国农村观察，2017（1）：67-81+142.

③ 刘俊．改善农村人居环境过程中各相关主体的地位及作用［J］．人民司法，2020（17）：38-40.

④ 姚恒伟．疫情防控局势下基层群众自治制度作用研究——以抗击“新型冠状病毒”疫情为视角［J］．厦门特区党校学报，2020（2）：48-51.

⑤ 焦克源．社会组织参与公共危机协同治理的困境与出路——以红十字会慈善捐赠工作为例［J］．行政论坛，2020，27（6）：122-129.

⑥ 诸葛凯，张勇，周立军．标准推动社会治理的理论逻辑及路径［J］．科技管理研究，2019，39（6）：262-266.

一呼百应的社会效应[①]。同时群众团体自身“纵向到底、横向到边”的组织优势能将分散的社会组织联结在一起，集中形成社会与国家的双向交流渠道。全国总工会、共青团中央、全国妇联等人民团体代表着不同阶层社会全体的利益，与各界群众有着天然的血脉关系，其通过参加人民政治协商会议、人民代表大会等途径，参与到社会事务的治理过程中，发挥着协商民主、反映民意、汇聚民智、双向沟通的职责与作用[②]。在农村人居环境与居民健康治理中，社会团体还发挥着组织动员、前线支援、宣传教育、发起倡议、监督检查、承办治理技术技能交流活动等作用。

2. 民办非企业单位

民办非企业单位，也称社会服务机构，指的是使用非国有资产组建的从事非营利性社会服务事业的社会组织[③]。社会工作服务是公共服务的重要组成部分，其整合了专业人员的知识资源，运用专业技能与方法为社会公众提供困难救助、矛盾调节、资源协调等服务[④]。改革开放前，社会工作服务大多依靠政府筹办的福利事业单位来提供。改革开放后，随着社会工作服务的需求增加，政府提供社会工作服务成本高、效益低的缺点凸显，市场化机制被引入到了社会工作服务中，相关社会工作事业单位也陆陆续续由民办非企业单位作为替代[⑤]。相比事业单位，民办非企业单位的运行机制更加灵活，而对比企业，民办非企业单位保留了事业单位的非营利性质，其利润用于组织未来发展而不参与分红[⑥]。现有实践与理论已证明，社会工作服务在搭建政府与民众间桥梁、构建协同治理格局、引导居民参与治理、提供社会服务和公共服务、衔接与支配社会资源等方面具有独特的作用力[⑦⑧]。在农村人居环境与居民健康治理中，民办非企业单位可以为农村地区提供污染监督调研、垃圾与污水处置、设施长效管护、养老、康复、保健等社会服务，以补充政府单独提供社会服务的供给不足。

---

① 解丽霞，徐伟明．群团组织参与社会治理的客观趋势、逻辑进路与机制建构［J］．理论探索，2020（3）：69-75.

② 马福云．人民团体参与社会治理初探［J］．中央社会主义学院学报，2014（4）：80-85.

③ 柳经纬．民法典编纂中的法人制度重构——以法人责任为核心［J］．法学，2015（5）：12-20.

④ 陈为雷．政府和非营利组织项目运作机制、策略和逻辑——对政府购买社会工作服务项目的社会学分析［J］．公共管理学报，2014，11（3）：93-105+142-143.

⑤ 赵春雷．民办非企业单位的不正当营利问题及其化解对策［J］．中国行政管理，2017（9）：42-47.

⑥ 周君璧，陈伟，于磊，胡贝贝，马文静．新型研发机构的不同类型与发展分析［J］．中国科技论坛，2021（7）：29-36.

⑦ 王永华，罗家为．政府赋权与社工参与：社区治理的路径选择——基于政社合作的分析视角［J］．中共天津市委党校学报，2018，20（2）：43-49.

⑧ 段继业．论中国社会治理的多元力量［J］．青海社会科学，2015（3）：55-62.

3. 基金会

基金会是指以公益服务为宗旨，对企事业单位和其他组织以及个人自愿捐赠的财产进行管理的民间非营利性组织。与一般的社会组织不同，基金会在社会治理中具有其自身的独特性①，一是它有募集资金的权力，不必像其他社会组织一样依赖政府补贴运营，能实现资金上的独立。二是基金会可以实现跨地区、跨行业的资金募集与服务开展，受到地缘组织、业缘组织等因素的限制较少。三是基金会可以选择直接参与社会服务，也可以选择通过购买、发包等形式委托其他组织提供服务。四是基金会的慈善理念较其他社会组织来说更加明确，它是公益资金的“蓄水池”，推动着社会公益事业的发展。在农村人居环境与居民健康治理中，基金会的参与可以更好地发挥社会资本的积极作用，减轻财政资金的负担②，同时，基金会对其他社会组织的资金支持能降低其对外部资源的依赖程度，避免由资金捐赠者施加的赠款条件与隐含期望值带来的不利影响，并为组织的发展与领导者能力的培养提供更具建设性的积极影响③。此外，基金会还能在政府处理效率优势不明显的领域发挥补位作用，如在新冠疫情防控过程中关注弱势群体的需求，提供孕产妇与婴幼儿照料服务，缓解农民工暂时性失业问题等④。

4. 社区社会组织

社区社会组织作为一种新型社会组织形式，在现代社会治理中发挥着越来越重要的作用。社区社会组织指的是由社区居民发起成立，为社区居民提供公共服务的社会组织。它与一般社会组织一样具有社会性、非营利性等特点，但与一般社会组织不同的是其具有十分强烈的“社区性”⑤。这种“社区性”主要体现在社区社会组织的服务对象主要是社区居民，活动范围与影响力主要限于社区，集中体现了共同体思想⑥。农村社区社会组织有利于农村社区公共空间的扩展与农村社区组织结构的优化，且在社区公共服务供给方面具备一定的优势⑦，它能更

---

① 周君璧，陈伟，于磊，胡贝贝，马文静．新型研发机构的不同类型与发展分析［J］．中国科技论坛，2021（7）：29-36.

② 杨正宏．我国农村人居环境整治长效机制构建存在的问题及对策［J］．乡村科技，2020（8）：33-34.

③ 王嘉渊．支持性社会组织的平台化趋向：发展局限与路径选择［J］．学习与探索，2020（6）：45-52.

④ 史溢帆，王舟舟．政府与基金会合作治理的过程分析与路径优化［J］．成都行政学院学报，2021（5）：15-20+37.

⑤ 刘振，朱志伟．目标与结构：社区社会组织的类型化分析［J］．社会工作与管理，2018，18（2）：72-77.

⑥ 郁建兴，金蕾．社区社会组织在社会管理中的协同作用——以杭州市为例［J］．经济社会体制比较，2012（4）：157-168.

⑦ 卓彩琴，马林芳，方洁虹，严嘉铭．从单一主体到五社联动：社会工作者推动农村社区治理结构优化的行动研究［J］．社会工作，2022（2）：46-63+107-109.

充分与深入地了解社区居民的需求并反映群众的根本利益诉求[①]。得益于社区社会组织对社区的深入，其可以很好地动员、吸收社区居民参与治理，也可以实现社区社会组织的自我管理，增强社区居民间的沟通交流，在互帮互助中凝聚社区团结的力量[②]。在农村人居环境与居民健康治理中，社区社会组织参与社会治理的优势更加显著，因农村人居环境与居民健康治理是一项需要根据当地环境与居民健康情况因地制宜、因人制宜实施治理措施的行动，凭借对社区长期深入的了解，社区社会组织能更好地开展工作，有意识地关注当地需要解决的环境问题与居民普遍的健康问题，熟悉居民环境与健康意识痛点并做到“对症下药”。

二、农村人居环境与居民健康治理中公益合作模式

根据政府与社会组织协同性质的不同，本研究将二者协同模式划分为公益合作模式、项目设定模式和授权合作模式。上述模式的协同强度与对参与方的约束力度呈现出依次增强的形势。

公益合作模式是指政府部门联合社会主体组织农村人居环境与居民健康治理相关主题的公益活动，并为公众参与治理提供一种途径。该模式以公益活动为载体，依赖政府权威，能实现活动发起迅速、信息传播面广且具有针对性的作用[③]。相比其他模式，该模式下的主体间协同不具有强烈的政治性与强制性，而是政府部门与社会主体的平等交流与合作。但这种合作一般是在一定的时间段内进行，针对不同时期的治理主题策划相关的公益活动，较难形成长效的合作机制。在农村人居环境与居民健康治理中，政府与社会主体的公益合作较常发生在村庄清洁行动、健康服务供给、环境与健康治理物资捐赠、环境与健康知识宣传、社区服务与管理等方面。

（一）政府+基层群众性自治组织

基层群众性自治组织是基层治理的重要载体，因其自身并不具备环境治理技术与专业健康服务提供技能，也缺少大范围集资能力，其与政府以公益合作形式开展的活动较为单一，主要是政府领导干部或部门与村委会合作开展村庄清洁、环境与健康知识宣讲等身体力行、动员群众的活动。如 2021 年 5 月 5 日，西藏自治区拉萨市城关区蔡村的驻村工作队联合村委会开展了卫生大扫除公益活动，该活动主要是对辖区街道、绿化带等地进行了彻底的垃圾清理，并在此过程中对

① 文丰安．我国农村社区治理的发展与启示：基于乡村振兴战略的视角［J］．湖北大学学报（哲学社会科学版），2020，47（2）：148-156+168.

② 郁建兴，金蕾．社区社会组织在社会管理中的协同作用——以杭州市为例［J］．经济社会体制比较，2012（4）：157-168.

③ 田家华，吴铱达，曾伟．河流环境治理中地方政府与社会组织合作模式探析［J］．中国行政管理，2018（11）：62-67.

居民进行环境与卫生宣传，呼吁居民们树立良好的环保意识，从点滴做起，改变不良卫生习惯[①]。2022年5月20日，海南省海口市秀英区政府副区长深入西秀镇丰盈村村委会开展爱国卫生义务劳动，该活动联合了副区长、丰盈村村委会以及区卫健委、区环卫局、区爱卫办等单位的干部职工，主要进行了卫生死角清理、媒虫消杀、爱国卫生知识和病媒生物防治知识宣传等活动[②]。

（二）政府+社会组织

得益于社会组织的种类丰富，不同社会组织具有不同的职能与不同的优势，在与政府进行公益合作的过程中，双方能形成形式丰富、功能多样化的活动。社会团体可以利用其聚集各类群体的功能，通过与政府展开公益志愿活动，动员不同群体积极参与农村人居环境与居民健康治理实践活动并达到针对性宣传的效果。如共青团四川省委联合四川省农业农村厅等部门，以乡镇为单位建立志愿服务队伍，在全省开展“靓在乡村”农村人居环境整治志愿服务行动，动员广大社会力量参与农村人居环境整治[③]。截至2019年底，四川全省共建立志愿服务队伍5000余支，累计发动志愿者10万余名，开展相关活动1万余场。2022年8月6日，在广西壮族自治区桂平市紫荆镇，由市妇女联合会与共青团桂平市委员会主办，镇党委、政府等部门承办，市旗袍文化协会协办了“关爱妇女健康项目公益宣传活动”[④]。活动呼吁关爱女性健康，提高健康保养意识，增强疾病预防意识，最后还向10位困难妇女免费投保女性疾病保险，并送上了慰问品，努力配合政府相关部门使广大贫困妇女得实惠、普受惠、常受惠。

基金会可以利用其聚集资金的能力，与政府以及其他社会组织或者企业联合开展公益行动，为农村人居环境与居民健康治理提供治理设备、专项服务、鼓励培育相关人才等。2019年11月16日，西藏自治区昌都市人民政府与北京厚爱关节健康公益基金会签署了《医疗卫生人才战略合作协议》，此战略合作以北京高层次医疗人才与昌都市开展“师带徒”医疗帮扶活动等方式开展，推动了昌都

---

① 拉萨城关发布．驻蔡村工作队联合村委会开展卫生大扫除公益活动［EB/OL］.（2021-05-06）［2022-08-30］. https：//mp. weixin. qq. com/s/LMj5W57C6sMxHIqK8UI0pA.

② 秀英区健康教育．健康与卫生同在、文明与卫生同行——秀英区政府王颖副区长深入西秀镇丰盈村委会开展爱国卫生义务劳动［EB/OL］.（2022-05-21）［2022-08-30］. https：//mp. weixin. qq. com/s/qCbNTSiDToIf5bLheRZ89w.

③ 中华人民共和国农业农村部．乡村秀美 青春建功［EB/OL］.（2020-03-19）［2022-08-30］. http：//www. shsys. moa. gov. cn/ncrjhjzz/202003/t20200319_6339371. htm.

④ 桂平市旗袍文化协会．喜迎二十大·巾帼心向党——桂平市旗袍文化协会第二期关爱妇女健康项目公益宣传活动［EB/OL］.（2022-08-13）［2022-08-30］. https：//mp. weixin. qq. com/s/60IGg GEVageR643RNK-HgA.

市医疗卫生骨干的培养[①]。2022 年 8 月 22 日，河北省邯郸市大名县与中国发展研究基金会共同主办了“呵护康乃馨”关爱女性健康行动，具体的公益行动交由北京和睦家医疗救助基金会负责执行[②]。此次公益活动由和睦家医疗专家前往一线为大名县 2000 余名农村女性提供免费宫颈癌筛查和治疗服务，并通过讲座等形式开展了对 HPV 病毒和宫颈癌等疾病知识的普及，提高了农村女性群体对相关疾病的防范意识。

三、农村人居环境与居民健康治理中项目设定模式

项目设定模式是指政府部门通过设定农村人居环境与居民健康治理相关项目，用项目集中各类资源并牵头带动社会主体参与治理。按参与主体来分，在农村人居环境与居民健康治理中，政府与社会主体的项目形式可以分为政府与公民之间公益性岗位的设定，以及政府与社会组织之间政府购买或公益创投的发起。项目设定模式由政府发起，且由政府对项目运营过程中的资金投入负责，社会主体需要按照项目约定履行职责，并对项目履行的结果负责。与公益合作模式相比，在项目设定模式中政府与社会主体的权利与责任边界更加明晰，双方需要按照规定履行各自的职责并对项目负责。该模式下，政府与社会主体的协同合作随着项目的发起而开始，又随着项目的结束而终止，双方并不能建立起长期且稳定的合作关系，但能形成对项目设定模式的项目成立、运营、监督等全过程环节的规定，以保证项目设定模式的正常推进。在农村人居环境与居民健康治理中，项目设定模式主要用在公共设施或公共场所的管理、保洁、绿化工作，以及环境与健康治理技术与专业服务的供给等方面。

（一）政府+公民

以政府设定项目的模式引领公民参与农村人居环境与居民健康治理的具体形式主要是政府为相关治理工作设定公益性岗位。公益性岗位是指由政府出资设立，以实现公共利益与安置就业困难人员为主要目的，从事非营利性公共管理与社会服务供给，通过劳动获得一定劳动报酬的各类岗位[③]。我国公益性岗位政策最早出现在 2002 年，并于 2009 年得到了进一步的扩展实施。虽然公益性岗位设定的初衷是作为就业安全保护网来安置就业困难群体，但随着扶贫、防返贫、农村建设等国家发展战略的推进，公益性岗位工作人员也在农村建设与治理中发挥

① 健康昌都. 北京厚爱关节健康公益基金会与昌都市人民政府签署《医疗卫生人才战略合作协议》并开展手足畸形患儿免费救治大型公益活动[EB/OL].（2019-11-19）[2022-09-02]. https://mp.weixin.qq.com/s/JrF_qR436U8mN16C2cjsJA.

② 中国发展研究基金会.“呵护康乃馨”关爱女性健康行动之河北大名公益行启动[EB/OL].（2022-08-24）[2022-08-28]. https://www.cdrf.org.cn/jjhdt/6352.htm.

③ 高亚春，杨无意. 我国公益性岗位规范管理研究［J］. 当代经济管理，2017，39（9）：50-56.

着越来越突出的作用，成为乡村基层治理的强大辅助力量。公益性岗位的工作人员“从群众中来”，更了解群众的所想所盼，日常工作也能更贴近群众、贴近实际，且其在农村熟人社会中拥有一定的人际关系网，能将农村人居环境与居民健康治理的意识与精神向外传播。此外，公益性岗位的设定也让农村就业困难人员实现了就近就地就业，增加了农村低收入群体的收入，同时为农村建设留住了劳动力。农村人居环境与居民健康治理中许多工作任务都需要一定的劳动力来完成，如卫生保洁、垃圾分类、宣传宣讲、公共资产管理、孝老助残、疫情防控等。

2022 年 4 月，山东省潍坊市临朐县出台了《人居环境管护协理员公益性岗位开发管理实施方案》，规定在镇级人居办和所在村两委领导下，设置 944 个人居环境管护协理员乡村公益性岗位，主要负责协助做好社区（村）卫生保洁工作、加强村内环境每日巡查与村庄周边定期巡查并督促整改、做好相关政策规定的宣传、配合上级检查、督导等工作，及时向镇、村汇报等工作[①]。此次乡村公益性岗位明确安置的对象为脱贫享受政策人口、农村低收入人口、农村残疾人和农村大龄人员等群体，岗位工资标准执行临朐县最低工资标准（每小时 19 元），并按月发放 608 元计发岗位补贴。镇（街、园、区）人居办、扶贫办和社区（村）负责岗位人员组织摸排、民主推荐、审查把关、公示、聘用、日常监管、绩效考核等工作，县农业农村局、县乡村振兴局负责聘用人员条件审核、岗前业务培训、发放培训合格证书、汇总考核结果并集中报送县财政部门发放补贴等工作。各镇（街、园、区）陆续严格按照“七步工作法”中“发布岗位需求、人员自主报名、单位民主评议、公示拟选名单、主管部门审核、开展岗前培训、组织人员上岗”的程序，完成招聘工作[②]。2022 年 6 月 13 日，最后一批公益性岗位工作人员完成培训，临朐县人居环境管护协理员全部就位，推动了县域人居环境保洁的常态化。

（二）政府+社会组织

1. 政府购买

政府购买服务是一种以履行提供公共服务责任与职能为目的，通过直接拨款、公开招标等形式，委托社会组织或企业提供公众所需专业服务的公共服务供给形式。2012 年，民政部与财政部印发《关于政府购买社会工作服务的指导意见》，并为政府购买社会工作服务提供了 2 亿元专项资金，使政府购买社会工作

① 临朐公共就业．“朐益”人居环境管护协理员公益性岗位开发管理实施方案[EB/OL].（2022-04-18）[2022-08-31]. https：//mp. weixin. qq. com/s/Z5g9txlLDYaziHv1MnV7OQ.

② 临朐三农．乡村振兴攻坚｜971 名“朐益”人居环境整治协理员全部上岗[EB/OL].（2022-06-17）[2022-08-31]. https：//mp. weixin. qq. com/s/J2b1fyiCPXayyqcaMVrQ6Q.

服务正式走向全国化，推动了社会工作向专业化和职业化发展[①]。如今，面对农村人居环境与居民健康治理中社会服务需求的增长，将政府部分社会服务职能外包给社会组织来承接已成为一个共识[②]。市场机制的引入打破了政府单独提供公共服务所导致的效率低、成本高的难题，政府通过这一路径将专业的服务交由专业的机构来提供，其集中力量在服务购买与监管等方面。该模式一方面优化了政府部门的职能分工，提高了政府的工作效率；另一方面也提高了相关社会组织的社会认可度，增强其参与社会治理的影响力与作用力。在农村人居环境与居民健康治理中，政府向社会组织购买服务的供应商主要是民办非企业单位，购买项目包括养老养护服务、公共体育服务、社区公共卫生服务等。

2022 年 7 月 1 日，甘肃省平凉市静宁县城关镇民政局发出了“静宁县城关镇综合养老服务中心运营管理项目公开招标”的公告，面向市场主体甄选综合养老服务中心的委托运营机构[③]。此次公开招标采用网上开标的方式进行，由评标委员会对投标文件的审查、质疑、评价和比较，最终以综合评分法确定中标人，其中评标委员会由 4 名技术类专家和 1 名采购人代表组成。评审一共分为三轮，在初评时对市场主体的营业执照、组织机构代码证、税务登记证、财务会计制度、纳税记录、法定代表人资格证明等基本资料进行资格性审查。在第二轮评审时，根据《招标文件》的规定，对投标文件的有效性、完整性、响应程度等进行符合性审查。第三轮评审则是对参与投标的市场主体的业绩、设施设备保障、售后服务、人员配备、制度规则等商务部分与技术部分进行评审，并根据评分细则打出各投标人的综合得分。2022 年 7 月 26 日，经过三轮评审，静宁县颐康养老服务中心获得了该项目的委托运营权。委托运营合同中规定，受托方需为辖区 60 周岁以上老年人提供服务，并优先保障辖区分散特困供养人员、经济困难的孤寡、失能、高龄、计划生育特殊家庭等老年人的服务需求，服务期为 1 年。服务方式应分为居家安全监测、远程监控等线上服务，托养照护、文化娱乐、健康关爱等日间照料服务，以及上门服务。从服务价格来看，此次委托运营的方式为自主运营、自负盈亏，政府部门不再投入预算资金。受托方可以提供理发、助洁、家政等低偿服务，或是根据服务对象需求和养老服务中心承接能力开展各类个性化、差异化的全额定制自费服务，但其必须为特困供养人员及经民政部门认定的 60 周岁以上经济困难老年人提供无偿的基本居家服务与健康信息档案管理

① 何雪松，刘莉．政府购买服务与社会工作的标准化——以上海的三个机构为例［J］．华东师范大学学报（哲学社会科学版），2021，53（2）：127-136+179.

② 范雅娜．双向嵌入谱系：政府购买社会工作服务的一个分析框架［J］．华东理工大学学报（社会科学版），2021，36（4）：36-53.

③ 中国政府采购网．静宁县城关镇综合养老服务中心运营管理项目中标公告［EB/OL］.（2022-07-26）［2022-08-28］. https：//www.ccgp.gov.cn/cggg/dfgg/zbgg/202207/t20220726_18336493.htm.

等线上服务，在综合养老服务中心内免费为辖区内 60 周岁以上老年人提供测血压、血糖等的健康服务，开展茶歇、观影等文娱服务以及讲座、法律援助等权益维护活动。

2. 公益创投

社会组织除了可以通过投标、竞标、受托等方式来承接政府外包社会公共服务外，还可以通过公益创投的方式参与到公共服务供给中①。公益创投是指将风险投资理念和技术运用到公益慈善事业中，为社会组织的组办与运营提供资金与非资金支持，以培育和发展社会组织的一种方法，被认为是政府购买社会组织公共服务的新探索②③。传统的政府购买形式是政府向拥有提供社会公共服务能力的社会组织直接购买所需服务，这种模式成功开展的先决条件至少有两项：一是要有成熟的“服务生产者”，二是要有合格的“服务产品”④。而公益创投模式并不需要满足以上两个条件，其是通过对参与公益创投的项目进行筛选后，在培育和孵化新的社会组织的过程中实现公益项目的运营。对比之下，传统的政府购买模式是政府在“对着菜单点菜”，而公益创投模式是政府根据需求“创新式点菜”。公益创投模式能鼓励更多的社会组织主动地去发现公众需求，提供更具有创新性与切合民众实际需求的精细化社会公共服务，以满足社会小众化和差异化的需求，完善社会服务的整体供给体系⑤。在农村人居环境与居民健康治理中，公益创投模式主要运用在环境整治、助残志愿活动，环境与健康知识宣传，养老、体检、养生服务供给等领域，且着重关注社区内的社会公共服务需求与供给，即政府公益创投模式较多用在社区社会组织的培育中。

2013 年，广东省广州市民政局和市财政局印发了《广州市社会组织公益创投项目管理办法》，对社会组织公益创投的组织单位、创投主体、项目征集、评审、实施、管理等内容做出了规定。2019 年，广州市政府部门对该管理办法进行了修订，公益创投的主办单位由市民政局变更为市社会组织管理局，负责牵头组织实施公益创投活动。公益创投的承办单位由主办单位通过公开招标的形式确定，招标对象为具有相应资质的社会组织。承办单位具体负责公益创投活动的策

---

① 陈为雷．政府和非营利组织项目运作机制、策略和逻辑——对政府购买社会工作服务项目的社会学分析［J］．公共管理学报，2014，11（3）：93-105+142-143.

② 范雅娜．双向嵌入谱系：政府购买社会工作服务的一个分析框架［J］．华东理工大学学报（社会科学版），2021，36（4）：36-53.

③ 周如南，王蓝，伍碧怡，丘铭然，梅叶清．公益创投的本土实践与模式创新——基于广州、佛山和中山三地的比较研究［J］．经济社会体制比较，2017（5）：126-135.

④ 崔光胜，耿静．公益创投：政府购买社会服务的新载体——以湖北省公益创投实践为例［J］．湖北社会科学，2015（1）：57-62.

⑤ 广州市社会组织管理局．第八届广州市社会组织公益创投活动总结大会顺利举办［EB/OL］．（2022-06-28）［2022-09-01］．http：//mzj. gz. gov. cn/gznpo/dt/gzdt/content/post_ 8377279. html.

划设计、组织实施，对项目进行考察、督导、监管，组织专家对项目进行评估，并为获选实施项目的社会组织提供专业咨询服务和能力建设支持。广州市公益创投资助项目范围主要包括为养老服务类、助残服务类、青少年服务类、帮助帮困类以及其他公益类。对比 2013 年版的管理办法，2019 年版对公益创投资助项目范围做出了细节上的扩充，强调了支持社区社会组织开展居民融入、群防共治等社区活动的内容。2022 年发布的管理办法（征求意见稿）将其他公益类修订为社区治理类，强调围绕社区（村）存在的服务管理难点、热点问题开展符合宗旨的公益性服务或活动。对比 2013 年版、2019 年版与 2022 年征求意见版的管理办法，广州市对社会组织公益创投的资金支持上限不断提高，对公益创投项目的管理、评估、监督等工作要求也不断完善。广州市公益创投项目原则上每年征集评选一次，自 2014 年展开以来，迄今已举办了 8 届社会组织公益创投活动，已累计资助 1060 个公益创投项目，资助总额超 1.46 亿元[①]。以“羊城绿点，齐行动”生态环境志愿服务项目为例，该项目在 2020 年与 2021 年连续两年获得了广州市社会组织公益创投活动资助，并在 2020 年荣获第七届广州市社会组织公益创投活动“十大品牌项目”称号。该项目结合习近平生态文明思想和志愿服务理念，通过标准化的志愿服务体系，为环保志愿者们提供可复制、易操作的经验与工具支持，专业环境保护知识及能力建设培训，推动学生群体、社区居民、企业员工、党员等多主体人群参与生态环境志愿服务，服务覆盖社区、学校、企业及乡村等多个场景[②]。截至 2021 年 12 月 24 日，项目已策划及开展生态环境志愿服务活动 70 余场；开展能力建设培训活动 15 场；超 3000 人次党员及环保志愿者参与生态环境志愿服务体验；项目宣传覆盖超 2.5 万人次。

四、农村人居环境与居民健康治理中授权合作模式

政府授权的“权”可以从两个角度理解，一是指“权利”，即社会主体获得的参与社会治理的许可、认定与保障。二是指“权力”，即社会主体在社会治理中对事务的控制能力。授权合作模式是指政府许可社会主体参与社会治理并保障其参与权，或是将部分社会治理的权力授予非政府人员或部门，使其拥有参与社会治理的合法性地位与适配的决策权、执行权与监督权等的一种模式。

首先，在“权利”方面，积极参与农村人居环境与居民健康治理不仅是社会主体的权利，更是其应自觉肩负起的责任。农村人居环境与居民健康治理的相

---

① 广州市社会组织管理局．第八届广州市社会组织公益创投活动总结大会顺利举办[EB/OL].(2022-06-28)[2022-09-01]. http：//mzj. gz. gov. cn/gznpo/dt/gzdt/content/post_8377279. html.

② 广州市社会组织联合会．“羊城绿点，齐行动”生态环境志愿服务项目总结会[EB/OL].(2021-12-29)[2022-09-01]. https：//mp. weixin. qq. com/s/Xskbyqr68vfkbxWbeD28zg.

关政策均提及需充分发挥社会主体的力量，构建协同治理的合力；圆桌会议、社区磋商小组、村落理事会、村民代表大会等参与治理途径以及沟通、监督、举报等参与机制的建立都是政府授予与保障社会主体参与治理权利的体现。

其次，在"权力"方面，虽然法律法规制度能内化为人们行为依赖的规范，但若没有权力机制的保障，外部性的法律则很难完全被内化地运用和遵守[①]。从治理理论的角度出发，治理作为一种管理过程，与政府统治一样需要权威与权力，但区别于统治的是，治理的权力是多元化与互助的，其目的是在各种不同的制度关系中运用权力来引导、控制和规范组织与个人的各种活动，以最大限度地增进公共利益[②]。治理理论的核心是解决公共治理中权力的再分配问题，核心是国家权力向社会的回归[③]，而协同治理更是强调治理权威的多元性与治理主体的平等性[④]。在社会主体中，基层群众性自治组织和社会团体本身就具有法律所赋予的行政职权，肩负协助政府部门进行公共事务管理的职责。从农村人居环境与居民健康治理的实际出发，治理内容与范围的扩大化、深入化和复杂化而形成的多元协同必然会带来政府职能的下放，相应地，为实现治理主体职能落实的有效性，与职能相关的权力也应进行扩散。

（一）政府+公民

农村居民参与社会治理最主要与最重要的方式是通过基层群众性自治组织来实现群体利益的表达与满足。基层群众性自治组织是我国实施基层群众自治制度的重要载体，该项基本政治制度赋予了居民直接行使民主选举、民主决策、民主管理和民主监督等权利[⑤]，并受到《宪法》《村民委员会组织法》《民法典》等法律法规的保障。农村居民可以通过参与村委会组织或发起的村民代表大会、圆桌会议等途径参与到农村人居环境与居民健康治理中，这是农村居民与政府部门交换意见、参与社会治理的最基本与最普遍的形式。除此之外，政府还可以在基层群众性自治组织外，授权公民参与到农村人居环境与居民健康治理中。民间河长制是政府授予并保障农村居民参与农村人居环境与居民健康治理的典型方式。2016 年，我国明确建立了各级党政负责人河流环境治理的责任制，江苏、浙江、

---

① 谢晖．论法治思维与国家治理［J］．东方法学，2021（2）：98-118.

② 俞可平．治理和善治引论［J］．马克思主义与现实，1999（5）：37-41.

③ 邢晖，郭静．职业教育协同治理的基础、框架和路径［J］．国家教育行政学院学报，2018（3）：90-95.

④ 李宁．协同治理：农村环境治理的方向与路径［J］．理论导刊，2019（12）：78-84.

⑤ 李强彬，龙凤翔．乡村基层群众自治研究 20 年：议题、论争与展望［J］．理论探讨，2021（3）：34-41.

贵州等多地也开始探索民间河长制①。如今，民间河长制与政府河长制一并成为流域治理的重要模式。自 2017 年深圳市首支民间河长队伍成立以来，深圳市政府就积极组织引导社会主体参与爱水护水行动。2022 年，深圳市水务局下设的河长制办公室（市河长办）与共青团深圳市委员会（市团委）联合出台了《深圳市民间河长管理办法》，规定了民间河长享有自愿加入或退出民间河长组织、自愿参与爱水护水志愿服务活动、接受相关知识教育和培训、对河长工作提出意见和建议等六项权利，并承担参与志愿服务、建言献策、举报违法行为等八项义务。该管理办法还对民间河长的招募机制、管理机制、监管机制和保障机制等内容做出了详细的规定，进一步支持和壮大了民间河长队伍。得益于政府与社会力量的共同努力，2022 年 1 至 6 月，国考断面深圳河口水质达到地表水Ⅳ类标准，主要污染物指标——氨氮、总磷浓度同比分别下降 29.5%、14.9%，处于 1982 年有监测历史以来同期最好水平②。

在“授权”的第二层含义方面，政府向公众授予权力往往意味着对政府直控的行政过程的重新设计，公众可以通过参与政策制定与实施过程，充分表达相关群体的合理诉求，维护利益相关者的合法权益，从而产生明显的公众参与效果③。另外，政府授权所表达出来的鼓励公民参与社会治理的决心能增强政府与公民间的信任，进而促进协同关系的建立与稳固④。在农村人居环境与居民健康治理中，公民的授权参与能形成公众力量对社区、村庄治理的全覆盖，有利于建立起长效的维护机制。但现阶段，政府将权力直接授予给公民的情况较少，且一般应用在环境治理中，如上海农村社区成立由村民代表组成的环境治理监督小组，授予该小组对村内企业排污状况的“抽查点名权”、否决权、对污染企业的“摘帽”“戴帽”权限⑤。

（二）政府+基层群众性自治组织

在主体性质上，基层群众性自治组织是基层群众实现自我管理、自我教育、自我服务的自治组织，负有办理本村公共事务和公益事业，向政府反映村民意见、要求和建议等的职能。作为基层与政府的联结中介，基层自治组织还肩负着

① 卓彩琴，马林芳，方洁虹，严嘉铭．从单一主体到五社联动：社会工作者推动农村社区治理结构优化的行动研究［J］．社会工作，2022（2）：46-63+107-109.

② 深圳新闻网．今年上半年深圳河水质创 40 年来同期最好水平［EB/OL］．(2022-08-03)［2022-09-03］．https://www.sznews.com/news/content/2022-08/03/content_25286763.htm.

③ 李宁，王芳．农村环境治理公众参与中的社区介入：必要、可能与实现［J］．天津行政学院学报，2020，22（2）：41-50.

④ 辛方坤，孙荣．环境治理中的公众参与——授权合作的“嘉兴模式”研究［J］．上海行政学院学报，2016，17（4）：72-80.

⑤ 李宁．协同治理：农村环境治理的方向与路径［J］．理论导刊，2019（12）：78-84.

协助政府管理的责任，需积极宣传与落实国家的政策方针。鉴于基层群众性自治组织在社会治理中本身就存在的治理职能，其在农村人居环境与居民健康治理中也就天然存在着协助政府进行治理的职能与责任，并需接受政府的监督与考核。政府制定的农村人居环境与居民健康治理方案、项目等的运用与落实都需要基层群众性自治组织的配合。这种政府与基层群众性自治组织授权合作的模式是由自上而下的政策传递过程与基层乡村社会治理所要求的，也是社会治理中最普遍的政府与社会主体协同治理的模式。在农村人居环境与居民健康治理中，村委会与乡镇政府同步召开会议，动员部署、上下联动、明确任务要求、工作内容和实施步骤，共同推动环境与健康治理工作的稳步向前。村委会作为组织动员者，负责落实具体的治理工作，如农村人居环境整治中的“三清三拆三整治”、监督养殖场和工厂排污等破坏农村环境行为等。具体的协同治理方式有组建由镇分管领导、镇农办工作人员、驻村组长、村委会等人员构成的“整治专班”，严格对照整治标准、细化任务目标，给驻村团队“上担子”、村干部“下指标”；施行“干部包干责任制”，落实镇农业农村办同志包干片区、村委会干部包干到村、各自然村党支部书记、村主任包干到户的“三级包干责任制”；派驻村工作队指导、帮助村“两委”落实治理工作任务等。同时村委会的工作也会受到乡镇政府的监督与考核，根据考核结果实施相应的奖惩措施，如为整治效果排名前几位的村授予红旗、奖牌与奖金，为排名后几位的村颁发红旗，进行通报批评等，广东省揭阳市普宁市广太镇各村村委会主任还需与镇人民政府签订人居环境整治工作责任书，以确保整治工作按时完成①。

（三）政府+社会组织

类似中国环境保护协会、中国健康协会、中国体育协会等社会团体本身就具备法律法规赋予的参与政策规划制定、协调规范行业内竞争行为、宣传并推动党和政府有关政策方针贯彻执行等职能。除了法律法规赋予的参与公共事务管理的权利与职权外，社会组织在农村人居环境与居民健康治理中还可以通过政府授权的方式承接政府的部分职能。如深圳市在民间河长制的建立与运行中就采用了政府授权社会组织参与协调合作的形式，该市民间河长组织与管理主要由河长办与团委共同负责。民间河长所实施的具体环保、宣传等志愿活动要在已注册登记的民间河长组织内进行，未经注册登记，任何单位、组织、个人都不得以民间河长的名义开展活动。河长办负责民间河长业务指导与业务培训工作，主要包括定期组织民间河长参观河湖治理工程并开展相关主题活动，做好与不同流域各市河长办的对接工作，建立政府与民间河长的沟通渠道，为民间河长的爱水护水志愿活

---

① 秀美广太．广太镇开展农村人居环境整治巩固提升村村过关“百日攻坚战”行动[EB/OL].(2022-08-24)[2022-09-04]. https：//mp. weixin. qq. com/s/SaRAxhbEh5vG-XSfRUw2Cw.

动提供资金物资支持等。团委负责民间河长组织管理工作，主要体现团委是民间河长组织的注册登记机构，并负责民间河长名单及其基本情况、民间河长大型活动等的备案工作以及民间河长组织年度运作报告审核等工作。此外，深圳民间河长的管理机制还涉及生态环境部门与深圳市志愿者联合会（市义工联），生态环境部门负责定期公开重点河湖的水质情况，河湖周边施工工程环境影响评价等信息；民间河长组织招募的民间河长也必须在市义工联所成立的志愿服务信息平台进行注册登记。深圳市政府授权社会组织参与民间河长制的实施，建立了相应的工作机制，在转移政府职能、降低政府部门工作压力的同时充分发挥了社会组织的管理、筹划、执行能力，壮大了社会组织参与农村人居环境与居民健康治理的合力。

五、农村人居环境与居民健康治理中政府与社会主体协同模式的选择

不同社会主体的性质与作用功能不同导致了政府在选择协同模式时也存在着较大差异。在农村人居环境与居民健康治理中，政府与公民的协同模式主要包括设定公益性岗位、实施民间河长制、成立环境治理监督小组等项目设定或授权合作模式。虽然个体是参与社会治理公益志愿活动的重要主体，但在农村人居环境与居民健康治理中较少出现政府直接与公民进行公益合作的形式，一是直接与公民个人进行公益合作可能会给政府部门的组织管理带来较大的工作量，且不利于保障公民参与公益志愿活动过程中的基本权益；二是与其他社会主体合作相比，政府直接与公民个体进行公益合作时，在吸收公益志愿参与者等方面的工作效果并不能达到最佳。一方面，通过与基层自治组织以及社会组织的公益合作，政府可以将筹划、组织公益志愿活动以及管理参与者等职能交给社会主体，既减少了政府部门的工作内容，又可以利用相关组织的统筹协调职能来保障参与者的合法权益。另一方面，通过基层自治组织与社会组织的内部动员与号召，能吸引大批有参与能力与具备专业知识与技能的志愿者参与公益志愿服务。除了号召、组织参与人员外，政府与社会组织进行公益合作时还可以充分利用组织内的资金、物资、技术、设备等资源，扩大公益合作的范围、丰富公益活动形式。

基于基层群众性自治组织性质的特殊性，政府与基层群众性自治组织在农村人居环境与居民健康治理中的协同模式主要是公益合作模式与授权合作模式。虽然村委会不正式隶属于国家行政系统，但在农业税取消后，由于缺乏经济基础和人员参与，村委会的日常运转需要依赖乡镇政府的资金支持；另外，要将国家政策落实到农村就必须通过村委会来执行，面对基层治理的庞杂任务，村委会被迫承接了国家层层下达给乡镇政府的工作指标考核，成为国家行政体系的

"末梢神经"[①②]。在这样一种行政型治理体制下，村委会与政府在农村人居环境与居民健康治理中的协同模式主要体现为政府授权并指导村委会落实治理任务或联合村委会不定期开展相关的公益实践活动，而较少出现项目设定的协同模式，有关项目的执行与落实也是以村委会承接政府工作任务的形式来推进。

政府与社会组织在农村人居环境与居民健康治理中的协同模式较为丰富，主要包括公益合作模式、以政府购买和公益创投为主的项目设定模式以及授权合作模式。我国社会组织的种类十分丰富，不同类型的社会组织在社会治理中拥有着不一样的优势，发挥着不同的作用功能。在公益合作模式中，社会团体、社区社会组织可以充分动员组织内人员参与农村人居环境与居民健康治理公益活动，基金会、民办非企业单位可以利用自身资金与专业技术的优势与政府及其他社会组织一起开展公益活动。在项目设定模式中，民办非企业单位可以通过政府购买的形式提供农村人居环境与居民健康治理服务，社区社会组织可以抓住政府公益创投的机会，获得发展资金，完善社区环境与健康公共服务的供给体系。在授权合作模式中，社会团体可以充分发挥其联结政府的功能，协助政府部门开展工作，加强公众与其他社会组织和政府部门的沟通联结与合作共治。

总之，社会主体参与治理已成为公共事务治理中的重要一环，特别是在基层治理中，社会主体的参与推动了国家政策方针的全面实施与有效落实。我国社会主体的种类丰富，各主体在农村人居环境与居民健康治理中各自发挥着不同的作用，并基于不同社会主体的性质特征形成了公益合作、项目设定、授权合作这三大类政府与社会主体协同模式。三种协同模式有着各自的特征与优缺点，公益合作模式能让政府与社会主体共同以身体力行的方式参与到农村人居环境与居民健康治理的志愿行动中，用具体行动融入到基层群体里，成为农村环境与健康治理知识的宣传者与传播者，提高农村居民的环境与健康意识，调动农村居民参与治理的积极性，营造全社会共同参与农村人居环境与居民健康治理的全民氛围。但公益合作模式对参与双方都不具备较强的约束力，组织形式也较为灵活随意，没有形成特定的准则与规范，从而容易导致公益合作活动成为"走过场""走形式"的活动，反而不利于全民参与氛围的形成，且难以起到对农村人居环境改善与居民健康素养提高的作用。项目设定模式能充分利用农村剩余劳动力与社会组织专业服务和物资生产的能力，丰富农村人居环境与居民健康公共服务的供给方式，提高公共服务供给质量，增强公共服务供给的针对性与有效性，形成长效的

① 王劲屹．农地流转运行机制、绩效与逻辑研究——一个新的理论分析框架［J］．公共管理学报，2019，16（1）：138-152+175-176.

② 刘博，李梦莹．乡村振兴与地域公共性重建：过疏化村落的空间治理重构［J］．福建师范大学学报（哲学社会科学版），2021（6）：88-97.

供给与维护机制。但项目设定模式涉及政府对项目的购买和资金支持，难以完全避免寻租、徇私舞弊等以公谋私行为的发生。授权合作模式是农村人居环境与居民健康治理中运用最广泛与普遍的政府与社会主体协同模式。该模式对社会主体参与治理具有一定的约束性与强制力，在接受了政府授权后，社会主体具有参与某项治理的职能与责任，需要就治理任务工作及其效果对政府负责。授权合作模式能有效发挥社会主体参与治理的能力，降低政府独自履行职能的成本与压力，并弥补政府单独履行职能的不足，使国家政策方针与治理机制能传递和落实到社会的角角落落。但在运用该模式时，若不能适当把握政府与社会主体之间的关系，就容易把授权社会主体负责的工作纳入到行政体系及其考核中，导致政府与社会主体之间沟通、合作的僵硬化。

为实现政府与社会组织协同治理的有效性，减少各类协同模式可能带来的不利影响，首先，要善用党建工作增强政府与社会主体的凝聚力，提高参与主体的责任意识与奉献精神，以一代代共产党人的精神与党的理论基底孕育政府与社会主体协同治理的共同愿景，将党建精神转化为协同改善农村人居环境条件、提高农村居民健康素养的重要动力源泉。其次，要确立各种模式应用的制度规范，对于公益合作模式，要明确政府与社会主体联合开展公益活动的周期与开展次数的下限，要求参与主体做好有关公益活动策划、实施过程和实施效果等内容的详细记录；对于项目设定模式，要切实核查社会参与主体是否拥有参与条件和资格，针对政府购买与公益创投项目则需聘请有相关资质的专家或机构对其进行评估，加强项目实施的中期检查与不定期督察，确保项目资金与资源得到妥善运用以及项目实施效果符合预期；对于授权合作模式，要明确政府和社会主体的双方职责，建立双向的沟通机制，政府部门要扎根基层、善于倾听与发现基层声音，及时根据实际情况对实施方案做出适当调整，社会组织要铭记肩负的治理责任，积极向政府部门反映工作情况与在工作中遇到的困难，及时沟通，共同化解治理难题。本研究就农村人居环境与居民健康治理中政府与社会主体协同模式进行了全面总结，实际上这三种协同模式的运用并非是互斥的，在实践中需要综合运用不同的模式才能充分盘活社会主体的能力与资源，真正实现社会主体参与治理的效用最大化。

第九章　农村人居环境与居民健康协同治理机制构建

近年来，环境污染导致人体健康损害的现象越来越频繁，空气污染、水污染、重金属污染等污染问题，不仅严重影响人类的健康，还威胁到社会的稳定，造成极其严重的社会影响。当前，我国的环境污染对人体健康的影响备受社会各界的关注。新《环境保护法》明确提出要把环境与健康问题纳入到国家政策调整的范围，提出了构建环境与人类健康保障体系。由此可见，环境与健康问题在全社会引起普遍的关注。因此，政府应该高度重视，完善相关管理机制，切实采取措施保障人民群众的健康权益。环境与健康问题是人类共同面临的社会问题，用何种方式解决环境污染所带来的健康问题，成为当下政府亟需解决的问题之一。

在新时期，我国社会的主要矛盾已经转化为人民日益增长的美好生活需要和不平衡不充分的发展之间的矛盾。这也充分表现出人民对于更好的物质文化以及更高的精神文化追求。不平衡不充分主要体现在城乡区域发展与社会经济发展之间。农村相对于城市而言，各种资源比较匮乏，整体的经济发展水平相对较低，从而在发展进程上比城市慢很多。环境污染以及健康问题在农村比较严重，这是因为农村居民固有的传统生态环境观，大多数人的环境保护意识不强烈，缺乏一定的健康常识，政府的环境监管能力不足也是其重要的因素。

因此，步入新时代，如何把农村的人居环境与居民健康一起沟通联系，实现这二者之间有效地协同治理成为当下学者研究的焦点。为此，建立新时代农村人居环境与居民健康协同治理机制成为当务之急。

第一节　农村人居环境与居民健康协同立法机制

科学完善的立法机制，是新时代加强立法工作总的指导原则。具备完整的立

法体系，能够有效地促进地方工作的开展，保障地方工作的有效运转。30 多年来，我国农村人居环境治理工作范围逐渐由农村道路、供排水等公共基础条件延伸到垃圾处理、污水治理、厕所治理以及村容村貌整体提升等方面，居民健康治理工作的目标也从疾病控制提升为全方位全周期的健康建设，政策网络随之不断发展和扩大，参与主体越来越多，但政府各部门之间缺乏有效的沟通和协调机制。另外，农村受一些情况所困扰，人居环境与居民健康的相关立法工作存在一些弊端。农村人居环境与居民健康本是息息相关的整体，但是现行的立法机制很少把二者结合一起加以研究。有的立法规章制度缺乏实际的操作性，针对性不够强，导致公众无法参与其中；有的立法规章制度的评估、清理工作缺乏相应的规范，影响法制统一。因此，推进农村居民居住环境与健康协同治理，必须要加强立法，不断强化协同立法机制。为了打破空间壁垒，突破多维治理困境，在主要业务交流方面，政府各部门如农业农村部、国家卫生健康委员会、住建部等常规部门和财政部、国家发展改革委等辅助部门应加强沟通合作、促进信息反馈与交流、增强资源交换，提高政策执行效率，强化对农村人居环境与居民健康治理工作的统筹管理。在科学研究、项目调研方面，政府各部门要频繁交流项目研究和相关信息，促进合作协议的实施和相关项目的进展。此外，区域协同立法也成为改变治理现状的最佳途径。而为了解决长江支流资江“一水三治”的难题，湖南省推出第一个协同立法的项目《资江保护条例》。它是由邵阳、娄底、益阳三市根据自身制定的治理条例同步推出并共同实施的资江流域的法律条例，是开展协同立法工作的典范。

资江是湖南省境内的河流，流经邵阳、娄底、益阳三市。在为三市的社会经济发展做出重大贡献时，也面临着生态遭到破坏、水质恶劣、资金不足、治理力度不均衡等问题，进一步影响居民的身体健康和正常的生活。如何治理资江生态环境成为地方政府治理的重点工作。但资江流域的保护涉及到多个地区、多个领域、多个部门，长期以来，仍未建立起整体联动的工作机制，各区域之间的治理能力比较弱。如何以立法统筹协调各方力量，理顺不同部门之间的关系，形成共治共管的整体合力，建立起统分结合、整体联动的资江流域协调保护体制，成为立法机关面临的突出问题。

因此，三市人大常委会通过协商，各自表达和反馈各自的利益诉求，相互通报，跟进立法动态，分享各自治理的经验成果，探索建立跨区域协作保护机制，实现高度协同。其做法首先是搭建沟通桥梁和协调平台。为此，湖南省人大常委会法工委主抓协调，加大了统筹力度，重点多次召开了资江保护协同立法大会，确定了资江保护协同的立法主题、工作机制、时间计划、信息共享等重大事宜。其次是由娄底市人民代表大会常务委员会为牵头单位，积极做好与邵阳、益阳二市之间的交流合作。三市各自设置了领导小组和工作专班，并给出了详细的资江保护与协同立法工作“时间表”“任务书”“路线图”。最后对三市提出的法规草案开展调研、考察和分析，重点围绕资江流域禁止大规模专业化养殖、建立跨区域协同保护机制等问题进行研讨交流，以此加速法规法案的形成。

《资江保护条例》作为环境与健康治理协同立法机制的典范，其最大的特色是在三市的条例中，都对跨区域协作进行了详细规范，三市人民政府明确了各自保护范围、保护职责等相关事项。因此，完善地方环境与健康协同立法机制，可以参照湖南省治理资江的做法，以协同立法的形式为环境与健康协同治理提供法治保障①。

一、设置专门的立法机构

协同立法作为区域一体化建设的重点工作，需要经历一个逐渐发展的过程。由于协同立法带有探索性、实践性等特点，决定了它与经济发展条件、社会现实生活有着天然的紧密联系，而它平等协商、互助协作的运行方式，更加强调区域内部的协作意愿和内生驱动。因此，协同立法更加强调立法的合作性。设置专门的机构，既可以对涉及生态环境与人体健康领域的立法工作进行沟通协商，又可以促进立法工作的顺利开展，减少立法过程中的矛盾。因而，推进农村人居环境与居民健康协同治理，设置专门的环境与健康立法机构，加强协同立法的顶层设计和制度安排，出台专门的意见加以指导和支持。

二、鼓励专家参与协同立法机制研究

专家参与协同立法是指立法机关以外的专家或者专门机构，通过一定的程序或形式参与到立法工作中来，承担一部分立法工作或者提出相关的意见建议。由于立法工作是一项严肃且漫长的工作，需要各方面专业的立法人员的参与。立法人不可能通晓立法所涉及的方方面面知识，必须借助相关领域的专业人士来弥补立法者在知识、经验和能力上的不足。调动生态环境专家、健康专家参与立法工作，能够发挥专家所具有的专业技能、经验、知识等方面的优势，对立法中的政策文本、立法技术、制度设计、价值追求等内在问题加以理性思考。相关专业领域的专家参与协同立法，是提高环境与健康立法质量的有效途径。

三、出台专门的法律法规

法律作为一种行为规范，起到指导行为的作用，规范人们自身的行为。同时

---

① 娄底新闻网．全省首例：协同立法破解资江“一水三治”［EB/OL］．（2022-03-08）［2022-09-26］．https：//baijiahao. baidu. com/s？ id＝1726713336697783156&wfr＝spider&for＝pc.

法律也作为一种惩戒教育的工具，运用国家强制力可以制裁、惩罚违法行为。从立法角度确定不同治理主体参与农村人居环境与居民健康协同治理的职责，形成制度化规范化的监管框架，适时颁布农村人居环境整治与居民健康提升行动的各类政策文书，既对治理内容、手段、路径进行规范和强调，又在机制方面把控市场经济主体行动、保障市场经济主体共同利益，使多元管理主体实现较高层次的信任和协同①。如相关立法机构在新的《环境保护法》的基础上，结合实际情况，适当地出台一部专门的《环境与健康法》。该法要重点讨论环境与健康风险评估、环境相关疾病防控预警、重点人群保护制度等基本内容，并将气候变化与公众健康保护协调机制纳入法律轨道，落实和完善环境与健康管理措施。

第二节　农村人居环境与居民健康全民参与的协同推进机制

环境与人类息息相关。环境防治离不开政府的管理，更离不开每个人的努力，全社会成员的共同参与，协同推进环境与健康治理。“全民”一词既包含了普通群众，又涵盖企业员工、地方高校科研组织、政府部门，是社会各界成员的力量。对于“协同推进”一词，可以具体理解为集聚多种推进的力量，采取多样化措施处理社会普遍关注的焦点问题。协同推进的范围是广泛的，它不仅包括不同的工作、领域等，还包括不同实用场景之间的互相协同。协同推进的目的是激发不同主体参与治理的主动性，提高环境与健康治理的效率。

公民既是自然环境资源的享受者，也是环境得以可持续发展的保护者，更是环境污染的治理者。倡导全民参与环境与健康治理，不仅是公民的权利，也是公民的义务。生态文明建设是全面建成小康社会的目标之一，构建生态文明体系，就必须要坚持“从群众中来，到群众中去”的思想，营造良好的生态文化氛围，鼓励社会群众参与到环境保护监督、问题整改、生态环境建设、卫生健康管理的队伍中来。运用自身力量共同保护环境，捍卫人类健康的权益。

吉林省四平市金山乡开展的农村人居环境整治行动是全民参与的协同推进典型案例。其主要做法是整合各方力量，深入开展村庄清洁活动，推进美丽健康乡村的建设，以此增进村民的健康福祉。其治理的经验值得我们借鉴。一是成立以乡党政主要领导的指挥长工作小组，多次召开农村人居环境整治动员部署会议，

① 陈宇，崔露心．社会资本视域下公共危机协同治理研究——以浙江省新冠肺炎疫情防控为例［J］．湖北社会科学，2021（9）：49-57.

并制定出《金山乡农村人居环境整治通告》《美丽乡村实施方案》《干部职工带动农户整治人居环境活动》《小手拉大手活动》等一系列活动和方案。充分发挥党员干部的领导作用，并明确农民主体责任，扎实抓好不同级别工作，以此形成领导包村、书记负责的工作机制。二是通过发动机关和企事业单位的干部或工作人员，开展党员群众带动、干部职工参与的环境健康治理活动。每个干部职工要起到带动5户卫生较差的农户开展环境治理活动的责任。三是把环保健康理念深入人心。在中小学开展“小手拉大手”活动，不断形成教师带动学生、学生带动家长的全民参与模式，在全民参与中逐渐提升环保意识，注重环境与卫生健康问题。通过全民参与的方式，不断推进环境与健康多元主体协同治理①。

一、创新全民参与的协同推进平台

完善多方参与机制，积极构建政府与社会组织、市场主体以及农村居民的协同治理体系，明确各方参与农村人居环境与居民健康协同治理的合法地位，规范参与主体的权利与义务。推动社会组织主动承担与其工作职责相关的农村人居环境与居民健康协同治理责任，搭建政府与居民沟通的桥梁，积极协助政府落实相关政策，帮助农村居民表达诉求、争取合法权益；鼓励市场主体参与，充分发挥市场主体资源分配的有效性与服务的专业性，提升农村人居环境与居民健康协同治理效率；增强农村居民的环境认知水平、健康素养与环保责任意识，提高其参与治理的积极性与能动性，从而形成农村人居环境与居民健康协同治理的强大合力。

相对完整及专业的机构能充分调动全民参与的积极性。因此，要坚持党建引领，建立健全党委重视、党员带头、志愿者参与的社会治理体系，为全民参与环境与健康协同推进治理树立良好的标杆。一方面，政府要积极搭建协同推进治理的协商平台，增进民众与政府之间的互动频率。另一方面，通过创建政府官方微博、公众号、政务平台、网络监督平台等官方平台，建立起政府相关信息发布平台，为全民获取环境健康治理相关信息提供便利，以此提升全民参与的通畅性，保障全民参与协同治理的信息公开化。同时党员作为一面鲜明的旗帜，必须起到先锋模范带头作用。鼓励党员同志参与到农村人居环境和乡村居民健康协同治理的工作中，树立党员引领作用，推动各乡镇、村党员下沉村组，联合各村民小组长等成员，成立以党员为骨干的协同推进治理工作小组，带领全民参与人居环境整治、全民保健等基层社会治理活动。此外，树立好志愿者的引导作用，深入开展平安志愿服务活动。志愿组织是由拥有服务、团结的理想与信念组成的团体，

---

① 吉和网．多措并举　持续发力　全民参与　金山乡人居环境整治取得较好成效[EB/OL].（2022-09-05）[2022-09-26]. https：//baijiahao. baidu. com/s?id=1743113370548347459&wfr=spider&for=pc.

各成员之间有着强烈的团队合作、互帮互助无私奉献的意识和精神。志愿者在清理村庄道路、宣传防疫和健康知识等方面起到重要的引导作用。通过志愿者自主参与协同治理，提升公民的文明素质，增强全民参与的荣誉感，能在志愿服务中起到“涟漪效应”，最大限度调动全民参与的积极性。

二、完善全民参与的激励机制

环境与健康治理是一项系统工程，只有在系统性整体性协同治理下，才能最大限度地激发全民参与的积极性和创造性，实现两者协同治理的跨越式转变。然而当下全民参与环境与健康协同治理的主动性过低。不可否认是受普通群众的环保意识淡薄、相关法规制度缺失等因素的影响，但究其原因，不健全的全民参与治理的激励机制是一个重要的因素。这是因为以志愿者、党员同志、共青团员等人员组成的服务团队，大多数成员是群众自发形成的，是凭借无私奉献、不求回报的精神服务社会。虽说这是凭借公众的精神文明自愿组成的，但假若长时间没有激励机制的维持，很难鼓励大多数人参与。合理适当的激励措施可以为人们带来较强的工作动力，从而进一步激发其工作的积极性与创造性①。激励考核机制为农村人居环境与居民健康治理提供了有力保障，对治理主体的绩效进行科学、公正的考核、评定、表彰与奖励，可以为各主体的努力方向提供一条明确又清晰的道路，达到整合各方力量的目的，使社区协同治理发挥出最强大的治理潜能。所以，必须要在激励机制上下功夫，不断健全全民参与的激励机制。

一是要通过精神层面的激励机制引导公民参与治理。如开展环境与健康宣传教育活动，普及公民是环境保护主体的观念，增强公民保护环境人人有责的意识。促使全民认同保护环境是保护我们自身的美丽家园，提高我们健康水平的最佳途径。宣传活动结束后可以发放小礼品，来吸引越来越多的人参加。对环境保护和健康预防和治理有重大贡献的公民或组织授予荣誉称号并加强宣传。

二是完善物质激励，如利用“积分制”管理，在人居环境整治提升过程与健康治理中引入“积分制”管理，把村民的“人居环境意识、生活卫生习惯，房前屋后、院落室内、厨房、厕所的卫生状况”等有关事项通过百分制评比的方式，进行精细化的分值管理，然后根据积分情况给予不同层次的荣誉或不同价值的实物奖励，这是通过经济激励机制的方式实现管理的。通过“积分制”管理，最大限度地引导村民参与到环境与健康治理的实践中，让群众真正成为治理的主体，从而激活全民参与环境与健康协同治理的内生动力。在医疗卫生体系中，可

① 王琳瑛，张经伟．网格化管理与运动式治理在农村突发公共卫生事件中的协同运作——以 Z 县新冠肺炎疫情防控为例［J］．山西农业大学学报（社会科学版），2021，20（2）：10-19.

以通过人事薪酬制度改革来调动医务人员的积极性，如允许根据绩效考核情况将业务收支结余作为奖励发放。此外，对于积极履行社会责任的市场主体，要给予适当的物质激励，如资金支持、贸易授权等。

三是要丰富乡村治理形式，提高居民参与积极性。我们要进一步丰富乡村治理形式，提高农村人居环境与居民健康协同治理的居民参与度，完善居民参与的制度建设，利用“民间河长制”“民间所长制”等制度政策，广泛动员社会力量参与治理。通过组织社区活动、福利派送等形式，提升农村居民参与积极性，加强农村居民的情感联结，提高农村居民的归属感与幸福感，营造美丽和谐氛围，为居民的居住安全与精神健康创造良好环境。同时，在环境治理的过程中，提高农村居民环境健康意识，发动群众力量，让健康环境意识在居民的亲属圈、朋友圈中广泛传播，利用农村居民情感关系的联结督促居民的环保行为、促进农村居民良好卫生习惯与健康生活方式的形成。加强农村体育设施建设，发动村干部带头或组织村际间交流比赛，动员居民积极参与体育锻炼，提高居民身体素质，改善居民健康水平。

第三节　农村人居环境与居民健康“第三方治理”的市场运作机制

党的十八届三中全会明确提出“建立以市场为导向、吸引社会资本参与生态环境保护的机制，扎实推进环境污染第三方治理”。自此，“第三方治理”已经成为环境治理的重要议题。“第三方治理”指的是通过引入市场机制，坚持“排污者付费，专业化治理”的原则，按照合同约定支付费用或者自主缴纳的方式，委托专业的第三方企业来完成污染设施的建设和维护①。“第三方治理”是环境治理机制的重大创新，有效降低环境风险，提高治污的效率。同时对于促进环保设施建设的专业化、实现产业的更新和转型、促进环境产业的健康发展有着重要的意义。

打赢“污染防治”这场攻坚战，关键在于改革创新，另辟蹊径地寻找一条适合可持续发展的道路。当前我国的环境污染不能得到根治，其原因一方面在于污染企业缺乏社会责任意识以及相关部门缺乏有效的监管；另一方面在于环境治理的模式仍然是以政府主导的单一治理，即倡导“谁污染，谁治理”的原则，

① 任卓冉．公众参与环境污染第三方治理：利益博弈与法制完善［J］．河南大学学报（社会科学版），2022，62（4）：52-57+153.

由产生污染的企业自行处理。随着社会主义市场经济的不断发展，这种传统以政府管制的污染治理模式将被越来越多人提出质疑。深究其受到质疑的原因，主要是政府凭借行政手段实现污染防治的管制方式过于单一，企业偷排的成本较低，缴纳排污费相对较高，而政府执法监管的能力有限，企业往往通过偷排的方式逃脱过重的赋税。同时政府受制于资金、技术、监管等因素的影响，使得担任多种角色的政府无法对污染治理实现单独治理。所以，引入第三方治理的市场运作机制，能有效地解决政府治理单一化的弊端。

近年来，各省市不断开展环境污染的"第三方治理"工作，如江苏、上海、四川等地区围绕大气、水、土壤防治重点领域，坚持环境治理"市场化、专业化"的原则，引入第三方支付机制，开展"第三方"环境治理的试点工作，逐渐积累了一批先进的经验做法。例如，上海市针对电厂除尘脱硫脱硝、餐饮油烟治理、城区工地等重点领域，推广"第三方治理"的经验，分类分级出台市场化治污举措，提高环境治理第三方监测、评估和控制水平。四川省则通过绩效合同服务的方式来打造第三方市场，鼓励地方政府开展投资融资工作，吸引社会资本入驻，与环境服务公司联合开展环境综合服务项目。而河北省中煤旭阳焦化有限公司为了治理污水，使其达到排放的标准，采取了环境"第三方治理"模式，并取得了一定的经验。其主要做法是，与环保科技股份有限公司进行签订合同，把焦化废水处理及其设备经营维修交由该公司进行处理。同时，在项目建设上，采取镶嵌式的处理模式。即，由"第三方治理"企业全权负责中煤旭阳企业的污染问题，改造升级该公司的污水处理站设施，并对原有的污水处理设施进行优化调节。该治理模式最大的特点是第三方企业运用自身专业的治污技术，大力投入清洁项目，降低了企业自运营的成本，最大限度地提高污水处理的效率。在收费机制上，采用了差异化收费的方式，即根据重点污染物浓度，实行分级治理价格。该收费机制一方面为企业节省了治理的成本，另一方面保障了"第三方治理"企业的合理收益。由此可见，可以借鉴各地的经验做法，不断完善"第三方治理"的市场运作机制。

一、完善"第三方治理"的市场秩序

统一、公平、有序的治污市场秩序是保证"第三方治理"的基础。环境污染的"第三方治理"实质上是政府打破市场壁垒，促使政府监管的日常生活垃圾、污水治理等环境治理项目转移到第三方机构（民营企业或民间组织）处理。政府在治理中充当"监管者"的角色，而市场发挥着资源调控的重要作用。通过政府发挥重要的监管作用，为市场引入社会资本创造了基础性的条件，从而建立起各种资本进入环保领域的投资运行机制。然而在通常情况下，市场调节存在

自发性和盲目性等弊端，极易出现市场秩序紊乱的现象。因而，构建第三方市场规范体系显得非常有必要。首先完善成本核算机制，针对不同行业，政府要制定出不同标准的工业污染治理的门槛价格。价格门槛的标准不能过高，也不能过低，而是要根据经济发展水平、各行业环境污染治理的平均水平等基本情况综合而定。定期发布执行价格信息，规范好市场竞争秩序，完善环境与健康服务市场竞争机制。其次是要尊重市场规律，制定与完善市场准入与退出机制，及时引导第三方组织进入或退出环境污染治理市场。最后是政府、企业、市场要各自明确好自身的职权和定位方向，以最低管理成本作为界定自身职责的标准。政府既要遵守好自身的责任，又要负责制定市场规则和监管规则的实施，为市场创造良好的发展环境；同时，企业要做到诚信经营，不断完善服务系统，加强高新科技在环境管理和健康服务之中的运用，从而提高“第三方治理”的水平。

二、建立第三方中介支付机构

构建以道德支撑、法律保障的社会信用体系，是规范市场运行的根本途径。为了增强企业与环境服务机构之间的信任，引入第三方中介支付机构。第三方中介机构起到信用担保的作用，能保障债权的实现，加速资金的流动，促进各种生产要素的流动。排污企业在双方建立信任的基础上，把污染排放治理费用存入第三方中介机构的名下，环境服务公司处理污染排放问题后，第三方中介机构将治污费用转交到环境服务公司。通过第三方支付机构的介入，降低了政府、排污企业、环境服务公司直接连接银行之间的成本，有效保障了交易各方的利益，为整个环境与健康交易的顺利进行提供支持。同时，要加强“第三方治理”机构的监管，定期发布“第三方治理”机构项目信息，实现负面清单制度。通过构建公众参与监督的平台，逐步实现由政府监督向社会和政府共同监督的转变，为建立“合法、公开、有序”的第三方支付机构提供良好的舆论导向。

第四节　农村人居环境与居民健康多元供给机制

当前，完善基本公共服务均等化，既是我国改革与发展的重要内容，也是促进农村公共服务发展的重要途径。环境保护与医疗健康隶属于基本公共服务的范畴，如何实现公共服务均等化是社会急需解决的问题。现行农村的公共服务水平较低，主要体现在基础设施建设不完善、医疗条件较低、教育资源匮乏、公共交通出行不便利等，这些严重制约了农村经济发展。随着社会经济快速发展，农村

的生产力得到提高，农民对于社会医疗、环境卫生、农田水利、社会保障等方面的公共需求很大①。特别是在面对城乡公共服务失衡的状况下，农民对于公共服务需求更加迫切。

建立健全的环境与健康多元供给机制，既有农村公共需求增长和多样化的内在因素，又有农村公共服务主体单一化的外在因素。从内在因素而言，农村经过改革开放后，不仅解决了人们的温饱问题，经济实现飞跃式发展；而且民主政治的发展也促使农民自主意识的增强，民众对于公共服务的需求更加强烈。从外在因素来看，农村环境与健康供给的领域是广泛的，单纯依靠政府来主导供给难以实现均衡化。这是因为政府供给公共产品或服务的效率较低，极易出现资源浪费的现象。而公共产品具有公共性和排他性，由政府分配容易导致公众产生“搭便车”的心理，容易造成资源分配不均，从而导致供给机制失衡。此外，公共服务所需资金的严重缺乏也是制约其发展的一个重要因素。因此，完善环境与健康多元供给机制迫在眉睫。

一、倡导多元供给的主体

面对公共服务供给主体单一化的弊端，完善环境与健康多元供给机制，必须要构建以政府为主导，市场、社会组织和公民参与的多元供给机制。政府作为环境与健康供给的第一主体，自身管理能力有限，不可能包揽一切工作，必须要把相应治理工作分摊到各管理部门或对应的机构。因此，政府要扮演好公共产品的分配者和社会行为的监督者角色。在供给过程中，对一些涉及到较大公共性的基础设施进行管理分配，同时重视社会政策、法律法规、财政资金在供给机制中的作用，为形成多元化供给局面提供根本性的法治环境和政策保障。同时政府要加快农村产业产权制度改革，明确产业权限，促使那些需要付费的项目转向市场化。积极开展农业生活与企业合作，拓展企业在农业技术帮扶、产业供给等方面的供给渠道。对于市场而言，具备自我调节的作用，充分发挥市场在资源配置中的主体作用。发挥整合资源的优势，引入市场竞争机制，通过优胜劣汰的方式在不同多元主体之间产生竞争，促进环境与健康服务行业加强经营管理，改进生产技术，促进商品和生产要素的更新和流动，从而扩大环境与健康产品和服务的供给量，解决供给效率低下的难题。市场还可以通过价格机制和供求机制，调节环保产品、保健产品、低耗节能产品的价格，改变不同产品与服务的供求关系。社会组织具有公共性和独立性的特点，决定了其在社会治理体现中占据重要的地位。工会、文化协会、产业互助协会、社会服务机构等社会组织利用自身的专业

① 艾医卫，屈双湖．建立和完善农村公共服务多元供给机制［J］．中国行政管理，2008（10）：69-71.

参与到环境与健康供给工作中，能够提高服务效果以及实现公共利益的最大化，更好地完成供给任务，能有效地弥补政府治理资源不足的情况，迅速回应社会问题，实现治理的合理化。村民不仅作为农村生活的主体，也是公共服务的直接受益对象。构建环境与健康多元供给离不开村民的主动参与，必须要调动村民自主参与到农村公共产品和服务供给的队伍中。

二、建立多元供给机制

农村环境与健康供给机制不健全，一方面受供给主体单一化的影响，另一方面是相关供给机制不健全。主要表现在沟通机制不畅、决策机制不民主以及监督机制不完整。这是因为在政府主导的单一主体供给机制缺乏供给的活力以及应变能力，没有充分考虑到多元主体的参与，也忽视了不同主体需要交流互动的问题。因此，必须要提供多元化良好的供给机制给予保障，确保各个行为主体顺利参与到环境与健康产品与服务供给的队伍中。首先是建立畅通无阻的多元沟通机制，供给过程中需要政府、社会组织、公民等多元主体的参与，而不同主体之间可能会因为职业特征、性格特点、工作内容等不同存在沟通障碍的情况。建立顺畅的沟通机制，促使不同主体之间就多元供给的问题进行沟通，确保多元主体能以平等的态度协商交流。其次是要完善民主多元决策机制。多元决策能提高决策者决策的效率，降低决策成本、便于集思广益，发挥各个主体“智慧囊”的作用，促使决策更加科学和民主。所以要鼓励社会团体组织、公众、市场等主体参与到环境与健康供给机制中。政府要发挥决策者的主导作用，市场要发挥自身竞争优势，社会组织则要发挥其专业性的优势，而公众要发挥作为社会主人翁的角色，共同参与到供给机制的决策当中。最后是健全综合的监督机制。多元供给过程中容易出现政府公职人员失责、滥用权力的现象，必须要利用法律法规，政府要发挥自身的权威性，给予法律法规的保障监督机制的正常运行。既对政府部门的失责人员实行内部监督，又要结合市场、社会组织、公众等主体实现外部监督。只有将内外部监督结合起来，才能确保多元监督机制的正常运行。

三、建立技术供给机制

我们要夯实技术实力，完善治理机制，推动农村人居环境与居民健康协同治理。提高农村人居环境治理的支撑能力，搜罗汇总各地先进的治理技术与治理模式，加快推广、应用富有成效的治理技术与模式，结合各地自然条件、基础设施水平与人居环境、居民健康现状合理规划治理方案，做到因地制宜、特色发展。同时，动员基层组织、社会组织、市场主体探索与开发新的治理技术与管理模

式，及时转化、落实治理新科技，实现技术与模式的创新增效。从整体出发，对各类应用技术进行归类整合，构建系统的技术体系以适应农村人居环境与居民健康协同治理的综合性与复杂性特点，提升综合治理水平与服务能力。

第五节 农村人居环境与居民健康宣传教育机制

宣传教育是利用各种信息传播手段，向管理对象传播必要的知识、政策、法律法规等各种内容。既要做到宣传生态环境理念、环境保护的常识、健康保健知识，又要对全民开展与环境与健康治理有关的教育活动。只有把宣传和教育结合起来，才能真正激发广大群众参与环境与健康治理的自主性。完善宣传教育机制，要坚持理论联系实际的原则，因地制宜地采取身教与言教方式，结合大众喜闻乐见的文化传播途径，把环境健康常识与知识传播到每家每户，让普通大众增强环保意识，提高健康预防常识，促进环境整治和居民健康发展。

开展宣传教育活动对于环境与健康协同治理起到预防作用。对于环境宣传活动而言，可以有效提高节约资源和保护环境的意识，约束公众的行为，可以培养良好的道德修养，逐步树立起良好的社会风尚。开展健康宣传教育，一方面，将健康保健知识传播给公众，借此鼓励人们戒掉不良的生活习惯，预防疾病的发生，进一步节约医疗资源；另一方面，健康教育的本质在于促使公众树立健康意识，养成有益于健康的生活方式。因此，健全宣传教育机制显得非常有必要。

菏泽市发挥先进典型的引领和示范作用，结合实际情况，面向全社会开展生态环境保护宣传教育，建立了行之有效的运行机制。主要联合生态环境局与菏泽市广播电视台，加大环保宣传力度，坚持正确的舆论导向，开设《菏泽环保》专栏节目。重点介绍天气应急、重大环保政策、秸秆禁烧、禁止燃放烟花爆竹、环境信访举报电话等消息。同时，推出新媒体《菏泽手机台》App、微信公众号推送、游动字幕等方式，定期宣传环保健康知识。此外，潍坊市生态环境局与电视台合作，坚持正面报道，开设了《鸢都环保进行时》电视专栏，对大气、水土治理、环境执法、应急演练、环境监督整治等核心工作进行全面深入的宣传报道，现已播出64期，共500多条环保类新闻。让观众全方位多角度直面生态环保工作，大大提升了公众对生态环保工作的关注度。潍坊市生态环境局成立了以局主要负责同志为组长的领导小组，制定印发宣传工作方案和评价办法，建立起市局各科室、直属单位及分局一体化宣传工作机制，明确三级审核和月通报制度，实现了宣传信息收集、编辑、审核、发布的全链条衔接；建立了由各分局、局机关各科室、各直属单位业务骨干组成的通讯员队伍，保障了信息联通即时性、重点业务全覆盖①。

一、开展生态环境与健康宣传教育和舆论引导工作

开展全民生态环境与健康宣传教育与舆论引导工作，一方面要充分发动基层政府教育部门、新闻媒体、基层群众等主流环保主体，以新时代中国特色社会主义生态文明思想为指导，创新多元化传播渠道。从传播的理念、内容、形式、方法等综合方面出发，发挥新媒体传播优势和宣传教育基地的实践价值，重点介绍当前农村生态环境的质量、自然生态资源使用状况、疾病常识、突发公共卫生事件处理等基本知识，做到及时准确在政府网站、电视、微博等平台发布权威消息，引导正向舆论，通过新闻发布会等形式回应社会关切。另一方面则开展学习榜样精神活动、报告会、组织生活会等活动，普及环境与健康风险防范、生态环境与健康的法律法规等知识。同时利用新媒体了解我国有关环境与健康协同治理的具体情况，发挥先锋模范作用，讲好农村环保奋斗的发展历程、成功案例和人物故事。此外，还应聚焦当下公众关心的突发传染病、食品卫生安全、社会压力、心理精神等危害人体健康的问题，主动开展生态环境舆论和治理斗争，推动生态文明主流价值观在全社会推行。通过坚持正确的舆论导向，让广大群众有序参与到环境与健康治理的工作中。在此过程中要重点关注农村居民的信息需求，在信息传递的流程中，不考虑农户的实际信息需要，内容和传播途径的单一化、传播途径的非针对性和时滞性，会导致农户对外界信息无法产生全面客观的了解，这将会影响其对客观风险事实的认识。如当政府传播方未向农民推广和普及有本地适用性的环境改造和医学卫生知识，以及农村基层医疗机构缺少专业培训。农户往往在环境改造初期或疾病发生前期都束手无策，没有专业权威的改厕指南、防疫指南等，无法满足农村居民显性或隐性的信息需求。在乡村区域进行的信息沟通工作，需要意识到农民所感受到的环境与卫生风险是风险信息沟通的首要问题。只有准确了解和全面掌握农户的环境与卫生认知现状，形成信息反馈制度，关注和反映农户的信息需求，减少主体与客体间的认识差距，才有可能建立起有效的沟通制度。

二、建立环境与健康宣传教育的工作制度

首先，建立各部门环境与健康治理协调联动机制。加强各级环保、宣传、文明办、健康等部门的交流，联合各种社会团体，发挥政府统一领导、各部门

---

① 搜狐网．山东省生态环境宣传教育优秀案例｜菏泽市生态环境局：“环保进行时”助推环境质量改善．[EB/OL].(2021-06-26)[2022-09-26].https：//www.sohu.com/a/474206160_121106991.

各司其职的作用，共同开展宣传教育工作。其次，加强相关环境与健康人才队伍建设。宣传教育活动的开展离不开大众的参与，更离不开专业人才的努力。专业人才往往具有专业的知识水平，能对环境与健康治理发挥独到的见解。因此必须要重视人才队伍的建设，发挥财政资金和优惠政策吸引人才的作用。如优化就业政策，引导社会资本流向农村，鼓励医学人才返乡就业，成为一名“新村医”，积极投入到基层医疗事业中。加强对村卫生室医护人员的健康知识技术培训，进一步提高医护人才的健康水平，促进医护人才传播健康知识。此外，要重视对环保部门宣传人才的培养，加大对环保社会组织人才培养的指导和扶持力度，定期举行宣传干部业务培训交流会，发挥环保人才在环境治理、宣传、评估等环节“智慧囊”的角色，促进更多的人才宣传环境与健康基本常识。最后，建立健全环境与健康宣传教育长效机制。即长期保证环境与健康宣传教育机制正常运行，发挥预期功能。主要是因为环境与健康教育宣传不是一时半会的活动，要实现环境与健康治理有效，必须要把环境健康理念灌输入心，实现长期治理。因此要做到加大教育培训力度，从中小学开设环境与健康教育课，并定期通过开展讲座的形式向中小学生传授环保意识与健康理念，从小抓环境与健康观念的培养。

第六节　农村人居环境与居民健康影响评价评估机制

对于环境与健康影响评价评估这个概念的解释，学界没有统一界定的说法。环境影响评价是指对可能产生的环境影响进行分析、预测和评估，提出预防或减轻不良环境影响的对策和措施，并进行跟踪监测的过程①。该制度目的是在规划和建设项目的实施过程中，防止产生环境污染和生态破坏等不良环境影响。而健康影响评价是指利用一系列的数据和分析方法，系统性地评价多个部门制定的政策、项目对人体健康潜在影响的过程，本质上是落实健康优先理念、实现健康关口前移的政策工具。因此，可以把环境与健康影响评价评估制度理解为上述两个观念的综合体。

当前，环境污染的工作是在事后处理的，即提高污染的排放标准或清理已经造成的污染等。也就是说，焚烧垃圾给周边的人群造成健康影响、排放污水产生的健康成本、$PM_{2.5}$的疾病负担等由污染造成的健康问题，实际上是对已经污染

① 杨轶婷，徐鹤．我国环境影响评价制度实践与展望——环评法20周年回顾［J］．环境工程技术学报，2022，12（6）：1719-1726.

后的事后处理。这种处理方式产生的后果是暂时减缓或污染程度相对降低。然而片面地从环境污染事后治理的角度去看问题，忽视了导致健康影响的真正因素。即导致人体健康问题未必是已经排放后的污染物，在潜在已久的污染也有可能对健康产生影响。这种末端导向的环境治理方式未必真正可以保障公民的健康未来不受到影响。我国于 2003 年实施的《环境影响评价法》，提出了将“人群健康”作为评价的内容。然而因为基础数据有限、公众参与性不高、评价内容与方式不全面，在评价中没有真正考虑健康影响评价，只有在重大环境事件发生后才会提及公共健康。原因在于环保部门的力量相对悬殊，以及相关部门公共健康的话语权比较小。因此，在公共决策过程中把环境与健康作为一个整体考虑进去，考虑环境污染产生的人体健康问题的事前评价与预估，制定出环境与健康影响评价评估机制。通过这样的方式，可以有效地规避决策者决策的风险，为决策提供科学依据。

“环境健康影响评价”被纳入“十四五”环境与健康规划中，明确提出评价的程序、内容、方法等。全国各地相继开展环境健康影响评价试点工作。如江西省宜春市出台并发布了《宜春市健康影响评价评估制度建设试点工作方案》，明确提出了健康影响评价评估的总体目标、试点的范围、评价的范围、评价的内容、实施主体、建设路径等相关内容。该方案的提出能降低健康影响的风险。此外，宜春市的健康影响评价实施过程极为系统和严谨，共分为部门初筛、提交登记、组建专家组、专家组筛选、分析评估、报告与建议、提交备案、评价结果使用和监测评估九个阶段。每个阶段都严格按照程序来实施。此外，宜春市还通过建立工作机制、构建工作网络、组建专家委员会、建立健康评价激励考核机制、加强宣传力度等方式，不断建立完善的健康影响评价保障机制，以此来推进健康城市健康村镇的建设，提升人民的健康品质。环境影响评价评估工作则借鉴山东省青岛市关于探索建立温室气体排放环境影响评价新机制的做法。首先由青岛市生态环境局建立上下贯通机制，各个部门制定详细的工作方案，明确各部门之间的职责，发布环境影响评价技术指南（试行）。其次是组织召开全市试点行业温室气体排放环境影响评价工作启动会和推进会。联合管理部门、试点企业、科研院所和技术专家等多方参与沟通，建立起多方研讨评价标准体系。环境影响评价技术指南（试行）明确了适用范围、评价工作程序、评价内容、核算方法、单位产品温室气体排放绩效水平等重要内容，从而建立起健全的各行业温室气体排放环境影响评价标准体系。因此，可以具体参考宜春市关于健康影响评价和山东省青岛市关于环境影响评价新机制的做法，借鉴其优秀的工作经验，不断探索出环境与健康影响评价评估的工作机制。

一、建立健全评价评估机构

健全的机构设置能保障评价评估制度正常运行，也是实现环境与健康协同治理的基础。甘肃省金昌市作为我国首批健康影响评估制度建设试点城市，成立健康影响评估制度试点工作领导小组，坚持以政府主导，联合多部门协作，引领具有专业技术的专家团队，建立起由生态环境、农业、住建、交通、自然资源等各行业组成的环境与健康影响评价评估专家委员会，为重大公共项目的政策制定和规划提供技术支持和指导。除了要完善专业的环保健康评价机构外，还要引入由社会组织、公民组成的“第三方”评价评估小组。通过开展座谈会、听证会、报告会等活动形式，增强社会公众参与基层治理的能力。环境与健康影响评价评估的范围涉及相关农村房屋规划、重大环境事件、重大公共服务项目、居民健康等相关领域，确定开展环境健康影响评价所需参数，包括通过呼吸、口腔和皮肤接触外部物质的数量和速度，以及血压、体重等人体特征。评价的方式采取专业的环境与健康评价评估专家委员会的自我评价与“第三方”评价评估小组的他人评价相结合，做出客观公正的评价结果。

二、建立完善的评价评估程序

针对潜在的环境与健康危害影响、社会关注度高、覆盖人群广泛的公共政策和重大工程项目，需采取标准程序进行环境与健康影响评价评估。对涉及到公共交通、住宅建设、农村产业规划等公共建设工程项目以及农村环境与健康治理的法律法规开展具体详细的评价评估程序。其程序主要分为以下几个步骤进行，首先是影响因素初次筛选工作。对照环境与健康影响因素的政策文件及对应问题清单，组织专家对可能涉及危害健康相关的因素进行初筛，最终确定是否需要进行影响评价评估，并形成书面初筛意见。其次是分析评估。接收到书面初次筛选意见报告后，要组织卫生健康领域专家或法律法规领域专家组成评价评估组，对所形成的房屋政策、环境质量、饮食、吸烟、饮酒、房屋安全性、交通安全性等健康决定因素实施必要的环境健康影响评价评估工作。评价评估过程应注重效率优先，最大限度减少行政决策时间成本。最后是形成报告建议。由专业的技术人员评价评估后，专家组撰写环境与健康影响评价评估报告，并将此反馈到相应的实施主体。报告主要是针对评价评估过程中存在的环境与健康危害因素提出科学性与可行性的修改建议。目的是为环境与健康治理决策提供可参考的标准，尽可能降低或减少环境污染对健康的消极影响。完善的评价评估程序为环境与健康治理工作的顺利开展提供了良好的条件。

第七节　农村人居环境与居民健康监测监督与考核评价机制

治理是一项系统性的工作，既包括前期的风险评估、监测、治理工作，又包括事后监管。事后监管包含了监督与考核评价的环节。这是因为事后监管能起到信息反馈和提前预防决策失误的作用。合理有效的监督能保持治理项目的长效运行，保障权力运用到人民的身上。而考核评价则是对环境健康执法行为的综合评价，其考评结果可作为衡量环境与健康治理工作是否达标、工作人员的行为是否尽职。社会公共利益是协同监督的最高价值标准，其长期以来都被视为权利合法性的源泉、行为价值评判的准则和法制保障的目标①。

我们要建立多元监督体系，完善对农村人居环境治理与“健康中国”建设的监督体系，形成政府部门、社会组织、社会大众参与的多元监督系统，发挥监督工作应有的反馈作用，明确奖罚机制，促使各组织部门积极完成工作任务，履行工作职责。加强对治理绩效的长期监督，延伸政策落地带来的成效，巩固阶段性的治理成果，及时弥补治理缺口、保证政策落实的持续性和长期性。

东莞市在发展经济时也面临若干环境污染问题。其中，以 2019 年全国人大常委会水污染防治执法检查组在东莞开展检查工作为例，发现电镀企业环境污染的事件。由此可知，东莞环境执法监督工作存在若干问题。针对以上出现的环境监管不严的问题，东莞市开始实行环境监管执法与考核工作。首先是加强顶层设计，实现各部门职责之间的分工合作。具体来说是要建立生态环境议事和协调机构，即环境监管执法委员会，负责环境与健康监管执法的具体事项。各部门之间要统筹协调。其次是加强监督执法队伍建设。增加财政投资，设置由 1288 人的“专职+专业”的村级专管员队伍组建形成的专职辅助监管队伍，坚持各村级包干的原则，实现覆盖范围广的环境监管②。最后是强化内部组织的监督与考核。加强对生态环境负责人的监督，不断加强对环境监管人员的日常考核，每月对考核的结果进行排名，对排名靠后的工作人员进行相关的惩罚。制定详细的监管考

① 陈蓉．经济法“社会公共利益”的规范分析——以功能主义为视角［J］．湖南大学学报（社会科学版），2012，26（2）：152-156.

② 广东省生态环境厅．【环境治理优秀案例⑯】东莞：用好监管执法利剑，助推污染防治攻坚［EB/OL］.（2020-11-17）［2022-09-26］. http：//gdee. gd. gov. cn/ztzl_ 13387/wrfzgjyxal/hjzlal/content/post_ 3128471. html.

核的计划，以此来规范监督管理的行为。对于监管有力的行为进行表彰，鞭策其不良的监管行为，并对每月排名靠后的有关领导进行约谈帮扶。基于此，完善环境与健康监督与考评机制要做到以下几项工作。

一、强化监测预警作用

《突发公共卫生事件应急措施》中指出："对于突发公共卫生事件要以防范为先，对各种可以引起突发公共卫生事件的情形要及早做出综合分析、预防措施，努力做到早发现、早报道、早处置。"事实上，面对环境污染、病虫灾害等具有传播性的环境问题时，监测预警与及时介入等措施也同等重要。为了对污染、病虫害、传染病扩散做出最及时的反馈，需要构建一个能高效运转的监测预警系统，运用该系统对各种处于潜伏期的环境与卫生风险因素进行及时全面的监测，并通过对所收集到的数据进行分析，及时发布预警。首先，要对预警的价值有充分的认知与了解，结合以往重大传播性、传染性事件中的应对措施，归纳总结预警机制的效用与适用时间、范围、条件。其次，要以较快的速度出台关于重大传播、传染性事件处理的相关政策，以明确相关主体的职责。最后，做好信息传播研究，发出正确的警报。所谓科学的预警，除上述发布主体职责之外，还包括了发布的具体内容、方法以及适当时机，主要依据是对重大传播性事件的危险程度和不断变化的环境与公共卫生专业性评估，以及对一定程度的科学预警及其对社会经济发展危害程度的科学专业性评估①。如在新冠疫情防控中，不少地区将体温异常监测责任落实到村庄内的每一个疫情防控小组组长，严格对公共场所存在体温异常等异常症状的群众进行登记与汇报，提高了基层对传染病筛查和调查处置能力。农村通讯信息组也发挥了其主要功能，向居民宣传与传染病相关的法规、防控等相关的内容，在一定程度上提醒社区居民在日常生活中养成良好的生活方式，提高自我防护能力。村委会持续关注各省市疫情发展状况，向农村居民发出通告，对于有意愿返乡的人员，一路要求持有 48 小时核酸检测证明，并针对中高风险地区来往人员，实施落地隔离政策。针对非中高风险地区的人员，村委会对其家庭进行主动追踪登记，并将其纳入网格化管理，采取居家隔离观察 14 天措施并实行定期核酸检测、健康监测等准则，实现管控病例、预防病例、杜绝病例，以此防范国内外输入性病例扩散和蔓延。

二、拓宽监督的渠道

生态环境治理与健康管理，既要发挥政府管制的作用，又要发挥人民群众多

① 崔运武．完善我国重大疫情预防和预警机制研究——基于国家治理现代化的要求对疫情初期应对的分析［J］．云南行政学院学报，2021，23（1）：135-143+2.

元监督的作用。监督是对主体的行为进行约束的活动，不仅能促进行为主体改变或者规范好自身的行为，防止失德或者违法行为的发生，也能提高工作效率。监督实际上是政府及相关部门履行自身的职责，社会组织等多元主体发挥民主政治的作用。协同监督保证了农村人居环境与居民健康治理中公共利益的高效进行，彻底改变了传统的政府部门或市场单位的监管模式，除政府部门以外的多元主体参与有利于提高政府管理绩效，促进社会公共利益①。因此，实现环境与健康协同治理，必须要拓展多样化的监督渠道。一是相关部门要及时公布监督举报电话，开设电子邮箱，接受社会公众对于破坏生态环境行为的反馈。同时，在相应的网站上创立监督平台意见反馈专栏，用来接收社会各界对于环境与健康协同治理的反馈意见。二是结合环境保护日或爱国卫生月，通过定期召开市民座谈会的方式，广泛征求市民对于协同治理工作的意见和建议，相关部门要认真回应并解决群众所反映的突出问题，并加大处理的力度。三是联合工商食品药监局、环保部门、综合执法等部门，增设各行业的投诉热线，并把投诉热线公布在公众极易看到的基层窗口上，时刻保持热线的畅通性，及时接收群众对于市容市貌、环境监管、卫生健康等问题的反馈，及时解决问题并对相关部门起到监督约束的作用。四是要利用电视、报刊、网络等发挥群众的舆论监督作用，设立相关的专题专栏，开展文明创建宣传活动。及时收集和整理宣传活动过程中社会各界对于创建工作的意见与建议，形成环境与健康宣传工作总结，及时对工作中存在的问题进行整改。同时要加大对协同治理工作中不文明、不作为行为的曝光力度，促进部门的整改。多元化的监督渠道保证了环境与健康协同治理过程的公开透明化，促使工作人员认真履职，做好自身的工作，不断提高协同治理的工作效率。

三、完善考核评价机制

考核评价机制是指对照工作目标或绩效标准，采取相关的考评方法，对工作完成情况进行考核的一种制度。当前相关部门受管理有限或缺乏对权力的正确使用等因素的影响，过度重视对环境与健康的监测、评价与评估，忽视其考核与评价。因此，实现环境与健康和谐发展，要坚持完善科学、公正的考核评价制度，用制度来保障治理的有效进行。

环境与健康考核评价机制是采取定性或定量的考核方法，对涉及到重大环境或健康管理项目的完成情况进行审查和评价的制度。如何实现考核评价机制，就要考虑考核什么内容、采取何种方式考核、怎么样考核、考核后结果如何运用等现实问题。环境与健康协同治理是一项系统复杂的工作，而对此的考核评价也尽

① 郝志斌．重大疫情数字治理协同机制研究［J］．现代经济探讨，2020（6）：92-99.

量做到具体化、系统化以及公正化。首先，要细化考核标准，联合各地区、各部门的实际情况，建立起具有区域特色的考核内容和指标体系。一方面是逐步建立环境与健康协同治理的领导干部责任清单，形成“工作有标准、干部有指标、落实有考核”的完善的绩效考评体系①。另一方面强调要以大气、水、土壤所蕴含的污染物以及传染病、慢性病、饮食卫生等危害人体健康的项目为考核的重心。其次，采取操作性强的考核方式。一个系统性的考评体系，不能仅仅关注领导干部对于治理的实际工作完成情况、业务能力水平等，更要采取实地走访、民意调查等灵活的方式来获取考核的实际结果。同时也要注重日常工作的实际考核。最后，把考核的结果运用到环境与健康协同治理的工作中，既让考核结果作为领导干部实现奖励或惩罚的标准，促使行为主体规范自身的行为，做好治理工作；又要把考核评价结果作为协同治理的标准，为制定科学的环境与健康政策提供参考。另外，绩效考核也是激励全民参与农村人居环境与居民健康治理的重要方法。绩效考核是个人报酬与组织行为成就挂钩的一种考核方式，不仅应用于政府部门或者企事业单位工作人员工作任务完成情况和工作职责履行程度，还可以适用于村委会及其他参与主体的日常工作中，采取科学的绩效考核方法，如关键绩效指标考核法、全视角绩效考核法、目标绩效考核法等，并将绩效考核的结果作为村干部履职不当或实现晋升的重要参考。

第八节　农村人居环境与居民健康责任追究机制

党的十八届三中全会明确提出，建立系统完整的生态文明制度体系，实行责任追究制度，用制度保护生态环境。责任追究机制是行为主体在工作中违反相关规章制度，不能更好地履行职责或者造成不良后果，对各类责任主体的一切行为和后果实现追究责任并给予相应处罚的制度，是基层政府改善管理、增强责任的一种有效手段。实际上，问责机制也是约束相关责任人的权力和行为，促使其权利与责任保持一致的制度，能够促使农村人居环境与居民健康治理有序实施，形成良好的推进秩序，从而实现农村人居环境与居民健康治理下的公共利益。责任追究的应用范围较广，不仅用于规范政府、企事业单位公职人员的行为，促使其认真履行职责，也应用于矿业开采、环境治理等治理活动中。全国各地都根据区域特色、问责程序、问责缘由，因地制宜地开展环境污染处理和健康管理的责任

① 朱晓杰．建立领导干部科学考核评价机制初探［J］．领导科学，2018（26）：15-17.

追究机制。如北京市通州区台湖镇口子村实行责任追究机制。对违规倾倒垃圾的行为，没有正确履行职责的村委会委员，给予政务记过处分①。针对临时垃圾堆放点臭味扰民而长期未解决的问题，汕头市和平镇下厝居委工作存在履职不当、失察失管的情况。因此，纪委开启追责程序，对下厝社区相关人员开展诫勉谈话，以此督促其认真履责。所以，在任何行业，只要涉及到工作人员失责的行为，都可以合法按照程序开展责任追究机制。环境污染严重、生态退化、卫生健康疾病突发等制约环境与健康和谐发展，完善环境与健康责任追究制度迫在眉睫②。

一、强化问责追究对象

责任追究对象，即追究谁的责任问题。当前我国环境与健康责任追究制度不健全，主要体现在责任追究对象存在局限性的现象。由于政绩观念和责任约束的缺失，导致在面临生态环境损害和健康管理不善上缺乏对领导层面的约束，而这种情形是由于党政领导盲目或错误性决策所形成的，但责任追究一般是针对直接违法当事人，往往疏于对领导干部的责任追究，或者追究程序不够严格。因此，必须在立足实事求是、权责一致原则的基础上，加强对领导干部的责任追究。既要加快完善生态环境损害责任追究制度，又要追究相关责任主体在食品卫生、医疗健康等健康领域内的责任。此外，根据问责对象的不同，重视对异体问责的研究，加大对其制度设计的力度。不仅要定位好人民代表大会在环境卫生健康立法工作中的责任追究的角色，还要发挥媒体舆论监督的作用，及时有效地追究公民及相关社会团体的责任，压紧压实各类主体的治理责任。

二、明确责任追究的种类

按照何种责任追究的种类来开展追究工作成为当务之急。清晰的责任追究种类将涉及到环境与健康责任追究的方式。因此，要明确终身责任追究的种类，促进责任追究工作顺利开展。先是建立一套公开细致的问责事由标准，即责任追究是按照何种类型的事件来定，追究谁的责任，怎么样追究的问题。例如，环境工作人员在制定环境政策时出现的重大决策失误的问题，从而导致在后续环境治理工作受阻，则这种属于环境决策者工作失责的问题。然而，责任追究包括刑事、行政、民事责任三种类型。按照责任追究的类型来看，环境决策者要承担起记大

① 北京日报客户端．北京通报两起生态环境损害问题责任追究典型案例[EB/OL].(2020-09-27)[2022-09-26]. https：//baijiahao. baidu. com/s?id=1678986778524746271&wfr=spider&for=pc.

② 广州日报．生态环境保护领域追责典型案件[EB/OL].(2018-07-04)[2022-09-26]. https：//baijiahao. baidu. com/s?id=1605001341767263321&wfr=spider&for=pc.

过、降级、撤职处分等不同程度的行政责任。严重决策失误并造成人员伤亡的要承担刑事责任。根据环境与健康责任追究的标准，追究不同责任人的责任，并采取相应的处罚措施。

三、完善责任追究的程序

完备的责任追究涉及到追究的程序设计问题。公平公正公开的责任追究程序能强化各级人员的责任心，制止和惩戒不负责的行为，促进各项工作高效有序地开展。一方面是开展完备的责任追究程序。成立由领导班子组成的工作小组，经环境健康工作小组研究，对环境与健康工作中有过错的行为开展立案调查。然后由领导小组做出处理决定，将调查处理的结果以及处分情况告知被调查者。如对处理结果不满意，被调查者可以提出申辩，经领导工作小组审核复议后，由相关单位落实责任处理，并最终对相关的处分材料归档。另一方面是要保证责任追究的公开透明化，调动公众的参与。公民是健康责任的第一负责人，也是环境保护的主体，对于环境与健康治理的过程享有知情权、表达权，以及监督权。推进责任追究公开化，就要做到决策公开，切实保障公民的监督权。公开是监督的前提和基础，公民能对公开决策效果进行客观评估，从而确认责任主体，便于后期对重大决策以及治理过程出现的失误进行责任追究。此外，责任追究的结果也要向社会公开，确保公开透明化，保证公开责任追究的正当性。

第十章　农村人居环境与居民健康协同治理的实现路径

党的十六届五中全会提出推进社会主义新农村建设，建设美丽乡村。建设美丽乡村是推进生态文明建设，推进社会主义新农村建设高度化发展的新工程。步入新时代，人民追求的物质与精神文化达到一个新的高度，现行社会出现的环境污染问题严重威胁了人类的健康，人们对于健康的呼声日益高涨。因此，美丽乡村的建设不能仅是追求表面上的美丽，更要追求一种内在的健康，以此形成美丽与健康和谐发展的生活方式，建设美丽健康乡村成为大多数人追求的目标。美丽健康的乡村，不仅有利于提升居民的居住水平，提高农村居民的生活幸福感，更有利于建设一个生态宜居、乡风文明、治理有效的新型乡村。环境与健康问题关系到人民群众的生命安全和人身利益，是环境保护工作的关键。长期以来，自然环境的破坏和污染进一步危害到人类的身心健康，甚至影响社会稳定和谐，对环境治理提出更大的挑战。如乡镇企业排放的“三废”和不合理使用农药化肥，进一步加速环境污染朝着严重化的方向发展；乱占耕地用于自建房、乡镇企业建工厂、道路修建等行为，导致耕地面积缩小，生态环境严重遭到破坏，这些现象越发频繁。而村民由于环保意识不强，卫生健康的观念比较落后，仍未认识到环境污染物会对生态环境、对人体健康造成危害。为了进一步解决这些问题，必须要结合环境与健康之间的密切关系，实现农村人居环境与居民健康协同治理。

第一节　建立区域协同治理制度

建设美丽健康的乡村离不开每个组织的领导以及众人的努力，加强组织领导、合理清晰地划分出不同职能部门之间的权限，有利于强化组织间的协调能力，也有助于明确治理各方的义务与权利，提高协同治理的效果，促进各方工作

的顺利开展。为了做好环境与卫生整治工作，改善农村的“脏、乱、差”的现象，提高村民的健康水平，建设“产业兴旺、生态宜居、乡风文明、治理有效、生活富裕”的美丽乡村。要建立健全不同维度的协同治理制度，制定区域性的协同协议，形成地区协同治理扩散性环境与卫生问题的合力，增大治理的规模效应，打通区域间治理的阻碍。坚持发挥村民作为农村发展的主人翁意识，联合村委会各部门，开展乡村环境与卫生公约制定活动。以此增强村民身心健康意识，树立科学的卫生观念，自觉做到保护环境和维护自身健康。

一、强化组织领导能力

加强农村领导班子的建设，依照《国家环境与健康工作领导小组协调工作机制》《国家环境与健康行动计划》等相关文件要求，重点把环境与健康工作列入农村日常工作的重要议事日程中，加强不同部门领导之间的协同治理。如在农村设立生态环境治理工作小组和卫生保健工作领导小组，两个工作小组要加强联系，建立两部门长效的协作机制和信息资源共享机制，就当前的生态环境污染和健康问题互相交流，共同防范环境与健康问题，推动环境健康工作的长远发展。

必须先要明确好牵头部门，然后根据农村实际情况对各职能部门进行具体的职能划分，如成立美丽乡村建设小组和相应的办事机构，由主要的负责人担任小组领导，协同多个部门共同参与美丽乡村建设活动。在农村人居环境与居民健康治理过程中要注重治理制度的构建，为农村人居环境与居民健康治理的实施提供制度保障。这种保障基于一系列正式和非正式的制度和规则体系，分别针对农村基层政府、社会组织、市场主体及农村居民等多主体的利益表达，通过协调责权分配，形成应对农村人居环境与居民健康问题的策略与行动。现如今，并没有制定专门针对农村社区多元协同治理的法律法规，致使农村社区协同治理的过程缺失规范。对于农村人居环境与居民健康治理的监管主体，也没有明确的法律地位，使此类公共事务的监管存在缺陷，难以形成规范的协同治理格局，进而影响整个协同治理过程的科学性。由此可见，务必从法律制度层面明确参与农村人居环境与居民健康协同治理的各主体权责，才能提升多元协同治理的法治化。通过明确政府组织纵向协同治理与多主体横向协同治理的法律地位，使农村人居环境与居民健康治理的协作具备法律保障，全社会共同承担健康治理的责任[①]。此外，还需加强领导干部的责任意识，将美丽健康乡村建设纳入日常考核工程中，以此作为领导干部评价和选拔任用的重要依据。各个组织要明确好自身的工作范围和权限，各司其职，做好自身工作，为建设美丽健康乡村贡献一份力量。

① 宋律．健康治理中的群众参与及其实现途径［J］．中国农村卫生事业管理，2017，37（7）：810-812.

二、制定区域协同协议

在党建引领之下，通过多方协同、专业力量的介入，能够有效全面治理农村人居环境与居民健康。不同村庄之间可以通过召开党建联席会议来确定不同时期的农村人居环境与居民健康治理措施，还可以通过成立环境与卫生协调委员会以组织社会组织、市场个体、社区居民来共同构建环境与健康工作框架，为多主体合作提供支持。相邻村庄之间可以设立多村联治联控体系，形成区域内群治群控，减少精力和人力的消耗，避免污染源与卫生健康风险的相互影响。

三、制定环境与健康公约

公约是个人或单位协商并共同缔结信守的行为规范。公约实质上是一种社会契约，既能反映传统，又能体现现行法律的精神，一般产生于社会团体或民众之间。公约不同于正式的法律法规，其最大特点是公共性，即基于共同约定的条款对参与者实行道德约束。农村是以乡土人情维系的社会，各群体成员之间具有亲密的人际关系，是彼此相互依赖的生活体。基于农村具有浓厚的乡土人情气息，制定环境与健康公约，能促进村民各成员共同遵守环境与健康制度，做到保护环境，防止污染的产生。

村民是农村自我管理、自我服务、自我监督的基层治理主体，必须要充分调动村民参与公约制定的积极性，发挥其民主性。首先，建立以理事会、议事会、新乡贤、村民参与为主的公约制定工作小组。根据农村实际情况，按照问题导向、效果导向的原则，聚焦村民追求美好生活向往的重点，加强村民之间的共同协商，就当下突出的环境与健康问题，制定客观、公正的环境与健康公约，引导村民自觉地遵守公序良俗、抵制歪风邪气。其次，制定具体详细的环境与健康公约。公约的制定要围绕与村民日常生活紧密联系的环境和卫生健康基本问题。如大力宣传家园清洁行动，组织全村村民认真学习有关卫生管理法规条例，倡导村民落实好门前三包责任，保持环境清洁，实行区域卫生负责制。通过制定具体可操作的环境与健康公约，促使村民改变一些生活陋习，提高村民的文明水平。最后，完善环境与健康公约的监督反馈机制。村委会既要扮演决策者的角色，也要承担起监督者的角色。公约经村民代表大会批准通过后，全村村民要严格遵守并执行。对违反环境与健康公约的村民，村委会有权对违反者采取处罚措施。经过民主程序制定的环境与健康公约，能够在村民自治、解决农村共同关注的问题等方面发挥重要的作用。

第二节　巩固协同治理资源保障

人才队伍建设、资金供给充足、技术创新突破是实现农村人居环境与居民健康协同治理的重要基础。村庄应建立起环境与卫生协同整治队伍，并注重环境与卫生领域的人才培养与人才吸引，为农村人居环境与居民健康协同治理提供坚实的人力资源支持。突破农村人居环境与居民健康治理的阶段性瓶颈，要优化农村人居环境与居民健康治理的资源投入，探寻较优的投入模式与结构，减少治理过程中的资源浪费与无效投入。而面对多种元素的复合污染严重影响居民的健康、降低人类生活的质量的局面，则必须要利用先进的科学技术来克服复合污染对人体健康的影响。

一、建立人力资源库

每个村庄内部都有着自身在环境与卫生治理方面的人力资源，如有绿色农业生产经验的种植业大户，会建设、维护和使用沼气池的能手，有门路销售农家肥或秸秆的农户，能够治疗特定疾病掌握一些偏方的草医等，这些都是村庄发展所需要的重要人力资源。每个村庄都需要对这些人力资源信息进行收集整理，建立人力资源库。做好这些人力资源的管理服务，如发放民间技能证书，或乡镇人才聘书，定期举办交流活动，了解这些民间能手的需求和问题。将各个村庄的人力资源库共享，并对有需求的村民开放，就可以在很大程度上低成本高效率地解决农民在环境与健康治理方面出现的问题，为农村居民提供技术、经验、市场方面的支持。

另外，每个村庄也有着自己在环境与卫生治理方面的外部的人力资源，如村委会认识的农业技术部门负责人、上级政府的工作人员、村民认识的其他地方的农业种植大户、与村庄有过合作的农产品销售方面的企业、到村委会实习或到村庄调研过的高校师生等，这些都可以看作是村集体掌握的外部人力资源。对这些人力资源的信息进行收集整理，同时建立人力资源信息库，做好这些外部资源的服务管理，发放聘书，保持经常性的礼节性的联系，并为他们提供力所能及的服务。在必要时，如果村庄在发展中有需求，或村民面临特定的问题，都可以开放这些外部资源来为村庄或村民服务。

二、健全人才保障措施

国家要落实乡村基层工作者、乡村医生等人员的各项补助，逐步提高农村人居环境与居民健康治理工作人员的收入待遇，做好相关工作者购买基本养老保险和医疗保险，进一步增强农村环境与卫生工作者的物质保障。特别是在农村医疗卫生服务事业的发展上，要完善对农村医疗机构的激励政策，增强基层医疗岗位的吸引力，落实职称晋升和倾斜政策，加强对艰苦边远地区卫生服务人员的补贴，留住农村基层医疗卫生事业人才。同时也要关注非长期性工作或突发性事件治理中专业队伍的物质保障问题。

三、加大财政支持力度

根据部分政策向农村倾斜的原则，加大对农村人居环境和卫生健康治理的扶持力度。首先，政府要重视环境与健康治理工作的财政预算，认真统筹管理资金，设立农村人居环境整治专项资金，并配套适应各地经济水平的地方政府补助机制。其次，加强相关制度完善和政策性措施引导，积极探索财政奖补新机制，优先选择村班子团结、工作得力、村民需求迫切、愿望强烈、受益面广、群众参与积极性高的村内户外民生项目，打造一批具有综合示范带动效应的人居环境财政奖补精品工程，进一步放大财政奖补政策的惠民效应，发挥财政奖补在美丽乡村建设中的龙头引领作用。最后，调整和优化公共财政支出的结构，逐步提高环境与健康基础设施支出的比例，充分发挥政府主导作用，以县为平台，按照渠道不乱、用途不变、各计其功的原则，整合各类涉农项目资金，加大对农村人居环境与医疗卫生设施改善的资金投入力度。根据不同村庄人居环境与卫生医疗服务现状，立足解决制约当前农村发展的瓶颈问题，分类确定整治重点，分步实施。

四、丰富治理资金来源

整合社会资源，加大对美丽健康乡村建设的社会资本投入，引导企事业单位到农村兴办各类事业、提供基础设施建设服务，以此增强政府主导、社会组织多元参与的强大社会合力，不断形成以财政补贴为主、社会资本投入为辅的多模式融资方式。对于参与农村人居环境与居民健康治理的公益组织，应当适当放宽准入条件、简化注册程序，财政适当给予支持与补助，营造有利于社区活动的良好氛围，更好地发挥社会组织的功能。美丽健康农村的建设需要资金的投入，由于农村固有的自给自足的农耕形式，决定了农村发展必须要吸纳社会多元化的资本。在我国的部分农村中，由于得天独厚的地理条件，造就了农村独特的自然资源。如我国浙江省的安吉县凭借“千村示范、万村整治”工程，因地制宜地开展美丽乡村建设的工作，通过吸引企业投资融资，依靠县内独特的竹林资源，发展生态旅游产业。因此，可以参考浙江省安吉县美丽乡村建设的模式，在立足于

农村实际情况的基础上，通过对村内资源的调查，不断挖掘出农村特有的自然资源，在地方政府部门的牵头和社会组织的扶持下，依靠乡村振兴战略以及国家财政对“三农”倾斜的优惠政策，不断进行招商引资，以此来吸引社会资本的投入，从而拉动农村经济的发展。此外，我国的贵州、福建、重庆等省份相继探索美丽乡村的发展模式。如贵州省整合农业产业化发展资金、生态移民建设补助、农民健身工程补助、农民文化家园补助等1.75亿元用于美丽乡村建设①。重庆市把各种类型的补助资金投入到美丽乡村建设项目的运营与管护。因此，可以适当地借鉴全国各地实行乡村建设试点工作的经验，适当引导金融机构，加大对农户主体信贷投放力度，发展农村集体经济。同时相关部门要建立健全“万企帮万村”行动的长效机制，发动热心商会及青年企业出资出力，鼓励企业和个体户进行投资，不断支持乡村生态经济建设。除了给予经济支持外，还要增强社会组织的认同感和责任感，通过培训和教育，增强社会组织的整体素质，让其有自信、有责任参与到农村的公共事务治理当中，充分利用社会组织的社会资源，继续推动“三社联动”的运行，健全农村人居环境与居民健康协同治理结构。

五、构建科技创新体系

生态环境质量的高低影响着人类健康状况。提高生态环境质量，破解复合污染所带来的健康问题，就必须要依靠科学技术，构建良好的生态环境科技创新体系，不断提高复合环境污染治理水平，确保人民的健康不受到威胁。首先，加大对复合污染科技研究投入，积极引入国内外高端的生态环境治理科研人员。带领复合污染领域内的学术带头人和专家，开展生态环境科技创新工作，逐渐培育出一批稳定的生态环境科研队伍。其次，要完善科研支撑体系。复合污染的技术攻关是一项长久复杂的系统性工作，建立完善的金融服务组织，引导金融资本更好地服务复合污染科技创新，逐渐形成支持科技创新的多元融资渠道。最后，构建生态环境科技成果转移转化体系。即把具有创新性的技术产品从科研部门转移到生产部门，促进新的技术产品的产生，提高社会与经济的综合效益。加强对复合污染技术的研究，促使科技成果运用到实际治理和生产工作中，推进产学研用的深度融合，提高生态环境技术成果供给治理，促进科技成果转化有效。

---

① 王卫星．美丽乡村建设：现状与对策［J］．华中师范大学学报（人文社会科学版），2014，53（1）：1-6.

第三节　加强设施建设与服务供给

基础设施的建设与村民的基本生活紧密联系。完善的农村环境与健康基础设施，是全面提升农村生产力、增加农民收入，建设现代化农业的重要物质基础，也是发展卫生和健康事业的基本途径。而相比城市而言，无论是在经济发展能力上，还是在基础设施配套上，农村的情况都比较逊色。根据马斯洛需求层次理论，生理需求和安全需求是人最基本的需求，只有满足了最低需求，人类才会追求更高的需求。但是农村的社会资源、财政支持、发展机遇等相对城市来说比较匮乏，由此造就了农村与城市发展的不平衡。农村公共服务有效供给严重不足、质量不高，服务内容方式单一，造成公共服务供给的失衡。环境与健康本是一个相互依存的整体，人类的健康受自然环境的影响。实现农村人居环境与健康的协同治理，必须要加强环境与健康基础设施建设和服务供给，以此打破环境与健康供给不均或者不足的局面，实现人与自然环境和谐相处。

一、明确农村基础建设重点

在完善健康基础设施方面，首先是针对当下关注的卫生健康事件，建立健全乡镇卫生室，同时设置疾病预防控制机构。坚持上下联动的分工协作机制，做好乡镇居民基本的就医工作。其次是设置卫生监督管理的信息公示栏、禁烟标记、消毒柜、防鼠蝇设施等基本的卫生设施，加强健康观念的普及，促使居民在日常生活中潜移默化地养成讲卫生的习惯。最后是在气候变化多端的地区，根据相关传染性和突发性疾病流行的规律特点，完善公共医疗卫生设施。重点加强对相关疾病的预防和研究，并增强对农村气候脆弱地区传染病的监测防控。

在基本生活条件尚未完善的村庄，重点推动农村道路、供水、供电、排水、燃气、通信、生活垃圾处理等基础设施建设，科学规划县内所管辖的村庄道路，全面提高道路硬化率，破解农村交通出行不便的难题，改善农村人居环境。开展农村供水保障工程，提高农田水利设施建设的水平。如建设水利站、中小型水库，防止水旱灾害对农业的冲击；此外，为了让居民喝上干净的饮用水，要提高自来水覆盖率，还需推进供水工程的规模化建设，保障村民日常饮水的安全和卫生。完善农村生活垃圾处理设施。改变传统的垃圾处理方式，推行垃圾无害化以及资源化处理。根据农村居民居住地的集散程度，在乡村道路投放垃圾桶、卫生标识等基本的环保设施，待生活垃圾集中到一定程度时，由第三方环保公司将垃

圾运到对应的垃圾处理站进行集中处理，防止生活垃圾对人体产生危害。

在条件比较完善的村庄，实现农村清洁能源建设工程，加大对农村电网以及通信网络的建设，推行清洁燃气下乡，以此做到节约资源，倡导绿色生活。重视对公共服务基础设施的建设，公共服务基础设施的建设一定程度上可以满足村民多样化的需求。如完善与农民息息相关的农业生产基础设施，建立农业生产科普站，为农民宣传绿色农业生产的常识；设立农药化肥服务站，为农民提供多样化的农业用品。此外，要特别注重农村公共照明、文化体育等基础服务设施的建设，在人口相对聚集的地区修建图书室、文化室、广场等，不断满足村民日益增长的精神文化需求，争取修建相应的休闲健身广场，让村民在饱饭后有自由消遣的地方，丰富村民日益增长的精神文化活动；设立设备齐全的卫生室，保障卫生保健服务的可及性和公平性，促使多元化的公共服务向农村拓展，加快补齐农村基础设施的短板，增强农村发展的后劲。

二、做好后续配套服务和设施维护工作

只重数量不重质量的整治工作，实际上是一种形式主义。如何提高与保持整治质量，最关键的是要做好后续的配套工作，使得前期的建设工作能够真正落实，且可持续运作下去。如在垃圾箱及分类垃圾箱设置之后，必须配套做好垃圾分类的教育和监督实施；在污水管道建设之后，必须做好与城市污水处理体系的对接，如果不能对接，则要结合实际，在农村建立廉价而又实用的化粪池或污水净化工程。另外，要积极消除对农村公共基础设施“重建设，轻管理”的观念。在搞好基础设施建设的同时，要加强基础设施的管理和维护，要积极地探索管理模式与方法，以标准化为手段来提升农村公共基础设施管理的规范化；以信息化、大数据为手段，建立基础设施信息管理平台，动态掌握各类设施的基础情况、使用状况、维护状况等，提高基础设施的管理能力和应用水平，保障基础设施的公共服务作用，为美丽乡村的建设和广大村民的幸福生活奠定良好的基础。

三、扩大人居环境与健康服务供给的内容

农村公共服务供给的不足决定了必须要扩大服务供给量，当供给量大于一定的需求量时，供需矛盾得以有效缓解，也利于破解农村发展的难题。如何提高环境与健康服务供给的水平，可以从环境服务供给以及健康服务供给这两个维度来探究。环境服务最初是由经济与合作组织提出的，主要是指行为主体通过一定的技术来改变环境中对水、空气、噪声和土地的损害等相关生态系统的问题，并向

行为对象提供净化技术和产品、减轻环境危机等服务①。而环境服务供给可以简单理解为人类提供相关的产品和技术来管理环境。因此，改善农村人居环境，必须要引入资本及技术来治理污染，加强禽畜养殖场的监督，严禁养殖废弃物的乱排乱放。针对农村普遍关注的生活污水处理问题，应根据农村实际现状采用多样化的污水处理方式。如建设厌氧沼气池，将各种生活污水、农作物秸秆集中处理。经过沼气池的处理，既能产生一定的经济效益，产生的沼气可作为重要的能源使用；又能创造一定的社会效益，经循环利用处理过的污水可用于农田灌溉。根据农村交通、村庄布局、建设成本等情况，在农村建造垃圾处理厂进行无害化处理，改变以往农村垃圾“就地掩埋”“随意焚烧”的状况。此外，环境服务的供给还包括环境保护工作小组通过引入相关技术实现对生态环境能源的设计、控制大气污染、防治地下水、防治噪声污染等方面。

从增加健康服务供给的角度而言，健康服务供给是医疗机构或部门利用一定的卫生资源向居民提供健康服务，以满足居民对于医疗健康保障的需求。当前农村健康服务供给的项目缺乏多样性，供给的质量也较低。由此增加农村健康服务的多元化，增强医疗机构的能力，转变医疗健康的服务方式。因此，要加快对乡村医疗卫生体系的建设，加大基层乡村服务队的支持，逐步完善齐全医疗基础设施，引进具有先进技术的医务人员。具体而言，在乡村中建设卫生室，并配置一定数量的乡村医生，由村委会干部带头，组织村医免费为村民量血压，科普基本的医疗卫生常识，宣传日常健康保健知识，不断增强村民的卫生健康的常识，提高健康素养。同时要简化农村医疗保险流程，针对农村享有医疗保险的老弱残病群体，相关的定点诊断医院要开设“医保”专窗，全面推行“一窗同办、限时办结”的经办模式，化解村民看病难题，提高医疗服务效率。

四、创新人居环境与健康服务供给模式

当前公共产品的供给仍然是以政府主导，单一的供给模式容易存在资源分配不均、供给不足、效率低下、寻租行为等“政府失灵”问题。此外，由政府来主导环境与健康服务供给容易产生不同部门之间推诿扯皮、协调困难等问题。由于社会制度变迁、公民不同利益冲突、信息滞后等原因，基层政府在公共服务供给过程中出现共同沟通、协调和合作不到位。倡导公共服务市场化模式，容易出现供给的监管成本过高、市场部门与政府合谋等问题，市场化供给模式也进一步受到质疑和挑战。基于此，坚持改革环境与健康服务供给侧的方式，促进环境健康服务供给朝着均等化方向发展。

---

① 高敏．“生态系统服务”与“环境服务”法律概念辨析［J］．武汉理工大学学报（社会科学版），2011，24（1）：128-132.

创新环境与健康服务供给模式，坚持“政府主导，多元供给”的基本原则，即突出政府在多元供给关系网络中的主导地位。一是政府要发挥在基本公共卫生服务和生态环境供给中的兜底作用，制定严格的供给准入制度，提高环境健康供给的标准，推行健康绿色的生产方式，保证基本的环境与健康服务供给均等化和公平性。另外，政府应转变职能定位，承担环境服务供给的组织者、协调者和监督者等多种角色。通过制定多元主体参与治理的制度，保证不同主体之间的公平性。同时要加强多元主体间的有效监管，保护各供给主体之间的权益，促使供给公平公正化。二是推动市场参与到环境健康服务供给中。市场的出现可以弥补政府供给不足的弊端。市场可以通过外包、特许、补助、出售、清算等方式，提高环境与健康服务供给的质量和水平，改善公众对于供给的满意度。所以要合理制定好市场竞争的交易成本和监管成本，防止不正当的竞争。三是作为公共服务供给的社会组织具有服务调节的功能，能够在一定程度上弥补政府和市场失灵的不足。社会组织以其专业性为环境与健康服务提供多元化的产品与服务。如志愿者团队、基金会、工会、合作社等社会组织，在农技推广与服务、卫生健康宣传等方面发挥着重要的服务供给作用。因此要深化社会组织人才挖掘机制，引入激励制度，使人才资源最大化地利用到环境与健康服务供给中。只有创新环境与健康服务供给的模式，倡导以政府主导，市场、社会组织、公众等多元主体参与的环境健康服务供给的模式，才能更好地推进环境治理，保障人民的权益，提升环境与健康治理水平。

第四节　开展宣传教育与倡导工作

基层社会治理离不开党的建设和领导，更离不开人民群众的自觉参与。农村居民应该是农村治理过程中参与人数最多且是获得利益最大的主体，社会居民的参与必定对农村人居环境与居民健康治理起着重要作用。当下是构建社会治理格局的关键时期，必须要激发好人民群众这个自治主体的内生动力，引导和推动群众自下而上地解决基层公共问题。村民作为乡村发展的主力军，是改善农村人居环境的主体。每一个公民参与人居环境治理，可以有效地降低治理的成本，增强自身环境保护的责任意识，进一步提高居民健康水平。只有具备了一定的理性思维才有可能参与到农村人居环境与居民健康的治理中，而农村居民环境保护意识的淡薄以及参与工作机制的缺失增加了自主治理的难度。在偏远落后地区的农村，由于传统生态环境治理理念的存在，以及当地村民文化水平有限，部分村民对生态环境及健康治理的法律、政策认识或解读存在偏差。这些治理困境使公众难以主动参与到人居环境与健康的协同治理中，也滋生出公众参与治理能力不足的问题。面对亟需解决的公众参与积极性较低的问题，必须加速公民环境与健康素养的培养。

一、聘请专家开展环境与健康宣传讲座

专家在某些领域具备专业的知识，往往能根据所掌握的专业知识说服别人或利用新颖的方法解决突发问题。因此专家的建议或意见一般具有权威性。通过聘请生态环境专家，由村级干部牵头带头，组织村民到现场参加科普讲座。讲座的内容主要是围绕各类污染问题、野生动植物的滥食、化学产品的使用、气候灾害等社会热点问题，提高公民对于生态环境理念的认识。而健康专家能有意识地向公众普及健康知识和良好的生活方式，鼓励公民参与到全民健身、合理膳食等专项行动中。讲座不仅要以普通大众喜闻乐见的形式开展，更要根据村民的实际情况，创新出具有新意的宣传方式。如讲座中融入专家与公民互动的环节，就当前农村常见的水质保护、畜禽养殖防治、农药化肥的使用、慢性非传染病的防治等民生热点进行交流。通过这种双向互动的方式，一方面专家能更好地把专业知识普及给大众，真正做到为民答疑解惑；另一方面也激发了公民主动参与到农村人居环境整治和健康治理中的积极性。讲座结束后可以举办生态环保和健康知识的抢答活动，并向获胜者赠送环保手提袋等小礼品。此外，环境与健康素养的提升还包括参与治理的技能提升，相关讲座还可以通过针对性的知识技能传授，加强居民对农村人居环境与居民健康治理的了解，同时提高农村居民参与乡村治理的专业性，培养农村居民参与协同治理的意识。提供诸如此类正规化的知识与信息传递互动平台，既可以让上级政府和村委会更快了解农村居民在人居环境改善与居民健康状况提升方面的需求，也可以让农村居民更好地参与到农村人居环境与居民健康治理中，营造出民主性的氛围，使农村居民在参与农村人居环境与居民健康治理中培养其对村庄的归属感。

二、创新多元化的宣传方式

多元化的宣传方式促使公民有更多的意愿主动参与到环境与健康素质提升活动中。如设立乡村文化墙，定期把有关环境保护与健康常识的资料张贴在墙上，以供村民茶余饭后了解和学习。由村级人员安排村民观看有关节能减排、低碳生活等相关的宣传片，由生态环保志愿者发放《中国公民生态环境与健康素质宣传册》，并向村民讲解宣传手册的具体内容，让村民认识到只有尊重自然、保护自然，人类才能健康地生活和繁衍。要积极引导村民从自身做起，做到不乱扔垃

圾、自觉讲究卫生，不断树立环境与健康息息相关的理念。除此之外，坚持借助新媒体传播的工具，依靠县级组织部门的牵引，发动广播电视台以及新闻网就当前的环境与健康提升活动进行宣传报道，及时将丰富可靠的生态环境与健康科学知识传播到每家每户。农村是依赖熟人关系维系的微型社会，任何村情民意可以通过熟人关系得知。通过建立微信群并根据村民关注的焦点问题，可以定期在微信平台分享有关环境与健康的基本知识，而农村中缺乏智能手机的群体可以依靠村民“口口相传”的方式获取信息。创新宣传方式，将传统媒体与新媒体融合，丰富传播的内容，切实地将居民生态环境与健康素养提升工作具体落到实处。

特别地，在农村健康教育方面，农村卫生服务中心应该根据自身发展状况与当地居民对健康知识了解的情况，从乡镇医院调配专业人员加入到农村宣传工作中，进而达到落实健康教育的目的。乡村医疗机构也应该加强对专业医务人员的招聘力度，组建专业的乡村医疗卫生队伍，以加强日常的健康教育宣传工作。再者，丰富健康教育的形式有利于激发农村居民参与教育活动的兴趣，进而有利于提高居民的健康教育水平，如借助电子设备来进行健康教育的宣传能够把抽象的健康教育理论知识以更生动的形式展示给居民，从而提高农村居民对健康知识的了解与掌握程度。在重大疫情防控下，农村地区还应加强应急管理教育，应在村庄中设立民防管理领导部门，由村干部负责，并结合村庄实际制定专项应急方案及相关配套保障计划，定期组织民防志愿者参与技能培训，以提高居民的技能应用能力。同时，村委会应制作并发放卫生事件防控等教育材料，并组织相应的应急管理课程，提高居民相关知识水平。

三、推动试点示范

环境与健康协同治理起步比较晚，相关的理论基础和实践成果仍未在社会得到普遍的推广和适用。为此，必须要加快形成环境与健康协同治理的试点、示范和推广的项目建设，促进形成可供各省市复制推广的新模式和新业态，形成对生态文明建设和美丽中国建设的有力支撑。首先要坚持政府强而有力的领导，协同制定各地区之间的政策，推动各地区规划和制定环境健康项目，增强治理的能力。其次要坚持先试点后推广的工作原则，精心做好试点总结，搞好成果推广运用，不断探索出一条可供借鉴的治理之路。

四、践行绿色低碳的理念

在全社会营造绿色低碳的生活新风尚。作为社会的一分子，每个公民都要自觉地参与绿色出行、旧衣回收等行动中，自觉做环境保护的示范者。践行绿色低碳的理念，就要做到反对奢靡浪费，倡导绿色出行，树立正确的节俭价值观，从

"要我节约"转变为"我要节约"，强化个体行动的自觉性，在全社会营造出"浪费可耻、节约为荣"的氛围。在日常生活中，将简约适度的文明理念付诸行动，提倡使用简约环保的包装袋，反对过度包装，防止产生更多的固体废物造成污染环境；在购物时秉持理性、科学的消费理念，尽量购买节约环保型的产品；鼓励公众绿色出行，积极使用如新能源汽车、自行车、公交车、步行等绿色环保的交通工具；在能源使用方面，推行使用清洁低碳、安全高效的能源，如在自然资源丰富的地区，尽可能依靠太阳能或风能等可再生能源发电。

五、形成文明健康的生活风尚

文明健康生活新风尚的形成需要每个社会公民的参与，每个公民都要以内在的道德以及契约为行动的标准，不断养成文明健康的生活习惯。因此，每个公民要学习基本的健康防疫常识，做到在公共场合佩戴口罩、勤洗手、常通风、少聚集；在公共场合拒绝吸烟、随地乱扔垃圾和吐痰；就餐时使用公共筷子，拒绝食用野生动物，做到科学合理用膳；在空闲时间进行适度的运动。既要定期去体检中心进行常规项目的身体检查，提前预防慢性疾病，又要时刻关注心理健康的问题，通过参加各类有益于身心健康的活动，形成文明健康的生活风尚。

第五节　推动科技创新与数智治理

农村人居环境与居民健康治理智能化以科学技术为支撑，通过大数据、云计算、人工智能等数字技术，对治理数据进行挖掘、收集、整理、转化，以增强治理的科学性、预测性、精准性与高效性。我国幅员辽阔、人口众多，不同地区的地貌、气候等差异较大，造成农村人居环境和居民健康特征存在显著区域差异。在农村人居环境与居民健康治理中，厕所革命、垃圾治理、污水治理、居民健康监测等都离不开科学技术的支撑。同时科技创新作为新时代社会治理智能化的重要途径，可以打破数据孤岛和时空壁垒，促进物理空间和信息空间深度融合，形成"信息高速公路"，从而激发治理的创新创造活力。

一、强化科技创新

从根本上解决农村厕所、农业生产污染等问题，重点在于理清技术路线、明确主攻方向、加大攻关力度。应持续加大对农村人居环境科技创新支持力度，尽快培养一批专业过硬、长期稳定的技术专家队伍，构建持续有效的科技创新支持

机制，解决“技术先进性、经济可行性和使用便捷性”三者之间的现存矛盾，形成技术研发和产业示范并举的良性可持续发展机制。深化院地合作机制，积极参与区域创新下的科技合作，不断增强科技在农村人居环境与居民健康治理中的应用。大力营造一流科技创新生态，实施科技成果“解细绳”行动，建设高水平的孵化器、众创空间等载体，打通科技创新在教、产、学、研、用之间的堵点，完善创新科技成果转化机制，促进资金、技术、应用、市场等要素对接，努力解决研究“最先一公里”和成果转化、市场应用“最后一公里”有机衔接问题；推动建立科技成果转移转化机构、技术交易市场，完善和健全科技服务体系；进一步推动科技创新“放管服”，激发创新链各环节主体的积极性。

二、搭建数智化平台

农村人居环境问题“点多面广”，“面”上形势整体清晰，但“点”上依然存在问题，特别是动态监测机制与信息化手段缺乏、长期定位观测数据积累不足，难以提早预判、提前排除隐患，导致一些农村人居环境问题发现和解决不及时。以数字化赋能农村人居环境治理，找准方向精准发力、重点突破提质增效，进一步增强广大农民群众获得感幸福感，顺应乡村全面振兴形势需要，具有重要创新性和支撑作用。建立县级“数字化治理决策分析平台”，应用卫星遥感监测、航空遥感监测和无人机低空遥感监测等遥感监测工具，建立生态环境保护监测体系全覆盖，实现各体系数据联网，可有效为“污染溯源、风险预警、方案制定、惩治违法”等行动提供数据支撑。配套建立“农村人居环境数据库”，将“农村垃圾、污水治理、饮用水源地、厕所革命、市政基础设施、生态基础设施”等内容进行入库管理并实现精准分析。同时，针对“农村公厕、生活污水处理设施、生活垃圾收转处置设施、黑臭水体、规模种植养殖场地”等相关“点位数量、技术模式、运行使用情况、治理进展、权益主体”等基础信息进行数字化管理。在农村居民健康治理中，要优化基层医疗卫生保障，做好基层村镇之间的医疗卫生保障制度的衔接和托底，以村镇真实的医疗卫生环境作为背景，建立健全村镇居民健康档案，完善村镇医卫数字化平台，利用大数据、信息化、互联网等数智技术手段，统计慢性病患者家庭、跟踪治疗方案。

三、保障数据安全

治理智能化水平的提高离不开大数据信息技术的支持。大数据并非自然界的产物，其本质是科技创新的成果，是科技创新嵌入社会治理领域并实现智能化的重要技术。大数据时代，数据信息资源在各领域占据着重要地位。因此，提高农村人居环境与居民健康治理智能化水平，不仅要学会运用科技获取和使用海量数据，而且要学会运用科技管理数据，守护数据安全。特别是需要关注个人健康信息安全，个体健康信息涉及大量个人隐私，相关数据收集与运用的过程存在着一定的风险。加大科技创新在数据管理安全方面的技术研发力度、运用科技手段制定数据统一统计口径、设置数据传输特定通道、构建数据安全共享平台。完善数据流通利用重点环节及典型场景数据处理规则，逐步厘清数据处理相关主体权责边界，建设以数据为中心、以零信任安全为理念的动态主动防御，加强以数据流动为重点、与业务流程融合的全生命周期安全保障，筑牢数据安全防护墙，为提高农村人居环境与居民健康治理智能化水平提供安全的数据支持。

第六节　强化标准规范与风险防范

村镇、家庭、学校、企业是构成城市的要素，具体来说是城市的细胞。健康细胞工程的建设可以形象理解为：把机关、单位、学校、企业、公民等城市细胞建设得更具有活力和更加健康，实现城市健康和谐地发展。健康细胞工程主要包括健康村庄、健康家庭、健康医院、健康企业等项目。健康细胞工程的实施是推动健康城市建设的有效途径。细胞工程建设是一项复杂、漫长的工程，需要社会的各个主体的努力，必须要调动社会成员参与的积极性，制定具体的健康细胞工程建设规范和评价指标，不断探索出健康发展的道路。人居环境与居民健康是一个相互联系的整体，安静舒适的人居环境，能满足人们更高层次、更多样化的需求。提供整洁舒适的人居环境条件，对于村民的健康具有正向促进作用，能更好地促进农村居民生活可持续发展。建立农村人居环境与健康的调查、监测与风险评估制度，可以更好地了解生态环境污染的状况对于村民健康、生态系统的影响。

一、构建多元主体参与的健康细胞工程建设体系

健康细胞工程的建设离不开社会各界的努力，要构建以政府为主导、市场为支撑、社会组织为扶持的多个主体参加的健康细胞工程建设体系。首先，政府要担负起健康细胞工程的建设功能，各部门单位要高度重视各乡镇的健康细胞工程建设，将爱国卫生工作、文明城市创建、健康细胞工程建设纳入到重要的议事日程。同时要组织专门的领导班子，实行目标责任制，把健康细胞工程建设工作层层分解到各部门，由主要的领导干部亲自抓重要的责任，各分层组织抓具体事项，层层抓，以此落实好不同级别部门的工作。其次，市场要找准定位，以资

源、资金为健康细胞工程长期运营提供生存的物质保障。健康细胞工程并不是政府投资的项目，而是全民健康的“供给站”和“加油站”。在为大众提供健康服务的同时也要追求利润，以此来维持日常基本的生产。因此健康细胞工程的建设需要市场化运营，体现出健康服务的价值。最后是引导各驻村干部和业务办公室做好健康工程建设工作，认真抓好健康细胞工程建设的培训指导、督导检查、评估验收等工作。

二、制定健康细胞工程评价指标

完善健康细胞工程建设必须要明确好各类健康细胞的建设要求和评价指标，为各行业各部门的创建工作提供可供执行的标准和方向。根据健康细胞工程覆盖的范围来看，健康细胞工程的建设要求和评价指标要根据不同的对象而定。评价的指标要坚持多样化、客观化的原则。如鼓励健康机关要根据标准设置村级卫生室，配备一定数量的急救药品和血压计、体温计、听诊桌椅、自动体外除颤器、紫外线消毒柜等基本的设备，并设置家庭医生，为空巢老人和贫困老人制定个性化健康计划，提供居家健康咨询和指导服务。在建设健康学校方面，学校要配备可供学生健身娱乐的体育设施，采取多种形式引导并教授学生健康行为与生活方式；及时关注学生的心理动态，传授安全应急与避险等知识和技能，设置心理聊天室，并安排专业的心理老师加以辅导。鼓励采取纸质作业，确保学生用眼健康。在健康家庭建设方面，普及家庭健康知识、培育良好家风、构建美丽宜居的家庭环境。具体评价标准如下：各家庭成员要养成文明健康的生活习惯，勤于锻炼，定期进行体检，及时排查身体可能出现的问题，家庭定期配备家庭保健药箱，学习并掌握基本的急救知识与技能。这些评价指标是根据农村的实际情况并经过专业的专家评估而制定的，各级部门单位要依据各项建设评价指标，认真做好健康细胞工程建设的工作。

三、推进人居环境与健康专项调查、监测

环境保护工作的基础是环境监测。环境监测不仅是落实环境保护法律法规的依据，也是开展环境健康工作必不可缺的手段。近年来我国已经开展了环境与健康调查、监测相关工作，初步建立起覆盖大气、水、土壤等不同环境要素的环境与健康监测体系，获得了相对完整的环境与健康监测数据。有效地分析这些基础数据，对于挖掘出潜在的健康危害，进一步实现风险评估具有重要意义。首先，建立环境与健康监测调查的分析思路。环境与健康的专项调查要综合不同的地域、行业发展情况，根据媒体报道、行业信息、科学研究得到的数据建立起专业的调查分析框架。重点去分析不同的地区污染物排放的时空分布特征、污染的成

因类型，并结合城乡居民不同疾病高发类型、分布区域，采用先进的地理信息手段。例如，利用 GIS 技术调查和分析污染类型与人群健康之间的关联性。其次，完善环境监测数据。在全国环境污染普查工作的基础上，掌握环境污染较为严重的地区，在重点行业开展环境健康风险源专项调查。专项调查的内容主要包括大气、水、土壤、固体废弃物环境质量等要素，以及人群健康指标包括人口死亡率、预期平均寿命、孕产妇致病死亡率、5 岁以下儿童死亡率等，重点调查饮用水安全问题。饮用水不安全会导致痢疾、腹泻等多种肠道传染病传播，严重影响到人类健康。及时将调查的结果作为环境健康监测与制定环境健康风险防控措施的依据。最后，构建环境污染对公众健康影响的监测网络，建立污染监测的实时在线监控平台，加强监测信息共享和数据应用。在环境污染较为严重且存在健康风险的地区开展监测试点工作，针对健康相关的环境污染物，持续开展环境监测工作，集中性收集监测的基础信息，对监测数据信息进行分析，从而及时地评价和预判环境健康风险的发展趋势。例如，运用互联网现代新技术在农村设置饮用水、空气污染、土壤状况等不同项目的监测点，每个监测点以一定数量的村民作为监测户。监测户的职责主要是按时对监测点的设备进行维修和监管，确保每个监测点正常运行。此外，针对不同污染程度的监测点，农村环境治理工作小组要聘请专家来提供一定的技术指导，保证监测工作的顺利开展。

四、制定人居环境与健康风险评估制度

环境与健康风险评估制度是指基于环境健康调查与监测的数据，识别环境危害人群健康的因素，评价人群的污染物暴露水平，并对获取到的风险评价指数进行评估管理。环境健康风险评估作为风险管理的重要组成部分，其评估步骤主要分为危害识别、剂量—反应关系、暴露评价和风险特征四步。风险评估结果本质上是结合社会经济条件，制定相关法律制度，最大限度地降低环境污染给人们带来的健康风险，促进环境和健康风险的有效治理，保障公众健康。

首先，结合各地农村的实际情况，建立完善环境与健康风险评估的法律法规，明确评估管理中有关环境健康的评估标准体系、评估内容方法、权责主体等。如建立环境健康评估管理条例，将“政府主导、各企事业单位参与”作为管理的原则，强化多元主体对环境健康评估的参与。其次，设置环境健康管理处、环境健康风险评估中心、环保卫生部门等机构，不同的部门分管不同领域的环境与健康评估工作。同时要加大人才队伍的建设工作，调动不同专业领域的人才开展环境健康风险评估技术研究，为风险评估管理决策提供技术支持。最后，加强科技研发的力度，通过增加科研的投入经费来筑牢环境健康风险评估、创新研发等领域的研究基础。

结　语

进入新时代以来，人民对美好生活的向往日益增长，对美好生活的追求逐渐由基础生活物资需求转移到了更高水准的生活条件与更高层次的精神满足上来。特别是在我国农村地区，随着城镇化与工业化进程的推进，生产方式与经济发展模式均发生较大转变，农村居民的生活水平和条件也因此得到了大幅度的提升。但不容忽视的一点是城镇化与工业化同时也为农村地区带来了严重的污染与生态破坏，进而降低了农村人居环境的宜居度，生成了许多危害农村居民健康状况的风险因素。在此背景下，生态文明建设、农村人居环境整治、“健康中国”行动等工作都上升到了国家战略的高度并已取得一定成效，但发展不平衡不充分的问题依旧存在，环境与健康的治理问题仍是乡村振兴中必须解决的一大难题。由于环境与健康存在着相互影响的密切关系，因此农村人居环境与居民健康的治理也并不是完全割裂的，甚至存在着一定程度上的治理内容重复与交叉。为提高农村人居环境与居民健康的治理效率、降低治理成本、发挥规模效应，本书从协同治理视域出发，全面探讨了农村人居环境与居民健康协同治理的必要性、可行性与实践方式。在理论层面，本书进一步丰富了协同治理理论、乡村治理理论等相关理论，推进了农村人居环境和居民健康治理多元化、多视角研究，为党和政府实施乡村振兴战略和“健康中国”战略提供了理论支撑和决策参考。在实践层面上，本书创造性地通过研究农村人居环境与居民健康的作用机理，将协同治理与居民健康有机结合起来，为农村人居环境改善和居民健康促进提供了新的经验事实与科学证据，具有十分重要的现实意义。

在研究过程中，本书主要运用了文献研究法、政策文本分析法、调查访谈法、案例分析法、实证模型检验法和比较研究法这六大类方法。文献研究法的运用是从学术研究的角度了解农村人居环境与居民健康治理研究历史演进过程与未来发展趋势的基础。在文献检索、收集与整理后，本书借助 SATI 和 Citespace 软件分析了相关文献的特征、研究主题与内容，归纳了不同背景下的学者在该领域研究中的思想观点与相关成果。再运用政策文本分析法，利用 Ucinet、ROST、

Netdraw 等文本分析辅助工具对各时期的治理理念、方法和目标等做出了总结，深刻剖析了自改革开放以来我国农村人居环境与居民健康政策的演进特征与逻辑。随后，本书运用调查访谈法与案例分析法，通过对考察点的实地调研与考察，深入了解了现阶段我国农村人居环境与卫生现状以及相关政策执行和协同治理的现状，并通过对政府官员、社会组织负责人、村民等参与主体的半结构式访谈与问卷调查，收集了丰富的治理实践数据。又从数据分析的角度出发，充分利用宏微观数据进行了实证模型检验。第一，采用 Logistic 模型分析了相关政策的执行及协同治理对农村人居环境与居民健康治理效果的影响；第二，使用扎根理论方法剖析了农村人居环境与居民健康协同治理的影响因素；第三，运用复合系统协调度模型、耦合协调度模型以及数据包络分析方法，计量了我国各地区农村人居环境与居民健康治理的协同度以及治理效率。此外，本书还大量采用了比较研究法，从纵横两个维度对比分析了不同时期、不同主体、不同制度背景下农村人居环境与居民健康治理的形式、方法、模式、机制与路径。

研究发现：首先，在理论层面，近二三十年来，我国农村人居环境与居民健康治理研究随着治理实践的发展经历了数个阶段的演变，并在质量评价、影响因素、治理难点等方面形成了丰富的研究成果。相关研究朝着跨学科和多视角的方向进发，涉及学科涵盖生态学、管理学、医学、规划学等，而公共管理相关领域内的研究逐渐从政府治理转向社会治理、从供给侧转向需求侧、从治理客体转向治理主体，并在研究方法上更加重视多样性与创新性。同时，随着治理目标的升级与治理内容的丰富，农村人居环境与居民健康治理的政策主体呈多元化、联合化发展趋势，政策关注点从宏观层面的规划部署和体系建设向环境与卫生改造、健康素养提升等具体措施扩散，政策内容逐渐全面化与细致化，治理也越来越强调多主体的共同参与，这种突出性不仅体现在政策主体的多部门联合上，更体现在政策意见与措施对各类主体积极参与环境与健康治理的呼吁与支持中。相关政策的落实使得我国农村人居环境与居民健康状况得到了一定改善，特别是在农村饮水、厕所环境、居民环保与健康意识等方面有了较大进步，但是农业农村生产、养殖过程中的不环保不卫生行为依然存在。其次，在实践层面，通过调研走访发现现阶段我国农村人居环境与居民健康的政策落实并没有达到最高效能，虽然村委会能较为主动地寻求与村民的沟通协作，但村民的参与水平仍然不高。同时，村委会对企业和社会组织等资源的利用也较少，未能全面高效地发挥出协同作用。微观数据证实，各种政策变量与村庄治理主体的协同程度都对村庄环境与卫生状况有着显著作用，检测预防、长效把控、保障与激励等因素也会影响农村人居环境与居民健康协同治理效果。从宏观出发，我国农村人居环境的质量指数远小于居民健康水平指数，农村人居环境与居民健康治理的协同程度较低，治理

效率也未达到DEA有效水平；进一步地，二者都表现为规模效率相对较差而技术效率逐年向好的状态。各类测度值还指出现阶段我国农村人居环境与居民健康的协同治理水平存在着巨大的省际差异，展现了相关治理的不平衡与不充分。面对上述问题，本书结合理论与实践的经验，坚持“党的领导、依法治理、多方共治、问需于民”的四大原则，构建了由治理主体、治理保障与治理规范三大部分组成的农村人居环境与居民健康协同治理体系，详细指出了包括领导责任、政府服务、全民行动、保障、监督、立法等在内的体系建设要求。根据各类参与主体的属性及其内部关系，梳理总结了部门联合、省部际联席会议、政府购买、特许经营、公益合作、项目设定等十余种有效的农村人居环境与居民健康协同治理模式，并对各类模式的特征、优缺点、适用情境做出了翔实的划分。最后，基于以上研究成果，本书构建了农村人居环境与居民健康治理中协同立法、协同推进、多元供给、宣传教育等八大项机制，并提出了囊括监测与评价、协议与规范、宣传与倡导、资金与技术等十一个方面的协同治理推进路径。本书以历史到现实、理论到实践、个案到全局的研究视角与思路，全面地考察、分析和归纳了我国农村人居环境与居民健康治理的相关内容，系统地构建了二者协同治理的体系、模式、机制与路径，为我国农村人居环境与居民健康治理现代化建设打下了扎实的理论基础与经验根基。

我国地缘广阔，各地区气候、地质、风俗、习惯等自然人文要素差异较大，各地区农村人居环境与居民健康状况相去甚远。不同地区经济实力与经济发展速度的差异也导致了治理中各方面投入的悬殊，并扩大了各地区农村人居环境与居民健康状况的差距。如何使不同地区的农村人居环境与居民健康状况都得到稳步提升，有针对性地解决地方治理中的不平衡与不充分问题是未来的研究要着重思考的一点。平衡与充分并不是追求全域管理与资源投入的绝对平均，而是要尊重与接纳不同地区的现实差异，有重点、有突出地制定针对性实施方案。进一步研究可以对不同地区的农村人居环境与居民健康展开更细化的探索，如探讨适用于平原广阔、黑土资源丰富、发展重工业的东北地区，水源广阔、经济发达、贸易兴旺的江浙地区，民族众多、自然资源丰富、发展旅游业的西南地区等具有显著集中性地域特征地区的农村人居环境与居民健康治理模式，将有效的治理模式进行区域性的推广，发挥区域协同的规模效应。也可以考察不同类型的政策文本与不同领域的政策措施对各类主体参与积极性和参与效能的影响，找出能够激发不同主体发挥有效治理作用的因素，为我国农村人居环境与居民健康治理的政策制定提供参考依据。总而言之，未来的研究需要进一步深化研讨主题，发散思维，从更丰富与更深入的视角来剖析农村人居环境与居民健康治理不平衡与不充分的问题。

参考文献

一、著作类

［1］王春光．从农业现代化到农业农村现代化：乡村振兴主体性研究［M］．北京：社会科学文献出版社，2022.

［2］冯川．“浑沌”之治：中国农村基层治理的基本逻辑（1980－2015）［M］．北京：中国社会科学出版社，2022.

［3］吴桂英．生存方式与乡村环境问题［M］．北京：中国社会科学出版社，2017.

［4］刘勇．农村环境污染整治：从政府担责到市场分责［M］．北京：社会科学文献出版社，2021.

［5］霍军亮．农村基层党组织引领乡村振兴的理论与实践［M］．武汉：武汉大学出版社，2021.

［6］童志锋．保卫绿水青山——中国农村环境问题研究［M］．北京：人民出版社，2018.

［7］蒋永甫．农民组织化与农村治理研究［M］．北京：人民出版社，2020.

［8］孙淑云．中国农村合作医疗制度变迁 70 年［M］．北京：人民出版社，2020.

［9］陈阿江，罗亚娟．面源污染的社会成因及其应对——太湖流域、巢湖流域农村地区的经验研究［M］．北京：中国社会科学出版社，2020.

［10］黄俊辉．政府责任视角下的农村养老服务供给研究［M］．北京：中国政法大学出版社，2020.

［11］徐勇．乡村治理的中国根基与变迁［M］．北京：中国社会科学出版社，2019.

［12］柏莉娟．乡村治理方式变迁与创新方法研究［M］．北京：中国商务出版社，2019.

［13］朱信凯，于亢亢．环境共治与乡村振兴：记得住的乡愁［M］．北京：中国农业出版社，2018.

［14］梁昌军．美丽乡村环境卫生建设［M］．合肥：安徽人民出版社，2018.

［15］周少来．乡村治理：结构之变与问题应对［M］．北京：中国社会科学出版社，2018.

［16］邱春林．中国共产党农村治理能力现代化研究［M］．济南：山东人民出版社，2017.

［17］燕继荣．走向协同治理：基层社会治理创新的宁波探索［M］．北京：人民出版社，2017.

［18］乔运鸿．乡村治理：从二元格局到农村社会组织的参与——以山西永济蒲韩乡村民间组织为例［M］．北京：中国社会出版社，2016.

［19］王浦劬，臧雷振．治理理论与实践：经典议题研究新解［M］．北京：中央编译出版社，2017.

［20］习近平．决胜全面建成小康社会　夺取新时代中国特色社会主义伟大胜利——在中国共产党第十九次全国代表大会上的报告［M］．北京：人民出版社，2017.

［21］祝光耀，张塞．生态文明建设大辞典：第三册［M］南昌：江西科学技术出版社，2016.

［22］邓燕华．中国农村的环保抗争：以华镇事件为例［M］北京：中国社会科学出版社，2016.

［23］陈锋．乡村治理的术与道［M］北京：社会科学文献出版社，2016.

［24］王新松．制度的力量：中国农村治理研究［M］．北京：社会科学文献出版社，2015.

［25］赖先进．论政府跨部门协同治理［M］．北京：北京大学出版社，2015.

［26］刘银喜，任梅．农村基础设施供给中的政府投资行为研究［M］．北京：北京大学出版社，2015.

［27］胡伟．村镇人居环境优化系统研究［M］．北京：北京大学出版社，2007.

［28］约翰·斯科特．社会网络分析法（第2版）［M］．刘军，译．重庆：重庆大学出版社，2007.

［29］［德］赫尔曼·哈肯．协同学：大自然构成的奥秘［M］．凌复华，译．上海：上海译文出版社，2005.

［30］刘军．社会网络分析导论［M］．北京：社会科学文献出版社，2004.

［31］徐勇．乡村治理与中国政治［M］．北京：中国社会科学出版社，2003.

［32］吴良镛．人居环境科学导论［M］．北京：中国建筑工业出版社，2001.

[33] 俞可平 . 治理与善治 [M]. 北京：社会科学文献出版社，2000.

二、论文类

[1] 崔红志，张鸣鸣 . 农村人居环境整治的多元主体投入机制研究——以河南省为例 [J]. 农村经济，2022（3）：1-11.

[2] 张诚，刘旭 . 农村人居环境整治的碎片化困境与整体性治理 [J]. 农村经济，2022（2）：72-80.

[3] 蔡宝刚 . 聚焦社会：社会主体参与社会治理的法治观照 [J]. 求是学刊，2021，48（6）：101-111.

[4] 单学鹏 . 中国语境下的“协同治理”概念有什么不同？——基于概念史的考察 [J]. 公共管理评论，2021，3（1）：5-24.

[5] 范红丽，王英成，亓锐 . 城乡统筹医保与健康实质公平——跨越农村“健康贫困”陷阱 [J]. 中国农村经济，2021（4）：69-84.

[6] 邬彩霞 . 中国低碳经济发展的协同效应研究 [J]. 管理世界，2021，37（8）：105-117.

[7] 朱仁显，李佩姿 . 跨区流域生态补偿如何实现横向协同？——基于13 个流域生态补偿案例的定性比较分析 [J]. 公共行政评论，2021，14（1）：170-190+224-225.

[8] 白描 . 乡村振兴背景下健康乡村建设的现状、问题及对策 [J]. 农村经济，2020（7）：119-126.

[9] 焦克源 . 社会组织参与公共危机协同治理的困境与出路——以红十字会慈善捐赠工作为例 [J]. 行政论坛，2020，27（6）：122-129.

[10] 卢祖洵，徐鸿彬，李丽清，等 . 关于加强基层医疗卫生服务建设的建议——兼论推进疫情防控关口前移 [J]. 行政管理改革，2020（3）：23-29.

[11] 赵志华，吴建南 . 大气污染协同治理能促进污染物减排吗？——基于城市的三重差分研究 [J]. 管理评论，2020，32（1）：286-297.

[12] 刘贝贝，青平，肖述莹，廖芬 . 食物消费视角下祖辈隔代溺爱对农村留守儿童身体健康的影响——以湖北省为例 [J]. 中国农村经济，2019（1）：32-46.

[13] 闵师，王晓兵，侯玲玲，黄季焜 . 农户参与人居环境整治的影响因素——基于西南山区的调查数据 [J]. 中国农村观察，2019（4）：94-110.

[14] 王劲屹 . 农地流转运行机制、绩效与逻辑研究——一个新的理论分析框架 [J]. 公共管理学报，2019，16（1）：138-152+175-176.

[15] 王学栋，张定安 . 我国区域协同治理的现实困局与实现途径 [J]. 中

国行政管理，2019（6）：12-15.

［16］熊尧，徐程，刁勇生．中国卫生健康政策网络的结构特征及其演变［J］．公共行政评论，2019，12（6）：143-165+202.

［17］徐国冲，张晨舟，郭轩宇．中国式政府监管：特征、困局与走向［J］．行政管理改革，2019（1）：73-79.

［18］颜昌武．新中国成立70年来医疗卫生政策的变迁及其内在逻辑［J］．行政论坛，2019，26（5）：31-37.

［19］赵黎．新医改与中国农村医疗卫生事业的发展——十年经验、现实困境及善治推动［J］．中国农村经济，2019（9）：48-69.

［20］周晨虹．“联合惩戒”：违法建设的跨部门协同治理——以J市为例［J］．中国行政管理，2019（11）：46-51.

［21］彭忠益，柯雪涛．中国地方政府间竞争与合作关系演进及其影响机制［J］．行政论坛，2018，25（5）：92-98.

［22］田家华，吴铱达，曾伟．河流环境治理中地方政府与社会组织合作模式探析［J］．中国行政管理，2018（11）：62-67.

［23］钟开斌．中国应急管理机构的演进与发展：基于协调视角的观察［J］．公共管理与政策评论，2018，7（6）：21-36.

［24］董伟玮．存在一种“东亚行政模式”吗？——基于行政生态视角的行政国家形态比较分析［J］．理论探讨，2022（3）：63-71.

［25］张志丹．新时代坚定对党的领导的自信的阐释与建构［J］．马克思主义研究，2022（3）：45-54+155-156.

［26］戴军，马颖忆，吴未．乡村振兴视域下江苏省乡村人居环境评价与协同优化［J］．江苏农业科学，2021，49（24）：1-9.

［27］桂国华，杨磊，桂国敏，李东徽．农村人居环境整治提升满意度影响因素模型构建及分析［J］．江苏农业科学，2021，49（7）：1-8.

［28］冯于耀，史建武，钟曜谦，韩新宇，封银川，任亮．有色冶炼园区道路扬尘中重金属污染特征及健康风险评价［J］．环境科学，2020，41（8）：3547-3555.

［29］鹿风芍，齐鹏．乡村振兴战略中美丽乡村建设优化策略研究［J］．理论学刊，2020（6）：141-150.

［30］吕晓梦．农村生活垃圾治理的长效管理机制——以A市城乡环卫一体化机制的运行为例［J］．重庆社会科学，2020（3）：18-30.

［31］王雨辰，李芸．我国学界对生态文明理论研究的回顾与反思［J］．马克思主义与现实，2020（3）：76-82.

[32] 余达淮，王世泰．习近平关于人民健康重要论述的内涵、实践价值与世界意义 [J]．南京社会科学，2020（12）：1-8+18.

[33] 白描，高颖．农村居民健康现状及影响因素分析 [J]．重庆社会科学，2019（12）：14-24.

[34] 顾昕．“健康中国”战略中基本卫生保健的治理创新 [J]．中国社会科学，2019（12）：121-138.

[35] 李宁．协同治理：农村环境治理的方向与路径 [J]．理论导刊，2019（12）：78-84.

[36] 张小军，雷李洪．乡村社区自主发展的中国经验——走向共同体的乡村自治 [J]．江苏社会科学，2018（3）：99-107.

[37] 何瓦特，唐家斌．农村环境政策“空转”及其矫正——基于模糊—冲突的分析框架 [J]．云南大学学报（社会科学版），2022，21（1）：116-123.

[38] 姜扬．新时代东北地区优化营商环境的现实困境与路径选择——基于市场主体的视角 [J]．吉林大学社会科学学报，2022，62（2）：117-126+237-238.

[39] 蒋天贵，王浩斌．党的领导与农民主体地位相统一——建党百年来我国农村社会治理主体演进的历史考察 [J]．南京农业大学学报（社会科学版），2022，22（1）：56-66.

[40] 任卓冉．公众参与环境污染第三方治理：利益博弈与法制完善 [J]．河南大学学报（社会科学版），2022，62（4）：52-57+153.

[41] 杨志华，修慧爽，鲍浩如．习近平生态文明思想的科学体系研究 [J]．南京工业大学学报（社会科学版），2022，21（3）：1-11+115.

[42] 陈兴怡，翟绍果．中国共产党百年卫生健康治理的历史变迁、政策逻辑与路径方向 [J]．西北大学学报（哲学社会科学版），2021，51（4）：86-94.

[43] 范雅娜．双向嵌入谱系：政府购买社会工作服务的一个分析框架 [J]．华东理工大学学报（社会科学版），2021，36（4）：36-53.

[44] 何雪松，刘莉．政府购买服务与社会工作的标准化——以上海的三个机构为例 [J]．华东师范大学学报（哲学社会科学版），2021，53（2）：127-136+179.

[45] 吕忠梅．习近平生态环境法治理论的实践内涵 [J]．中国政法大学学报，2021（6）：5-16.

[46] 许源源，王琎．乡村振兴与健康乡村研究述评 [J]．华南农业大学学报（社会科学版），2021，20（1）：105-117.

[47] 郑方辉，朱鑫．农村生活污水治理：为什么农民获得感不如预

期？——基于G省的抽样调查［J］. 广西大学学报（哲学社会科学版），2021，43（5）：85-92.

［48］杜焱强，刘瀚斌，陈利根. 农村人居环境整治中PPP模式与传统模式孰优孰劣？——基于农村生活垃圾处理案例的分析［J］. 南京工业大学学报（社会科学版），2020，19（1）：59-68+112.

［49］胡乐明，王杰. 非自愿性、非中立性与公共选择——兼论西方公共选择理论的逻辑缺陷［J］. 经济研究，2020，55（12）：182-199.

［50］钱文荣，李梦华. 新农保养老金收益对农村老年人健康行为的影响及其作用机制［J］. 浙江大学学报（人文社会科学版），2020，50（4）：29-46.

［51］孙彩红. 协同治理视域下政府资源整合与组织能力分析——以新冠肺炎疫情防控为例［J］. 四川大学学报（哲学社会科学版），2020（4）：59-66.

［52］王洛忠，杨济溶. 公共卫生危机事件处置中政府协同机制研究——以新冠疫情防控为例［J］. 北京航空航天大学学报（社会科学版），2020，33（5）：44-53.

［53］王雨辰. 构建中国形态的生态文明理论［J］. 武汉大学学报（哲学社会科学版），2020，73（6）：15-26.

［54］文丰安. 我国农村社区治理的发展与启示：基于乡村振兴战略的视角［J］. 湖北大学学报（哲学社会科学版），2020，47（2）：148-156+168.

［55］保海旭，李航宇，蒋永鹏，刘新月. 我国政府农村人居环境治理政策价值结构研究［J］. 兰州大学学报（社会科学版），2019，47（4）：120-130.

［56］陈光燕，司伟. 居住方式对中国农村老年人健康的影响——基于CHARLS追踪调查数据的实证研究［J］. 华中科技大学学报（社会科学版），2019，33（5）：49-58.

［57］陈寒非. 嵌入式法治：基于自组织的乡村治理［J］. 中国农业大学学报（社会科学版），2019，36（1）：80-90.

［58］杜焱强. 农村环境治理70年：历史演变、转换逻辑与未来走向［J］. 中国农业大学学报（社会科学版），2019，36（5）：82-89.

［59］任丽娜. 美国医改举步维艰的公共选择理论分析［J］. 辽宁大学学报（哲学社会科学版），2019，47（3）：168-176.

［60］孙慧波，赵霞. 中国农村人居环境质量评价及差异化治理策略［J］. 西安交通大学学报（社会科学版），2019，39（5）：105-113.

［61］张明皓. 新时代“三治融合”乡村治理体系的理论逻辑与实践机制［J］. 西北农林科技大学学报（社会科学版），2019，19（5）：17-24.

［62］翟绍果，严锦航. 健康扶贫的治理逻辑、现实挑战与路径优化［J］.

西北大学学报（哲学社会科学版），2018，48（3）：56-63.

［63］李东方，刘二鹏．社会支持对农村居民健康状况的影响［J］．中南财经政法大学学报，2018（3）：149-156.

［64］李玉红．中国工业污染的空间分布与治理研究［J］．经济学家，2018（9）：59-65.

［65］汪红梅，惠涛，张倩．信任和收入对农户参与村域环境治理的影响［J］．西北农林科技大学学报（社会科学版），2018，18（5）：94-103.

［66］王晓毅．完善乡村治理结构，实现乡村振兴战略［J］．中国农业大学学报（社会科学版），2018，35（3）：82-88.

［67］于法稳，侯效敏，郝信波．新时代农村人居环境整治的现状与对策［J］．郑州大学学报（哲学社会科学版），2018，51（3）：64-68+159.

［68］管仲军，陈昕，叶小琴．我国医疗服务供给制度变迁与内在逻辑探析［J］．中国行政管理，2017（7）：73-80.

［69］田北海，王彩云．民心从何而来？——农民对基层自治组织信任的结构特征与影响因素［J］．中国农村观察，2017（1）：67-81+142.

［70］赵春雷．民办非企业单位的不正当营利问题及其化解对策［J］．中国行政管理，2017（9）：42-47.

［71］周祖城．企业社会责任的关键问题辨析与研究建议［J］．管理学报，2017，14（5）：713-719.

［72］杜焱强，刘平养，包存宽，苏时鹏．社会资本视阈下的农村环境治理研究——以欠发达地区J村养殖污染为个案［J］．公共管理学报，2016（4）：101-112+157-158.

［73］周晶，韩央迪，WeiyuMao，YuraLee，IrisChi. 照料孙子女的经历对农村老年人生理健康的影响［J］．中国农村经济，2016（7）：81-96.

［74］黄萃，任弢，李江，赵培强，苏竣．责任与利益：基于政策文献量化分析的中国科技创新政策府际合作关系演进研究［J］．管理世界，2015（12）：68-81.

［75］刘满凤，宋颖，许娟娟，等．基于协调性约束的经济系统与环境系统综合效率评价［J］．管理评论，2015，27（6）：89-99.

［76］杨志海，麦尔旦·吐尔孙，王雅鹏．健康冲击对农村中老年人农业劳动供给的影响——基于CHARLS数据的实证分析［J］．中国农村观察，2015（3）：24-37.

［77］姚泽麟．近代以来中国医生职业与国家关系的演变——一种职业社会学的解释［J］．社会学研究，2015，30（3）：46-68+243.

［78］朱春奎，毛万磊．议事协调机构、部际联席会议和部门协议：中国政府部门横向协调机制研究［J］．行政论坛，2015，22（6）：39-44.

［79］陈为雷．政府和非营利组织项目运作机制、策略和逻辑——对政府购买社会工作服务项目的社会学分析［J］．公共管理学报，2014，11（3）：93-105+142-143.

［80］朱亚鹏，岳经纶，李文敏．政策参与者、政策制定与流动人口医疗卫生状况的改善：政策网络的路径［J］．公共行政评论，2014，7（4）：46-66+183-184.

［81］燕继荣．协同治理：社会管理创新之道——基于国家与社会关系的理论思考［J］．中国行政管理，2013（2）：58-61.

［82］周志忍，蒋敏娟．中国政府跨部门协同机制探析——一个叙事与诊断框架［J］．公共行政评论，2013，6（1）：91-117+170.

［83］谢秋山，许源源．"央强地弱"政治信任结构与抗争性利益表达方式——基于城乡二元分割结构的定量分析［J］．公共管理学报，2012，9（4）：12-20+122-123.

［84］郁建兴，任泽涛．当代中国社会建设中的协同治理——一个分析框架［J］．学术月刊，2012，44（8）：23-31.

［85］朱德米．构建流域水污染防治的跨部门合作机制——以太湖流域为例［J］．中国行政管理，2009（4）：86-91.

［86］艾医卫，屈双湖．建立和完善农村公共服务多元供给机制［J］．中国行政管理，2008（10）：69-71.

［87］杨园争．"健康中国 2030"与农村医卫供给侧的现状、困境与出路——以 H 省三县（市）为例［J］．农村经济，2018（8）：98-103.

［88］王家庭，马洪福，曹清峰，陈天烨．我国区域环境治理的成本—收益测度及模式选择——基于 30 个省区数据的实证研究［J］．经济学家，2017（6）：67-77.

［89］韩喜平，孙贺．美丽乡村建设的定位、误区及推进思路［J］．经济纵横，2016（1）：87-90.

［90］于勇，牛政凯．移动健康：农村公共卫生服务供给侧的创新实践［J］．甘肃社会科学，2017（5）：250-255.

［91］俞可平．治理和善治引论［J］．马克思主义与现实，1999（5）：37-41.

［92］孙立平，王汉生，王思斌，林彬，杨善华．改革以来中国社会结构的变迁［J］．中国社会科学，1994（2）：47-62.

［93］杨士弘．广州城市环境与经济协调发展预测及调控研究［J］．地理科学，1994（2）：136-143+199.

［94］申曙光，郑倩昀．中国的健康生产效率及其影响因素研究［J］．中山大学学报（社会科学版），2017，57（6）：153-166.

［95］邹薇，宣颖超．“新农合”、教育程度与农村居民健康的关系研究——基于“中国健康与营养调查”数据的面板分析［J］．武汉大学学报（哲学社会科学版），2016，69（6）：35-49.

［96］王卫星．美丽乡村建设：现状与对策［J］．华中师范大学学报（人文社会科学版），2014，53（1）：1-6.

［97］陆世宏．协同治理与和谐社会的构建［J］．广西民族大学学报（哲学社会科学版），2006（6）：109-113.

［98］肖巍．论公共健康的伦理本质［J］．中国人民大学学报，2004（3）：100-105.

［99］孟庆松，韩文秀．复合系统协调度模型研究［J］．天津大学学报，2000（4）：444-446.

［100］饶常林，赵思姁．跨域环境污染政府间协同治理效果的影响因素和作用路径——基于12个案例的定性比较分析［J］．华中师范大学学报（人文社会科学版），2022，61（4）：51-61.

［101］李琴，赵锐，张同龙．农村老年人丧偶如何影响健康？——来自CHARLS数据的证据［J］．南开经济研究，2022（2）：157-176.

［102］高廉．健康扶贫视角下巩固拓展农村脱贫攻坚成果的思考［J］．农业经济，2022（4）：98-99.

［103］高生旺，黄治平，夏训峰，刘平，王洪良，李云．农村生活污水治理调研及对策建议［J］．农业资源与环境学报，2022，39（2）：276-282.

［104］李亚青，王子龙，向彦霖．医疗保险对农村中老年人精神健康的影响——基于CHARLS数据的实证分析［J］．财经科学，2022（1）：87-100.

［105］李裕瑞，曹丽哲，王鹏艳，常贵蒋．论农村人居环境整治与乡村振兴［J］．自然资源学报，2022，37（1）：96-109.

［106］刘晓茹．关于农村人居环境治理路径思考［J］．农业经济，2022（3）：48-50.

［107］司林波．农村生态文明建设的历程、现状与前瞻［J］．人民论坛，2022（1）：42-45.

［108］吴柳芬．农村人居环境治理的演进脉络与实践约制［J］．学习与探索，2022（6）：34-43.

［109］张振，徐影秋，王浩．美丽乡村与乡村公共空间重构理路［J］．现代城市研究，2022（8）：106-109.

［110］朱文韬，栾敬东．农户心理契约对农村人居环境整治的影响研究——基于安徽省 16 市 40 个自然村的模糊集定性比较分析［J］．兰州学刊，2022（3）：149-160.

［111］宾津佑，唐小兵，陈士银．广东省县域乡村人居环境质量评价及其影响因素［J］．生态经济，2021，37（12）：203-209+223.

［112］查玉娥，夏云婷，陈国良，姚伟．农村环境卫生相关的健康教育与健康促进干预效果分析［J］．中国健康教育，2021，37（7）：584-587.

［113］梁晨，李建平，李俊杰．基于“三生”功能的我国农村人居环境质量与经济发展协调度评价与优化［J］．中国农业资源与区划，2021，42（10）：19-30.

［114］秦才欣，陈海红，钱东福．基于公共产品理论的基本医疗服务政策演变分析［J］．中国卫生政策研究，2021，14（10）：1-7.

［115］邵峰．青岛乡村人居环境质量评价及驱动机制探究［J］．中国农业资源与区划，2021，42（10）：48-55.

［116］申灿，刘建军．论全国一盘棋的历史演进、基本特征和完善路径［J］．治理现代化研究，2021，37（4）：19-26.

［117］王延隆，余舒欣，龙国存，闫春飞，陈翔．循序渐进：中国卫生与健康政策百年发展演变、特征及其启示［J］．中国公共卫生，2021，37（7）：1041-1045.

［118］王煜正．房屋拆迁对农村老年人健康的影响［J］．农业经济，2021（5）：87-89.

［119］韦艳，李美琪．乡村振兴视域下健康扶贫战略转型及接续机制研究［J］．中国特色社会主义研究，2021（2）：56-62.

［120］徐颖，马艺铭，张溪，彭健，宿超然，史永强，汤家喜．某生活垃圾填埋场周边地下水饮水途径健康风险评价［J］．生态环境学报，2021，30（3）：558-568.

［121］鄢洪涛，杨仕鹏．医疗保障制度对农村居民健康影响的实证［J］．统计与决策，2021，37（4）：95-99.

［122］颜德如，张玉强．乡村振兴中的政府责任重塑：基于“价值—制度—角色”三维框架的分析［J］．社会科学研究，2021（1）：133-141.

［123］张跃，刘莉，黄帅金．区域一体化促进了城市群经济高质量发展吗？——基于长三角城市经济协调会的准自然实验［J］．科学学研究，2021，39

(1)：63-72.

[124] 赵欣，郭佳，曾利辉．后脱贫时代健康扶贫的实践困境与路径优化[J]．中国卫生事业管理，2021，38（8）：598-601.

[125] 郑义，陈秋华，杨超，林恩惠．农村人居环境如何促进乡村旅游发展——基于全国农业普查的村域数据[J]．农业技术经济，2021（11）：93-112.

[126] 邓毛颖，湛冬梅，林莉，黄耿志．美丽乡村建设的项目库统筹模式——以广州瓜岭村为例[J]．城市发展研究，2020，27（10）：34-40.

[127] 邓晴晴，李二玲，任世鑫．农业集聚对农业面源污染的影响——基于中国地级市面板数据门槛效应分析[J]．地理研究，2020，39（4）：970-989.

[128] 胡平波，罗良清．农民多维分化背景下的合作社建设与乡村振兴[J]．农业经济问题，2020（6）：53-65.

[129] 解丽霞，徐伟明．群团组织参与社会治理的客观趋势、逻辑进路与机制建构[J]．理论探索，2020（3）：69-75.

[130] 林恩惠，杨超，郑义，陈秋华．农村人居环境对乡村旅游发展的辐射效应[J]．统计与决策，2020，36（15）：89-91.

[131] 鲁全．公共卫生应急管理中的多主体合作机制研究——以新冠肺炎疫情防控为例[J]．学术研究，2020（4）：14-20.

[132] 潘东阳，刘晓昀．社会交往对农村居民健康的影响及其性别差异——基于 PSM 模型的计量分析[J]．农业技术经济，2020（11）：71-82.

[133] 宋旭超，崔建中．农村人居环境整治与发展乡村休闲旅游有机结合研究[J]．农业经济，2020（7）：46-48.

[134] 谭雄燕，左延莉，刘文波，周吉，陈海滨，杨绍湖，赵越，黄秋兰．广西实施国家基本公共卫生服务项目进展、成效与政策建议[J]．中国农村卫生事业管理，2020，40（3）：166-171.

[135] 王嘉渊．支持性社会组织的平台化趋向：发展局限与路径选择[J]．学习与探索，2020（6）：45-52.

[136] 武晋，张雨薇．中国公共卫生治理：范式演进、转换逻辑与效能提升[J]．求索，2020（4）：171-180.

[137] 闫义夫．十九省“对口支援”湖北应对新冠肺炎疫情的运作机理及政治保障[J]．社会科学家，2020（4）：149-155.

[138] 杨标，乔慧，咸睿霞，李琴，陈娅楠．宁夏五县农村妇女健康公平性及其影响因素分析[J]．中国公共卫生，2020，36（1）：101-104.

[139] 杨洪源．从抗击疫情看“全国一盘棋”的重要地位[J]．理论探索，2020（3）：13-21.

［140］钟开斌．国家应急指挥体制的“变”与“不变”——基于“非典”、甲流感、新冠肺炎疫情的案例比较研究［J］．行政法学研究，2020（3）：11-23.

［141］朱健齐，李天成，曾靖，孟繁邨．地方政府法治、金融发展和政府与社会资本合作模式［J］．管理科学，2020，33（1）：154-168.

［142］邹勇，王启和．完善创新体制机制推进农村人居环境可持续发展［J］．江苏农村经济，2020（11）：34-35.

［143］常虎，王森．黄土高原村域农村人居环境质量评价研究——以子洲县西北部为例［J］．农村经济与科技，2019，30（9）：27-30.

［144］晋菲斐，田向阳，任学锋，刘远立，尤莉莉，沈冰洁．中国农村居民健康素养评价指标筛选［J］．中国公共卫生，2019，35（6）：742-745.

［145］刘浩，何寿奎，王娅．基于三阶段 DEA 和超效率 SBM 模型的农村环境治理效率研究［J］．生态经济，2019，35（8）：194-199.

［146］沈冰洁，尤莉莉，田向阳，任学锋，郭婧，晋菲斐，宋益喆，苏夏雯，刘远立．我国健康农村（县）综合评价指标体系构建研究［J］．中国健康教育，2019，35（3）：203-207.

［147］孙猛，芦晓珊．空气污染、社会经济地位与居民健康不平等——基于 CGSS 的微观证据［J］．人口学刊，2019，41（6）：103-112.

［148］唐贤兴，马婷．中国健康促进中的协同治理：结构、政策与过程［J］．社会科学，2019（8）：3-15.

［149］王家合，赵喆，和经纬．中国医疗卫生政策变迁的过程、逻辑与走向——基于 1949~2019 年政策文本的分析［J］．经济社会体制比较，2020（5）：110-120.

［150］王丽琼，张云峰．乡村振兴视阈下泉州市农村环境多元共治有效路径研究［J］．中国农业资源与区划，2019，40（8）：219-225.

［151］王文彬．自觉、规则与文化：构建“三治融合”的乡村治理体系［J］．社会主义研究，2019（1）：118-125.

［152］王雪妮，赵彦云．健康投入效率国际比较及影响因素分析［J］．世界地理研究，2019，28（1）：139-148.

［153］王艺璇，张芹，宋宁慧，张圣虎，陶李岳，赵远，韩志华．南京市雪水中有机磷阻燃剂的污染特征及健康风险评价［J］．中国环境科学，2019，39（12）：5101-5109.

［154］杨宏山，周昕宇．区域协同治理的多元情境与模式选择——以区域性水污染防治为例［J］．治理现代化研究，2019（5）：53-60.

［155］于法稳，郝信波．农村人居环境整治的研究现状及展望［J］．生态经

济，2019，35（10）：166-170.

［156］于法稳．乡村振兴战略下农村人居环境整治［J］．中国特色社会主义研究，2019（2）：80-85.

［157］王晓宇，原新，成前．中国农村人居环境问题、收入与农民健康［J］．生态经济，2018，34（6）：150-154.

［158］赵连阁，邓新杰，王学渊．社会经济地位、环境卫生设施与农村居民健康［J］．农业经济问题，2018（7）：96-107.

［159］周钦，蒋炜歌，郭昕．社会保险对农村居民心理健康的影响——基于CHARLS数据的实证研究［J］．中国经济问题，2018（5）：125-136.

［160］陈红兵，杨龙．道家的“无为而治”及其可持续发展意义［J］．江苏行政学院学报，2017（2）：29-33.

［161］冯猛．政策实施成本与上下级政府讨价还价的发生机制基于四东县休禁牧案例的分析［J］．社会，2017，37（3）：215-241.

［162］李伯华，刘沛林，窦银娣，曾灿，陈驰．中国传统村落人居环境转型发展及其研究进展［J］．地理研究，2017，36（10）：1886-1900.

［163］王刚，高皓宇，李英华．国内外电子健康素养研究进展［J］．中国健康教育，2017，33（6）：556-558+565.

［164］王雨辰．生态文明的四个维度与社会主义生态文明建设［J］．社会科学辑刊，2017（1）：11-18.

［165］向此德．“三治融合”创新优化基层治理［J］．四川党的建设，2017（20）：46-47.

［166］向富华．基于内容分析法的美丽乡村概念研究［J］．中国农业资源与区划，2017，38（10）：25-30.

［167］谢玉，谭晓东．湖北省荆州市农村居民健康素养的结构方程模型分析［J］．中国健康教育，2017，33（10）：871-875.

［168］张西勇，段玉恩．推进政府与社会资本合作（PPP）模式的必要性及路径探析［J］．山东社会科学，2017（9）：95-100.

［169］李礼，陈思月．居住条件对健康的影响研究——基于CFPS2016年数据的实证分析［J］．经济问题，2018（9）：81-86.

［170］刘汝刚，李静静，王健．中国农村居民健康影响因素分析［J］．中国公共卫生，2016，32（4）：488-492.

［171］乔杰，洪亮平，王莹．生态与人本语境下乡村规划的层次及逻辑——基于鄂西山区的调查与实践［J］．城市发展研究，2016，23（6）：88-97.

［172］田玲玲，罗静，董莹，刘和涛，曾菊新．湖北省生态足迹和生态承载

力时空动态研究［J］．长江流域资源与环境，2016，25（2）：316-325.

［173］吴志能，谢苗苗，王莹莹．我国复合污染土壤修复研究进展［J］．农业环境科学学报，2016，35（12）：2250-2259.

［174］鞠昌华，朱琳，朱洪标，孙勤芳．我国农村人居环境整治配套经济政策不足与对策［J］．生态经济，2015，31（12）：155-158.

［175］陈秋红，于法稳．美丽乡村建设研究与实践进展综述［J］．学习与实践，2014（6）：107-116.

［176］李伯华，刘沛林，窦银娣．乡村人居环境系统的自组织演化机理研究［J］．经济地理，2014，34（9）：130-136.

［177］李向前，李东，黄莉．中国区域健康生产效率及其变化——结合DEA、SFA和Malmquist指数的比较分析［J］．数理统计与管理，2014，33（5）：878-891.

［178］马福云．人民团体参与社会治理初探［J］．中央社会主义学院学报，2014（4）：80-85.

［179］谢晓光，公为明．公民参与治理的“协同效应”析论［J］．人民论坛，2014（23）：28-31.

［180］杨玉萍．健康的收入效应——基于分位数回归的研究［J］．财经科学，2014（4）：108-118.

［181］朱琳，孙勤芳，鞠昌华，张卫东，陕永杰，朱洪标．农村人居环境综合整治技术管理政策不足及对策［J］．生态与农村环境学报，2014，30（6）：811-815.

［182］吴春梅，庄永琪．协同治理：关键变量、影响因素及实现途径［J］．理论探索，2013（3）：73-77.

［183］朱姝．农村健康教育思考［J］．社会科学家，2013（11）：40-42.

［184］沈洁颖．农村商业健康保险的定位及发展模式［J］．学术交流，2012（4）：128-131.

［185］王萍，宋晓冰．中国2012—2016年精神疾病死亡流行特征分析［J］．预防医学，2018，30（11）：1156-1159.

［186］俞可平．中国要走向官民共治［J］．决策探索（下半月），2012（9）：12-13.

［187］杨默．中国农村收入、收入差距和健康［J］．人口与经济，2011（1）：76-81.

［188］储雪玲，卫龙宝．农村居民健康的影响因素研究——基于中国健康与营养调查数据的动态分析［J］．农业技术经济，2010（5）：37-46.

[189] 汤铃，李建平，余乐安，等．基于距离协调度模型的系统协调发展定量评价方法 [J]. 系统工程理论与实践，2010，30（4）：594-602.

[190] 陈潭．公共政策变迁的过程理论及其阐释 [J]. 理论探讨，2006（6）：128-131.

[191] 胡伟，冯长春，陈春．农村人居环境优化系统研究 [J]. 城市发展研究，2006（6）：11-17.

[192] 刘耀彬，李仁东，宋学锋．中国城市化与生态环境耦合度分析 [J]. 自然资源学报，2005（1）：105-112.

[193] 李强彬，龙凤翔．乡村基层群众自治研究 20 年：议题、论争与展望 [J]. 理论探讨，2021（3）：34-41.

[194] 吴良镛．关于人居环境科学 [J]. 城市发展研究，1996（1）：1-5+62.

[195] 张陆彪，刘书楷．生态经济效益协调发展的表征判断 [J]. 生态经济，1992（1）：17-20.

三、外文类

[1] Lee S, Esteve M. What Drives the Perceived Legitimacy of Collaborative Governance? An Experimental Study [J]. Public Management Review, 2022（2）：1-22.

[2] Dupuy C, Defacqz S. Citizens and the Legitimacy Outcomes of Collaborative Governance an Administrative Burden Perspective [J]. Public Management Review, 2022, 24（5）：752-772.

[3] Wang H, Ran B. Network Governance and Collaborative Governance: A Thematic Analysis on Their Similarities, Differences, and Entanglements [J]. Public Management Review, 2022（2）：1-25.

[4] Liu P, Teng MHan C. How Does Environmental Knowledge Translate into Pro-environmental Behaviors?: The Mediating Role of Environmental Attitudes and Behavior Attentions [J]. Science of The Total Environment, 2020（2）：126-138.

[5] Qi H. Strengthening the Rule of Law in Collaborative Governance [J]. Journal of Chinese Governance, 2019, 4（1）：52-70.

[6] Ran B, Qi H. The Entangled Twins: Power and Trust in Collaborative Governance [J]. Administration & Society, 2019, 51（4）：607-636.

[7] Ran B, Qi H. Contingencies of Power Sharing in Collaborative Governance [J]. The American Review of Public Administration, 2018, 48（8）：836-851.

[8] Ward C L, Shaw D, Sprumont D, et al. Good Collaborative Practice: Reforming Capacity Building Governance of International Health Research Partnerships [J]. Globalization and Health, 2018, 14 (1): 1-6.

[9] Emerson K. Collaborative Governance of Public Health in Low-and Middle-income Countries: Lessons from Research in Public Administration [J]. BMJ Global Health, 2018, 3 (Suppl 4): e000381.

[10] Scott T A, Thomas C W. Unpacking the Collaborative Toolbox: Why and When Do Public Managers Choose Collaborative Governance Strategies? [J]. Policy Studies Journal, 2017, 45 (1): 191-214.

[11] Eqani S A M A S, Khalid R, Bostan N, et al. Human Lead (Pb) Exposure Via Dust from Different Land Use Settings of Pakistan: A Case Study from Two Urban Mountainous Cities [J]. Chemosphere, 2016, 155: 259-265.

[12] Bryson J M, Crosby B C, Stone M M. Designing and Implementing Cross-sector Collaborations: Needed and Challenging [J]. Public Administration Review, 2015, 75 (5): 647-663.

[13] Rosen G. A History of Public Health [M]. Baltimore, MD: JHU Press, 2015.

[14] Sandfort J, Moulton S. Effective Implementation in Practice: Integrating Public Policy and Management [M]. John Wiley & Sons, 2014.

[15] Bouchami A, Perrin O. Access Control Framework within a Collaborative Paas Platform [M]. Springer, Cham, 2014.

[16] Beatty T K M, Shimshack J P. Air Pollution and Children's Respiratory Health: A Cohort Analysis [J]. Journal of Environmental Economics and Management, 2014, 67 (1): 39-57.

[17] Ownby R L, Acevedo A, Jacobs R J, et al. Quality of Life, Health Status, and Health Service Utilization Related to a New Measure of Health Literacy: Flight/Vidas [J]. Patient education and counseling, 2014, 96 (3): 404-410.

[18] Samoli E, Peng R D, Ramsay T, et al. What Is the Impact of Systematically Missing Exposure Data on Air Pollution Health Effect Estimates? [J]. Air Quality, Atmosphere & Health, 2014, 7 (4): 415-420.

[19] Voorhees A S, Wang J, Wang C, et al. Public Health Benefits of Reducing Air Pollution in Shanghai: A Proof-of-concept Methodology with Application to BenMAP [J]. Science of the Total Environment, 2014, 485: 396-405.

[20] Wang G X. Policy Network Mapping of the Universal Health Care Reform in Taiwan: An Application of Social Network Analysis [J]. Journal of Asian Public Poli-

5, 6 (3): 313-334.

[21] Romero-Lankao P, Qin H, Borbor-Cordova M. Exploration of Health Risks Related to Air Pollution and Temperature in Three Latin American Cities [J]. Social Science & Medicine, 2013, 83: 110-118.

[22] Kickbusch I, Kökény M. Global Health Diplomacy: Five Years on [J]. Bulletin of the World Health Organization, 2013, 91: 159-159A.

[23] Wang C, Li H, Li L, et al. Health Literacy and Ethnic Disparities in Health-related Quality of Life among Rural Women: Results from a Chinese Poor Minority Area [J]. Health and Quality of Life Outcomes, 2013, 11 (1): 1-9.

[24] Sram R J, Binkova B, Dostal M, et al. Health Impact of Air Pollution to Children [J]. International Journal of Hygiene and Environmental Health, 2013, 216 (5): 533-540.

[25] Lee H W, Robertson P J, Lewis L V, et al. Trust in a Cross-sectoral Interorganizational Network: An Empirical Investigation of Antecedents [J]. Nonprofit and Voluntary Sector Quarterly, 2012, 41 (4): 609-631.

[26] Purdy J M. A Framework for Assessing Power in Collaborative Governance Processes [J]. Public Administration Review, 2012, 72 (3): 409-417.

[27] Coneus K, Spiess C K. Pollution Exposure and Child Health: Evidence for Infants and Toddlers in Germany [J]. Journal of Health Economics, 2012, 31 (1): 180-196.

[28] Nolte I M, Boenigk S. Public-nonprofit Partnership Performance in a Disaster Context: The Case of Haiti [J]. Public Administration, 2011, 89 (4): 1385-1402.

[29] Donahue J D. The Race: Can Collaboration Outrun Rivalry between American Business and Government [J]. Public Administration Review, 2010, 70 (1): S151-152.

[30] Calanni J, Leach W D, Weible C. Explaining Coordination Networks in Collaborative Partnerships [C] //Western Political Science Association 2010 Annual Meeting Paper, 2010.

[31] Burt R S. The Contingent Value of Social Capital [M]. Routledge, 2009: 255-286.

[32] Fellman T. Collaboration and the Beaverhead - Deerlodge Partnership: The Good, the Bad, and the Ugly [J]. Pub. Land & Resources L. Rev., 2009 (30): 79.

[33] Michael M. The Cellphone-in-the-countryside: On Some of the Ironic Spatialities of Technonatures [J]. Technonatures: Environments, Technologies, Spaces, and Places in the Twenty-first Century, 2009 (2): 85-104.

[34] Ansell C, Gash A. Collaborative Governance in Theory and Practice [J]. Journal of Public Administration Research and Theory, 2008, 18 (4): 543-571.

[35] Fukuyama H, Naito T. Unemployment, Trans-boundary Pollution, and Environmental Policy in a Dualistic Economy [C] //Review of Urban & Regional Development Studies: Journal of the Applied Regional Science Conference. Melbourne, Australia: Blackwell Publishing Asia, 2007, 19 (2): 154-172.

[36] Bryson J M, Crosby B C, Stone M M. The Design and Implementation of Cross-Sector Collaborations: Propositions from the Literature [J]. Public Administration Review, 2006 (66): 44-55.

[37] Baker D W. The Meaning and the Measure of Health Literacy [J]. Journal of General Internal Medicine, 2006, 21 (8): 878-883.

[38] Thomson A M, Perry J L. Collaboration Processes: Inside the Black Box [J]. Public Administration Review, 2006 (66): 20-32.

[39] Gude P H, Hansen A J, Rasker R, et al. Rates and Drivers of Rural Residential Development in the Greater Yellowstone [J]. Landscape and Urban Planning, 2006, 77 (1-2): 131-151.

[40] Monto M, Ganesh L S, Varghese K. Sustainability and Human Settlements: Fundamental Issues, Modeling and Simulations [M]. Thousand Oask: Sage, 2005.

[41] Haken H. Synergetics: Instruction and Advanced Topics [M]. 3nd. Berlin: Springer, 2004.

[42] Childress J F, Faden R R, Gaare R D, et al. Public Health Ethics: Mapping the Terrain [J]. Journal of Law, Medicine & Ethics, 2002, 30 (2): 170-178.

[43] Pope Iii C A, Burnett R T, Thun M J, et al. Lung Cancer, Cardiopulmonary Mortality, and Long-term Exposure to Fine Particulate Air Pollution [J]. Jama, 2002, 287 (9): 1132-1141.

[44] Ratzan S C. Health Literacy: Communication for the Public Good [J]. Health Promotion International, 2001, 16 (2): 207-214.

[45] Ruda G. Rural Buildings and Environment [J]. Landscape and Urban Planning, 1998, 41 (2): 93-97.

[46] Dahms F. Settlement Evolution in the Arena Society in the Urban Field [J]. Journal of Rural Studies, 1998, 14 (3): 299-320.

[47] Kickert W J M, Koppenjan J F M. Public Management and Network Management: An Overview [M]. The Netherlands: Netherlands Institute of Government, 1997.

[48] Petersen A, Lupton D. The New Public Health: Health and Self in the Age

[M]. Thousand Oaks: Sage Publications, Inc., 1996.

[49] Hall P A. Policy Paradigms, Social Learning, and the State: The Case of Economic Policymaking in Britain [J]. Comparative Politics, 1993: 275-296.

[50] Small town Africa: Studies in Rural-urban Interaction [M]. Nordic Africa Institute, 1990.

[51] Gray B. Collaborating: Finding Common Ground for Multiparty Problems [M]. San Francisco: Jossey-Bass, 1989.

[52] Benson J K. A Framework for Policy Analysis [J]. Interorganizational Coordination: Theory, Research, and Implementation, 1982: 137-176.

[53] Bunce M. Rural Settlement in an Urban World [M]. New York: Martins Press, 1982.

[54] Freeman L C. Centrality in Social Networks Notional Clarification [J]. Social Networks, 1979, 1 (3): 215-239.

[55] Doxiadis C A. Action for Human Settlements [M]. Athens: Athens Publishing Center, 1975.

[56] Simonds S K. Health Education as Social Policy [J]. Health Education Monographs, 1974, 2 (1_suppl): 1-10.

[57] Hudson J C. A Location Theory for Rural Settlement [J]. Annals of the Association of American Geographers, 1969, 59 (2): 365-381.

四、政策类

[1] 中华人民共和国中央人民政府网．中共中央办公厅　国务院办公厅印发《农村人居环境整治提升五年行动方案（2021—2025年）》[EB/OL].(2021-12-05)[2022-09-23]. www.gov.cn/zhengce/2021-12/05/content_5655984.htm.

[2] 中华人民共和国中央人民政府．水利部印发2022年水利乡村振兴工作要点 [EB/OL].(2022-03-15)[2022-09-22]. www.gov.cn/xinwen/2022-03/15/content_5679068.htm.

[3] 中华人民共和国中央人民政府网．国务院办公厅关于印发"十四五"国民健康规划的通知 [EB/OL].(2022-04-27)[2022-05-23]. http://www.gov.cn/zhengce/content/2022-05/20/content_5691424.htm.

[4] 中华人民共和国中央人民政府．关于印发《"十五"星火计划发展纲要》的通知 [EB/OL].(2022-08-27)[2022-09-23]. http://www.gov.cn/gongbao/content/2002/content_61460.htm.

[5] 中华人民共和国中央人民政府．建设部提出《关于村庄整治工作的指

导意见》[EB/OL].(2005-10-12)[2022-09-23].http://www.gov.cn/gzdt/2005-10/12/content_76554.htm.

[6] 中华人民共和国中央人民政府.国务院办公厅关于改善农村人居环境的指导意见 [EB/OL].(2014-05-29)[2022-09-23].http://www.gov.cn/zhengce/content/2014-05/29/content_8835.htm.

[7] 中华人民共和国中央人民政府.国务院批转水利部关于依靠群众合作兴修农村水利意见的通知 [EB/OL].(1988-11-02)[2022-09-23].http://www.gov.cn/zhengce/zhengceku/2016-10/19/content_5121668.htm.

[8] 中华人民共和国中央人民政府.卫生部印发《农村改厕管理办法(试行)》等通知 [EB/OL].(2009-05-12)[2022-09-23].http://www.gov.cn/gzdt/2009-05/12/content_1311816.htm.

[9] 吉林省水利厅.水利部:关于进一步加强水土保持生态修复工作的通知[EB/OL].(2003-06-23)[2022-09-23].http://slt.jl.gov.cn/xwdt/ywdt/200510/t20051024_3573708.html.

[10] 中华人民共和国中央人民政府.国务院办公厅转发环境保护部等部门关于实行“以奖促治”加快解决突出的农村环境问题实施方案的通知[EB/OL].(2009-02-27)[2022-09-23].http://www.gov.cn/zwgk/2009-03/03/content_1249013.htm.

[11] 中华人民共和国中央人民政府.央行发布意见要求做好农田水利基本建设金融服务 [EB/OL].(2008-12-12)[2022-09-23].http://www.gov.cn/ztzl/2008-12/12/content_1176469.htm.

[12] 中华人民共和国中央人民政府.农业部印发关于贯彻落实《土壤污染防治行动计划》的实施意见 [EB/OL].(2017-03-12)[2022-09-23].http://www.gov.cn/xinwen/2017-03/12/content_5176201.htm.

[13] 中华人民共和国中央人民政府.国务院办公厅关于深化农村公路管理养护体制改革的意见 [EB/OL].(2019-09-05)[2022-09-23].http://www.gov.cn/gongbao/content/2019/content_5437134.htm.

[14] 中华人民共和国中央人民政府.农业农村部办公厅关于做好2022年农作物秸秆综合利用工作的通知 [EB/OL].(2022-04-13)[2022-09-23].http://www.gov.cn/zhengce/zhengceku/2022-04/26/content_5687228.htm.

[15] 中华人民共和国中央人民政府.住房和城乡建设部关于开展美丽宜居小镇、美丽宜居村庄示范工作的通知 [EB/OL].(2013-03-20)[2022-09-23].http://www.gov.cn/gzdt/2013-03/20/content_2358739.htm.

[16] 中华人民共和国农业农村部.农业农村部办公厅、国家乡村振兴局综

于印发《农村有机废弃物资源化利用典型技术模式与案例》的通知 [EB/OL].(2022-04-01)[2022-09-23].https://www.moa.gov.cn/nybgb/2022/202203/202204/t20220401_6395149.htm.

[17] 中国法院网.中共中央 国务院关于深化医药卫生体制改革的意见 [EB/OL].(2009-04-07)[2022-09-23].https://www.chinacourt.org/article/detail/2009/04/id/352629.shtml.

[18] 中华人民共和国中央人民政府.国务院关于实施健康中国行动的意见 [EB/OL].(2019-07-15)[2022-09-23].http://www.gov.cn/zhengce/content/2019-07/15/content_5409492.htm.

[19] 中华人民共和国中央人民政府.国务院办公厅转发卫生部等部门关于建立新型农村合作医疗制度意见的通知 [EB/OL].(2005-08-12)[2022-09-23].http://www.gov.cn/zwgk/2005-08/12/content_21850.htm.

[20] 中华人民共和国中央人民政府.卫生部、民政部、财政部、农业部、中医药局关于巩固和发展新型农村合作医疗制度的意见 [EB/OL].(2009-07-02)[2022-09-23].http://www.gov.cn/govweb/gongbao/content/2010/content_1555968.htm.